U0249703

2014年4月2日，中国建筑科学研究院组织的“十二五”国家科技支撑计划课题经费使用及审计注意事项交流会在成都顺利召开

2014年5月19日，由中国建筑科学研究院主办，北京筑巢传媒有限公司承办的“第六届既有建筑改造技术交流研讨会”现场

2014年7月26日，"十二五"国家科技支撑计划项目"既有建筑绿色化改造关键技术研究与示范"在北京顺利通过中期检查

2014年10月23日，由科技部社发司主办、中国21世纪议程管理中心和中国建筑科学研究院共同协办的城镇化与城市发展领域"十二五"国家科技支撑计划项目中期检查暨交流研讨会

既有建筑改造技术与解决方案重点项目
JW生态工法系列技术-JW生态透水铺面

“JW生态工法”发明人 陈瑞文博士

一、前言

在全球气候变迁、环境持续恶化的极端气候下，破记录的豪雨、热浪加剧，空气污染如霾害等与水污染，威胁着人类健康。都市建设及扩张人口集中(UN, 2012)，热岛效应强化高温热浪，水资源需求高，空气污染更易恶化形成霾害。而城市建筑密集发展，极端气象灾难频繁，全球人类生存将面临越来越强烈的极端气象灾难挑战(IPCC, 2012)。

城市热岛的造成，与地面铺设施工息息相关。为使既有建筑改造技术及材料的运用能与环境及生态修护达到平衡，本文特提供“JW生态工法”为对应解决方案及设计指南。

“JW生态工法”的JW二字，乃是发明人陈瑞文博士英文名字缩写。陈瑞文博士为国际知名发明家暨科学家，长期进行发明研究，得奖无数，其主要成就是发明“JW生态工法”系列技术。以“JW”命名，是对自己的发明负责，并区别于一般的生态工法。

在工程建设运用自然结合工法科学原理可以减少人类工程建设中对环境的伤害，让地球得以能继续呼吸，有效抑制环境污染、水污染（空气污染、霾害及扬尘）、水旱灾害和热岛灾害等，还可给人类带来健康三要素：好空气、好水、好食物。

二、 效益

1. 生态环保可持续性
2. 高承载
3. 高透水
4. 高保水设计
5. 具调节控制温度
6. 捕捉空气污染物
7. 提供安全无毒的食物
8. JW铺面微生物活跃-JW道路微湿地

图1 北京奥林匹克森林公园下雪JW铺面不积雪(摄于2015.02.28)

图2 台湾汐止礼门里由柏油道路改造成JW生态海绵低碳道路

三、技术或解决方案获得的政府认定或市场荣誉性好评

“JW生态工法技术”在国际社会屡获肯定，并荣获2011年中国第六届发明创业奖及2012年中国保护消费者基金会打假工作委员会特将“JW生态工法”品牌列入“全国打假保优重点保护单位”。

国际Discovery频道、新华社、凤凰卫视等上百家媒体特别报导“JW生态工法”。为环境改善带来的贡献及好评，本项工法目前在市场已被广泛运用，2012年福建省列为绿色建筑科技成果推广项目，并已于2014年运用于福建省城乡与住房建设厅新建办公大楼（如图3）。台北市使用多年后更因本技术具防灾捕碳亮点而获得申办2016年世界设计之都殊荣，同时“JW生态工法”于2013年在华沙世界气候会议上发表后已引起数十个国家的响应，并获得了广泛的合作机遇，这为其在未来协助全球防止大气污染、解决霾害发生提供坚实基础。

图3 福建省城乡与住房建设厅新建办公大楼

JW生态工法技所创建的JW生态海绵城市理念，十年来已被国际支持认同并广泛运用，目前可为我国既有建筑改造技术提供参考解决方案，同时呼应海绵城市建设的推动。

传统既有铺面及改造后比较

JW 生态铺面

高透水、高承载、高抗压，透水率佳。储水滞洪，建立地下水库，循环透气，降低温室热岛效应，改善环境污染，如大气污染，水污染，同时活化土壤，孕育地下生态系统，形成 JW 生态海绵城市。

传统透水砖（高压砖）

易脱落，易凹陷，易损坏需经常修缮。因利用砖体表面毛细孔洞透水，仅表面透水，一年后几乎丧失透水功能，极不环保，也不生态，更难以永续使用，浪费公帑。

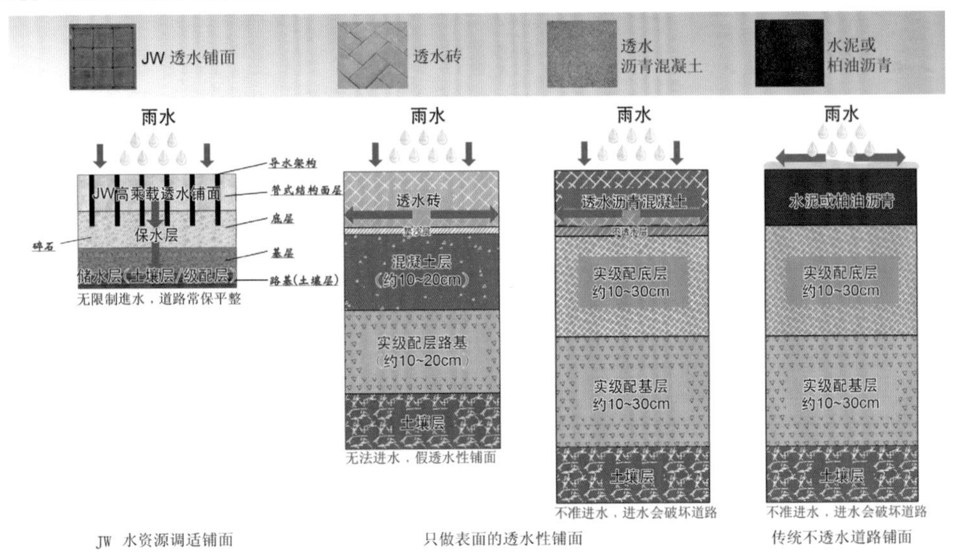

绿建筑指标

绿建筑评估手册

绿建筑评估指标中计算保水量为一般透水砖 **6倍**

綠建築評估手冊-基本型
GREEN BUILDING EVALUATION MANUAL - BASIC VERSION
EEWH-BC
2012 EDITION

资料来源取自绿建筑评估手册

绿建筑九大指标

JW 生态工法符合绿建筑九大指标中的 **8项**

绿建筑指标项目	项目内容	JW 生态工法
1. 生物多样化指标	包括社区绿网系统、表土保存技术、生态水池、生态水域、生态边坡/生态圍篱设计和多孔隙环境	√
2. 绿化指标	包括生态绿化、墙面绿化、墙面绿化浇灌、人工地盘绿化技术、绿化防排水技术和绿化防风技术	√
3. 基地保水指标	包括透水铺面、景观贮留渗透水池、贮留渗透空地、渗透井與渗透管、人工地盘贮留	√
4. 日常节能指标	(1) 相关技术：建筑配置节能、适当的开口率、外遮阳、开口部玻璃、开口部隔热与气密性、外壳构造及材料、屋顶构造与材料、帷幕墙 (2) 风向与气流之运用 (3) 空调与冷却系统之运用 (4) 能源与光源之管理运用 (5) 太阳能之运用	√
5. 二氧化碳减量指标	包括简朴的建筑造型与室内装修、合理的结构系统、结构轻量化化与木构造	√
6. 废弃物减量指标	再生建材利用、土方平衡、营建自动化、干式隔间、整体卫浴、营建污染防制	√
7. 水资源指标	包括省水器材、中水利用计划、雨水再利用与植栽浇灌节水	√
8. 污水与垃圾改善指标	包括雨污水分流、垃圾集中场改善、生态湿地污水处理与厨余堆肥	√
9. 室内健康与环境指标	包括室内污染控制、室内空气净化设备、生态涂料与生态接著剂、生态建材、预防壁体结露 / 白华、地面与地下室防潮、调湿材料、噪声防制与振动音防制	△

“行政院”公共工程施工纲要规范

施工纲要第 02794 章透水性铺面之一般要求以增列“管式透水铺面”项目

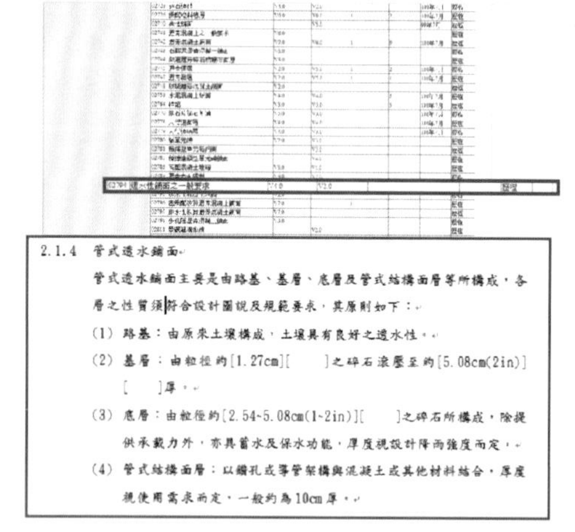

2.1.4 管式透水鋪面

管式透水鋪面主要是由路基、基層、底層及管式結構面層等所構成，各層之性質須符合設計圖說及規範要求，其原則如下：

(1) 路基：由原來土壤構成，土壤具有良好之透水性。

(2) 基層：由粒徑約[1.27cm][ ]之碎石滾壓至約[5.08cm(2in)][ ]厚。

(3) 底層：由粒徑約[2.54~5.08cm(1~2in)][ ]之碎石所構成，除提供承載力外，亦具蓄水及保水功能，厚度視設計降雨強度而定。

(4) 管式結構面層：以鑽孔或導管架構與混凝土或其他材料結合，厚度視使用需求而定，一般約為10cm厚。

3.1.5 管式透水铺面

管式透水铺面主要是由路基、基层、底层及管式结构面层等所构成，施工方式依第 03050 章「混凝土基本材料及施工一般要求」及第 03360 章「混凝土表面处理」之规定办理，其结构如图 2：

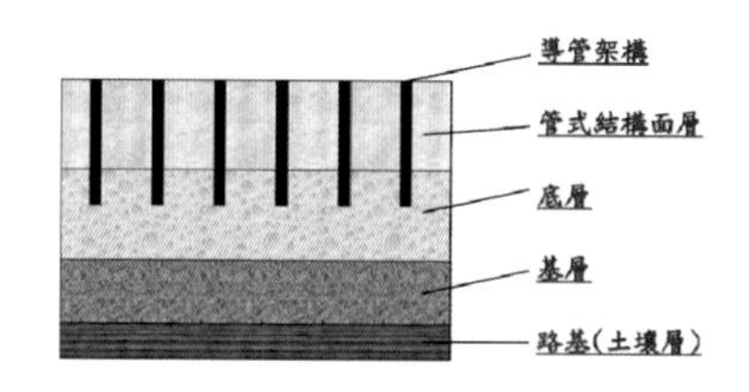

图 2 管式透水铺面结构示意图

传统既有铺面及改造后比较

JW 透水植草铺面

会呼吸、高抗压、高透水，能种菜、种花、植草绿化又可计入建筑绿覆率及保水率，能活化土壤提供微生物生存空间，改善环境品质。正常维护使用可 10 年以上免翻修。

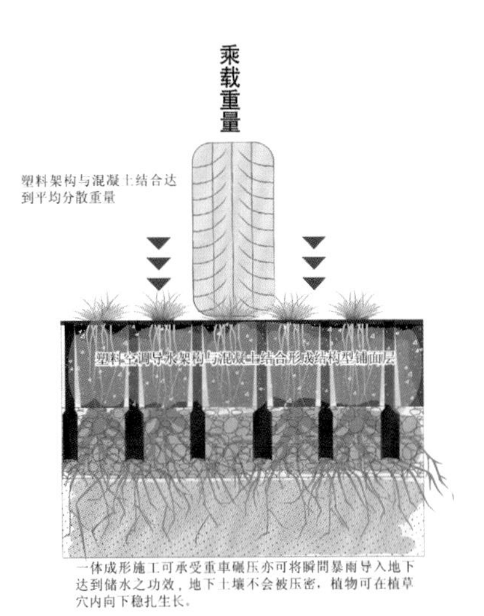

一体成形施工可承受重車碾压亦可将瞬間暴雨导入地下达到储水之功效，地下土壤不会被压密，植物可在植草穴内向下稳扎生长。

传统植草砖

使用传统植草砖造成，地下土壤被压实下雨不能渗透，造成积水，植草穴被压密，造成环境的生态浩劫，又处处可见凹凸不平，寸草不生，危害人车安全，违背环境，又年年翻修浪费公帑，劳民伤财，极不生态，更不永续。

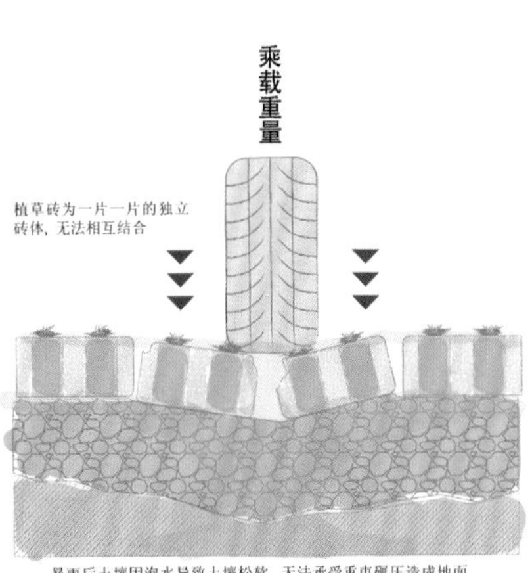

暴雨后土壤因泡水导致土壤松软，无法承受重車碾压造成地面凹陷不平、破损，长期下来土壤不断泡水，压密之恶化循环，使植物无法生存。

JW 植草植栽铺面

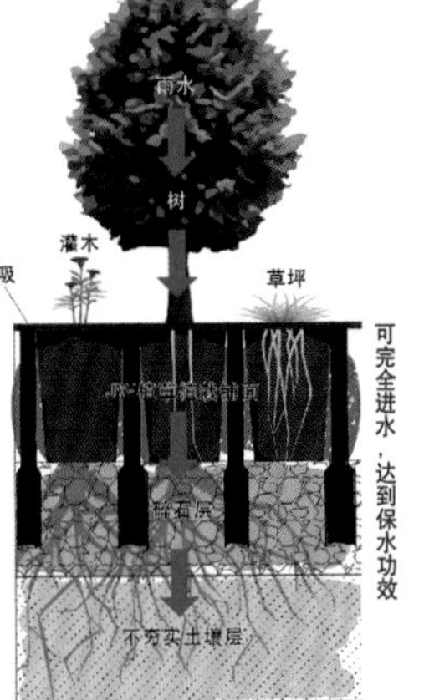

植草穴土壤不会被压密，植物根系可稳扎向下生长。

传统植草砖

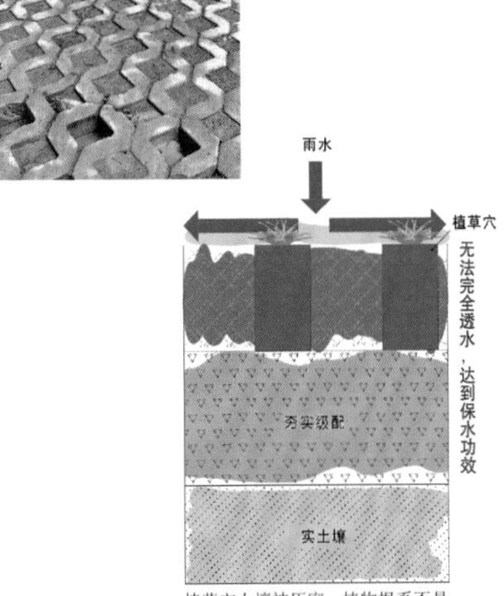

植草穴土壤被压密，植物根系不易生长易枯萎。

河南省澳科保温节能材料技术开发有限公司

免拆复合保温模板自保温一体化体系简介

河南省澳科公司是一家集研发、生产、销售于一体的建筑节能科技型企业，现拥有多项自主知识产权。免拆复合保温模板自保温节能体系是本公司自行研发的专利产品、省级科研成果。它主要由两部分构成:1. 建筑物浇注混凝土的梁、板、柱部位，采用的外模板为免拆复合保温模板，它既是保温层又可替模板使用，免拆卸。免拆保温模板是以世界上公认最好的保温隔热材料作为芯料，与双面高品质水泥基板材牢固地粘结在一起，制成整体模板。其导热系数小，仅为 0.022W/(m·K) 左右，较薄的厚度，可满足国家65%～75%节能标准要求; 2. 建筑物体填充墙部分采用本公司自行研制的专利产品自保温砌块砌筑，该砌块导热系数仅为 0.11 W/(m·K) 左右，砌体无需另设保温层，可独立达到国家节能标准要求。

免拆复合保温模板平整度高，牢固性、耐侯性、耐冲击性、刚性、整体性能强、综合性能高; 具有防火、防水、防渗、无养护凝固周期、下线即可使用、节地、节时、节省投资、生产效率是同类产品的数倍。可广泛适用于工业与民用建筑框架、框剪、剪力墙等现浇混凝土部位的结构件。建筑物砌体部分由自保温砌块砌筑，该砌块导 热系数小，正常墙体的厚度无须附设保温层满足国家节能标准和外围护结构需要。

该保温体系主要优势: 1. 无须单独保温施工。在土建施工的同时，墙体保温同步形成，可节省工期 1~2 个月；减少了项目工程现场管理难度，压缩了工期，降低了成本，增加了项目效益，减轻了劳动强度。2. 使用无寿命限制，有效地解决了现有保温体系的寿命短、易燃、开裂、脱落、施工繁杂、后期维护维修、二次装修代价大等诸多难题；3. 综合造价最低。综合造价是任何达标节能体系产品无法比拟的。

体系产品性能指标：

类别 \ 项目		密度	粘结强度/MPa	抗压强度/MPa	抗弯荷载/N	导热系数(W/m·K)	砂浆与模板面层粘结强度/MPa
免拆模板 kg/m²	标准要求	≤30	≥0.20		≥2000	≤0.024	≥0.20
	实测值	≤26			≥8000	≤0.023	≥0.90
	实测值原强		≥0.29				
	实测值耐水强		≥0.25				
	实测值耐冻融		≥0.15				
自保温砌块 kg/m²	标准要求	≤600		≥4.0		≤0.013	
	实测值	≤570		≥4.4		≤0.11	

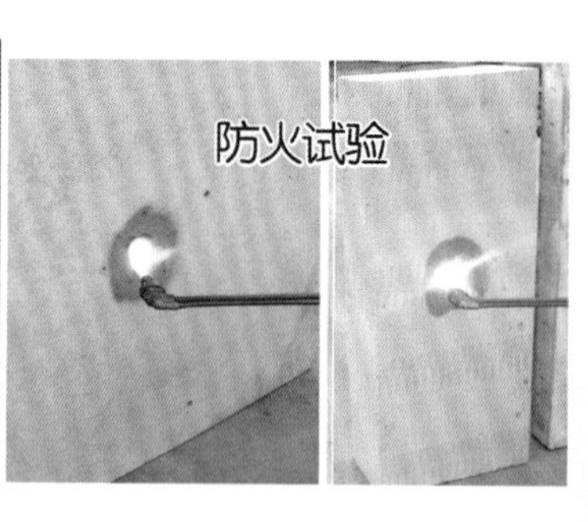

河南省建设新产品新技术推广证书
证书编号：141068
项目：免拆复合保温模板自保温加气混凝土砌块节能墙体
单位：河南省澳科保温节能材料技术开发有限公司
经评审批准，列为河南省建设新产品新技术推广项目，特颁证书，有效期叁年。

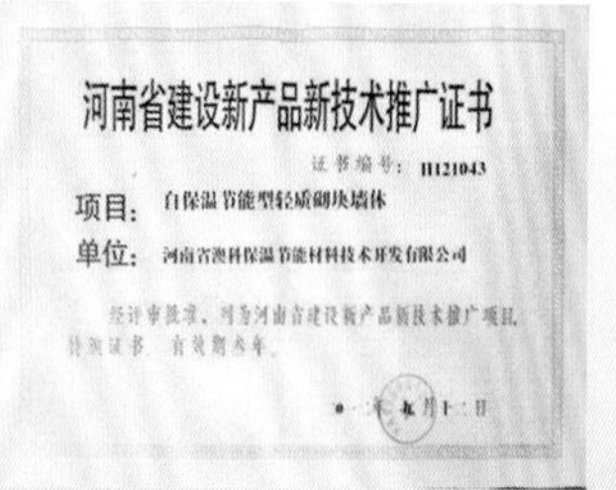
河南省建设新产品新技术推广证书
证书编号：H121043
项目：自保温节能型轻质砌块墙体
单位：河南省澳科保温节能材料技术开发有限公司
经评审批准，列为河南省建设新产品新技术推广项目，特颁证书，有效期叁年。

科学技术成果鉴定证书
科学技术成果鉴定证书

发明专利证书

发明专利证书

地址：南阳市伏牛路
电话：0377-63103089　18637713555　传真：0377-63113175
Email:Chemical_ny@126.com　　http://www.akzbw.com

东莞市金能亮环保科技有限公司

洪培琪，1951年3月出生，祖籍泉州南安，现定居香港，现为金能亮实业（香港）有限公司、东莞市金能亮环保科技有限公司、东莞金星电线有限公司、福达实业（香港）有限公司董事长。

东莞市金能亮环保科技有限公司自2003年开始关注企业微环境的生态构建，从饮用水净化起步，逐渐涉及了水循环、空气净化、固体废物、饮食安全与环保公益。形成的企业微环境生态构建技术体系包括水循环、空气净化、固体废物、饮食安全、环保公益等5个方面的内容（见下图）。

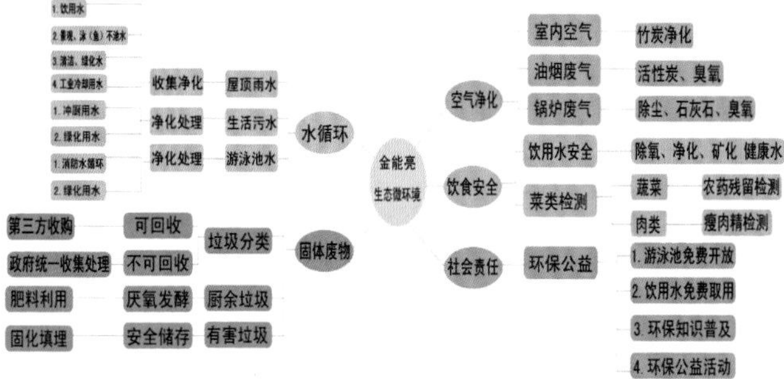

经过多年的工作，课题研究已经圆满完成了企业微环境生态构建技术体系与应用系统的优化设计，并在多家企业中应用所研发的技术，获得了良好的企业生态微环境，具有良好的经济效益和社会效益。具体成果包括：

一、水循环、节水技术

（一）雨水处理回收系统

雨水处理系统

通过雨水收集系统将屋顶雨水收集到雨水储存罐中，再运用自主研发的雨水处理技术对雨水进行净化处理。收集后的雨水首先通过石英砂过滤水槽进行过滤处理，处理完的水可用于绿化清洁；其中一部分水再经过含有矿石、麦饭石、活性炭的水槽进一步处理，处理完的水可以用于日常生活用水和直接饮用。该净化系统同时与自来水管道衔接，在没有雨水的季节，可使用自来水来满足用水的需要。处理过程中水不断地循环流动，运用“流水不腐”的原理，增强了处理效果，保持水的活性。经过全工艺流程处理后的雨水水质达到了国家标准《生活饮用水卫生标准》(GB5749-2006)。并且，矿化过程可以在水中溶入钾、钠、钙、镁、硅、锶、硒、锗等多种矿物元素，从而使净化后的雨水达到矿泉水的标准，有益人体健康。

雨水处理系统

（二）污水收集和处理技术

企业内的生活污水，通过臭氧消毒——混凝沉淀——石灰石除臭——紫外线杀菌消毒等处理工序，使污水达到绿化浇灌水与日常生活杂用水水质标准，一方面避免污水排放造成的污染，另一方面减少了企业的自来水使用量。

污水处理系统

（三）游泳池水循环净化处理

通过水泵将游泳池水抽取至管道中，经过消毒、加热、净化、活化等流程，处理过后的水回流至游泳池，实现了水的循环利用。此过程中不需要加入任何的化学试剂，减少对人体的危害，改善水质的同时带来了一定的经济利益。同时，游泳池水处理管网系统围绕厂区一周，该管网系统内的水可以兼顾用于厂区的消防用水，补充景观、绿化、清洁用水等。

二、空气净化处理技术

（一）室内空气净化技术

本窗口式空气净化主要是针对北方沙尘天气而设计，由二组可独立因天气而使用的净化系统，其一是将室外空气先净化再输入室内，其二是室内空气循环净化。可单独使用，也可二组同时使用，特点是滤材可冲洗重复使用。

窗口式空气净化器

（二）厨房油烟废气处理

针对厨房油烟的处理，采用臭氧氧化净化与活性炭，将日常的厨房油烟废气（主要成分：苯并芘、一氧化碳、可吸入颗粒物、氮氧化物等）加以净化，并通过油烟在线监测管理系统实时监测，使每日排放的油烟达到了正常的排放标准。

（三）锅炉废气处理——节能消烟环保烟道

通过蒸汽、喷淋除尘——脱硫——活性炭吸附一系列处理工序净化烟气，将烟气中的颗粒物、污染气体（SO_2和NO_X）转化为SO_3和无污染的N_2或O_2。

烟尘处理系统

三、固体废物回收利用

将固体废物分为三大类，分别为可回收垃圾、厨余垃圾、有害废物。厂区内垃圾实行严格分类措施，可回收垃圾：废纸、塑料、玻璃、金属和布料分类收集与回收；厨余垃圾将剩菜与剩饭分开，分别用于发酵和饲养家畜；对于有害废物如废电池、废灯管等则先收集在安全池子里，再经有资质的第三方废物处理公司处理。

可回收垃圾经废品回收站处理后再次进入人们生产生活中发挥作用，可节约大量资源；厨余垃圾经处理后不但可以产生沼气等资源，而且可以避免外排导致的细菌滋生等环境污染问题，在解决城市环境卫生问题方面起到了重要的作用；有害废物收集集中处理，可以有效避免危险废物随意丢弃对环境造成的危害，同时第三方收集公司对具有较高利用价值的废物进行回收，实现了环境与经济效益的双赢。

油烟处理系统

垃圾分类系统

海绵城市建设与低影响开发技术大会

为贯彻落实习近平总书记讲话及中央城镇化工作会议精神，住房和城乡建设部于2014年10月出台了《海 绵 城 市 建 设 技 术 指 南》。

随着《海绵城市建设技术指南》的出台，由中国市政协会、东方雨汇开办的此次盛会是目前市政工程领域极具实战价值的技术盛会，沉淀了行业的实战经验，见证了中国海绵城市建设从指南颁布到试点工作的发展与辉煌历程，成为了解国内外低影响开发核心理念、先进技术、开发模式实践案例的专业交流平台。

北京东方雨汇节水环保科技有限公司，是致力于雨水综合利用系统的专业化公司，集研发、技术、设计安装为一体的企业。公司依托中国科学院雄厚的技术支持，与国内外多家大学、科研院所合作，汇集世界一流的试验检测仪器、设备、建有环保节水设备检测中心、环保节水工程规划设计中心，环保节水信息网络平台等，以创新的现代科学技术，促进我国环保节水事业蓬勃发展。

虹吸式雨水收集系统
同层式雨水收集系统
渗透式雨水收集系统
模块式雨水收集系统

规划引领 生态优先

Engineering case

工程案例

唐山低碳生活馆 雨水利用工程
国家发改委 雨水利用工程
西宁新华联 雨水利用工程
大兴希望小学 雨水利用工程 （捐赠）
中航技大厦 雨水利用工程
廊坊紫金科技 雨水利用工程

既有建筑改造年鉴（2014）

《既有建筑改造年鉴》编委会　编

中国建筑工业出版社

图书在版编目（CIP）数据

既有建筑改造年鉴（2014）/《既有建筑改造年鉴》
编委会编. —北京:中国建筑工业出版社, 2015. 5
ISBN 978-7-112-18021-9

Ⅰ. ①既… Ⅱ. ①既… Ⅲ. ①建筑物－改造－中国－
2014－年鉴 Ⅳ. ①TU746. 3-54

中国版本图书馆CIP数据核字（2015）第076693号

责任编辑：马　彦
装帧设计：甄　玲
责任校对：李美娜　刘梦然

既有建筑改造年鉴（2014）

《既有建筑改造年鉴》编委会　编

*

中国建筑工业出版社出版、发行（北京西郊百万庄）
各地新华书店、建筑书店经销
北京鲁般文化传播有限公司制版
北京画中画印刷有限公司印刷

*

开本：787×1092毫米 1/16　印张：27¼　插页：8　字数：600千字
2015年6月第一版　2015年6月第一次印刷
定价：108.00元
ISBN 978-7-112-18021-9
(27265)

既有建筑改造年鉴（2014）

编辑委员会

编辑说明

一、《既有建筑改造年鉴（2014）》是由中国建筑科学研究院以“十二五”国家科技支撑计划重大项目“既有建筑绿色化改造关键技术研究与示范”（项目编号：2012BAJ06B00）为依托，编辑出版的行业大型工具用书。

二、本书是近年来我国既有建筑绿色化改造领域发展的缩影，全书分为政策篇、标准篇、科研篇、成果篇、论文篇、工程篇、统计篇和附录共八部分内容，可供从事既有建筑改造的工程技术人员、大专院校师生和有关管理人员参考。

三、谨向所有为《既有建筑改造年鉴（2014）》编辑出版付出辛勤劳动、给予热情支持的部门、单位和个人深表谢意。

在此，特别感谢中国建筑科学研究院、上海市建筑科学研究院（集团）有限公司、上海现代建筑设计（集团）有限公司、深圳市建筑科学研究院股份有限公司、住房和城乡建设部防灾研究中心、住房和城乡建设部科技发展促进中心、中国建筑技术集团有限公司、上海维固工程实业有限公司、同济大学、江苏省建筑科学研究院有限公司、南京工业大学、建研科技股份有限公司、哈尔滨工业大学、台湾品岱股份有限公司等部门和单位为本书的出版所付出的努力。

四、由于既有建筑绿色化改造在我国规范化发展时间较短，资料与数据记载较少，致使本书个别栏目比较薄弱。由于水平所限和时间仓促，本书难免有错讹、疏漏和不足之处，恳请广大读者批评指正。

目录

一、政策篇

二、标准篇

三、科研篇

四、成果篇

五、论文篇

六、工程篇

一、政策篇

当前我国正处于城镇化快速发展阶段，城镇建设逐步由“新建建筑”转变为“新建建筑”与“既有建筑”并重，既有建筑改造工作成为我国城镇化发展的一项重要任务。2014年国家发布的《国家新型城镇化规划（2014～2020年）》提出“优化提升旧城功能，加快城区老工业区搬迁改造，大力推进棚户区改造，稳步实施城中村改造，有序推进旧住宅小区综合整治、危旧住房和非成套住房改造，全面改善人居环境”、“加快既有建筑节能改造”等要求，对进一步推动我国既有建筑改造工作的进展具有重要意义。

国家新型城镇化规划（2014～2020年）

国家新型城镇化规划（2014～2020年），根据中国共产党第十八次全国代表大会报告、《中共中央关于全面深化改革若干重大问题的决定》、中央城镇化工作会议精神、《中华人民共和国国民经济和社会发展第十二个五年规划纲要》和《全国主体功能区规划》编制，按照走中国特色新型城镇化道路、全面提高城镇化质量的新要求，明确未来城镇化的发展路径、主要目标和战略任务，统筹相关领域制度和政策创新，是指导全国城镇化健康发展的宏观性、战略性、基础性规划。

第一篇　规划背景

我国已进入全面建成小康社会的决定性阶段，正处于经济转型升级、加快推进社会主义现代化的重要时期，也处于城镇化深入发展的关键时期，必须深刻认识城镇化对经济社会发展的重大意义，牢牢把握城镇化蕴含的巨大机遇，准确研判城镇化发展的新趋势新特点，妥善应对城镇化面临的风险挑战。

第一章　重大意义

城镇化是伴随工业化发展，非农产业在城镇集聚、农村人口向城镇集中的自然历史过程，是人类社会发展的客观趋势，是国家现代化的重要标志。按照建设中国特色社会主义五位一体总体布局，顺应发展规律，因势利导，趋利避害，积极稳妥扎实有序推进城镇化，对全面建成小康社会、加快社会主义现代化建设进程、实现中华民族伟大复兴的中国梦，具有重大现实意义和深远历史意义。

——城镇化是现代化的必由之路。工业革命以来的经济社会发展史表明，一国要成功实现现代化，在工业化发展的同时，必须注重城镇化发展。当今中国，城镇化与工业化、信息化和农业现代化同步发展，是现代化建设的核心内容，彼此相辅相成。工业化处于主导地位，是发展的动力；农业现代化是重要基础，是发展的根基；信息化具有后发优势，为发展注入新的活力；城镇化是载体和平台，承载工业化和信息化发展空间，带动农业现代化加快发展，发挥着不可替代的融合作用。

——城镇化是保持经济持续健康发展的强大引擎。内需是我国经济发展的根本动力，扩大内需的最大潜力在于城镇化。目前我国常住人口城镇化率为53.7%，户籍人口城镇化率只有36%左右，不仅远低于发达国家80%的平均水平，也低于人均收入与我国相近的发展中国家60%的平均水平，还有较大的发展空间。城镇化水平持续提高，会使更多农民通过转移就业提高收入，通过转为市民享受更好的公共服务，从而使城镇消费群体不断扩大、消费结构不断升级、消费潜力不断释放，也会带来城市基础设施、公共服务设施和住宅建设等巨大投资需求，这将为经济发展提供持续的动力。

——城镇化是加快产业结构转型升级的重要抓手。产业结构转型升级是转变经济发展方式的战略任务，加快发展服务业是产业结构优化升级的主攻方向。目前我国服务业增加值占国内生产总值比重仅为46.1%，与发达国家74%的平均水平相距甚远，与中等收入国家53%的平均水平也有较大差距。城镇化与服务业发展密切相关，服务业是就业的最大容纳器。城镇化过程中的人口集聚、生活方式的变革、生活水平的提高，都会扩大生活性服务需求；生产要素的优化配置、三次产业的联动、社会分工的细化，也会扩大生产性服务需求。城镇化带来的创新要素集聚和知识传播扩散，有利于增强创新活力，驱动传统产业升级和新兴产业发展。

——城镇化是解决农业农村农民问题的重要途径。我国农村人口过多、农业水土资源紧缺，在城乡二元体制下，土地规模经营难以推行，传统生产方式难以改变，这是“三农”问题的根源。我国人均耕地仅0.1公顷，农户户均土地经营规模约0.6公顷，远远达不到农业规模化经营的门槛。城镇化总体上有利于集约节约利用土地，为发展现代农业腾出宝贵空间。随着农村人口逐步向城镇转移，农民人均资源占有量相应增加，可以促进农业生产规模化和机械化，提高农业现代化水平和农民生活水平。城镇经济实力提升，会进一步增强以工促农、以城带乡能力，加快农村经济社会发展。

——城镇化是推动区域协调发展的有力支撑。改革开放以来，我国东部沿海地区率先开放发展，形成了京津冀、长江三角洲、珠江三角洲等一批城市群，有力推动了东部地区快速发展，成为国民经济重要的增长极。但与此同时，中西部地区发展相对滞后，一个重要原因就是城镇化发展很不平衡，中西部城市发育明显不足。目前东部地区常住人口城镇化率达到62.2%，而中部、西部地区分别只有48.5%、44.8%。随着西部大开发和中部崛起战略的深入推进，东部沿海地区产业转移加快，在中西部资源环境承载能力较强地区，加快城镇化进程，培育形成新的增长极，有利于促进经济增长和市场空间由东向西、由南向北梯次拓展，推动人口经济布局更加合理、区域发展更加协调。

——城镇化是促进社会全面进步的必然要求。城镇化作为人类文明进步的产物，既能提高生产活动效率，又能富裕农民、造福人民，全面提升生活质量。随着城镇经济的繁荣，城镇功能的完善，公共服务水平和生态环境质量的提升，人们的物质生活会更加殷实充裕，精神生活会更加丰富多彩；随着城乡二元体制逐步破除，城市内部二元结构矛盾逐步化解，全体人民将共享现代文明成果。这既有利于维护社会公平正义、消除社会风险隐患，也有利于促进人的全面发展和社会和谐进步。

第二章　发展现状

改革开放以来，伴随着工业化进程加速，我国城镇化经历了一个起点低、速度快的发展过程。1978～2013年，城镇常住人口从1.7亿人增加到7.3亿人，城镇化率从17.9%提升到53.7%，年均提高1.02个百分点；城市数量从193个增加到658个，建制镇数量从2173个增加到20113个。京津冀、长江三角洲、珠江三角洲三大城市群，以2.8%的国土面积集聚了18%的人口，创造了36%的国内生产总值，成为带动我国经济快速增长和参与国际经济合作与竞争的主要平台。城市水、电、路、气、信息网络等基础设施显著改善，教育、医疗、文化体育、社会保障等公共服务水平明显提高，人均住宅、公园绿地面积大幅增加。城镇化的快速推进，吸纳了大量农村劳动力转移就业，提高了城乡生产要素配置效率，推动了国民经济持续快速发展，带来了社会结构深刻变革，促进了城乡居民生活水平全面提升，取得的成就举

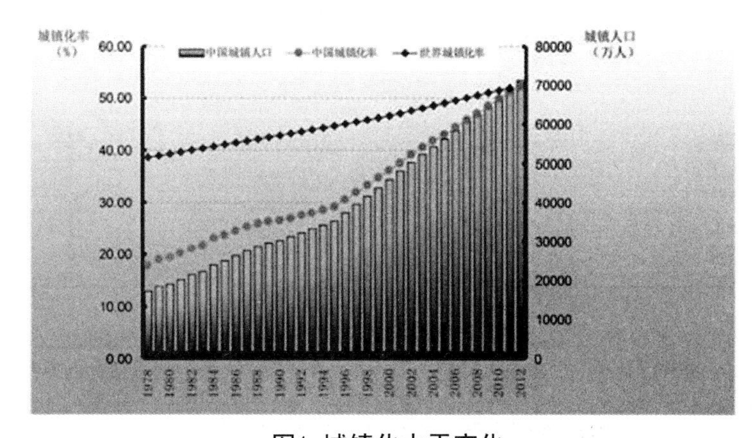

图1 城镇化水平变化

城市（镇）数量和规模变化情况（单位：个） **表1**

	1978年	2010年
城市	193	658
1000万以上人口城市	0	6
500万—1000万人口城市	2	10
300万—500万人口城市	2	21
100万—300万人口城市	25	103
50万—100万人口城市	35	138
50万以下人口城市	129	380
建制镇	2173	19410

注：2010年数据根据第六次全国人口普查数据整理。

城市基础设施和服务设施变化情况 **表2**

指标	2000年	2012年
用水普及率（%）	63.9	97.2
燃气普及率（%）	44.6	93.2
人均道路面积（平方米）	6.1	14.4
指标	2000年	2012年
人均住宅建筑面积（平方米）	20.3	32.9
污水处理率（%）	34.3	87.3
人均公园绿地面积（平方米）	3.7	12.3
普通中学（所）	14473	17333
病床数（万张）	142.6	273.3

世瞩目。

在城镇化快速发展过程中，也存在一些必须高度重视并着力解决的突出矛盾和问题。

——大量农业转移人口难以融入城市社会，市民化进程滞后。目前农民工已成为我国产业工人的主体，受城乡分割的户籍制度影响，被统计为城镇人口的2.34亿农民工及其随迁家属，未能在教育、就业、医疗、养老、保障性住房等方面享受城镇居民的基本公共服务，产城融合不紧密，产业集聚与人口集聚不同步，城镇化滞后于工业化。城镇内部出现新的二元矛盾，农村留守儿童、妇女和老人问题日益凸显，给经济社会发展带来诸多风险隐患。

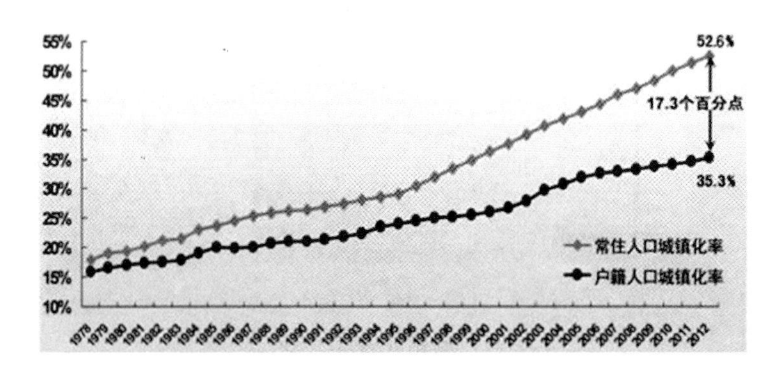

图2 常住人口城镇化率与户籍人口城镇化率的差距

——“土地城镇化”快于人口城镇化，建设用地粗放低效。一些城市“摊大饼”式扩张，过分追求宽马路、大广场，新城新区、开发区和工业园区占地过大，建成区人口密度偏低。1996～2012年，全国建设用地年均增加724万亩，其中城镇建设用地年均增加357万亩；2010～2012年，全国建设用地年均增加953万亩，其中城镇建设用地年均增加515万亩。2000～2011年，城镇建成区面积增长76.4%，远高于城镇人口50.5%的增长速度；农村人口减少1.33亿人，农村居民点用地却增加了3045万亩。一些地方过度依赖土地出让收入和土地抵押融资推进城镇建设，加剧了土地粗放利用，浪费了大量耕地资源，威胁到国家粮食安全和生态安全，也加大了地方政府性债务等财政金融风险。

——城镇空间分布和规模结构不合理，与资源环境承载能力不匹配。东部一些城镇密集地区资源环境约束趋紧，中西部资源环境承载能力较强地区的城镇化潜力有待挖掘；城市群布局不尽合理，城市群内部分工协作不够、集群效率不高；部分特大城市主城区人口压力偏大，与综合承载能力之间的矛盾加剧；中小城市集聚产业和人口不足，潜力没有得到充分发挥；小城镇数量多、规模小、服务功能弱，这些都增加了经济社会和生态环境成本。

——城市管理服务水平不高，“城市病”问题日益突出。一些城市空间无序开发、人口过度集聚，重经济发展、轻环境保护，重城市建设、轻管理服务，交通拥堵问题严重，公共安全事件频发，城市污水和垃圾处理能力不足，大气、水、土壤等环境污染加剧，城市管理运行效率不高，公共服务供给能力不足，城中村和城乡接合部等外来人口集聚区人居环境较差。

——自然历史文化遗产保护不力，城乡建设缺乏特色。一些城市景观结构与所处区域的自然地理特征不协调，部分城市贪大求洋、照搬照抄，脱离实际建设国际大都市，“建设性”破坏不断蔓延，城市的自然和文化个性被破坏。一些农村地区大拆大建，照搬城市小区模式建设新农村，简单用城市元素与风格取代传统民居和田园风光，导致乡土特色和民俗文化流失。

——体制机制不健全，阻碍了城镇化健康发展。现行城乡分割的户籍管理、土地管理、社会保障制度，以及财税金融、行政管理等制度，固化着已经形成的城乡利益失衡格局，制约着农业转移人口市民化，阻碍着城乡发展一体化。

第三章　发展态势

根据世界城镇化发展普遍规律，我国仍处于城镇化率30%～70%的快速发展区间，但延续过去传统粗放的城镇化模式，会带来产业升级缓慢、资源环境恶化、社会矛盾增多等诸多风险，可能落入“中等收入陷阱”，进而影响现代化进程。随着内外部环境和条件的深刻变化，城镇化必须进入以提升质量为主的转型发展新阶段。

——城镇化发展面临的外部挑战日益严峻。在全球经济再平衡和产业格局再调整的背景下，全球供给结构和需求结构正在发生深刻变化，庞大生产能力与有限市场空间的矛盾更加突出，国际市场竞争更加激烈，我国面临产业转型升级和消化严重过剩产能的挑战巨大；发达国家能源资源消费总量居高不下，人口庞大的新兴市场国家和发展中国家对能源资源的需求迅速膨胀，全球资源供需矛盾和碳排放权争夺更加尖锐，我国能源资源和生态环境面临的国际压力前所未有，传统高投入、高消耗、高排放的工业化城镇化发展模式难以为继。

——城镇化转型发展的内在要求更加紧迫。随着我国农业富余劳动力减少和人口老龄化程度提高，主要依靠劳动力廉价供给推动城镇化快速发展的模式不可持续；随着资源环境瓶颈制约日益加剧，主要依靠土地等资源粗放消耗推动城镇化快速发展的模式不可持续；随着户籍人口与外来人口公共服务差距造成的城市内部二元结构矛盾日益凸显，主要依靠非均等化基本公共服务压低成本推动城镇化快速发展的模式不可持续。工业化、信息化、城镇化和农业现代化发展不同步，导致农业根基不稳、城乡区域差距过大、产业结构不合理等突出问题。我国城镇化发展由速度型向质量型转型势在必行。

——城镇化转型发展的基础条件日趋成熟。改革开放30多年来我国经济快速增长，为城镇化转型发展奠定了良好物质基础。国家着力推动基本公共服务均等化，为农业转移人口市民化创造了条件。交通运输网络的不断完善、节能环保等新技术的突破应用，以及信息化的快速推进，为优化城镇化空间布局和形态，推动城镇可持续发展提供了有力支撑。各地在城镇化方面的改革探索，为创新体制机制积累了经验。

第二篇　指导思想和发展目标

我国城镇化是在人口多、资源相对短

缺、生态环境比较脆弱、城乡区域发展不平衡的背景下推进的，这决定了我国必须从社会主义初级阶段这个最大实际出发，遵循城镇化发展规律，走中国特色新型城镇化道路。

第四章　指导思想

高举中国特色社会主义伟大旗帜，以邓小平理论、“三个代表”重要思想、科学发展观为指导，紧紧围绕全面提高城镇化质量，加快转变城镇化发展方式，以人的城镇化为核心，有序推进农业转移人口市民化；以城市群为主体形态，推动大中小城市和小城镇协调发展；以综合承载能力为支撑，提升城市可持续发展水平；以体制机制创新为保障，通过改革释放城镇化发展潜力，走以人为本、四化同步、优化布局、生态文明、文化传承的中国特色新型城镇化道路，促进经济转型升级和社会和谐进步，为全面建成小康社会、加快推进社会主义现代化、实现中华民族伟大复兴的中国梦奠定坚实基础。

要坚持以下基本原则：

——以人为本，公平共享。以人的城镇化为核心，合理引导人口流动，有序推进农业转移人口市民化，稳步推进城镇基本公共服务常住人口全覆盖，不断提高人口素质，促进人的全面发展和社会公平正义，使全体居民共享现代化建设成果。

——四化同步，统筹城乡。推动信息化和工业化深度融合、工业化和城镇化良性互动、城镇化和农业现代化相互协调，促进城镇发展与产业支撑、就业转移和人口集聚相统一，促进城乡要素平等交换和公共资源均衡配置，形成以工促农、以城带乡、工农互惠、城乡一体的新型工农、城乡关系。

——优化布局，集约高效。根据资源环境承载能力构建科学合理的城镇化宏观布局，以综合交通网络和信息网络为依托，科学规划建设城市群，严格控制城镇建设用地规模，严格划定永久基本农田，合理控制城镇开发边界，优化城市内部空间结构，促进城市紧凑发展，提高国土空间利用效率。

——生态文明，绿色低碳。把生态文明理念全面融入城镇化进程，着力推进绿色发展、循环发展、低碳发展，节约集约利用土地、水、能源等资源，强化环境保护和生态修复，减少对自然的干扰和损害，推动形成绿色低碳的生产生活方式和城市建设运营模式。

——文化传承，彰显特色。根据不同地区的自然历史文化禀赋，体现区域差异性，提倡形态多样性，防止千城一面，发展有历史记忆、文化脉络、地域风貌、民族特点的美丽城镇，形成符合实际、各具特色的城镇化发展模式。

——市场主导，政府引导。正确处理政府和市场关系，更加尊重市场规律，坚持使市场在资源配置中起决定性作用，更好发挥政府作用，切实履行政府制定规划政策、提供公共服务和营造制度环境的重要职责，使城镇化成为市场主导、自然发展的过程，成为政府引导、科学发展的过程。

——统筹规划，分类指导。中央政府统筹总体规划、战略布局和制度安排，加强分类指导；地方政府因地制宜、循序渐进抓好贯彻落实；尊重基层首创精神，鼓励探索创新和试点先行，凝聚各方共识，实现重点突破，总结推广经验，积极稳妥扎实有序推进新型城镇化。

第五章　发展目标

——城镇化水平和质量稳步提升。城镇化健康有序发展，常住人口城镇化率达到60%左右，户籍人口城镇化率达到45%左右，户籍人口城镇化率与常住人口城镇化率差距缩小2个百分点左右，努力实现1亿左右农业转移人口和其他常住人口在城镇落户。

——城镇化格局更加优化。“两横三纵”为主体的城镇化战略格局基本形成，城市群集聚经济、人口能力明显增强，东部地区城市群一体化水平和国际竞争力明显提高，中西部地区城市群成为推动区域协调发展的新的重要增长极。城市规模结构更加完善，中心城市辐射带动作用更加突出，中小城市数量增加，小城镇服务功能增强。

——城市发展模式科学合理。密度较高、功能混用和公交导向的集约紧凑型开发模式成为主导，人均城市建设用地严格控制在100m^2以内，建成区人口密度逐步提高。绿色生产、绿色消费成为城市经济生活的主流，节能节水产品、再生利用产品和绿色建筑比例大幅提高。城市地下管网覆盖率明显提高。

——城市生活和谐宜人。稳步推进义务教育、就业服务、基本养老、基本医疗卫生、保障性住房等城镇基本公共服务覆盖全部常住人口，基础设施和公共服务设施更加完善，消费环境更加便利，生态环境明显改善，空气质量逐步好转，饮用水安全得到保障。自然景观和文化特色得到有效保护，城市发展个性化，城市管理人性化、智能化。

——城镇化体制机制不断完善。户籍管理、土地管理、社会保障、财税金融、行政管理、生态环境等制度改革取得重大进展，阻碍城镇化健康发展的体制机制障碍基本消除。

专栏1　新型城镇化主要指标

指标	2012年	2020年
城镇化水平		
常住人口城镇化率（%）	52.6	60左右
户籍人口城镇化率（%）	35.3	45左右
基本公共服务		
农民工随迁子女接受义务教育比例（%）		≥99
城镇失业人员、农民工、新成长劳动力免费接受基本职业技能培训覆盖率（%）		≥95
城镇常住人口基本养老保险覆盖率（%）	66.9	≥90
城镇常住人口基本医疗保险覆盖率（%）	95	98
城镇常住人口保障性住房覆盖率（%）	12.5	≥23
基础设施		
百万以上人口城市公共交通占机动化出行比例（%）	45*	60
城镇公共供水普及率（%）	81.7	90
城市污水处理率（%）	87.3	95
城市生活垃圾无害化处理率（%）	84.8	95
城市家庭宽带接入能力（Mbps）	4	≥50
城市社区综合服务设施覆盖率（%）	72.5	100
资源环境		
人均城市建设用地（m^2）		≤100
城镇可再生能源消费比重（%）	8.7	13
城镇绿色建筑占新建建筑比重（%）	2	50
城市建成区绿地率（%）	35.7	38.9
地级以上城市空气质量达到国家标准的比例（%）	40.9	60

注：①带*为2011年数据。
②城镇常住人口基本养老保险覆盖率指标中，常住人口不含16周岁以下人员和在校学生。
③城镇保障性住房：包括公租房（含廉租房）、政策性商品住房和棚户区改造安置住房等。
④人均城市建设用地：国家《城市用地分类与规划建设用地标准》规定，人均城市建设用地标准为65.0—115.0平方米，新建城市为85.1—105.0平方米。
⑤城市空气质量国家标准：在1996年标准基础上，增设了PM2.5浓度限值和臭氧8小时平均浓度限值，调整了PM10、二氧化氮、铅等浓度限值。

第三篇　有序推进农业转移人口市民化

按照尊重意愿、自主选择，因地制宜、分步推进，存量优先、带动增量的原则，以农业转移人口为重点，兼顾高校和职业技术院校毕业生、城镇间异地就业人员和城区城郊农业人口，统筹推进户籍制度改革和基本公共服务均等化。

第六章　推进符合条件农业转移人口落户城镇

逐步使符合条件的农业转移人口落户城镇，不仅要放开小城镇落户限制，也要放宽大中城市落户条件。

第一节 健全农业转移人口落户制度

各类城镇要健全农业转移人口落户制度，根据综合承载能力和发展潜力，以就业年限、居住年限、城镇社会保险参保年限等为基准条件，因地制宜制定具体的农业转移人口落户标准，并向全社会公布，引导农业转移人口在城镇落户的预期和选择。

第二节 实施差别化落户政策

以合法稳定就业和合法稳定住所（含租赁）等为前置条件，全面放开建制镇和小城市落户限制，有序放开城区人口50万～100万的城市落户限制，合理放开城区人口100万～300万的大城市落户限制，合理确定城区人口300万～500万的大城市落户条件，严格控制城区人口500万以上的特大城市人口规模。大中城市可设置参加城镇社会保险年限的要求，但最高年限不得超过5年。特大城市可采取积分制等方式设置阶梯式落户通道调控落户规模和节奏。

第七章　推进农业转移人口享有城镇基本公共服务

农村劳动力在城乡间流动就业是长期现象，按照保障基本、循序渐进的原则，积极推进城镇基本公共服务由主要对本地户籍人口提供向对常住人口提供转变，逐步解决在城镇就业居住但未落户的农业转移人口享有城镇基本公共服务问题。

第一节　保障随迁子女平等享有受教育权利

建立健全全国中小学生学籍信息管理系统，为学生学籍转接提供便捷服务。将农民工随迁子女义务教育纳入各级政府教育发展规划和财政保障范畴，合理规划学校布局，科学核定教师编制，足额拨付教育经费，保障农民工随迁子女以公办学校为主接受义务教育。对未能在公办学校就学的，采取政府购买服务等方式，保障农民工随迁子女在普惠性民办学校接受义务教育的权利。逐步完善农民工随迁子女在流入地接受中等职业教育免学费和普惠性学前教育的政策，推动各地建立健全农民工随迁子女接受义务教育后在流入地参加升学考试的实施办法。

第二节　完善公共就业创业服务体系

加强农民工职业技能培训，提高就业创业能力和职业素质。整合职业教育和培训资源，全面提供政府补贴职业技能培训服务。强化企业开展农民工岗位技能培训责任，足额提取并合理使用职工教育培训经费。鼓励高等学校、各类职业院校和培训机构积极开展职业教育和技能培训，推进职业技能实训基地建设。鼓励农民工取得职业资格证书和专项职业能力证书，并按规定给予职业技能鉴定补贴。加大农民工创业政策扶持力度，

专栏2 农民工职业技能提升计划

01 就业技能培训
对转移到非农产业务工经商的农村劳动者开展专项技能或初级技能培训。依托技工院校、中高等职业院校、职业技能实训基地等培训机构，加大各级政府投入，开展政府补贴农民工就业技术培训，每年培训1000万人次，基本消除新成长劳动力无技能从业现象。对少数民族转移就业人员实行双语技能培训。
02 岗位技能提升培训
对与企业签订一定期限劳动合同的在岗农民工进行提高技能水平培训。鼓励企业结合行业特点和岗位技能需求，开展农民工在岗技能提升培训，每年培训农民工1000万人次。
03 高技能人才和创业培训
对符合条件的具备中高级技能的农民工实施高技能人才培训计划，完善补贴政策，每年培养100万高技能人才。对有创业意愿并具备创业条件的农民工开展提升创业能力培训。
04 劳动预备制培训
对农村未能继续升学并准备进入非农产业就业或进城务工的应届初高中毕业生、农村籍退役士兵进行储备性专业技能培训。
05 社区公益性培训
组织中高等职业院校、普通高校、技工院校开展面向农民工的公益性教育培训，与街道、社区合作，举办灵活多样的社区培训，提升农民工的职业技能和综合素质。
06 职业技能培训能力建设
依托现有各类职业教育和培训机构，提升改造一批职业技能实训基地。鼓励大中型企业联合技工院校、职业院校，建设一批农民工实训基地。支持一批职业教育优质特色学校和示范性中高等职业院校建设。

健全农民工劳动权益保护机制。实现就业信息全国联网，为农民工提供免费的就业信息和政策咨询。

第三节　扩大社会保障覆盖面

扩大参保缴费覆盖面，适时适当降低社会保险费率。完善职工基本养老保险制度，实现基础养老金全国统筹，鼓励农民工积极参保、连续参保。依法将农民工纳入城镇职工基本医疗保险，允许灵活就业农民工参加当地城镇居民基本医疗保险。完善社会保险关系转移接续政策，在农村参加的养老保险和医疗保险规范接入城镇社保体系，建立全国统一的城乡居民基本养老保险制度，整合城乡居民基本医疗保险制度。强化企业缴费责任，扩大农民工参加城镇职工工伤保险、失业保险、生育保险比例。推进商业保险与社会保险衔接合作，开办各类补充性养老保险、医疗保险、健康保险。

第四节　改善基本医疗卫生条件

根据常住人口配置城镇基本医疗卫生服务资源，将农民工及其随迁家属纳入社区卫生服务体系，免费提供健康教育、妇幼保健、预防接种、传染病防控、计划生育等公共卫生服务。加强农民工聚居地疾病监测、疫情处理和突发公共卫生事件应对。鼓励有条件的地方将符合条件的农民工及其随迁家属纳入当地医疗救助范围。

第五节　拓宽住房保障渠道

采取廉租住房、公共租赁住房、租赁补贴等多种方式改善农民工居住条件。完善商品房配建保障性住房政策，鼓励社会资本参与建设。农民工集中的开发区和产业园区可以建设单元型或宿舍型公共租赁住房，农民工数量较多的企业可以在符合规定标准的用地范围内建设农民工集体宿舍。审慎探索由集体经济组织利用农村集体建设用地建设公共租赁住房。把进城落户农民完全纳入城镇住房保障体系。

第八章　建立健全农业转移人口市民化推进机制

强化各级政府责任，合理分担公共成本，充分调动社会力量，构建政府主导、多方参与、成本共担、协同推进的农业转移人口市民化机制。

第一节 建立成本分担机制

建立健全由政府、企业、个人共同参与的农业转移人口市民化成本分担机制，根据农业转移人口市民化成本分类，明确成本承担主体和支出责任。

政府要承担农业转移人口市民化在义务教育、劳动就业、基本养老、基本医疗卫生、保障性住房以及市政设施等方面的公共成本。企业要落实农民工与城镇职工同工同酬制度，加大职工技能培训投入，依法为农民工缴纳职工养老、医疗、工伤、失业、生育等社会保险费用。农民工要积极参加城镇社会保险、职业教育和技能培训等，并按照规定承担相关费用，提升融入城市社会的能力。

第二节　合理确定各级政府职责

中央政府负责统筹推进农业转移人口市民化的制度安排和政策制定，省级政府负责制定本行政区农业转移人口市民化总体安排和配套政策，市县政府负责制定本行政区城市和建制镇农业转移人口市民化的具体方案和实施细则。各级政府根据基本公共服务的事权划分，承担相应的财政支出责任，增强农业转移人口落户较多地区政府的公共服务保障能力。

第三节 完善农业转移人口社会参与机制

推进农民工融入企业、子女融入学校、家庭融入社区、群体融入社会，建设包容性城市。提高各级党代会代表、人大代表、政协委员中农民工的比例，积极引导农民工参加党组织、工会和社团组织，引导农业转移人口有序参政议政和参加社会管理。加强科普宣传教育，提高农民工科学文化和文明素质，营造农业转移人口参与社区公共活动、建设和管理的氛围。城市政府和用工企业要加强对农业转移人口的人文关怀，丰富其精神文化生活。

第四篇　优化城镇化布局和形态

根据土地、水资源、大气环流特征和生态环境承载能力，优化城镇化空间布局和城镇规模结构，在《全国主体功能区规划》确定的城镇化地区，按照统筹规划、合理布局、分工协作、以大带小的原则，发展集聚效率高、辐射作用大、城镇体系优、功能互补强的城市群，使之成为支撑全国经济增长、促进区域协调发展、参与国际竞争合作的重要平台。构建以陆桥通道、沿长江通道

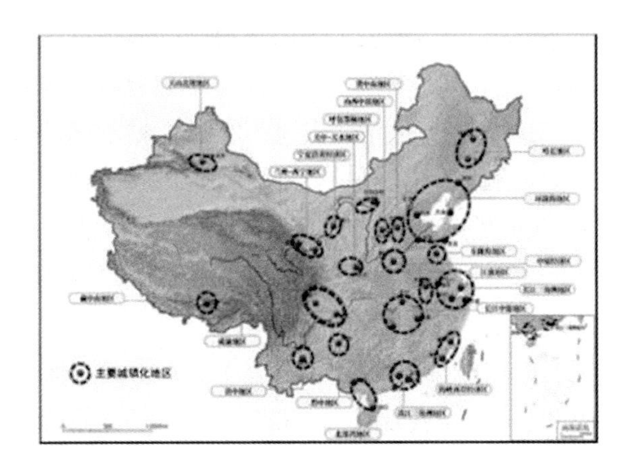

图3 《全国主体功能区规划》确定的城镇化战略格局示意图

为两条横轴，以沿海、京哈京广、包昆通道为三条纵轴，以轴线上城市群和节点城市为依托、其他城镇化地区为重要组成部分，大中小城市和小城镇协调发展的“两横三纵”城镇化战略格局。

第九章　优化提升东部地区城市群

东部地区城市群主要分布在优化开发区域，面临水土资源和生态环境压力加大、要素成本快速上升、国际市场竞争加剧等制约，必须加快经济转型升级、空间结构优化、资源永续利用和环境质量提升。

京津冀、长江三角洲和珠江三角洲城市群，是我国经济最具活力、开放程度最高、创新能力最强、吸纳外来人口最多的地区，要以建设世界级城市群为目标，继续在制度创新、科技进步、产业升级、绿色发展等方面走在全国前列，加快形成国际竞争新优势，在更高层次参与国际合作和竞争，发挥其对全国经济社会发展的重要支撑和引领作用。科学定位各城市功能，增强城市群内中小城市和小城镇的人口经济集聚能力，引导人口和产业由特大城市主城区向周边和其他城镇疏散转移。依托河流、湖泊、山峦等自然地理格局建设区域生态网络。

东部地区其他城市群，要根据区域主体功能定位，在优化结构、提高效益、降低消耗、保护环境的基础上，壮大先进装备制造业、战略性新兴产业和现代服务业，推进海洋经济发展。充分发挥区位优势，全面提高开放水平，集聚创新要素，增强创新能力，提升国际竞争力。统筹区域、城乡基础设施网络和信息网络建设，深化城市间分工协作和功能互补，加快一体化发展。

第十章　培育发展中西部地区城市群

中西部城镇体系比较健全、城镇经济比较发达、中心城市辐射带动作用明显的重点开发区域，要在严格保护生态环境的基础上，引导有市场、有效益的劳动密集型产业优先向中西部转移，吸纳东部返乡和就近转移的农民工，加快产业集群发展和人口集聚，培育发展若干新的城市群，在优化全国城镇化战略格局中发挥更加重要作用。

加快培育成渝、中原、长江中游、哈长等城市群，使之成为推动国土空间均衡开发、引领区域经济发展的重要增长极。加大对内对外开放力度，有序承接国际及沿海地区产业转移，依托优势资源发展特色产业，加快新型工业化进程，壮大现代产业体系，完善基础设施网络，健全功能完备、布局合理的城镇体系，强化城市分工合作，提升中心城市辐射带动能力，形成经济充满活力、生活品质优良、生态环境优美的新型城市群。依托陆桥通道上的城市群和节点城市，构建丝绸之路经济带，推动形成与中亚乃至整个欧亚大陆的区域大合作。

中部地区是我国重要粮食主产区，西部地区是我国水源保护区和生态涵养区。培育发展中西部地区城市群，必须严格保护耕地特别是基本农田，严格保护水资源，严格控制城市边界无序扩张，严格控制污染物排放，切实加强生态保护和环境治理，彻底改变粗放低效的发展模式，确保流域生态安全和粮食生产安全。

第十一章　建立城市群发展协调机制

统筹制定实施城市群规划，明确城市群发展目标、空间结构和开发方向，明确各城市的功能定位和分工，统筹交通基础设施和信息网络布局，加快推进城市群一体化进程。加强城市群规划与城镇体系规划、土地利用规划、生态环境规划等的衔接，依法开展规划环境影响评价。中央政府负责跨省级行政区的城市群规划编制和组织实施，省级政府负责本行政区内的城市群规划编制和组织实施。

建立完善跨区域城市发展协调机制。以城市群为主要平台，推动跨区域城市间产业分工、基础设施、环境治理等协调联动。重点探索建立城市群管理协调模式，创新城市群要素市场管理机制，破除行政壁垒和垄断，促进生产要素自由流动和优化配置。建立城市群成本共担和利益共享机制，加快城市公共交通“一卡通”服务平台建设，推进跨区域互联互通，促进基础设施和公共服务设施共建共享，促进创新资源高效配置和开放共享，推动区域环境联防联控联治，实现城市群一体化发展。

第十二章　促进各类城市协调发展

优化城镇规模结构，增强中心城市辐射带动功能，加快发展中小城市，有重点地发展小城镇，促进大中小城市和小城镇协调发展。

第一节　增强中心城市辐射带动功能

直辖市、省会城市、计划单列市和重要节点城市等中心城市，是我国城镇化发展的重要支撑。沿海中心城市要加快产业转型升级，提高参与全球产业分工的层次，延伸面向腹地的产业和服务链，加快提升国际化程度和国际竞争力。内陆中心城市要加大开发开放力度，健全以先进制造业、战略性新兴产业、现代服务业为主的产业体系，提升要素集聚、科技创新、高端服务能力，发挥规模效应和带动效应。区域重要节点城市要完善城市功能，壮大经济实力，加强协作对接，实现集约发展、联动发展、互补发展。特大城市要适当疏散经济功能和其他功能，推进劳动密集型加工业向外转移，加强与周边城镇基础设施连接和公共服务共享，推进中心城区功能向一小时交通圈地区扩散，培育形成通勤高效、一体发展的都市圈。

第二节　加快发展中小城市

把加快发展中小城市作为优化城镇规模结构的主攻方向，加强产业和公共服务资源布局引导，提升质量，增加数量。鼓励引导产业项目在资源环境承载力强、发展潜力大的中小城市和县城布局，依托优势资源发展特色产业，夯实产业基础。加强市政基础设施和公共服务设施建设，教育医疗等公共资源配置要向中小城市和县城倾斜，引导高等学校和职业院校在中小城市布局、优质教育和医疗机构在中小城市设立分支机构，增强集聚要素的吸引力。完善设市标准，严格审批程序，对具备行政区划调整条件的县可有序改市，把有条件的县城和重点镇发展成为中小城市。培育壮大陆路边境口岸城镇，完善边境贸易、金融服务、交通枢纽等功能，建设国际贸易物流节点和加工基地。

第三节　有重点地发展小城镇

按照控制数量、提高质量，节约用地、体现特色的要求，推动小城镇发展与疏解大城市中心城区功能相结合、与特色产业发展相结合、与服务“三农”相结合。大城市周边的重点镇，要加强与城市发展的统筹规划与功能配套，逐步发展成为卫星城。具有特色资源、区位优势的小城镇，要通过规划引导、市场运作，培育成为文化旅游、商贸物

专栏3　重点建设的陆路边境口岸城镇
01 面向东北亚 丹东、集安、临江、长白、和龙、图们、珲春、黑河、绥芬河、抚远、同江、东宁、满洲里、二连浩特、甘其毛都、策克
02 面向中亚西亚 喀什、霍尔果斯、伊宁、博乐、阿拉山口、塔城
03 面向东南亚 东兴、凭祥、宁明、龙州、大新、靖西、那坡、瑞丽、磨憨、畹町、河口
04 面向南亚 樟木、吉隆、亚东、普兰、日屋

专栏4　县城和重点镇基础设施提升工程
01 公共供水 加强供水设施建设，实现县城和重点镇公共供水普及率85%以上。
02 污水处理 因地制宜建设集中污水处理厂或分散型生态处理设施，使所有县城和重点镇具备污水处理能力，实现县城污水处理率达85%左右、重点镇达70%左右。
03 垃圾处理 实现县城具备垃圾无害化处理能力，按照以城带乡模式推进重点镇垃圾无害化处理，重点建设垃圾收集、转运设施，实现重点镇垃圾收集、转运全覆盖。
04 道路交通 统筹城乡交通一体化发展，县城基本实现高等级公路连通，重点镇积极发展公共交通。
05 燃气供热 加快城镇天然气（含煤层气等）管网、液化天然气（压缩天然气）站、集中供热等设施建设，因地制宜发展大中型沼气、生物质燃气和地热能，县城逐步推进燃气替代生活燃煤，北方地区县城和重点镇集中供热水平明显提高。
06 分布式能源 城镇建设和改造要优先采用分布式能源，资源丰富地区的城镇新能源和可再生能源消费比重显著提高。鼓励条件适宜地区大力促进可再生能源建筑应用。

流、资源加工、交通枢纽等专业特色镇。远离中心城市的小城镇和林场、农场等，要完善基础设施和公共服务，发展成为服务农村、带动周边的综合性小城镇。对吸纳人口多、经济实力强的镇，可赋予与人口和经济规模相适应的管理权。

第十三章　强化综合交通运输网络支撑

完善综合运输通道和区际交通骨干网络，强化城市群之间交通联系，加快城市群交通一体化规划建设，改善中小城市和小城镇对外交通，发挥综合交通运输网络对城镇化格局的支撑和引导作用。到2020年，普通铁路网覆盖20万以上人口城市，快速铁路网基本覆盖50万以上人口城市；普通国道基本覆盖县城，国家高速公路基本覆盖20万以上人口城市；民用航空网络不断扩展，航空服务覆盖全国90%左右的人口。

第一节　完善城市群之间综合交通运输网络

依托国家“五纵五横”综合运输大通道，加强东中部城市群对外交通骨干网络薄弱环节建设，加快西部城市群对外交通骨干网络建设，形成以铁路、高速公路为骨干，以普通国道、省道为基础，与民航、水路和管道共同组成的连接东西、纵贯南北的综合交通运输网络，支撑国家“两横三纵”城镇化战略格局。

第二节　构建城市群内部综合交通运输网络

按照优化结构的要求，在城市群内部建设以轨道交通和高速公路为骨干，以普通公路为基础，有效衔接大中小城市和小城镇的多层次快速交通运输网络。提升东部地区城市群综合交通运输一体化水平，建成以城际铁路、高速公路为主体的快速客运和大能力货运网络。推进中西部地区城市群内主要城市之间的快速铁路、高速公路建设，逐步形成城市群内快速交通运输网络。

第三节　建设城市综合交通枢纽

建设以铁路、公路客运站和机场等为主的综合客运枢纽，以铁路和公路货运场站、港口和机场等为主的综合货运枢纽，优化布局，提升功能。依托综合交通枢纽，加强铁路、公路、民航、水运与城市轨道交通、地面公共交通等多种交通方式的衔接，完善集疏运系统与配送系统，实现客运“零距离”换乘和货运无缝衔接。

第四节　改善中小城市和小城镇交通条件

加强中小城市和小城镇与交通干线、交通枢纽城市的连接，加快国省干线公路升级改造，提高中小城市和小城镇公路技术等级、通行能力和铁路覆盖率，改善交通条件，提升服务水平。

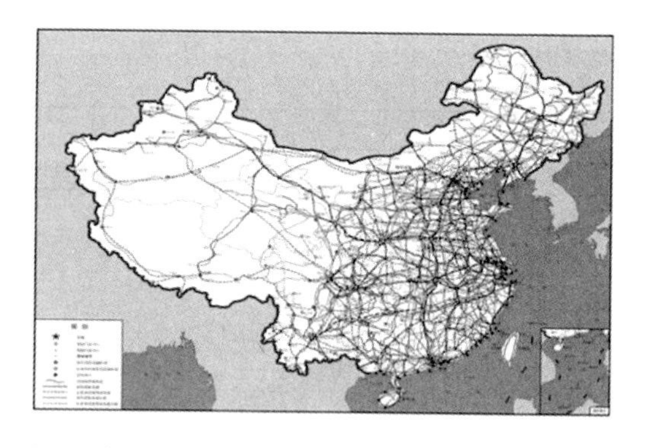

图4 全国主要城市综合交通运输网络示意图

第五篇　提高城市可持续发展能力

加快转变城市发展方式，优化城市空间结构，增强城市经济、基础设施、公共服务和资源环境对人口的承载能力，有效预防和治理“城市病”，建设和谐宜居、富有特色、充满活力的现代城市。

第十四章　强化城市产业就业支撑

调整优化城市产业布局和结构，促进城市经济转型升级，改善营商环境，增强经济活力，扩大就业容量，把城市打造成为创业乐园和创新摇篮。

第一节　优化城市产业结构

根据城市资源环境承载能力、要素禀赋和比较优势，培育发展各具特色的城市产业体系。改造提升传统产业，淘汰落后产能，壮大先进制造业和节能环保、新一代信息技术、生物、新能源、新材料、新能源汽车等战略性新兴产业。适应制造业转型升级要求，推动生产性服务业专业化、市场化、社会化发展，引导生产性服务业在中心城市、制造业密集区域集聚；适应居民消费需求多样化，提升生活性服务业水平，扩大服务供给，提高服务质量，推动特大城市和大城市形成以服务经济为主的产业结构。强化城市间专业化分工协作，增强中小城市产业承接能力，构建大中小城市和小城镇特色鲜明、优势互补的产业发展格局。推进城市污染企业治理改造和环保搬迁。支持资源枯竭城市发展接续替代产业。

第二节　增强城市创新能力

顺应科技进步和产业变革新趋势，发挥城市创新载体作用，依托科技、教育和人才资源优势，推动城市走创新驱动发展道路。营造创新的制度环境、政策环境、金融环境和文化氛围，激发全社会创新活力，推动技术创新、商业模式创新和管理创新。建立产学研协同创新机制，强化企业在技术创新中的主体地位，发挥大型企业创新骨干作用，激发中小企业创新活力。建设创新基地，集聚创新人才，培育创新集群，完善创新服务体系，发展创新公共平台和风险投资机构，推进创新成果资本化、产业化。加强知识产权运用和保护，健全技术创新激励机制。推动高等学校提高创新人才培养能力，加快现代职业教育体系建设，系统构建从中职、高职、本科层次职业教育到专业学位研究生教育的技术技能人才培养通道，推进中高职衔接和职普沟通。引导部分地方本科高等学校转型发展为应用技术类型高校。试行普通高校、高职院校、成人高校之间的学分转换，为学生多样化成才提供选择。

第三节　营造良好就业创业环境

发挥城市创业平台作用，充分利用城市规模经济产生的专业化分工效应，放宽政府管制，降低交易成本，激发创业活力。完善扶持创业的优惠政策，形成政府激励创业、社会支持创业、劳动者勇于创业新机制。运用财政支持、税费减免、创业投资引导、政策性金融服务、小额贷款担保等手段，为中小企业特别是创业型企业发展提供良好的经营环境，促进以创业带动就业。促进以高校毕业生为重点的青年就业和农村转移劳动力、城镇困难人员、退役军人就业。结合产业升级开发更多适合高校毕业生的就业岗位，实行激励高校毕业生自主创业政策，实施离校未就业高校毕业生就业促进计划。合理引导高校毕业生就业流向，鼓励其到中小城市创业就业。

第十五章　优化城市空间结构和管理格局

按照统一规划、协调推进、集约紧凑、疏密有致、环境优先的原则，统筹中心城区改造和新城新区建设，提高城市空间利用效率，改善城市人居环境。

第一节　改造提升中心城区功能

推动特大城市中心城区部分功能向卫星城疏散，强化大中城市中心城区高端服务、现代商贸、信息中介、创意创新等功能。完善中心城区功能组合，统筹规划地上地下空间开发，推动商业、办公、居住、生态空间与交通站点的合理布局与综合利用开发。制定城市市辖区设置标准，优化市辖区规模和结构。按照改造更新与保护修复并重的要求，健全旧城改造机制，优化提升旧城功能。加快城区老工业区搬迁改造，大力推进棚户区改造，稳步实施城中村改造，有序推进旧住宅小区综合整治、危旧住房和非成套住房改造，全面改善人居环境。

专栏5　棚户区改造行动计划
01　城市棚户区改造 加快推进集中成片城市棚户区改造，逐步将其他棚户区、城中村改造统一纳入城市棚户区改造范围，到2020年基本完成城市棚户区改造任务。
02　国有工矿棚户区改造 将位于城市规划区内的国有工矿棚户区统一纳入城市棚户区改造范围，按照属地原则将铁路、钢铁、有色、黄金等行业棚户区纳入各地棚户区改造规划组织实施。
03　国有林区棚户区改造 加快改造国有林区棚户区和国有林场危旧房，将国有林区（场）外其他林业基层单位符合条件的住房困难人员纳入当地城镇住房保障体系。
04　国有垦区危房改造 加快改造国有垦区危房，将华侨农场非归难侨危房改造统一纳入垦区危房改造中央补助支持范围。

第二节　严格规范新城新区建设

严格新城新区设立条件，防止城市边界无序蔓延。因中心城区功能过度叠加、人口密度过高或规避自然灾害等原因，确需规划建设新城新区，必须以人口密度、产出强度和资源环境承载力为基准，与行政区划相协调，科学合理编制规划，严格控制建设用地规模，控制建设标准过度超前。统筹生产区、办公区、生活区、商业区等功能区规划建设，推进功能混合和产城融合，在集聚产业的同时集聚人口，防止新城新区空心化。加强现有开发区城市功能改造，推动单一生产功能向城市综合功能转型，为促进人口集聚、发展服务经济拓展空间。

第三节　改善城乡接合部环境

提升城乡接合部规划建设和管理服务水平，促进社区化发展，增强服务城市、带动农村、承接转移人口功能。加快城区基础设施和公共服务设施向城乡接合部地区延伸覆盖，规范建设行为，加强环境整治和社会综合治理，改善生活居住条件。保护生态用地和农用地，形成有利于改善城市生态环境质量的生态缓冲地带。

第十六章 提升城市基本公共服务水平

加强市政公用设施和公共服务设施建设，增加基本公共服务供给，增强对人口集聚和服务的支撑能力。

第一节　优先发展城市公共交通

将公共交通放在城市交通发展的首要位置，加快构建以公共交通为主体的城市机动化出行系统，积极发展快速公共汽车、现代有轨电车等大容量地面公共交通系统，科学有序推进城市轨道交通建设。优化公共交通站点和线路设置，推动形成公共交通优先通行网络，提高覆盖率、准点率和运行速度，基本实现100万人口以上城市中心城区公共交通站点500米全覆盖。强化交通综合管理，有效调控、合理引导个体机动化交通需求。推动各种交通方式、城市道路交通管理系统的信息共享和资源整合。

第二节　加强市政公用设施建设

建设安全高效便利的生活服务和市政公用设施网络体系。优化社区生活设施布局，健全社区养老服务体系，完善便民利民服务网络，打造包括物流配送、便民超市、平价菜店、家庭服务中心等在内的便捷生活服务圈。加强无障碍环境建设。合理布局建设公益性菜市场、农产品批发市场。统筹电力、通信、给排水、供热、燃气等地下管网建设，推行城市综合管廊，新建城市主干道路、城市新区、各类园区应实行城市地下管网综合管廊模式。加强城镇水源地保护与建设和供水设施改造与建设，确保城镇供水安全。加强防洪设施建设，完善城市排水与暴雨外洪内涝防治体系，提高应对极端天气能力。建设安全可靠、技术先进、管理规范的新型配电网络体系，加快推进城市清洁能源供应设施建设，完善燃气输配、储备和供应保障系统，大力发展热电联产，淘汰燃煤小锅炉。加强城镇污水处理及再生利用设施建设，推进雨污分流改造和污泥无害化处置。提高城镇生活垃圾无害化处理能力。合理布局建设城市停车场和立体车库，新建大中型商业设施要配建货物装卸作业区和停车场，新建办公区和住宅小区要配建地下停车场。

第三节　完善基本公共服务体系

根据城镇常住人口增长趋势和空间分布，统筹布局建设学校、医疗卫生机构、文化设施、体育场所等公共服务设施。优化学校布局和建设规模，合理配置中小学和幼儿园资源。加强社区卫生服务机构建设，健全与医院分工协作、双向转诊的城市医疗服务体系。完善重大疾病防控、妇幼保健等专业公共卫生和计划生育服务网络。加强公共文化、公共体育、就业服务、社保经办和便民利民服务设施建设。创新公共服务供给方式，引入市场机制，扩大政府购买服务规模，实现供给主体和方式多元化，根据经济社会发展状况和财力水平，逐步提高城镇居民基本公共服务水平，在学有所教、劳有所得、病有所医、老有所养、住有所居上持续取得新进展。

第十七章　提高城市规划建设水平

适应新型城镇化发展要求，提高城市规划科学性，加强空间开发管制，健全规划管理体制机制，严格建筑规范和质量管理，强化实施监督，提高城市规划管理水平和建筑质量。

第一节　创新规划理念

把以人为本、尊重自然、传承历史、绿色低碳理念融入城市规划全过程。城市规划要由扩张性规划逐步转向限定城市边界、优化空间结构的规划，科学确立城市功能定位和形态，加强城市空间开发利用管制，合理

专栏6 城市“三区四线”规划管理

01 禁建区

基本农田、行洪河道、水源地一级保护区、风景名胜区核心区、自然保护区核心区和缓冲区、森林湿地公园生态保育区和恢复重建区、地质公园核心区、道路红线、区域性市政走廊用地范围内、城市绿地、地质灾害易发区、矿产采空区、文物保护单位保护范围等，禁止城市建设开发活动。

02 限建区

水源地二级保护区、地下水防护区、风景名胜区非核心区、自然保护区非核心区和缓冲区、森林公园非生态保育区、湿地公园非保育区和恢复重建区、地质公园非核心区、海陆交界生态敏感区灾害易发区、文物保护单位建设控制地带、文物地下埋藏区、机场噪声控制区、市政走廊预留和道路红线外控制区、矿产采空区外围、地质灾害低易发区、蓄滞洪区、行洪河道外围一定范围等，限制城市建设开发活动。

03 适建区

在已经划定为城市建设用地的区域，合理安排生产用地、生活用地和生态用地，合理确定开发时序、开发模式和开发强度。

04 绿线

划定城市各类绿地范围的控制线，规定保护要求和控制指标。

05 蓝线

划定在城市规划中确定的江、河、湖、库、渠和湿地等城市地表水体保护和控制的地域界线，规定保护要求和控制指标。

06 紫线

划定国家历史文化名城内的历史文化街区和省、自治区、直辖市人民政府公布的历史文化街区的保护范围界线，以及城市历史文化街区外经县级以上人民政府公布保护的历史建筑的保护范围界线。

07 黄线

划定对城市发展全局有影响、必须控制的城市基础设施用地的控制界线，规定保护要求和控制指标。

划定城市“三区四线”，合理确定城市规模、开发边界、开发强度和保护性空间，加强道路红线和建筑红线对建设项目的定位控制。统筹规划城市空间功能布局，促进城市用地功能适度混合。合理设定不同功能区土地开发利用的容积率、绿化率、地面渗透率等规范性要求。建立健全城市地下空间开发利用协调机制。统筹规划市区、城郊和周边乡村发展。

第二节　完善规划程序

完善城市规划前期研究、规划编制、衔接协调、专家论证、公众参与、审查审批、实施管理、评估修编等工作程序，探索设立城市总规划师制度，提高规划编制科学化、民主化水平。推行城市规划政务公开，加大公开公示力度。加强城市规划与经济社会发展、主体功能区建设、国土资源利用、生态环境保护、基础设施建设等规划的相互衔接。推动有条件地区的经济社会发展总体规划、城市规划、土地利用规划等“多规合一”。

第三节　强化规划管控

保持城市规划权威性、严肃性和连续

性，坚持一本规划一张蓝图持之以恒加以落实，防止换一届领导改一次规划。加强规划实施全过程监管，确保依规划进行开发建设。健全国家城乡规划督察员制度，以规划强制性内容为重点，加强规划实施督察，对违反规划行为进行事前事中监管。严格实行规划实施责任追究制度，加大对政府部门、开发主体、居民个人违法违规行为的责任追究和处罚力度。制定城市规划建设考核指标体系，加强地方人大对城市规划实施的监督检查，将城市规划实施情况纳入地方党政领导干部考核和离任审计。运用信息化等手段，强化对城市规划管控的技术支撑。

第四节　严格建筑质量管理

强化建筑设计、施工、监理和建筑材料、装修装饰等全流程质量管控。严格执行先勘察、后设计、再施工的基本建设程序，加强建筑市场各类主体的资质资格管理，推行质量体系认证制度，加大建筑工人职业技能培训力度。坚决打击建筑工程招投标、分包转包、材料采购、竣工验收等环节的违法违规行为，惩治擅自改变房屋建筑主体和承重结构等违规行为。健全建筑档案登记、查询和管理制度，强化建筑质量责任追究和处罚，实行建筑质量责任终身追究制度。

专栏7　绿色城市建设重点

01 绿色能源

推进新能源示范城市建设和智能微电网示范工程建设，依托新能源示范城市建设分布式光伏发电示范区。在北方地区城镇开展风电清洁供暖示范工程。选择部分县城开展可再生能源热利用示范工程，加强绿色能源县建设。

02 绿色建筑

推进既有建筑供热计量和节能改造，基本完成北方采暖地区居住建筑供热计量和节能改造，积极推进夏热冬冷地区建筑节能改造和公共建筑节能改造。逐步提高新建建筑能效水平，严格执行节能标准。积极推进建筑工业化、标准化，提高住宅工业化比例。政府投资的公益性建筑、保障性住房和大型公共建筑全面执行绿色建筑标准和认证。

03 绿色交通

加快发展新能源、小排量等环保型汽车，加快充电站、充电桩、加气站等配套设施建设，加强步行和自行车等慢行交通系统建设，积极推进混合动力、纯电动、天然气等新能源和清洁燃料车辆在公共交通行业的示范应用。推进机场、车站、码头节能节水改造，推广使用太阳能等可再生能源。继续严格实行运营车辆燃料消耗量准入制度，到2020年淘汰全部黄标车。

04 产业园区循环化改造

以国家级和省级产业园区为重点，推进循环化改造，实现土地集约利用、废物交换利用、能量梯级利用、废水循环利用和污染物集中处理。

05 城市环境综合整治

实施清洁空气工程，强化大气污染综合防治，明显改善城市空气质量；实施安全饮用水工程，治理地表水、地下水、实现水质、水量双保障；开展存量生活垃圾治理工作；实施重金属污染防治工程，推进重点地区污染场地和地壤修复治理。实施森林、湿地保护与修复。

06 绿色新生活行动

在衣食住行游等方面，加快向简约适度、绿色低碳、文明节约方式转变。培育生态文化，引导绿色消费，推广节能环保型汽车、节能省地型住宅。健全城市废旧商品回收体系和餐厨废弃物资源化利用体系，减少保用一次性产品，抑制商品过度包装。

第十八章　推动新型城市建设

顺应现代城市发展新理念新趋势，推动城市绿色发展，提高智能化水平，增强历史文化魅力，全面提升城市内在品质。

第一节　加快绿色城市建设

将生态文明理念全面融入城市发展，构建绿色生产方式、生活方式和消费模式。严格控制高耗能、高排放行业发展。节约集约利用土地、水和能源等资源，促进资源循环利用，控制总量，提高效率。加快建设可再生能源体系，推动分布式太阳能、风能、生物质能、地热能多元化、规模化应用，提高新能源和可再生能源利用比例。实施绿色建筑行动计划，完善绿色建筑标准及认证体系、扩大强制执行范围，加快既有建筑节能改造，大力发展绿色建材，强力推进建筑工业化。合理控制机动车保有量，加快新能源汽车推广应用，改善步行、自行车出行条件，倡导绿色出行。实施大气污染防治行动计划，开展区域联防联控联治，改善城市空气质量。完善废旧商品回收体系和垃圾分类处理系统，加强城市固体废弃物循环利用和无害化处置。合理划定生态保护红线，扩

专栏8 智慧城市建设方向

01 信息网络宽带化
推进光纤到户和“光进铜退”，实现光纤网络基本覆盖城市家庭，城市宽带接入能力达到50Mbps，50%家庭达到100Mbps，发达城市部分家庭达到1Gbps。推动4G网络建设，加快城市公共热点区域无线局域网覆盖。

02 规划管理信息化
发展数字化城市管理，推动平台建设和功能拓展，建立城市统一的地理空间信息平台及建（构）筑物数据库，构建智慧城市公共信息平台，统筹推进城市规划、国土利用、城市管网、园林绿化、环境保护等市政基础设施管理的数字化和精准化。

03 基础设施智能化
发展智能交通，实现交通诱导、指挥控制、调度管理和应急处理的智能化。发展智能电网，支持分布式能源的接入、居民和企业用电的智能管理。发展智能水务，构建覆盖供水全过程、保障供水质量安全的智能供排水和污水处理系统。发展智能管网，实现城市地下空间、地下管网的信息化管理和运行监控智能化。发展智能建筑，实现建筑设施、设备、节能、安全的智慧化管控。

04 公共服务便捷化
建立跨部门跨地区业务协同、共建共享的公共服务信息服务体系。利用信息技术，创新发展城市教育、就业、社保、养老、医疗和文化的服务模式。

05 产业发展现代化
加快传统产业信息化改造，推进制造模式向数字化、网络化、智能化、服务化转变。积极发展信息服务业，推动电子商务和物流信息化集成发展，创新并培育新型业态。

06 社会治理精细化
在市场监管、环境监管、信用服务、应急保障、治安防控、公共安全等社会治理领域，深化信息应用，建立完善相关信息服务体系，创新社会治理方式。

大城市生态空间，增加森林、湖泊、湿地面积，将农村废弃地、其他污染土地、工矿用地转化为生态用地，在城镇化地区合理建设绿色生态廊道。

第二节 推进智慧城市建设

统筹城市发展的物质资源、信息资源和智力资源利用，推动物联网、云计算、大数据等新一代信息技术创新应用，实现与城市经济社会发展深度融合。强化信息网络、数据中心等信息基础设施建设。促进跨部门、跨行业、跨地区的政务信息共享和业务协同，强化信息资源社会化开发利用，推广智慧化信息应用和新型信息服务，促进城市规划管理信息化、基础设施智能化、公共服务便捷化、产业发展现代化、社会治理精细化。增强城市要害信息系统和关键信息资源的安全保障能力。

第三节 注重人文城市建设

发掘城市文化资源，强化文化传承创新，把城市建设成为历史底蕴厚重、时代特色鲜明的人文魅力空间。注重在旧城改造中保护历史文化遗产、民族文化风格和传统风貌，促进功能提升与文化文物保护相结合。注重在新城新区建设中融入传统文化元素，与原有城市自然人文特征相协调。加强历史文化名城名镇、历史文化街区、民族风情小镇文化资源挖掘和文化生态的整体保护，传承和弘扬优秀传统文化，推动地方特色文化发展，保存城市文化记忆。培育和践行社会主义核心价值观，加快完善文化管理体制和文化生产经营机制，建立健全现代公共文化服务体系、现代文化市场体系。鼓励城市文化多样化发展，促进传统文化与现代文化、本土文化与外来文化交融，形成多元开放的现代城市文化。

第十九章 加强和创新城市社会治理

树立以人为本、服务为先理念，完善城市治理结构，创新城市治理方式，提升城市社会治理水平。

第一节 完善城市治理结构

顺应城市社会结构变化新趋势，创新社

专栏9 人文城市建设重点
01 文化和自然遗产保护 加强国家重大文化和自然遗产地、国家考古遗址公园、全国重点文物保护单位、历史文化名城名镇名村保护设施建设，加强城市重要历史建筑和历史文化街区保护，推进非物质文化遗产保护利用设施建设。
02 文化设施 建设城市公共图书馆、文化馆、博物馆、美术馆等文化设施，每个社区配套建设文化活动设施，发展中小城市影剧院。
03 体育设施 建设城市体育场（馆）和群众性户外体育健身场地，每个社区有便捷实用的体育健身设施。
04 休闲设施 建设城市生态休闲公园、文化休闲街区、休闲步道、城郊休憩带。
05 公共设施免费开放 逐步免费开放公共图书馆、文化馆（站）、博物馆、美术馆、纪念馆、科技馆、青少年宫和公益性城市公园。

会治理体制，加强党委领导，发挥政府主导作用，鼓励和支持社会各方面参与，实现政府治理和社会自我调节、居民自治良性互动。坚持依法治理，加强法治保障，运用法治思维和法治方式化解社会矛盾。坚持综合治理，强化道德约束，规范社会行为，调节利益关系，协调社会关系，解决社会问题。坚持源头治理，标本兼治、重在治本，以网格化管理、社会化服务为方向，健全基层综合服务管理平台，及时反映和协调人民群众各方面各层次利益诉求。加强城市社会治理法律法规、体制机制、人才队伍和信息化建设。激发社会组织活力，加快实施政社分开，推进社会组织明确权责、依法自治、发挥作用。适合由社会组织提供的公共服务和解决的事项，交由社会组织承担。

第二节　强化社区自治和服务功能

健全社区党组织领导的基层群众自治制度，推进社区居民依法民主管理社区公共事务和公益事业。加快公共服务向社区延伸，整合人口、劳动就业、社保、民政、卫生计生、文化以及综治、维稳、信访等管理职能和服务资源，加快社区信息化建设，构建社区综合服务管理平台。发挥业主委员会、物业管理机构、驻区单位积极作用，引导各类社会组织、志愿者参与社区服务和管理。加强社区社会工作专业人才和志愿者队伍建设，推进社区工作人员专业化和职业化。加强流动人口服务管理。

第三节　创新社会治安综合治理

建立健全源头治理、动态协调、应急处置相互衔接、相互支撑的社会治安综合治理机制。创新立体化社会治安防控体系，改进治理方式，促进多部门城市管理职能整合，鼓励社会力量积极参与社会治安综合治理。及时解决影响人民群众安全的社会治安问题，加强对城市治安复杂部位的治安整治和管理。理顺城管执法体制，提高执法和服务水平。加大依法管理网络力度，加快完善互联网管理领导体制，确保国家网络和信息安全。

第四节　健全防灾减灾救灾体制

完善城市应急管理体系，加强防灾减灾能力建设，强化行政问责制和责任追究制。着眼抵御台风、洪涝、沙尘暴、冰雪、干旱、地震、山体滑坡等自然灾害，完善灾害监测和预警体系，加强城市消防、防洪、排水防涝、抗震等设施和救援救助能力建设，提高城市建筑灾害设防标准，合理规划布局和建设应急避难场所，强化公共建筑物和设施应急避难功能。完善突发公共事件应急预案和应急保障体系。加强灾害分析和信息公开，开展市民风险防范和自救互救教育，建立巨灾保险制度，发挥社会力量在应急管理中的作用。

第六篇　推动城乡发展一体化

坚持工业反哺农业、城市支持农村和多予少取放活方针，加大统筹城乡发展力度，增强农村发展活力，逐步缩小城乡差距，促进城镇化和新农村建设协调推进。

第二十章　完善城乡发展一体化体制机制

加快消除城乡二元结构的体制机制障碍，推进城乡要素平等交换和公共资源均衡配置，让广大农民平等参与现代化进程、共同分享现代化成果。

第一节　推进城乡统一要素市场建设

加快建立城乡统一的人力资源市场，落

实城乡劳动者平等就业、同工同酬制度。建立城乡统一的建设用地市场，保障农民公平分享土地增值收益。建立健全有利于农业科技人员下乡、农业科技成果转化、先进农业技术推广的激励和利益分享机制。创新面向“三农”的金融服务，统筹发挥政策性金融、商业性金融和合作性金融的作用，支持具备条件的民间资本依法发起设立中小型银行等金融机构，保障金融机构农村存款主要用于农业农村。加快农业保险产品创新和经营组织形式创新，完善农业保险制度。鼓励社会资本投向农村建设，引导更多人才、技术、资金等要素投向农业农村。

第二节　推进城乡规划、基础设施和公共服务一体化

统筹经济社会发展规划、土地利用规划和城乡规划，合理安排市县域城镇建设、农田保护、产业集聚、村落分布、生态涵养等空间布局。扩大公共财政覆盖农村范围，提高基础设施和公共服务保障水平。统筹城乡基础设施建设，加快基础设施向农村延伸，强化城乡基础设施连接，推动水电路气等基础设施城乡联网、共建共享。加快公共服务向农村覆盖，推进公共就业服务网络向县以下延伸，全面建成覆盖城乡居民的社会保障体系，推进城乡社会保障制度衔接，加快形成政府主导、覆盖城乡、可持续的基本公共服务体系，推进城乡基本公共服务均等化。率先在一些经济发达地区实现城乡一体化。

第二十一章　加快农业现代化进程

坚持走中国特色新型农业现代化道路，加快转变农业发展方式，提高农业综合生产能力、抗风险能力、市场竞争能力和可持续发展能力。

第一节　保障国家粮食安全和重要农产品有效供给

确保国家粮食安全是推进城镇化的重要保障。严守耕地保护红线，稳定粮食播种面积。加强农田水利设施建设和土地整理复垦，加快中低产田改造和高标准农田建设。继续加大中央财政对粮食主产区投入，完善粮食主产区利益补偿机制，健全农产品价格保护制度，提高粮食主产区和种粮农民的积极性，将粮食生产核心区和非主产区产粮大县建设成为高产稳产商品粮生产基地。支持优势产区棉花、油料、糖料生产，推进畜禽水产品标准化规模养殖。坚持“米袋子”省长负责制和“菜篮子”市长负责制。完善主要农产品市场调控机制和价格形成机制。积极发展都市现代农业。

第二节　提升现代农业发展水平

加快完善现代农业产业体系，发展高产、优质、高效、生态、安全农业。提高农业科技创新能力，做大做强现代种业，健全农业技术综合服务体系，完善科技特派员制度，推广现代化农业技术。鼓励农业机械企业研发制造先进实用的农业技术装备，促进农机农艺融合，改善农业设施装备条件，耕种收综合机械化水平达到70%左右。创新农业经营方式，坚持家庭经营在农业中的基础性地位，推进家庭经营、集体经营、合作经营、企业经营等共同发展。鼓励承包经营权在公开市场上向专业大户、家庭农场、农民合作社、农业企业流转，发展多种形式规模经营。鼓励和引导工商资本到农村发展适合企业化经营的现代种养业，向农业输入现代生产要素和经营模式。加快构建公益性服务

与经营性服务相结合、专项服务与综合服务相协调的新型农业社会化服务体系。

第三节　完善农产品流通体系

统筹规划农产品市场流通网络布局，重点支持重要农产品集散地、优势农产品产地批发市场建设，加强农产品期货市场建设。加快推进以城市便民菜市场（菜店）、生鲜超市、城乡集贸市场为主体的农产品零售市场建设。实施粮食收储供应安全保障工程，加强粮油仓储物流设施建设，发展农产品低温仓储、分级包装、电子结算。健全覆盖农产品收集、存储、加工、运输、销售各环节的冷链物流体系。加快培育现代流通方式和新型流通业态，大力发展快捷高效配送。积极推进“农批对接”、“农超对接”等多种形式的产销衔接，加快发展农产品电子商务，降低流通费用。强化农产品商标和地理标志保护。

第二十二章　建设社会主义新农村

坚持遵循自然规律和城乡空间差异化发展原则，科学规划县域村镇体系，统筹安排农村基础设施建设和社会事业发展，建设农民幸福生活的美好家园。

第一节　提升乡镇村庄规划管理水平

适应农村人口转移和村庄变化的新形势，科学编制县域村镇体系规划和镇、乡、村庄规划，建设各具特色的美丽乡村。按照发展中心村、保护特色村、整治空心村的要求，在尊重农民意愿的基础上，科学引导农村住宅和居民点建设，方便农民生产生活。在提升自然村落功能基础上，保持乡村风貌、民族文化和地域文化特色，保护有历史、艺术、科学价值的传统村落、少数民族特色村寨和民居。

第二节　加强农村基础设施和服务网络建设

加快农村饮水安全建设，因地制宜采取集中供水、分散供水和城镇供水管网向农村延伸的方式解决农村人口饮用水安全问题。继续实施农村电网改造升级工程，提高农村供电能力和可靠性，实现城乡用电同网同价。加强以太阳能、生物沼气为重点的清洁能源建设及相关技术服务。基本完成农村危房改造。完善农村公路网络，实现行政村通班车。加强乡村旅游服务网络、农村邮政设施和宽带网络建设，改善农村消防安全条件。继续实施新农村现代流通网络工程，培育面向农村的大型流通企业，增加农村商品零售、餐饮及其他生活服务网点。深入开展农村环境综合整治，实施乡村清洁工程，开展村庄整治，推进农村垃圾、污水处理和土壤环境整治，加快农村河道、水环境整治，严禁城市和工业污染向农村扩散。

第三节　加快农村社会事业发展

合理配置教育资源，重点向农村地区倾斜。推进义务教育学校标准化建设，加强农村中小学寄宿制学校建设，提高农村义务教育质量和均衡发展水平。积极发展农村学前教育。加强农村教师队伍建设。建立健全新型职业化农民教育、培训体系。优先建设发展县级医院，完善以县级医院为龙头、乡镇卫生院和村卫生室为基础的农村三级医疗卫生服务网络，向农民提供安全价廉可及的基本医疗卫生服务。加强乡镇综合文化站等农村公共文化和体育设施建设，提高文化产品和服务的有效供给能力，丰富农民精神文化生活。完善农村最低生活保障制度。健全农村留守儿童、妇女、老人关爱服务体系。

第七篇　改革完善城镇化发展体制机制

加强制度顶层设计，尊重市场规律，统筹推进人口管理、土地管理、财税金融、城镇住房、行政管理、生态环境等重点领域和关键环节体制机制改革，形成有利于城镇化健康发展的制度环境。

第二十三章　推进人口管理制度改革

在加快改革户籍制度的同时，创新和完善人口服务和管理制度，逐步消除城乡区域间户籍壁垒，还原户籍的人口登记管理功能，促进人口有序流动、合理分布和社会融合。

——建立居住证制度。全面推行流动人口居住证制度，以居住证为载体，建立健全与居住年限等条件相挂钩的基本公共服务提供机制，并作为申请登记居住地常住户口的重要依据。城镇流动人口暂住证持有年限累计进居住证。

——健全人口信息管理制度。加强和完善人口统计调查制度，进一步改进人口普查方法，健全人口变动调查制度。加快推进人口基础信息库建设，分类完善劳动就业、教育、收入、社保、房产、信用、计生、税务等信息系统，逐步实现跨部门、跨地区信息整合和共享，在此基础上建设覆盖全国、安全可靠的国家人口综合信息库和信息交换平台，到2020年在全国实行以公民身份号码为唯一标识，依法记录、查询和评估人口相关信息制度，为人口服务和管理提供支撑。

第二十四章　深化土地管理制度改革

实行最严格的耕地保护制度和集约节约用地制度，按照管住总量、严控增量、盘活存量的原则，创新土地管理制度，优化土地利用结构，提高土地利用效率，合理满足城镇化用地需求。

——建立城镇用地规模结构调控机制。严格控制新增城镇建设用地规模，严格执行城市用地分类与规划建设用地标准，实行增量供给与存量挖潜相结合的供地、用地政策，提高城镇建设使用存量用地比例。探索实行城镇建设用地增加规模与吸纳农业转移人口落户数量挂钩政策。有效控制特大城市新增建设用地规模，适度增加集约用地程度高、发展潜力大、吸纳人口多的卫星城、中小城市和县城建设用地供给。适当控制工业用地，优先安排和增加住宅用地，合理安排生态用地，保护城郊菜地和水田，统筹安排基础设施和公共服务设施用地。建立有效调节工业用地和居住用地合理比价机制，提高工业用地价格。

——健全节约集约用地制度。完善各类建设用地标准体系，严格执行土地使用标准，适当提高工业项目容积率、土地产出率门槛，探索实行长期租赁、先租后让、租让结合的工业用地供应制度，加强工程建设项目用地标准控制。建立健全规划统筹、政府引导、市场运作、公众参与、利益共享的城镇低效用地再开发激励约束机制，盘活利用现有城镇存量建设用地，建立存量建设用地退出激励机制，推进老城区、旧厂房、城中村的改造和保护性开发，发挥政府土地储备对盘活城镇低效用地的作用。加强农村土地综合整治，健全运行机制，规范推进城乡建设用地增减挂钩，总结推广工矿废弃地复垦利用等做法。禁止未经评估和无害化治理的污染场地进行土地流转和开发利用。完善土地租赁、转让、抵押二级市场。

——深化国有建设用地有偿使用制度改革。扩大国有土地有偿使用范围，逐步对经营性基础设施和社会事业用地实行有偿使用。减少非公益性用地划拨，对以划拨方式取得用于经营性项目的土地，通过征收土地年租金等多种方式纳入有偿使用范围。

——推进农村土地管理制度改革。全面完成农村土地确权登记颁证工作，依法维护农民土地承包经营权。在坚持和完善最严格的耕地保护制度前提下，赋予农民对承包地占有、使用、收益、流转及承包经营权抵押、担保权能。保障农户宅基地用益物权，改革完善农村宅基地制度，在试点基础上慎重稳妥推进农民住房财产权抵押、担保、转让，严格执行宅基地使用标准，严格禁止一户多宅。在符合规划和用途管制前提下，允许农村集体经营性建设用地出让、租赁、入股，实行与国有土地同等入市、同权同价。建立农村产权流转交易市场，推动农村产权流转交易公开、公正、规范运行。

——深化征地制度改革。缩小征地范围，规范征地程序，完善对被征地农民合理、规范、多元保障机制。建立兼顾国家、集体、个人的土地增值收益分配机制，合理提高个人收益，保障被征地农民长远发展生计。健全争议协调裁决制度。

——强化耕地保护制度。严格土地用途管制，统筹耕地数量管控和质量、生态管护，完善耕地占补平衡制度，建立健全耕地保护激励约束机制。落实地方各级政府耕地保护责任目标考核制度，建立健全耕地保护共同责任机制；加强基本农田管理，完善基本农田永久保护长效机制，强化耕地占补平衡和土地整理复垦监管。

第二十五章　创新城镇化资金保障机制

加快财税体制和投融资机制改革，创新金融服务，放开市场准入，逐步建立多元化、可持续的城镇化资金保障机制。

——完善财政转移支付制度。按照事权与支出责任相适应的原则，合理确定各级政府在教育、基本医疗、社会保障等公共服务方面的事权，建立健全城镇基本公共服务支出分担机制。建立财政转移支付同农业转移人口市民化挂钩机制，中央和省级财政安排转移支付要考虑常住人口因素。依托信息化管理手段，逐步完善城镇基本公共服务补贴办法。

——完善地方税体系。培育地方主体税种，增强地方政府提供基本公共服务能力。加快房地产税立法并适时推进改革。加快资源税改革，逐步将资源税征收范围扩展到占用各种自然生态空间。推动环境保护费改税。

——建立规范透明的城市建设投融资机制。在完善法律法规和健全地方政府债务管理制度基础上，建立健全地方债券发行管理制度和评级制度，允许地方政府发行市政债券，拓宽城市建设融资渠道。创新金融服务和产品，多渠道推动股权融资，提高直接融资比重。发挥现有政策性金融机构的重要作用，研究制定政策性金融专项支持政策，研究建立城市基础设施、住宅政策性金融机构，为城市基础设施和保障性安居工程建设提供规范透明、成本合理、期限匹配的融资服务。理顺市政公用产品和服务价格形成机制，放宽准入，完善监管，制定非公有制企业进入特许经营领域的办法，鼓励社会资本参与城市公用设施投资运营。鼓励公共基金、保险资金等参与项目自身具有稳定收益的城市基础设施项目建设和运营。

第二十六章　健全城镇住房制度

建立市场配置和政府保障相结合的住房制度，推动形成总量基本平衡、结构基本合理、房价与消费能力基本适应的住房供需格局，有效保障城镇常住人口的合理住房需求。

——健全住房供应体系。加快构建以政府为主提供基本保障、以市场为主满足多层次需求的住房供应体系。对城镇低收入和中等偏下收入住房困难家庭，实行租售并举、以租为主，提供保障性安居工程住房，满足基本住房需求。稳定增加商品住房供应，大力发展二手房市场和住房租赁市场，推进住房供应主体多元化，满足市场多样化住房需求。

——健全保障性住房制度。建立各级财政保障性住房稳定投入机制，扩大保障性住房有效供给。完善租赁补贴制度，推进廉租住房、公共租赁住房并轨运行。制定公平合理、公开透明的保障性住房配租政策和监管程序，严格准入和退出制度，提高保障性住房物业管理、服务水平和运营效率。

——健全房地产市场调控长效机制。调整完善住房、土地、财税、金融等方面政策，共同构建房地产市场调控长效机制。各城市要编制城市住房发展规划，确定住房建设总量、结构和布局。确保住房用地稳定供应，完善住房用地供应机制，保障性住房用地应保尽保，优先安排政策性商品住房用地，合理增加普通商品住房用地，严格控制大户型高档商品住房用地。实行差别化的住房税收、信贷政策，支持合理自住需求，抑制投机投资需求。依法规范市场秩序，健全法律法规体系，加大市场监管力度。建立以土地为基础的不动产统一登记制度，实现全国住房信息联网，推进部门信息共享。

第二十七章　强化生态环境保护制度

完善推动城镇化绿色循环低碳发展的体制机制，实行最严格的生态环境保护制度，形成节约资源和保护环境的空间格局、产业结构、生产方式和生活方式。

——建立生态文明考核评价机制。把资源消耗、环境损害、生态效益纳入城镇化发展评价体系，完善体现生态文明要求的目标体系、考核办法、奖惩机制。对限制开发区域和生态脆弱的国家扶贫开发工作重点县取消地区生产总值考核。

——建立国土空间开发保护制度。建立空间规划体系，坚定不移实施主体功能区制度，划定生态保护红线，严格按照主体功能区定位推动发展，加快完善城镇化地区、农产品主产区、重点生态功能区空间开发管控制度，建立资源环境承载能力监测预警机制。强化水资源开发利用控制、用水效率控制、水功能区限制纳污管理。对不同主体功能区实行差别化财政、投资、产业、土地、人口、环境、考核等政策。

——实行资源有偿使用制度和生态补偿制度。加快自然资源及其产品价格改革，全面反映市场供求、资源稀缺程度、生态环境损害成本和修复效益。建立健全居民生活用电、用水、用气等阶梯价格制度。制定并完善生态补偿方面的政策法规，切实加大生态补偿投入力度，扩大生态补偿范围，提高生态补偿标准。

——建立资源环境产权交易机制。发展环保市场，推行节能量、碳排放权、排污权、水权交易制度，建立吸引社会资本投入生态环境保护的市场化机制，推行环境污染第三方治理。

——实行最严格的环境监管制度。建立和完善严格监管所有污染物排放的环境保护管理制度，独立进行环境监管和行政执法。完善污染物排放许可制，实行企事业单位污染物排放总量控制制度。加大环境执法力度，严格环境影响评价制度，加强突发环境事件应急能力建设，完善以预防为主的环境风险管理制度。对造成生态环境损害的责任者严格实行赔偿制度，依法追究刑事责任。建立陆海统筹的生态系统保护修复和污染防治区域联动机制。开展环境污染强制责任保险试点。

第八篇　规划实施

本规划由国务院有关部门和地方各级政府组织实施。各地区各部门要高度重视、求真务实、开拓创新、攻坚克难，确保规划目标和任务如期完成。

第二十八章　加强组织协调

合理确定中央与地方分工，建立健全城镇化工作协调机制。中央政府要强化制度顶层设计，统筹重大政策研究和制定，协调解决城镇化发展中的重大问题。国家发展改革委要牵头推进规划实施和相关政策落实，监督检查工作进展情况。各有关部门要切实履行职责，根据本规划提出的各项任务和政策措施，研究制定具体实施方案。地方各级政府要全面贯彻落实本规划，建立健全工作机制，因地制宜研究制定符合本地实际的城镇化规划和具体政策措施。加快培养一批专家型城市管理干部，提高城镇化管理水平。

第二十九章　强化政策统筹

根据本规划制定配套政策，建立健全相关法律法规、标准体系。加强部门间政策制定和实施的协调配合，推动人口、土地、投融资、住房、生态环境等方面政策和改革举措形成合力、落到实处。城乡规划、土地利用规划、交通规划等要落实本规划要求，其他相关专项规划要加强与本规划的衔接协调。

第三十章　开展试点示范

本规划实施涉及诸多领域的改革创新，对已经形成普遍共识的问题，如长期进城务工经商的农业转移人口落户、城市棚户区改造、农民工随迁子女义务教育、农民工职业技能培训和中西部地区中小城市发展等，要加大力度，抓紧解决。对需要深入研究解决的难点问题，如建立农业转移人口市民化成本分担机制，建立多元化、可持续的城镇化投融资机制，建立创新行政管理、降低行政成本的设市设区模式，改革完善农村宅基地制度等，要选择不同区域不同城市分类开展试点。继续推进创新城市、智慧城市、低碳城镇试点。深化中欧城镇化伙伴关系等现有合作平台，拓展与其他国家和国际组织的交流，开展多形式、多领域的务实合作。

第三十一章　健全监测评估

加强城镇化统计工作，顺应城镇化发展

态势，建立健全统计监测指标体系和统计综合评价指标体系，规范统计口径、统计标准和统计制度方法。加快制定城镇化发展监测评估体系，实施动态监测与跟踪分析，开展规划中期评估和专项监测，推动本规划顺利实施。

国务院办公厅关于进一步加强棚户区改造工作的通知

（2014年8月4日　国办发［2014］36号）

各省、自治区、直辖市人民政府，国务院各部委、各直属机构：

《国务院关于加快棚户区改造工作的意见》（国发［2013］25号）印发以来，各地区、各有关部门加大棚户区改造工作力度，全面推进城市、国有工矿、国有林区（林场）、国有垦区（农场）棚户区改造，2013年改造各类棚户区320万户以上，2014年计划改造470万户以上，为加快新一轮棚户区改造开了好局。但也要看到，目前仍有部分群众居住在棚户区中，与推进以人为核心的新型城镇化、改造约1亿人居住的城镇棚户区和城中村的要求相比还有较大差距，棚户区改造中仍存在规划布局不合理、配套建设跟不上、项目前期工作慢等问题。为有效解决棚户区改造中的困难和问题，进一步加强棚户区改造工作，经国务院同意，现就有关要求通知如下：

一、进一步完善棚户区改造规划

各地区要进一步摸清待改造棚户区的底数、面积、类型等情况。区分轻重缓急，结合需要与可能，按照尽力而为、量力而行的原则，有计划有步骤地组织实施。各地区要在摸清底数的基础上，抓紧编制完善2015～2017年棚户区改造规划，将包括中央企业在内的国有企业棚户区纳入改造规划，重点安排资源枯竭型城市、独立工矿区和三线企业集中地区棚户区改造，优先改造连片规模较大、住房条件困难、安全隐患严重、群众要求迫切的棚户区。省级人民政府尚未审批棚户区改造规划的，要抓紧审批，并报国务院有关部门。各地区编制完善2015～2017年棚户区改造规划，应突出前瞻性、科学性。

二、优化规划布局

（一）完善安置住房选点布局。棚户区改造安置住房实行原地和异地建设相结合，以原地安置为主，优先考虑就近安置；异地安置的，要充分考虑居民就业、就医、就学、出行等需要，在土地利用总体规划和城市总体规划确定的建设用地范围内，安排在交通便利、配套设施齐全地段。市、县人民政府应当结合棚户区改造规划、城市规划、产业发展和群众生产生活需要，科学合理确定安置住房布局。要统筹中心城区改造和新城新区建设，推动居住与商业、办公、生态空间、交通站点的空间融合及综合开发利用，提高城镇建设用地效率。鼓励国有林区（林场）、垦区（农场）棚户区改造在场部集中安置，促进国有林区、垦区小城镇建设。

（二）改进配套设施规划布局。配套设施应与棚户区改造安置住房同步规划、同步报批、同步建设、同步交付使用。编制城市基础设施建设规划，应做好与棚户区改造规划的衔接，同步规划安置住房小区的城市道路以及公共交通、供水、供电、供气、供热、通信、污水与垃圾处理等市政基础设施建设。安置住房小区商业、教育、医疗卫生等公共服务设施，配建水平必须与居住人口规模相适应，具体配建项目和建设标准，应遵循《城市居住区规划设计规范》要求，并符合当地棚户区改造公共服务设施配套标准的具体规定。

三、加快项目前期工作

（一）做好征收补偿工作。棚户区改造实行实物安置和货币补偿相结合，由棚户区居民自愿选择。各地区要按照国家有关规定制定具体安置补偿办法，依法实施征收，维护群众合法权益。棚户区改造涉及集体土地征收的，要按照国家相关法律法规，做好土地征收、补偿安置等前期工作。各地区可以探索采取共有产权的办法，做好经济困难棚户区居民的住房安置工作。

（二）建立行政审批快速通道。市、县发展改革、国土资源、住房城乡建设等部门要共同建立棚户区改造项目行政审批快速通道，简化审批程序，提高工作效率，改善服务方式，对符合相关规定的项目，限期完成项目立项、规划许可、土地使用、施工许可等审批手续。

四、加强质量安全管理

（一）强化在建工程质量安全监管。各地区要切实加强对棚户区改造在建工程质量安全的监督管理，重点对勘察、设计、施工、监理等参建单位执行工程建设强制性标准情况进行监督检查，对违法违规行为坚决予以查处。严格执行建筑节能强制性标准，实施绿色建筑行动，积极推广应用新技术、新材料，加快推进住宅产业化。全面推行安置住房质量责任终身制，加大质量安全责任追究力度。建设和施工单位要科学把握工程建设进度，保证工程建设的合理周期和造价，确保工程质量安全。

（二）开展已入住安置住房质量安全检查。市、县人民政府要加强对已入住棚户区改造安置住房质量安全状况的检查，重点是建成入住时间较长的安置住房，对有安全隐患的要督促整改、消除隐患，确保居住安全。

五、加快配套建设

（一）加快配套设施建设。市、县人民政府应当编制棚户区改造配套基础设施年度建设计划，明确建设项目、开工竣工时间等内容。棚户区改造安置住房小区的规划设计条件应当明确配套公共服务设施的种类、建设规模和要求等，相关用地以单独成宗供应为主，并依法办理相关供地手续；对确属规划难以分割的配套设施建设用地，可在招标拍卖挂牌出让商品住房用地或划拨供应保障性住房用地时整体供应，建成后依照约定移交设施、办理用地手续。配套设施建成后验收合格的，要及时移交给接收单位。接收单位应当在规定的时限内投入使用。

（二）完善社区公共服务。新建安置住房小区要及时纳入街道和社区管理。安置住房小区没有实施物业管理的，社区居民委员会应组织做好物业服务工作。要发展便民利民服务，加快发展社区志愿服务。鼓励邮政、金融、电信等公用事业服务单位在社区设点服务。

六、落实好各项支持政策

（一）确保建设用地供应。市、县人民政府应当依据棚户区改造规划与棚户区改造安置住房建设计划，结合改造用地需求、具备供应条件地块的具体情况和实际拆迁进度，编制棚户区改造安置住房用地供应计划。地方各级住房城乡建设、国土资源部门要共同商定棚户区改造用地年度供应计划，并根据用地年度供应计划实行宗地供应预安排，将棚户区改造和配套设施年度建设任务落实到地块。市、县规划部门应及时会同国土资源部门，严格依据经批准的控制性详细规划，确定棚户区改造区域全部拟供应宗地的开发强度、套型建筑面积等规划条件，涉及配套养老设施、科教文卫设施的，还应明确配建的设施种类、比例、面积、设施条件，以及建成后交付政府或政府收购的条件等要求，作为土地供应的条件。市、县国土资源部门应及时向社会公开棚户区改造用地年度供应计划、供地时序、宗地规划条件和土地使用要求，接受社会监督。省级国土资源部门应对市、县棚户区改造用地年度供应计划实施情况进行定期检查，确保用地落实到位。

（二）落实财税支持政策。市、县人民政府要切实加大棚户区改造资金投入，落实好税费减免政策。省级人民政府要进一步加大对本地区财政困难市县、贫困农林场棚户区改造的资金投入，支持国有林区（林场）、垦区（农场）棚户区改造相关的配套设施建设，重点支持资源枯竭型城市、独立工矿区和三线企业集中地区棚户区改造。中央继续加大对棚户区改造的补助力度，对财政困难地区予以倾斜。建立健全地方政府债券制度，加大对棚户区改造的支持。

（三）加大金融支持力度。进一步发挥开发性金融作用。国家开发银行成立住宅金融事业部，重点支持棚户区改造及城市基础设施等相关工程建设。鼓励商业银行等金融机构按照风险可控、商业可持续的原则，积极支持符合信贷条件的棚户区改造项目。纳入国家计划的棚户区改造项目，国家开发银行的贷款与项目资本金可在年度内同比例到位。对经过清理整顿符合条件的省级政府及地级以上城市政府融资平台公司，其实施的棚户区改造项目，银行业金融机构可比照公共租赁住房融资的有关规定给予信贷支持。与棚户区改造项目直接相关的城市基础设施项目，由国家开发银行按国务院有关要求给予信贷支持。各地要建立健全信贷偿还保障机制，确保还款保障得到有效落实。推进债券创新，支持承担棚户区改造项目的企业发行债券，优化棚户区改造债券品种方案设计，研究推出棚户区改造项目收益债券；与开发性金融政策相衔接，扩大“债贷组合”用于棚户区改造范围；适当放宽企业债券发行条件，支持国有大中型企业发债用于棚户区改造。通过投资补助、贷款贴息等多种方式，吸引社会资金，参与投资和运营棚户区改造项目，在市场准入和扶持政策方面对各类投资主体同等对待。支持金融机构创新金融产品和服务，研究建立完善多层次、多元化的棚户区改造融资体系。

七、加强组织领导

各地区、各有关部门要紧紧围绕推进新型城镇化的重大战略部署，进一步加大棚户区改造工作力度，力争超额完成2014年目标任务，并提前谋划2015～2017年棚户区改造工作。各省（区、市）人民政府对本地区棚户区改造负总责，要加强对市、县人民政府棚户区改造工作目标责任考核，落实市、县人民政府具体工作责任，完善工作机制，抓好组织实施。国务院各有关部门要依据各自职责，密切配合，加强对地方的监督指导，研究完善相关政策措施。要广泛宣传棚户区改造的重要意义，主动发布和准确解读政策措施，深入细致做好群众工作，营造良好社会氛围，共同推进棚户区改造工作。

（国务院办公厅）

关于做好2014年农村危房改造工作的通知

（2014年6月7日　建村［2014］76号）

各省、自治区住房城乡建设厅、发展改革委、财政厅，直辖市建委（建交委、农委）、发展改革委、财政局：

为贯彻落实党中央、国务院关于加快农村危房改造的部署和要求，切实做好2014年农村危房改造工作，现就有关事项通知如下：

一、改造任务

2014年中央支持全国266万贫困农户改造危房，其中：国家确定的集中连片特殊困难地区的县和国家扶贫开发工作重点县等贫困地区105万户，陆地边境县边境一线15万户，东北、西北、华北等“三北”地区和西藏自治区14万农户结合危房改造开展建筑节能示范。各省（区、市）危房改造任务由住房城乡建设部会同国家发展改革委、财政部确定。

二、补助对象与补助标准

农村危房改造补助对象重点是居住在危房中的农村分散供养五保户、低保户、贫困残疾人家庭和其他贫困户。各地要按照优先帮助住房最危险、经济最贫困农户解决最基本安全住房的要求，坚持公开、公平、公正原则，严格执行农户自愿申请、村民会议或村民代表会议民主评议、乡（镇）审核、县级审批等补助对象的认定程序，规范补助对象的审核审批。同时，建立健全公示制度，将补助对象基本信息和各审查环节的结果在村务公开栏公示。县级政府要组织做好与经批准的危房改造农户签订合同或协议工作，并征得农户同意公开其有关信息。

2014年中央补助标准为每户平均7500元，在此基础上对贫困地区每户增加1000元补助，对陆地边境县边境一线贫困农户、建筑节能示范户每户分别增加2500元补助。各省（区、市）要依据改造方式、建设标准、成本需求和补助对象自筹资金能力等不同情况，合理确定不同地区、不同类型、不同档次的省级分类补助标准，落实对特困地区、特困农户在补助标准上的倾斜照顾。

三、资金筹集和使用管理

2014年中央安排农村危房改造补助资金230亿元（含中央预算内投资35亿元），由财政部会同国家发展改革委、住房城乡建设部联合下达。中央补助资金根据农户数、危房数、地区财力差别、上年地方补助资金落实情况、工作绩效等因素进行分配。各地要采取积极措施，整合相关项目和资金，将抗震安居、游牧民定居、自然灾害倒损农房恢复重建、贫困残疾人危房改造、扶贫安居等资金与农村危房改造资金有机衔接，通过政府补助、银行信贷、社会捐助、农民自筹等多渠道筹措农村危房改造资金。地方各级财政要将农村危房改造地方补助资金和项目管理等工作经费纳入财政预算，省级财政要切实加大资金投入力度，帮助自筹资金确有困难的特困户解决危房改造资金问题。各地要利用好中央财政提前下达资金，支持贫困农户提前备工备料。

各地要按照《中央农村危房改造补助资金管理暂行办法》（财社［2011］88号）等有关规定，加强农村危房改造补助资金的使用管理。补助资金实行专项管理、专账核算、专款专用，并按有关资金管理制度的规定严格使用，健全内控制度，执行规定标准，直接将资金补助到危房改造户，严禁截留、挤占、挪用或变相使用。各级财政部门要会同发展改革、住房城乡建设部门加强资金使用的监督管理，及时下达资金，加快预算执行进度，并积极配合有关部门做好审计、稽查等工作。

四、科学制定实施方案

各省级住房城乡建设、发展改革、财政等部门要认真组织编制2014年农村危房改造实施方案，明确政策措施、任务分配、资金安排和监管要求，并于今年8月上旬联合上报住房城乡建设部、国家发展改革委、财政部（以下简称3部委）。各省（区、市）分配危房改造任务要综合考虑各县的实际需求、建设与管理能力、地方财力、工作绩效等因素，确保安排到贫困地区的任务不低于中央下达的贫困地区任务量。各县要细化落实措施，合理安排各乡（镇）、村的危房改造任务。

五、合理选择改造建设方式

各地要因地制宜，积极探索符合当地实际的农村危房改造方式，努力提高补助资金使用效益。拟改造农村危房属整体危险（D级）的，原则上应拆除重建，属局部危险（C级）的应修缮加固。危房改造以农户自建为主，农户自建确有困难且有统建意愿的，地方政府要发挥组织、协调作用，帮助农户选择有资质的施工队伍统建。坚持以分散分户改造为主，在同等条件下保护发展规划已经批准的传统村落和危房较集中的村庄优先安排，已有搬迁计划的村庄不予安排，不得借危房改造名义推进村庄整体迁并。积极编制村庄规划，统筹协调道路、供水、沼气、环保等设施建设，整体改善村庄人居环境。陆地边境一线农村危房改造以原址为主，确需异址新建的，应靠紧边境，不得后移。

六、严格执行建设标准

农村危房改造要达到基本建设要求，改造后住房须建筑面积适当、主要部件合格、房屋结构安全和基本功能齐全。原则上，改造后住房建筑面积要达到人均13m^{2}以上；户均建筑面积控制在60m^{2}米以内，可根据家庭人数适当调整，但3人以上农户的人均建筑面积不得超过18m^2。

各地要按照基本建设要求加强引导和规范，积极组织制定农房设计方案，注重为危房改造户将来扩建住房预留好接口，防止群众盲目攀比、超标准建房。县级住房城乡建设部门要按照基本建设要求及时组织验收，逐户逐项检查和填写验收表。需检查项目全部合格的视为验收合格，否则视为不合格，凡验收不合格的须整改合格方能全额拨付补助款项。

七、强化质量安全管理

各地要建立健全农村危房改造质量安全管理制度，严格执行《农村危房改造抗震安全基本要求（试行）》（建村［2011］115号）。农房设计要符合抗震要求，符合农民生产生活习惯，体现民族和地方建筑风格，注重保持田园风光与传统风貌，可以选用县级以上住房城乡建设部门推荐使用的通用图、有资格的个人或有资质的单位的设计方案，或由承担任务的农村建筑工匠设计。农村危房改造必须由经培训合格的农村建筑工匠或有资质的施工队伍承担。承揽农村危房改造项目的农村建筑工匠或者单位要对质量安全负责，并按合同约定对所改造房屋承担保修和返修责任。乡镇建设管理员要加强对农房设计的指导和审查，在农村危房改造的地基基础、抗震措施和关键主体结构施工过程中及时到现场逐户技术指导和检查，发现不符合基本建设要求的当即告知建房户，并提出处理建议和做好记录。

地方各级尤其是县级住房城乡建设部门要组织技术力量，编印和发放农房抗震设防手册或挂图，向广大农民宣传和普及抗震设防常识，同时加强危房改造施工现场质量安全巡查与指导监督。加强地方建筑材料利用研究，传承和改进传统建造工法，探索符合标准的就地取材建房技术方案，推进农房建设技术进步。开设危房改造咨询窗口，面向农民提供危房改造技术和工程纠纷调解服务。结合建材下乡，组织协调主要建筑材料的生产、采购与运输，并免费为农民提供主要建筑材料质量检测服务。各地要健全和加强乡镇建设管理机构，加强乡镇建设管理员和农村建筑工匠培训与管理，提高服务和管理农村危房改造的能力。

八、加强传统民居保护和农房风貌建设

农村危房改造要注重对传统民居的保护。对于传统村落范围内的传统民居，在所在村落的保护发展规划未经批准前，原则上暂不安排农村危房改造任务；保护发展规划已经批准的，要严格按规划实施修缮和改造。各地要在保证安全和经济的条件下，提高农村危房改造的农房风貌建设水平。加强对农房风貌建设的技术指导与管理，注重在建筑形式、细部构造、室内外装饰等方面延续民居风格，推动建设具有地方民居特色的现代农房。加强农房风貌综合建设，开展院落整治、利用和美化，努力使改造后农房与院落及周边环境相协调。

九、完善农户档案管理

农村危房改造实行一户一档的农户档案管理制度，批准一户、建档一户。每户农户的纸质档案必须包括档案表、农户申请、审核审批、公示、协议等材料，其中档案表按照全国农村危房改造农户档案管理信息系统（以下简称信息系统）公布的最新样表制作。在完善和规范农户纸质档案管理与保存的基础上，严格执行农户纸质档案表信息化录入制度，将农户档案表及时、全面、真实、完整、准确地录入信息系统。各地要按照绩效考评和试行农户档案信息公开的要求，加快农户档案录入进度，提高录入数据质量，加强对已录入农户档案信息的审核与抽验，合理处置系统中重复的农户档案。改造后农户住房产权归农户所有，并根据实际做好产权登记。

十、推进建筑节能示范

建筑节能示范地区各县要安排不少于5个相对集中的示范点（村），有条件的县每个乡镇安排一个示范点（村）。每户建筑节能示范户要采用2项以上的房屋围护结构建筑节能技术措施。省级住房城乡建设部门要及时总结近年建筑节能示范经验与做法，制定和完善技术方案与措施；充实省级技术指导组力量，加强技术指导与巡查；及时组织中期检查和竣工检查，开展典型建筑节能示范房节能技术检测。县级住房城乡建设部门要按照建筑节能示范监督检查要求，实行逐户施工过程检查和竣工验收检查，并做好检查情况记录。建筑节能示范户录入信息系统的“改造中照片”必须反映主要建筑节能措施施工现场。加强农房建筑节能宣传推广，开展农村建筑工匠建筑节能技术培训，不断向农民普及建筑节能常识。

十一、健全信息报告制度

省级住房城乡建设部门要严格执行工程进度月报制度，于每月5日前将上月危房改造进度情况报住房城乡建设部。省级发展改革、财政部门要按照有关要求，及时汇总并上报有关农村危房改造计划落实、资金筹集、监督管理等情况。各地要组织编印农村危房改造工作信息，将建设成效、经验做法、存在问题和工作建议等以简报、通报等形式，定期或不定期上报3部委。省级住房城乡建设部门要会同发展改革、财政部门于2015年1月底前将2014年度总结报告和2015年度危房改造任务及补助资金申请报3部委。省级发展改革部门要牵头编报2015年农村危房改造投资计划，并于7月中旬前报国家发展改革委。

十二、完善监督检查制度

各地要认真贯彻落实本通知要求和其他有关规定，主动接受纪检监察、审计和社会监督。各级住房城乡建设、发展改革、财政等部门要定期对资金的管理和使用情况进行监督检查，发现问题，及时纠正，严肃处理。问题严重的要公开曝光，并追究有关人员责任，涉嫌犯罪的，移交司法机关处理。加强农户补助资金兑现情况检查，坚决查处冒领、克扣、拖欠补助资金和向享受补助农户索要“回扣”、“手续费”等行为。

财政部驻各地财政监察专员办事处和发改稽查机构将对各地农村危房改造资金使用管理等情况进行监督检查，加大对挤占、挪用、骗取、套取农村危房改造资金的监督检查和惩处力度。

建立健全农村危房改造绩效评价制度，完善激励约束并重、奖惩结合的任务资金分配与管理机制，逐级开展年度绩效评价。各地住房城乡建设部门要会同发展改革、财政部门参照《农村危房改造绩效评价办法（试行）》（建村［2013］196号）实施年度绩效评价，全面监督检查当地农村危房改造任务落实与政策执行情况。

十三、加强组织领导与部门协作

各地要加强对农村危房改造工作的领导，建立健全协调机制，明确分工，密切配合。各地住房城乡建设、发展改革和财政部门要在当地政府领导下，会同民政、民族事务、国土资源、扶贫、残联、环保、交通运输、水利、农业、卫生等有关部门，共同推进农村危房改造工作。地方各级住房城乡建设部门要通过多种方式，积极宣传农村危房改造政策，认真听取群众意见建议，及时研究和解决群众反映的困难和问题。

（中华人民共和国住房和城乡建设部
中华人民共和国国家发展和改革委员会
中华人民共和国财政部）

关于加强老年人家庭及居住区公共设施无障碍改造工作的通知

（2014年7月8日　建标［2014］100号）

各省、自治区住房城乡建设厅、民政厅、财政厅、残联、老龄办，直辖市建委（建交委）、规划委、民政局、财政局、残联、老龄办，新疆生产建设兵团建设局、民政局、财务局、残联、老龄办：

为贯彻落实《国务院关于加快发展养老服务业的若干意见》（国发［2013］35号，以下简称《意见》），加强老年人家庭及居住区无障碍设施改造工作，现就有关事项通知如下：

一、提高对老年人家庭及居住区公共设施无障碍改造工作重要性的认识

为老年人提供安全、便利的无障碍设施，是改善民生、为老服务的重要举措，也是完善以居家为基础、社区为依托、机构为支撑的社会养老服务体系的重要工作。各地积极推进无障碍环境建设，促进了老年人家庭和居住区公共设施无障碍改造，无障碍环境有效改善。但与养老服务业发展目标、养老服务需求等还有较大差距。各地住房城乡建设、民政、财政、残联、老龄等主管部门要高度重视，履职尽责，加强配合，认真贯彻落实《意见》提出的“推动和扶持老年人家庭无障碍设施改造，加快推进坡道、电梯等与老年人日常生活密切相关的公共设施改造”的工作任务。

二、切实推进老年人家庭及居住区公共设施无障碍改造

按照中央和省级人民政府要求，在推进老年人家庭和居住区公共服务设施无障碍改造工作中，要加强业务指导，积极筹措资金；要加强沟通协调，畅通意见反馈渠道。无障碍改造方案应征求受助家庭和相关居民意见。

（一）老年人家庭无障碍改造

各地住房城乡建设主管部门要会同民政、财政、残联、老龄等主管部门制定年度老年人家庭无障碍改造计划，明确目标任务、工作进度、质量标准和检查验收要求，并对改造完成情况进行汇总。老年人家庭无障碍改造应体现个性化需求，并重点解决居家生活基本需要。年度改造计划制定应遵循公平、公正、公开原则，优先安排贫困、病残、高龄、独居、空巢、失能等特殊困难老年人家庭。

对纳入年度改造计划的贫困老年人家庭，县级以上地方人民政府可以给予适当补助，由民政主管部门会同财政主管部门确定资金补助标准，并明确资金监管要求，财政主管部门要对补助资金使用进行审核和监管。

各地民政、老龄主管部门要明确老年人家庭无障碍改造的申请条件、审核、公示、监管、用户反馈等工作程序以及实施要求，对拟纳入年度改造计划的老年人家庭情况进行复核。

各地残联要积极推进贫困残疾老年人家庭无障碍改造工作，并将改造完成情况纳入当地老年人家庭无障碍改造统计范围。

（二）居住区公共设施无障碍改造

各地住房城乡建设主管部门要会同民政、财政、残联、老龄等主管部门，制定年度居住区公共设施无障碍改造计划，明确责任单位、目标任务、工作进度、质量标准和检查验收要求，并对改造完成情况进行汇总。居住区公共设施无障碍改造计划可结合老（旧）居住（小）区整治、棚户区改造、建筑抗震加固等专项工作以及创建无障碍环境市县工作统筹安排。

居住区公共设施无障碍改造应严格执行无障碍设施建设相关标准规范，提高无障碍设施安全性和系统性，重点推进居住区缘石坡道、轮椅坡道、人行通道，以及建筑公共出入口、公共走道、地面、楼梯、电梯候梯厅及轿厢等设施和部位的无障碍改造。

居住区公共设施无障碍改造资金应列入地方政府财政预算，由民政主管部门会同财政主管部门确定资金补助标准，并明确资金监管要求，财政主管部门要对补助资金使用进行审核和监管。

三、加强老年人家庭及居住区公共设施无障碍改造标准规范宣贯培训和咨询服务

各地住房城乡建设主管部门要组织开展无障碍设施建设有关标准规范宣贯培训，从2014年起，将无障碍设施建设有关标准规范纳入相关专业注册执业人员继续教育培训内容，提高从业人员掌握标准和执行标准的能力；督促承担老年人家庭和居住区公共设施无障碍改造的单位与人员严格执行《无障碍设计规范》、《无障碍设施施工验收及维护规范》等工程建设标准，并参照《无障碍建设指南》和《家庭无障碍建设指南》的要求，提高设施无障碍改造的实效。

各地住房城乡建设主管部门要组织有关单位或组建技术指导组，为老年人家庭和居住区公共设施无障碍改造提供技术指导、咨询和服务；可根据当地实际和工作需要，制定老年家庭和居住区公共设施无障碍改造地方标准。

四、开展老年人家庭及居住区公共设施无障碍改造情况监督检查

各地住房城乡建设主管部门要会同民政、财政、残联和老龄等主管部门，每年应至少开展一次老年人家庭和居住区公共设施无障碍改造情况全面监督检查。监督检查主要内容包括：年度改造计划执行情况、工程质量和标准实施情况、补助资金使用情况等。

住房城乡建设部将适时会同民政部、财政部、中国残联、全国老龄办，对各地老年人家庭和居住区公共设施无障碍改造情况进行抽查检查。

五、加强老年人家庭及居住区公共设施无障碍改造工作协作和宣传

各地住房城乡建设主管部门要加强与民政、财政、残联、老龄等主管部门沟通协调和工作协作，建立健全相关管理制度，并做

好无障碍改造情况统计汇总。

各地民政、残联和老龄主管部门要加强老年人家庭和居住区公共设施无障碍改造的宣传，及时反映无障碍设施改造的需求、意见和建议，配合住房城乡建设主管部门做好无障碍设施改造宣贯培训、监督检查等工作，共同营造良好社会氛围。

各地住房城乡建设主管部门应将老年人家庭和居住区公共设施无障碍改造工作进展情况于每季度末、监督检查报告和全年工作总结于每年12月15日前，报送住房城乡建设部标准定额司。

（中华人民共和国住房和城乡建设部
中华人民共和国民政部
中华人民共和国财政部
中国残疾人联合会
全国老龄工作委员会办公室）

相关政策法规简介

《国务院办公厅下发印发2014～2015年节能减排低碳发展行动方案的通知》

发布单位：国务院办公厅
发布时间：2014年5月26日
文件编号：国办发［2014］23号

该通知发布了《2014～2015年节能减排低碳发展行动方案》（以下简称《方案》）。《方案》明确提出了以下工作目标：2014～2015年，单位GDP能耗、化学需氧量、二氧化硫、氨氮、氮氧化物排放量分别逐年下降3.9%、2%、2%、2%、5%以上，单位GDP二氧化碳排放量两年分别下降4%、3.5%以上。并在以下八个方面提出了具体工作要求：1）大力推进产业结构调整；2）加快建设节能减排降碳工程；3）狠抓重点领域节能降碳；4）强化技术支撑；5）进一步加强政策扶持；6）积极推行市场化节能减排机制；7）加强监测预警和监督检查；8）落实目标责任。

《关于实施绿色建筑及既有建筑节能改造工作定期报表的通知》

发布单位：中华人民共和国住房和城乡建设部建筑节能与科技司
发布时间：2014年6月12日
文件编号：建科节函［2014］96号

为确保完成国务院明确的绿色建筑及建筑节能改造工作目标，及时了解相关工作动态，要求各省、自治区住房城乡建设厅，直辖市、计划单列市住房城乡建委（建设局），新疆生产建设兵团建设局定期对本地区绿色建筑及建筑节能改造进展情况进行调度、汇总，填报《绿色建筑评价标识进展情况季度报表》、《绿色建筑强制推广情况季度报表》、《北方采暖地区既有居住建筑供热计量及节能改造进展情况月度报表》、《夏热冬冷地区既有居住建筑节能改造进展情况季度报表》和《公共建筑节能改造进展情况季度报表》。

《国务院办公厅关于加强城市地下管线建设管理的指导意见》

发布单位：国务院办公厅
发布时间：2014年6月14日
文件编号：国办发［2014］27号

2015年底前，完成城市地下管线普查，建立综合管理信息系统，编制完成地下管线综合规划。力争用5年时间，完成城市地下老旧管网改造，将管网漏失率控制在国家标准以内，显著降低管网事故率，避免重大事故发生。用10年左右时间，建成较为完善的城市地下管线体系，使地下管线建设管理水平能够适应经济社会发展需要，应急防灾能力大幅提升。

稳步推进城市地下综合管廊建设。在36

个大中城市开展地下综合管廊试点工程，探索投融资、建设维护、定价收费、运营管理等模式，提高综合管廊建设管理水平。通过试点示范效应，带动具备条件的城市结合新区建设、旧城改造、道路新（改、扩）建，在重要地段和管线密集区建设综合管廊。

加大老旧管线改造力度。改造使用年限超过50年、材质落后和漏损严重的供排水管网。推进雨污分流管网改造和建设，暂不具备改造条件的，要建设截流干管，适当加大截流倍数。对存在事故隐患的供热、燃气、电力、通信等地下管线进行维修、更换和升级改造。对存在塌陷、火灾、水淹等重大安全隐患的电力电缆通道进行专项治理改造，推进城市电网、通信网架空线入地改造工程。实施城市宽带通信网络和有线广播电视网络光纤入户改造,加快有线广播电视网络数字化改造。

《住房城乡建设部 国家发展改革委 财政部关于印发农村危房改造绩效评价办法（试行）的通知》

发布单位：中华人民共和国住房和城乡建设部 中华人民共和国国家发展和改革委员会 中华人民共和国财政部

发布时间：2014年6月14日

文件编号：国办发［2014］27号

为加强农村危房改造管理，规范绩效评价工作，提高农村危房改造资金使用效益，特制定《农村危房改造绩效评价办法（试行）》。

绩效评价的内容包括资金安排和政策措施等投入情况，工程实施、监督管理和电子档案等过程情况，工程进度和质量安全等产出情况，农户满意度和信息公开等效果情况以及完成检查任务情况等。具体评价指标由3部委每年根据年度政策和工作重点等实际情况确定。

《住房城乡建设部 国家发展改革委关于进一步加强城市节水工作的通知》

发布单位：中华人民共和国住房和城乡建设部、中华人民共和国国家发展和改革委员会

发布时间：2014年8月8日

文件编号：财建［2014］838号

《通知》要求新建、改建和扩建建设工程节水设施必须与主体工程同时设计、同时施工、同时投入使用。城市建设（城市节水）主管部门要主动配合相关部门，在城市规划、施工图设计审查、建设项目施工、监理、竣工验收备案等管理环节强化“三同时”制度的落实。

指导各城市加快对使用年限超过50年和材质落后供水管网的更新改造，确保公共供水管网漏损率达到国家标准要求。督促供水企业通过管网独立分区计量的方式加强漏损控制管理，督促用水大户定期开展水平衡测试，严控“跑冒滴漏”。

各地要因地制宜建立和完善节水激励机制，鼓励和支持企事业单位、居民家庭积极选用节水器具，加快更新和改造国家规定淘汰的耗水器具；民用建筑集中热水系统应按照国家《民用建筑节水设计标准》要求采取水循环措施，减少水的浪费，其无效热水流出时间应符合标准的有关规定，不符合要求的应限期完成改造。

《关于批准<既有公共建筑节能改造技术规程>为上海市工程建设规范的通知》

发布单位：上海市城乡建设和交通委员会

发布时间：2014年1月30日

文件编号：沪建交［2014］99号

由上海市房地产科学研究院和上海市建筑科学研究院（集团）有限公司主编的《既有公共建筑节能改造技术规程》，经市建设交通委科技委技术审查和我委审核，现批准为上海市工程建设规范，统一编号为DG/TJ08-2137-2014，自2014年4月1日起实施。原《既有建筑节能改造技术规程》（DG/TJ08-2010-2006）同时废止。

《关于批准<既有居住建筑节能改造技术规程>为上海市工程建设规范的通知》

发布单位：上海市城乡建设和交通委员会

发布时间：2014年1月30日

文件编号：沪建交［2014］91号

由上海市房地产科学研究院和上海市建筑科学研究院（集团）有限公司主编的《既有公共建筑节能改造技术规程》，经市建设交通委科技委技术审查和我委审核，现批准为上海市工程建设规范，统一编号为DG/TJ08-2136-2014，自2014年4月1日起实施。原《既有建筑节能改造技术规程》（DG/TJ08-2010-2006）同时废止.

《关于执行上海市工程建设规范<住宅建筑绿色设计标准>的通知》

发布单位：上海市城乡建设和管理委员会

发布时间：2014年6月19日

文件编号：沪建管［2014］536号

上海市工程建设规范《住宅建筑绿色设计标准》（DGJ08-2139-2014）自2014年7月1日起实施，为更好地结合本市实际贯彻执行，现将有关事项通知如下：

一、自2014年7月1日起，本市新建、改建和扩建的住宅建筑，应按照《住宅建筑绿色设计标准》（DGJ08-2139-2014）进行设计。

二、自2014年10月1日起，提交施工图设计文件审查的本市新建、改建和扩建的住宅建筑设计，应符合《住宅建筑绿色设计标准》（DGJ08-2139-2014）的规定。

三、自2014年12月1日起，通过施工图设计文件审查备案的本市新建、改建和扩建的住宅建筑设计，应符合《住宅建筑绿色设计标准》（DGJ08-2139-2014）的规定。

四、自2015年2月1日起，已通过施工图设计文件审查备案但尚未开工的本市新建、改建和扩建的住宅建筑，应按照《住宅建筑绿色设计标准》（DGJ08-2139-2014）的规定，补充绿色建筑设计内容，重新提交施工图设计文件审查。

《关于印发<湖北省既有建筑节能改造技术指南（试行）>的通知》

发布单位：湖北省住房和城乡建设厅

发布时间：2014年6月17日

文件编号：鄂建文［2014］25号

进一步改善人民群众居住环境质量，顺利完成全省“十二五”既有建筑节能改造工作目标，湖北省住建厅组织编制并印发了《湖北省既有建筑节能改造技术指南(试行)》。

二、标准篇

工程建设标准对于确保既有建筑改造领域的工程质量和安全、促进既有建筑改造事业的健康发展具有重要的基础性保障作用。本篇选取了国家标准《既有建筑绿色改造评价标准》、行业标准《既有居住建筑节能改造技术规程》、《既有建筑地基基础加固技术规范》和上海市工程建设规范《既有工业建筑绿色民用化改造技术规程》做简单介绍。

国家标准《既有建筑绿色改造评价标准》编制简介

一、背景

我国既有建筑面积已经超过500亿m^2，其中绿色建筑面积仅有2.9亿m^2（包括绿色建筑设计标识和绿色建筑运行标识项目，数据截至2014年底），而绝大部分的非绿色“存量”建筑，都存在资源消耗水平偏高、环境影响偏大、工作生活环境亟需改善、使用功能有待提升等方面的问题。庞大的既有建筑总量加之存在的诸多缺陷，成为建筑领域节能减排工作的重大难题。

推进既有建筑绿色改造，对节约能源资源，提高建筑的安全性、舒适性和环境友好性，对转变城乡建设发展模式，破解能源资源瓶颈约束，具有重要的意义和作用。近些年来，住房城乡建设主管部门针对既有建筑节能改造发布了系列工作规划和规范性文件，有力推动了我国既有建筑节能改造工作。

既有建筑绿色改造对既有建筑改造提出了更高的要求，并没有局限于节能改造，而是将改造内容覆盖到“四节一环保”的全部范围，将成为推进既有建筑实现节能减排的重要手段。

现阶段既有建筑绿色改造项目还不多，而且缺乏绿色改造的技术和标准指导。但“十一五”和“十二五”期间，一批既有建筑改造方面的科技项目和课题顺利实施，积累了研究开发和工程实践经验，为既有建筑绿色改造标准编制奠定了良好的基础。在此背景下，住房和城乡建设部发布标准制订计划，由中国建筑科学研究院、住房和城乡建设部科技发展促进中心会同有关单位研究编制国家标准《既有建筑绿色改造评价标准》（以下简称《标准》）。

二、编制工作情况

（一）前期文献调研

1.国外相关标准情况

西方发达国家既有建筑所占比重较大，既有建筑的环境问题相对较早地引起人们的重视，制定了比较完善的既有建筑绿色运行和改造评价工具。《标准》主要参考的国外评价标准如下：

• 美国LEED-EB和LEED-ID&C

• 澳大利亚Green Star相关条款和NABERS

• 英国BREEAM Domestic Refurbishment和BREEAM Non-Domestic Refurbishment

• 日本CASSBE-EB和CASSBE-RN

• 新加坡GREENMARK相关条款

• 德国DGNB相关条款

2.国内相关标准调研

《标准》编制组查阅分析了大量国内相关标准规范，如现行国家标准《绿色建筑评价标准》、《公共建筑节能设计标准》、

《建筑抗震鉴定标准》、《民用建筑可靠性鉴定标准》、《建筑照明设计标准》、《民用建筑热工设计规范》、《民用建筑节水设计标准》、《民用建筑室内热湿环境评价标准》、《民用建筑供暖通风与空气调节设计规范》等，现行行业标准《既有采暖居住建筑节能改造技术规范》、《民用建筑绿色设计规范》、《公共建筑节能改造技术规范》、《城市夜景照明设计规范》等。

除了调研现行标准规范外，还调研了正在制修订的标准规范情况，如《绿色商店建筑评价标准》、《绿色医院建筑评价标准》、《公共建筑节能设计标准》等。

（二）已经开展的编制工作

在前期调研分析的基础上，成立了《标准》编制组。《标准》编制过程中共召开九次工作会议，现在已经完成《标准》报批稿。

1.《标准》编制组成立暨第一次工作会议于2013年6月6日在北京召开。会议讨论并确定了《标准》的定位、适用范围、编制重点和难点、编制框架、任务分工、进度计划等。

2.《标准》编制组第二次工作会议于2013年8月1日在上海召开。会议讨论了各章节的总体情况和重点考虑的技术内容，进一步讨论了《标准》的适用范围、技术重点、共性问题、改造效果评价以及《标准》的具体条文等方面内容。会议还特别邀请了英国建筑科学研究院（BRE）的BREEAM主管Martin Townsend先生与编制组交流了英国既有建筑改造绿色评价标准的编制工作及相关情况。

3.《标准》编制组第三次工作会议于2013年9月17日在北京召开。会议对《标准》初稿条文进行逐条交流与讨论，确定合理的条文数量与分值，重点讨论能体现既有建筑绿色改造特点的条文和权重，形成了《标准》征求意见稿初稿；确定了征求意见稿初稿试评任务分工，选出有代表性的绿色改造项目进行试评。

4.《标准》编制组第四次工作会议于2013年12月16日在北京召开。会议交流了征求意见稿初稿的试评结果，总结了试评过程中发现的主要问题。编制组专家讨论了征求意见稿初稿的共性问题及修改意见；根据项目试评发现的问题，对《标准》征求意见稿初稿进行了修改，形成了《标准》征求意见稿，并于2014年1月24日起正式征求意见。

5.在征求意见稿定稿之后，编制组于2014年1月24日向全国建筑设计、施工、科研、检测、高校等相关的单位和专家发出了征求意见。本次征求意见受到业界广泛关注，共收到来自38家单位，56位不同专业的专家的349条意见。编制组对返回的这些珍贵意见逐条进行审议，据此修改了征求意见稿中的部分内容。

6.《标准》编制组第五次工作会议于2014年4月10～11日在温州召开。会议讨论了返回的征求意见，并根据征求意见对标准条文和条文说明进行修改。本次会议形成了《标准》送审稿初稿。会议制定了下步工作计划：一是采用层次分析法分别计算居住建筑和公共建筑的设计阶段、运行阶段的一级指标权重；二是根据《标准》送审稿初稿，对既有建筑改造项目进行第二次试评，在第一次试评项目的基础上，增加住宅改造项目。

7.《标准》编制组第六次工作会议于2014年6月13日在北京召开。会议结合第二次试评项目发现的共性问题，修改、完善《标准》送审稿初稿条文；本次会议形成了《标准》送审稿初稿（第2稿）。本次会议要求对形成的《标准》送审稿初稿（第2稿）进行第三次改造项目试评。

8.《标准》编制组第七次工作会议于2014年8月22日在北京召开。会议参考第三次试评结果，对《标准》送审稿初稿（第2稿）进行了逐条讨论。主要修改建议为：结合层次分析法和第三次试评确定标准中公共建筑和居住建筑绿色改造评价的一级指标权重；取消大类指标得分应不低于40分的规定；明确标准各条文的适用范围；删除适用范围很窄的条文。本次会议形成了《标准》送审稿，并对试评项目进行第四次评价，为《标准》送审做准备。

9.《标准》编制组第八次工作会议于2014年11月17日在北京召开。会议根据第四次试评结果，对《标准》送审稿逐条进行修改和完善。要求明确《标准》条文适用的建筑类型（公共建筑、居住建筑）、评价阶段（设计阶段、运行阶段）、评分方式（参评、不参评、直接得分）；条文分值应按照既有建筑改造技术对"绿色"的贡献大小赋分，而非造价高低赋分；在条文说明中明确计算方法，并给出简单计算示例。

10.《标准》编制组第九次工作会议于2014年12月15日在北京召开。会议讨论了审查意见的处理办法，对《标准》送审稿进行了逐条讨论并修改。主要修改建议包括：语言措辞、术语、评分规则等与《绿色建筑评价标准》GB/T 50378-2014保持一致；更新标准中的数据，标准中出现的数据要准备并有依据；在1.0.2的条文说明中明确本标准的适用范围。本次会议形成了《标准》报批稿。

11.《标准》审查会于2014年11月18日在北京召开。审查委员会听取了《标准》编制工作报告，对《标准》各章内容进行了逐条讨论和审查。最后，审查委员会一致同意通过《标准》审查。

12.《标准》试评工作。在编制过程中共对《标准》进行了4次项目试评。所选试评既有建筑改造项目兼顾不同气候区、不同建筑类型和不同系统形式，力求使每个标准条文都参与试评。通过项目试评使标准在编制过程中能够联系实际工程，及时发现问题并修改完善。

13.除了编制工作会议外，主编单位还组织召开了多次小型会议，针对标准中的专项问题进行研讨。另外，还通过信函、电子邮件、传真、电话等方式向相关专家探讨既有建筑绿色改造中的相关问题，力求使标准更加科学、合理。

三、《标准》内容框架和重点技术问题

（一）《标准》内容框架

《标准》共包括11章，前三章分别是总则、术语和基本规定；第4至第10章即是既有建筑绿色改造性能评价的7大类指标，分别是规划与建筑、结构与材料、暖通空调、给水排水、电气、施工管理和运营管理；第11章是提高与创新，即加分项。

（二）重点技术问题

根据前期调研、标准编制及试评情况，编制组总结了需要重点考虑和解决的技术问题，并给出了相应的解决方法。

1.评价指标体系

构建区别于新建绿色建筑评价的既有建筑绿色改造评价指标体系。《标准》是按专业设置章节和大类评价指标，这样设置有两

点好处：一是目前的工程建设标准主要按专业设置，便于本标准与相关专业标准的统筹协调；二是避免改造项目按“四节一环保”考虑时可能有缺项（如节地部分的内容），而导致难以编写的困难。

2.评价定级方法

与国家标准《绿色建筑评价标准》GB/T50378-2014保持一致，采用引入权重、计算加权得分的评价方法。在改造建筑满足所有控制项要求的前提下，对于一、二、三星级改造建筑总得分要求分别定为50分、60分、80分，与《绿色建筑评价标准》GB/T50378-2014不同的是《标准》不需要每类指标的评分项得分不小于40分。

3.适用建筑类型

与国家标准《绿色建筑评价标准》GB/T50378-2014保持一致，适用于改造后为各类民用建筑的绿色性能评价。从国外的实践经验来看，英国BREEAM最新的2011版也是采用这种方法，一本评价标准涵盖了多种建筑类型。从《标准》的试评情况来看，也验证了《标准》的适用性。

4.改造效果评价

对于各专业改造前后效果评价方法问题。本《标准》包括两种改造效果评价方法：一是在满足现行标准规范最低要求的情况下，改造前与改造后的性能对比，提高得越多得分越多；二是直接评价改造后的指标性能，根据指标所达到现行标准规范的不同要求给予不同的得分。

5.部分改造问题

对于部分改造的既有建筑，若既有建筑结构经鉴定满足相应鉴定标准要求，且不进行结构改造时，在满足本标准第5章控制项的基础上，其评分项直接得70分。其他指标不论是否参与改造，均应按《标准》的规定参与评分。

6.加分项问题

参考国家标准《绿色建筑评价标准》GB/T50378-2014的方式处理，增设加分项一章，加分项分为性能提高与创新两个方面，以鼓励新技术、新材料和新产品的应用和绿色性能的提升。加分项包括规定性方向和可选方向两类，前者有具体指标要求，侧重于“提高”；后者则没有具体指标，侧重于“创新”。加分项最高可得10分，实际得分累加在总得分中。

7.需要检测的参数问题

对涉及定量指标，又难以通过计算核定的，需要进行检测验证。这涉及检测验证的标准方法问题，需要在《标准》条文正文或条文说明里明确。

8.评价阶段问题

对于新建绿色建筑，目前是分为设计阶段评价和运行阶段评价。新建建筑设计了不一定会建设，那就谈不上运行。但对既有建筑绿色改造，既然改造了肯定会运行。为了与国家标准《绿色建筑评价标准》GB/T50378-2014保持一致，《标准》按照设计阶段评价和运行阶段评价两个阶段考虑。

9.施工管理问题

改造施工与新建建筑施工有区别的包括工艺、工法、材料、装备以及现场保护措施等。另外从建筑全寿命期的角度考虑，施工阶段也是其中一个很重要的环节。为了与国家标准《绿色建筑评价标准》GB/T50378-2014保持一致，《标准》报批稿保留了“施工管理”一章。

10.《标准》报批稿的其他考虑还包括：

（1）条文设置尽可能适用于不同气候区、不同建筑类型以及不同改造方式的评价，防止条文仅可用于某一种情况的评价，最大限度地减少不参评项。

（2）《标准》以进行改造的既有建筑单体或建筑群作为评价对象。评价对象中的扩建面积不应大于改造后建筑总面积的50%，否则本《标准》不适用。

（3）条文和分数应按照改造技术对绿色性能的贡献来设置，而不是按照改造技术实施的难易程度和费用高低来设置。

（4）若条文涉及图纸或计算书等内容，应在条文说明中明确所需图纸、计算书等评价依据；既有建筑改造会发生缺少相关图纸或计算书的情况，在条文说明中明确此类情况的评价依据。

（5）对于需要量化考核的指标，在相关条文正文或条文说明中给出明确的计算方法；若计算方法的文字或公式表述复杂，应给出参考算例。

（6）合理平衡条文的分数，抓住改造的主要技术和对绿色性能贡献较大的技术措施，避免出现分数过低和对绿色性能贡献太小的条文。

四、小结和下一步工作

《标准》统筹考虑既有建筑绿色改造的经济可行性、技术先进性和地域适用性，着力构建区别于新建建筑、体现既有建筑绿色改造特点的评价指标体系，以提高既有建筑绿色改造效果，延长建筑的使用寿命，使既有建筑改造朝着节能、绿色、健康的方向发展。

目前，《标准》已经完成报批。下一步还将开展《既有建筑改造绿色评价标准实施指南》等相关技术文件的研究和编写工作，开展配套《标准》实施的评价工具软件研发工作，以及《标准》宣贯培训工作，推动我国既有建筑绿色改造工作健康发展。

（中国建筑科学研究院供稿，王俊、王清勤、程志军执笔）

行业标准《既有居住建筑节能改造技术规程》JGJ/T129-2012简介

本规程根据原建设部《关于印发<2006年工程建设标准规范制订、修订计划（第一批）>的通知》（建标[2006]77号）的要求，由中国建筑科学研究院会同有关单位编制而成。

本规程的编制是在对现行的《既有采暖居住建筑节能改造技术规程》JGJ 129－2000进行全面修订的基础上开展的。现行的《既有采暖居住建筑节能改造技术规程》JGJ 129－2000适用地域限制在严寒和寒冷地区。近些年来，夏热冬冷地区的居住建筑冬季采暖夏季空调以及夏热冬暖地区的居住建筑夏季空调越来越普遍，为了提高采暖空调能源利用效率，同时也为了改善夏热冬冷地区和夏热冬暖地区的居住建筑在不启动采暖空调设备时的室内热环境，夏热冬冷地区和夏热冬暖地区的既有居住建筑也需要进行节能改造。因此，本规程通过对原规程的修订，将规程的适用地域范围拓宽，并改名为《既有居住建筑节能改造技术规程》。

目前我国的能源供应越来越紧张，建筑能耗每年都有大幅增长，按照住建部的计划，我国正在并将持续开展大规模的既有建筑节能改造，因此颁布实施一本适合当前建筑行业技术水平的建筑节能改造技术规程是十分必要的。

修订工作的主要目的：一是拓宽原规程覆盖的地域范围；二是进一步提高改造后建筑的节能率，使之与各地区新的居住建筑节能设计标准相匹配。

一、规程编制过程

工程建设标准《既有居住建筑节能改造技术规程》修订编制组成立暨第一次工作会议于2007年8月31日在北京举行。会议由行业标准技术归口单位中国建筑科学研究院召开，住建部标准定额研究所领导、主编和参编单位专家代表近30人出席了会议。第一次工作会议编制组成员认真讨论了《既有居住建筑节能改造技术规程》编制工作中有关该规程的使用区域如何扩展到全国、节能改造必要性的判断及是否要设定统一的节能改造目标等问题。经充分讨论研究，编制组达成了一致意见，最终确定了编制大纲、各参编单位的分工以及编制工作的进度计划。

第二次工作会议经过编制组成员的讨论，规定凡涉及规程条文评估及验收相关的技术内容时，引用国家现行的标准、规范，本规程中不再做单独规定。根据既有居住建筑节能改造的基本原则，在全国不同的气候分区做出不同的规定。另外，在验收的规定中，增加了对既有居住建筑节能改造后对节能效果的验收等相关内容。

2009年年底，主编单位完成规程征求意

见稿草稿，草稿又征求了各参编专家的意见。修改后于2010年5月定稿。2010年5月编制组正式对规程征求意见。除了在网上公开征求意见外，还向全国建筑设计、施工、科研、检测、高校等40余家相关单位和专家发出了《既有居住建筑节能改造技术规程》（征求意见稿）文本和书面征求意见函，收到返回建议200余条。编制组对返回建议逐条进行审议和讨论，完善了征求意见稿中的部分内容。

2010年年底，主编单位完成规程的送审稿，恰遇上海和沈阳的两场火灾，尤其是上海的火灾发生在一栋正在进行节能改造的教师公寓，且造成了巨大的生命和财产损失，引起了编制组的重视，因此推迟了上报送审的日期。后来，公安部消防局发布了关于外墙外保温必须用不燃材料的文件，在行业内引起了很大的反响，也对本规程的送审和报批产生了直接的影响。编制组经过认真考虑和磋商，决定在规程的送审稿中规定除执行住房和城乡建设部颁发的现行与建筑防火相关的标准规范外，保持执行公安部和住建部于2009年联合发布的《民用建筑外保温系统及外墙装饰防火暂行规定》（公通字[2009]46号）的要求。同时，明确规定既有建筑节能改造"必须制定和实行严格的施工防火安全管理制度"。

2011年11月28日，住房和城乡建设部建筑环境与节能标准化技术委员会在北京组织召开了《既有居住建筑节能改造技术规程》送审稿审查会议。主编单位代表编制组对《既有居住建筑节能改造技术规程》编制的背景、工作情况、主要内容及其特点作了全面介绍。审查委员会对《既有居住建筑节能改造技术规程》送审稿进行了逐章、逐条认真细致地审查。

此后，编制组按照专家提出的审查意见对送审稿进行了认真修改，形成报批稿上报。

二、规程的主要内容

（一）总则

本次修订将规程的适用范围从原来的严寒和寒冷地区的既有供暖居住建筑扩展到各个气候区的既有居住建筑。本规程适用于我国严寒地区、寒冷地区、夏热冬冷地区、夏热冬暖地区的既有居住建筑的节能改造，但重点还是在严寒地区和寒冷地区。由于温和地区的居住建筑目前实际的供暖和空调设备应用较少，所以没有单独列出章节。如果温和地区有些居住建筑供暖空调能耗比较高，需要进行节能改造，则可以参照气候条件相近的相邻寒冷地区，夏热冬冷地区和夏热冬暖地区的规定实施。

（二）基本规定

本规程重点解决既有建筑实施节能改造的判定原则和判定方法、建筑围护结构的节能改造措施与要求以及采暖供热系统的节能改造措施与要求等问题。

由于这是一本技术规程，同时考虑到既有建筑节能改造的情况远比新建建筑复杂，所以本规程没有像新建建筑的节能设计标准一样设定节能改造的节能目标，只是解决"既有居住建筑如果要进行节能改造，应该如何去做"这样一个问题。

（三）节能诊断

既有居住建筑节能改造前首先应进行节能诊断，实地调查室内热环境、围护结构的热工性能、供暖或空调系统的能耗及运行情况等，如果调查还不能达到这个目的，应该辅之以一些测试。然后通过计算分析，对拟改造建筑的能耗状况及节能潜力做出分析，作为制定节能改造方案的重要依据。

居住建筑能耗主要包括供暖空调能耗、照明及家电能耗、炊事和热水能耗等。由于居住建筑使用情况复杂，全面获得分项能耗比较困难，本规程主要考虑围护结构热工及空调供暖系统能效，因此调查供暖和空调能耗即可。

我国幅员辽阔，不同地区气候差异很大，居住建筑室内热环境诊断时，应根据建筑所处气候区，对诊断内容进行选择性检测。检测方法依据《居住建筑节能检验标准》JGJ/T 132的有关规定。

围护结构的节能诊断应依据各地区现行的节能标准或相关规范，重点对围护结构中与节能相关的构造形式和使用材料进行调查，取得第一手资料，找出建筑高能耗的原因和导致室内热环境较差的各种可能因素。

针对严寒和寒冷地区的集中供暖系统，应对目前的集中供暖系统进行全面的调查，掌握目前集中供暖系统的运行状况，并对相关的参数进行现场的检测。

（四）节能改造方案

根据不同气候区节能诊断的结果和预定的节能目标，制定相应地区既有居住建筑节能改造的方案。

严寒和寒冷地区应按现行行业标准《严寒和寒冷地区居住建筑节能设计标准》JGJ 26中的静态计算方法，对建筑实施改造后的供暖耗热量指标进行计算。严寒和寒冷地区既有居住建筑的全面节能改造方案应包括建筑围护结构节能改造方案和供暖系统节能改造方案。

夏热冬冷地区应按现行行业标准《夏热冬冷地区居住建筑节能设计标准》JGJ 134中的动态计算方法，对建筑实施改造后的供暖和空调能耗进行计算。夏热冬冷地区既有居住建筑节能改造方案应主要针对建筑围护结构。

夏热冬暖地区应按现行行业标准《夏热冬暖地区居住建筑节能设计标准》JGJ 75中的动态计算方法，对建筑实施改造后的空调能耗进行计算。夏热冬暖地区既有居住建筑节能改造方案应主要针对建筑围护结构。

（五）建筑围护结构节能改造

在既有居住建筑节能改造中，提高围护结构的保温和隔热性能对降低供暖、空调能耗作用明显。在围护结构改造中，屋面、外墙和外窗应是改造的重点，架空或外挑楼板、分隔供暖与非供暖空间的隔墙和楼板是保温处理的薄弱环节，应给予重视。

《严寒和寒冷地区居住建筑节能设计标准》JGJ 26-2010对围护结构各部位的传热系数限值均作了规定。为了使既有建筑在改造后与新建建筑一样成为节能建筑，其围护结构改造后的传热系数应符合该标准的要求。

在夏热冬冷地区，外窗、屋面是影响热环境和能耗最重要的因素，进行既有居住建筑节能改造时，节能投资回报率最高，因此，围护结构改造后的外窗传热系数、遮阳系数和屋面传热系数必须符合行业标准《夏热冬冷地区居住建筑节能设计标准》JGJ 134的要求。外墙虽然也是影响热环境和能耗的重要因素，但综合投资成本、工程难易程度和节能的贡献率来看，对外墙适当放松，可能节能效果和经济性会最优，但改造后的传热系数应符合行业标准《夏热冬冷地区居住建筑节能设计标准》JGJ 134的要求。

夏热冬暖地区墙体热工性能主要影响室内热舒适性，对节能的贡献不大。外墙改造采用保温层保温造价较高、协调工作和施工难度较大，因此应尽量避免采用保温层保温。此外，一般黏土砖墙或加气混凝土砌块墙的隔热性能已基本满足《民用建筑热工设计规范》要求，即使不满足，通过浅色饰面或其他墙面隔热措施进行改善后一般均可达到规范要求。

（六）严寒和寒冷地区集中供暖系统节能与计量改造

对于严寒和寒冷地区，应对现有的不符合现在节能要求的集中供暖系统进行节能改造，集中供暖系统的节能改造主要包括热源及热力站节能改造、室外管网节能改造及室内系统节能与计量改造。

热源及热力站的节能改造尽可能与城市热源的改造同步进行，这样有利于统筹安排、降低改造费用。当热源及热力站的节能改造与城市热源改造不同步时，可单独进行。单独进行改造时，既要注意满足节能要求，还要注意与整个系统的协调。

室外热水管网热媒输送主要有以下三方面的损失：（1）管网向外散热造成散热损失；（2）管网上附件及设备漏水和用户放水而导致的补水耗热损失；（3）通过管网送到各热用户的热量由于网路失调而导致的各处室温不等造成的多余热损失。管网的输送效率是反映上述各个部分效率的综合指标。提高管网的输送效率，应从减少上述三方面损失入手。

当室内供暖系统需节能改造，且原供暖系统为垂直单管顺流式时，应充分考虑技术经济和施工方便等因素，宜采用新双管系统或带跨越管的单管系统。

既有居住建筑节能改造过程中，楼栋热力入口应安装热计量装置，这样便于确定室外管网的热输送效率及用户的总耗热量，作为热计量收费的基础数据。

（七）施工质量验收

既有居住建筑节能改造后，进行节能改造工程施工质量验收依据的标准为国家标准《建筑节能工程施工质量验收规范》GB50411。验收的内容主要包括围护结构节能改造工程及严寒和寒冷地区集中供暖系统节能改造工程中的相关分项技术指标。

三、规程的实施前景

行业标准《既有居住建筑节能改造技术规程》JGJ/T 129-2012，自2013年3月1日起实施，原行业标准《既有采暖居住建筑节能改造技术规程》JGJ 129-2000同时废止。

我国的既有居住建筑存量巨大，其中绝大部分是在建筑节能设计标准颁布实施前建造的，这些居住建筑的保温隔热性能差，从改善室内热环境和降低采暖空调能耗的角度，都需要实施节能改造。新颁布实施的这本规程可以为全国各地既有居住建筑的节能改造提供技术支撑，进一步规范和提高节能改造的技术水平。

（中国建筑科学研究院供稿，林海燕、潘振执笔）

行业标准《既有建筑地基基础加固技术规范》JGJ123-2012修订的几个重要技术问题简介

一、背景

在增加荷载、纠倾、移位、改建、古建筑保护，遭受邻近新建建筑、深基坑开挖、新建地下工程或自然灾害的影响等时，都会涉及到对既有建筑地基和基础进行加固设计和施工。利用既有建筑地基基础加固改造技术，在保留或改造原有结构的同时，可以改善或提升既有建筑的功能或性能，避免了盲目的拆建活动，在城市土地资源利用日趋匮乏的今天，对于缓解城市土地利用日益紧张的问题意义重大，同时也会产生显著的社会经济效益。

既有建筑地基土的工作性状是地基基础加固设计的基础。既有建筑地基土在荷载长期作用下的固结已基本完成，再增加荷载时的荷载变形性质与直接加荷的性质不同。对于沉降已经稳定的建筑或经过预压的地基，可适当提高地基承载力。原规范提出的在原基础下进行载荷试验确定既有建筑地基承载力的方法，以及在原基础下取土进行土工试验确定土的抗剪强度和压缩模量，进而推算既有建筑地基承载力，具有不确定性。同时，既有建筑地基基础加固的设计施工中如何正确利用这一性质，真正做到既有建筑地基基础加固工程技术经济的统一，需要提供可实际操作的方法。

根据住房和城乡建设部建标[2009]88号文的要求，由中国建筑科学研究院会同有关单位开展《既有建筑地基基础加固技术规范》JGJ 123的修订工作。

二、规范修订的几个重要技术问题

（一）既有建筑地基的工作性状

通过大型模型试验，研究了天然地基及桩基础上既有建筑地基的工作性状，主要成果如下：

1. 地基土在长期荷载作用后，地基土产生了压密效应，土性有所增强，继续加载时p-s曲线明显平缓。

2. 地基土在长期荷载作用后，如果承载的基础面积保持不变条件下继续加载，当附加荷载是先前作用荷载的28.5％时，附加沉降只有先前作用荷载下总位移的4.7％，对上部结构影响较小。所以在地基土比较均匀，上部结构刚度较好的情况下既有建筑地基的承载力特征值一般可以提高20～30％。

3. 既有建筑地基土在长期荷载作用后，对其承载的基础面积扩大后继续加载时，其p-s曲线与相同的天然地基土的p-s曲线基本上平行。

4. 桩基础的单桩在长期荷载作用后，在持载的基础上继续加载，当附加荷载是先前作用荷载的25%时，附加沉降很小，其极限承载力比直接加载至破坏的桩极限承载力提高15%左右。

5.既有建筑桩基础在长期荷载作用后，如果在群桩基础上直接增加荷载，当附加荷载是先前作用荷载的28.6%，附加沉降只是先前作用荷载下的总位移的1.7%。在场地地质条件良好，上部结构刚度和群桩基础结构较好的情况下，既有建筑桩基础承载力可以提高20%左右。

6.既有建筑桩基础在长期荷载作用后，对其群桩基础扩大基础底面积一倍，并植入原来数量的桩继续加载，附加荷载由原桩基础、新增桩、新浇注承台下地基土共同承担，原基础下桩分担的力初始快于新增桩，后期附加荷载逐渐向新增加的桩转移，新增加的桩分担的荷载比随着荷载的增大而增大。

7.在独立基础内部植入树根桩，初期的附加荷载主要由树根桩承担，随着附加荷载的增大，桩土共同分担附加荷载，后期承台下地基土反力增长快于树根桩。

8.在独立基础外部植入树根桩，在附加荷载为原作用荷载的100%之前，原基础下地基土反力增长快于新基础下地基土反力，之后新基础地基土反力增长快于原基础下地基土反力，此时地基土反力呈现“M”型分布；桩土应力比随着附加荷载的增大而增大，在新基础达到极限承载力以后桩土应力比随附加荷载的增大而减少。

9.在独立基础内部和外部同时植入树根桩并加大基础底面积的一倍，在附加荷载作用下，不同位置的树根桩发挥是不同步的，初始基础内部树根桩承载力增长快于基础边缘的树根桩，后期基础边缘的树根桩发挥快于基础内部的树根桩；桩土应力比随着荷载的增大而增大，在新增加荷载为原作用荷载的200%时，桩土应力比随荷载的增大而逐渐较小。

（二）确定既有建筑地基承载力的确定性方法

在既有建筑地基工作性状试验研究成果的基础上，提出了一种确定既有建筑地基承载力的确定性试验方法：

在确定既有建筑直接增层改造时的地基承载力时，可在与既有建筑下相同性质的土体上做持载试验。然后根据持载以后的p-s曲线，按现行的地基规范确定地基承载力特征值。这种方法同样适用于既有建筑桩基础、既有建筑复合地基基础中的承载力确定。持载时间对于砂土、碎石土不应少于7天，对于黏性土不得少于14天。然后再继续分级加载，直至试验完成；根据曲线特征，确定再加荷的地基承载力特征值。

（三）直接增层时既有建筑地基变形的计算方法

地基基础加固或增加荷载后产生的基础沉降量可按下列要求计算：

1.天然地基不改变基础尺寸时可按增加荷载量由第2.2节试验得到的变形模量计算确定；

2.增大基础尺寸或改变基础形式时，可按增加荷载量以及增大后的基础或改变后的基础由原地基压缩模量计算确定；

3.地基加固时，可采用加固后经检验测得的地基压缩模量计算确定；

4.既有建筑桩基础不改变基础尺寸在原基础内增加桩时，可由增加荷载量按桩基础计算确定；

5. 既有建筑独立基础、条形基础扩大基础增加桩时，可按新增加的桩承担的新增荷载按桩基础计算确定；

6. 既有建筑桩基础扩大基础增加桩时，可按新增加的荷载由原基础桩和新增加桩共同承担荷载按桩基础计算确定。

（四）既有建筑增层改造时地基基础的再设计方法

1. 直接增层地基基础设计方法

（1）按2.2节的方法确定既有建筑地基承载力，确定直接增层地基可以增加的荷载；

（2）按可以增加的荷载验算基础材料是否满足现行规范的设计要求；

（3）按2.3节的方法计算直接增层后的地基变形，并确定新增加的变形是否满足既有建筑使用要求。

2. 扩大基础增层地基基础设计方法

（1）加大基础底面积以后的地基承载力，直接采用原有房屋的地基承载力设计；

（2）按增加的荷载和加大后的基础底面积，采用原地基的压缩模量计算增加的地基变形并确定是否满足既有建筑使用要求；

（3）确定新旧基础的连结方法和施工工序；

（4）按增加的荷载验算原基础材料是否满足现行规范的设计要求。

3. 原基础内增加树根桩加固地基基础设计方法

（1）根据地基土质情况和现行规范方法确定单桩承载力特征值；

（2）根据增加荷载量确定增加桩数；

（3）确定树根桩施工方法和施工工序；

（4）根据增加荷载量验算原基础冲、剪、弯强度是否满足现行规范的设计要求；

（5）按增加荷载由增加的桩全部承担的原则，采用桩基础计算方法计算增加的地基变形并确定是否满足既有建筑使用要求；

（6）确定树根桩与原基础的连结方法和施工工序。

4. 原基础外扩大基础增加树根桩加固地基基础设计方法

（1）根据地基情况和现行规范方法确定单桩承载力；

（2）按原既有建筑地基增加的承载力承担部分新增荷载，其余新增加荷载由增加的桩承担的原则确定增加的桩数，此时地基土承担部分新增荷载的基础面积应按原基础面积计算；

（3）确定树根桩施工方法和施工工序；

（4）确定扩大基础的尺寸，并按桩承担部分新增加荷载和原基础下地基土提高承载力承担部分新增加荷载的原则验算基础冲、剪、弯强度是否满足设计要求，不满足时应进行原基础加固设计；

（5）按新增加的桩承担的新增荷载，采用桩基础计算方法计算地基变形并确定是否满足既有建筑使用要求（基础尺寸仅按扩大部分基础的尺寸）；

（6）确定新旧基础的连结方法和施工工序。

5. 原桩基础外扩大基础树根桩加固地基基础设计方法

（1）根据地基情况和现行规范方法确定单桩承载力；

（2）按增加荷载由原基础桩和增加的桩共同承担的原则确定增加的桩数；

（3）确定树根桩施工方法和施工工序；

（4）确定扩大基础的尺寸，并按增加

荷载由增加的桩和原基础桩共同承担的原则验算基础冲、剪、弯强度是否满足现行规范的设计要求，不满足时应进行原基础加固设计；

（5）按增加荷载由增加荷载由增加的桩和原基础桩共同承担的原则，采用桩基础计算方法计算地基变形并确定是否满足既有建筑使用要求（基础尺寸按全部基础的尺寸）；

（6）确定新旧基础的连结方法和施工工序。

6.复合地基加固地基基础设计方法

复合地基加固可在原基础上开孔并对既有建筑基础下地基进行加固，也可用于扩大基础加固中既有建筑基础外的地基加固，或两者联合使用。但在原基础内实施难度较大，目前实际工程不多，这里仅说明扩大基础的加固设计方法。

（1）按既有建筑地基增加的承载力承担部分新增荷载、其余新增加的荷载由扩大的复合地基承担进行设计，此时地基土承担部分新增荷载的基础面积应按原基础面积计算；

（2）复合地基承载力特征值的确定按新老基础的变形允许值确定，并合理确定复合地基的褥垫层厚度；

（3）按增加的荷载和加大后的基础底面积，采用原基础和扩大基础共同承担荷载的原则采用原地基的压缩模量计算增加的地基变形并确定是否满足既有建筑使用要求；

（4）按新老基础荷载分担原则确定新旧基础的连结方法和施工工序；

（5）按新老基础荷载分担原则验算原基础材料是否满足设计要求。

三、总结

新规范是在原规范基础上总结科研和工程实践经验基础上制订的，代表了我国地基基础加固技术的先进水平。工程实践永远是规范编制的基础，规范修订要给新技术发展的空间。

目前地基基础加固技术的设计计算方法并不能完全解决地基基础加固设计的全部问题，许多问题还要靠构造措施和信息法施工解决；同时工程建设的需要也会对地基基础加固设计提出新的问题需要加以解决。因此既有建筑地基基础加固技术规范会随着工程需要和科研工作的深化不断进行修订，增加相应的内容，充实完善。

（中国建筑科学研究院，滕延京、李湛执笔）

上海市工程建设规范《既有工业建筑绿色民用化改造技术规程》编制简介

一、背景

由于城市化和产业结构调整，大量的传统工业企业逐渐退出城市区域，在城市中遗留下众多废弃和闲置的旧工业建筑，如何处理这些建筑是国内众多城市城建行业面临的问题。以上海地区为例，杨浦、闸北、黄埔等中心城区存有大量的工业建筑，根据城市发展规划，这些工业建筑及用地将会逐步更新转型（杨浦749万平方米，静安63万平方米）。将这些旧工业建筑进行民用化改造再利用符合当前可持续发展的理念，而将既有工业建筑的改造与绿色建筑相结合，则是当前大力发展绿色建筑的背景下，既有工业建筑改造必将经历的路径。

在过去的近十年间，国内在既有工业建筑的改造利用领域进行了多项工程实践。上海地区的既有工业建筑改造利用发展较早，发展情况在国内较好，8号桥、M50、1933老场坊、红坊等均是全国知名的既有工业建筑改造利用案例。但整体来看，现有的改造利用方式单一，多为创意产业园，且改造手法以简单的功能和装饰改造为主。

随着绿色建筑的兴起，将既有工业建筑的改造与绿色建筑结合成为一种新的趋势。国内也涌现出深圳招商地产南海意库、苏州建筑设计院办公楼等获得绿色建筑标识的优秀工业建筑改造项目，上海市也有上海当代艺术博物馆、上海申都大厦、同济设计院办公楼等三星级改造项目，但总体数量少。且目前已开展的改造实践均是参考民用建筑相关的改造和设计标准，缺乏针对性的指导规范和标准。为了推动既有工业建筑的绿色化

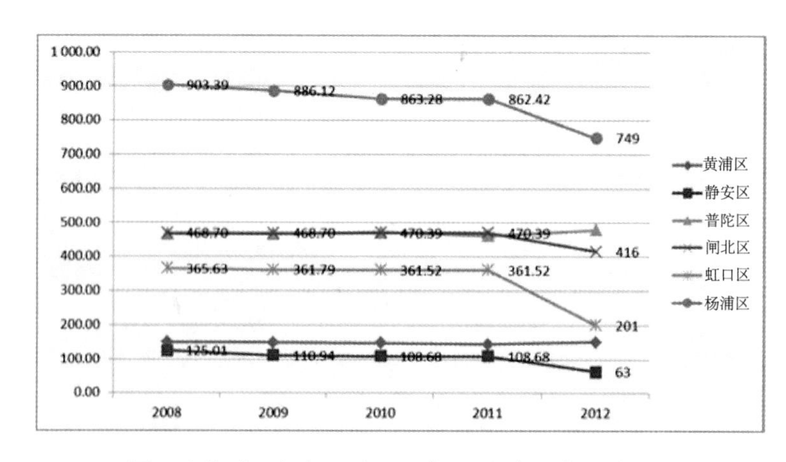

图1 上海市6个中心城区近年工业建筑存量变化

改造再利用，有必要制定专门的技术规范来进行指导。

上海现代建筑设计（集团）有限公司以“十二五”国家科技支撑计划课题《工业建筑绿色化改造技术研究与工程示范》研究工作为依托，联合同济大学、上海房地产科学研究院、上海建科结构新技术工程有限公司、苏州设计研究院股份有限公司等单位，编制上海市工程建设规范《既有工业建筑绿色民用化改造技术规程》（以下简称《规程》）。

二、编制工作情况

（一）同类标准现状

国内目前没有专门针对既有工业建筑改造利用的技术规范。

在既有建筑的改造方面，目前国家和上海市仅制定有节能改造、结构加固改造等方面的技术标准，具体如表1所示。

目前国内正在组织编制《既有建筑绿色改造评价标准》，用于规范既有建筑改造的绿色评价，该标准可为既有工业建筑的改造提供方向性的引导，但由于工业建筑固有的一些特征(如空间、屋面、结构等)，仍然需要一部技术指导性的规范来指导具体的绿色技术如何在工业建筑改造项目中实施。

（二）标准的定位

总体原则：技术指导性的规程，不承担绿色建筑评价功能。

既有工业建筑改造项目实施绿色化改造，必须遵守并执行上海市地方标准《公共建筑绿色设计标准》或者效果达到国家标准《既有建筑绿色改造评价标准》的要求，其绿色建筑标识和等级的授予是以上述两部标准为依据。而《既有工业建筑绿色民用化改造技术规程》则是作为一部技术指导标准，用于指导工业建筑改造为绿色民用建筑，在内容上与两部标准保持一致。

编写内容：以上海市《公共建筑绿色设计标准》和国家标准《既有建筑绿色改造评价标准》条文为依据，针对两部标准所涉及的绿色建筑措施，规范其在工业建筑改造中的实施。由于既有工业建筑改造前后的空间

既有建筑改造领域现有相关规范　　表1

标准类型	标准名称	标准号	领域
国家/行业标准	公共建筑节能改造技术规范	JGJ176-2009	节能改造
	既有居住建筑节能改造技术规程	JGJ/T129-2012	节能改造
	供热系统节能改造技术规范	GB/T 50893-2013	节能改造
	建筑抗震加固技术规程	JGJ 116-2009	结构加固
	建筑结构体外预应力加固技术规程	JGJ/T 279-2012	结构加固
	混凝土结构加固设计规范	GB 50367-2013	结构加固
	砌体结构加固设计规范	GB 50702-2011	结构加固
	既有建筑绿色改造评价标准	GB/在编	绿色改造
上海市地方标准	既有居住建筑节能改造技术规程	DG/TJ08-2136-2014	节能改造
	既有公共建筑节能改造技术规程	DG/TJ08-2137-2014	节能改造

和功能有很大的差异，在如何实施绿色建筑措施上，与常规的既有建筑有很大的差异，有必要出台这样的技术规程进行引导，以提升于既有工业建筑的改造质量和效果。

应用方法：既有工业建筑改造项目的施工图设计应同时执行《公共建筑绿色设计标准》和《既有工业建筑绿色民用化改造技术规程》。首先必须遵守《公共建筑绿色设计标准》，在涉及具体的绿色建筑技术措施应用时，按照《既有工业建筑绿色民用化改造技术规程》中的要求或建议执行。此外，对《公共建筑绿色设计标准》中未涉及的施工和运营管理，本规程也提出了具体的实施要求。

（三）已经开展的编制工作

1.《规程》开题启动会于2014年11月26日在上海召开。会上专家对《规程》的定位、适用范围、编制重点和难点、编制框架、任务分工、进度计划等进行讨论。

2.《规程》于2014年1月26日汇总形成初稿。

3.《规程》编制组第二次工作会议于2015年2月3日在上海召开。会议逐条讨论了汇总形成的规程初稿，形成修改意见。

4.《规程》于2015年3月10日汇总形成第二稿。

三、《规程》内容框架和重点技术问题

（一）《规程》内容框架

《规程》拟编制11个章节，涉及设计（建筑、结构、机电各专业）、施工和运营环节，主要分为：1.总则、2.术语、3.基本规定、4.诊断与评估、5.规划与建筑、6.结构与材料、7.暖通空调、8.给水排水、9.电气、10.施工管理、11.运营管理。适用范围包括改造前为单层或多层厂房、仓库，改造后为办公、商场、宾馆、展馆等公共建筑。

（二）重点技术问题

本标准的核心内容在于指导既有工业建筑如何进行绿色化改造，内容需体现既有工业建筑改造的特点，这是标准的主要关注点，也是保证标准编制质量的关键。对于不同类型的厂房（单层、多层），以及不同的改造目标（办公、商场、酒店、展馆等），许多绿色技术的应用并不同。因此需要结合改造前后的不同功能，提出针对性的技术措施，纳入标准内容中。

1.诊断评估

对诊断评估内容和方式的给予总体要求；改造经济性，避免投资超过新建；场地土壤污染性的评估；原有结构构件的评估；正确评判原有设备及材料的价值等。

2.规划与建筑

被动节能为主，建筑使用的舒适性优先；场地土壤处理与更新；合理的建筑布局和房间功能布置；结合天窗、中庭、内庭院的采光和通风设计；充分利用原有建筑的大跨度和较高空间，进行加层改造，提高建筑利用率；结合建筑形态的立体绿化设置等。

3.结构与材料

充分考虑原有结构形式，尽可能利用原结构；合理确定后续使用年限；加固方法考虑不同的改造功能；结合中庭、内庭院、门厅、空间增层的结构设计措施等。

4.暖通空调

充分利用原有的水、电、气管网和设备机房位置；结构承重问题引起的管道形式选择；改造后为大空间时的气流组织；行为节

能设计措施等。

5. 给水排水

结合大屋面的雨水利用（雨水储存、利用、水质处理）；工业厂房屋面材质对雨水回用水质的影响；结合屋面形式的太阳能热水利用等。

6. 电气

合理设置电气系统；充分利用民用业态的“边角”空间；强调原有设备的利用，减少改造的电气投入，重视能耗监测系统的应用；结合自然采光的照明设计等。

7. 施工管理

既有工业厂房的绿色拆除作业；施工节材管理；废弃物处理等。

8. 运营管理

能耗计量与统计分析；设备的使用与维护；运营效果评估与改进等。

四、小结和下一步工作

作为国内既有工业建筑改造领域的首部技术规范，上海市工程建设规范《既有工业建筑绿色民用化改造技术规程》于2014年立项并启动编制工作。该标准定位于技术指导标准，用于指导工业建筑改造为绿色民用建筑，适用的既有工业建筑类型包括厂房和仓库，适用的改造方向包括办公、宾馆、商场以及文博会展等建筑类型，内容涵盖设计、施工、运营等环节。《规程》的编制对于提升上海地区乃至全国的旧工业建筑改造利用水平，实现旧工业建筑在更高层次上的更新与再生具有重要的意义。

目前，《规程》已在内部形成二稿，下一步将在内部讨论和专家咨询的基础上，修改形成征求意见稿。后续将按照编制工作进度计划开展征求意见修改、送审等工作，计划于2015年底前完成报批工作。

（上海现代建筑设计（集团）有限公司，田炜、李海峰执笔）

三、科研篇

“十二五”国家科技支撑计划项目“既有建筑绿色化改造关键技术研究与示范”自2012年启动以来，项目所属的“既有建筑绿色化改造综合检测评定技术与推广机制研究”、“典型气候地区既有居住建筑绿色化改造技术研究与工程示范”、“城市社区绿色化综合改造技术研究与工程示范”、“大型商业建筑绿色化改造技术研究与工程示范”、“办公建筑绿色化改造技术研究与工程示范”、“医院建筑绿色化改造技术研究与工程示范”和“工业建筑绿色化改造技术研究与工程示范”七个课题按计划顺利实施，根据课这些题的最新进展情况，本篇对课题的阶段性成果进行简要介绍。

“既有建筑绿色化改造综合检测评定技术与推广机制研究”课题阶段性成果简介

一、研究背景

我国既有建筑面积已超过500亿m^2，且绝大部分的非绿色“存量”建筑都存在能耗高、安全性差、使用功能不完善等问题，拆除使用年限较短的非绿色“存量”建筑不仅会造成对生态环境的二次污染和破坏，也是对能源资源的极大浪费。在我国城市化发展和城镇化战略转型的关键时期，对既有建筑实施绿色化改造是实现节能减排战略目标的重要途径。

为了引导、规范和促进既有建筑绿色化改造在我国建筑工程中的推广应用，落实党中央、国务院有关节能减排工作的战略部署，“十二五”国家科技支撑计划课题《既有建筑绿色化改造综合检测评定技术与推广机制研究》于2012年初全面启动，将通过本课题的实施，全面推进我国既有建筑绿色化改造工作顺利进行。

二、课题目标与任务

（一）课题目标

课题立足我国既有建筑发展现状，在既有建筑改造相关单项关键技术研究的基础上，通过集成创新及模式创新，分别展开既有建筑绿色化改造测评诊断成套技术、配套政策和推广机制研究及综合性技术服务平台和技术推广信息网络平台建设，为既有建筑绿色化改造提供可靠的鉴定评价工具、完善的配套政策参考、可行的运作推广模式以及全面的技术服务平台，形成健全的、良性的、可持续的既有建筑绿色化改造领域的研究发展能力。

（二）研究任务

课题的主要研究任务分为五个方面：既有建筑绿色化改造测评诊断成套技术研究、既有建筑绿色化改造评价方法研究、既有建筑绿色化改造政策研究、既有建筑绿色化改造市场推广机制研究和既有建筑绿色化改造综合性技术服务平台建设，旨在形成多层次、全方位的既有建筑绿色化改造技术体系与推广机制。

（三）创新点

课题创新点为：1.多目标、多手段、多因素的既有建筑绿色化改造测评诊断方法；2.以定量化判别为主要模式的既有建筑绿色化改造评价方法；3.立足国情，借鉴先进的既有建筑绿色化改造的政策与机制建议；4.既有建筑绿色化改造推广的模式创新；5.既有建筑绿色化改造综合性技术服务平台的集成创新。

三、阶段性成果

（一）基础信息及数据调研

为了全面掌握国内既有建筑的改造与维

护使用现状、绿色化改造潜力及推广市场，课题组采取资料搜集及实地调研的方式，针对不同气候区、不同功能既有建筑综合性能、使用与维护现状、绿色化改造前的性能缺陷鉴定及改造潜力、改造案例和绿色建筑及其相关产业政策等收集了大量基础资料，完成了《国内外既有建筑绿色化改造现状调研研究报告》、《既有建筑绿色化改造成套诊断技术研究报告》、《既有建筑绿色化改造政策与机制建议研究报告》、《既有建筑绿色化改造市场推广机制研究报告》等10份研究报告。

（二）关键技术研究

通过前期调研，针对既有建筑的特殊性，遵循既有性、全面性、可量化性和综合性的原则，提出了既有建筑绿色诊断基本流程，梳理出既有建筑各系统诊断指标体系，共71个诊断指标，总结了每个诊断指标的含义、计算方法、可选用的诊断方法、结果判定等，采用综合层次诊断法综合分析得到既有建筑综合性能水平，并提供后续的改造措施和建议。基于该技术研究，形成了标准、装置、软件等一系列成果。

（三）标准或指南编制

课题组已完成国家标准《既有建筑绿色改造评价标准》（报批稿）、协会标准《既有建筑评定与改造技术规范》（送审稿），发布实施协会标准《绿色建筑检测技术标准》（CSUS/GBC 05-2014），完成《既有建筑绿色改造指南》（初稿），并启动《<既有建筑绿色改造评价标准>实施指南》的编制工作。

（四）新装置研发

在既有建筑综合性能测评诊断成套技术研究的基础上，以既有建筑及绿色建筑的相关标准为技术依托，分别针对既有建筑绿色化诊断与改造中现场检测和长期监测的需求，研发了绿色建筑综合检测仪器和既有建筑绿色改造监测系统。其中，既有建筑绿色改造监测系统可以依据不同建筑类型特点和技术体系，面对具体项目定制个性化的绿色既有建筑监测系统。

绿色建筑综合检测仪器以各类传感器为数据采集端，通过Zigbee无线数传技术对各类检测数据进行集成，由仪器内嵌的绿色建筑综合评价程序对采集数据进行实时显示、保存、绘制实时曲线，对检测指标进行综合评价打分，并对不符合标准要求的指标给出改善建议。

既有建筑绿色改造监测系统已分别为北京凯晨世贸中心大楼和上海城建滨江大厦项目建立了个性化的监测系统。其中，为上海城建滨江大厦项目为载体定制的既有建筑绿色改造监测系统（装置一）集成了既有建筑运行效果监测指标体系，监测项目包括能源使用、室内环境、室外环境、围护结构、暖通空调、给排水、电气等，支持常规的Modbus、BACNet通信协议和第三方OPC服务、有线和无线两种传输方式及手动录入及设备自动采集两种数据输入模式，可给出建筑目前能耗水平和建筑系统运行水平以及改进建议，提高了工程项目的可操作性；以凯晨世贸中心大楼为载体建立的既有建筑绿色改造监测系统（装置二），使用182块远传表计对大楼能耗分类和分项能耗进行实时采集，构成本地建筑能耗计量与分析的管理系统平台，保证了能耗数据的及时性和统一性，提高了建筑运行监管能力，节约运行成本，提升建筑人居环境。

（五）网络信息平台

依托中国建筑改造网（http://www.chinabrn.cn/）的在业界的强大影响力及完善的构架，积极进行全面改版及更新，加入既有建筑绿色化改造相关新闻时讯、统计数据、法律法规、政策文件、标准规范、科研成果、技术介绍、产品推广、借鉴案例等丰富板块，形成既有建筑绿色化改造网，打造我国既有建筑绿色化改造领域最具权威、专业及影响力的网络信息平台。

（六）综合技术服务平台

依托中国建筑科学研究院国家建筑工程检验中心和上海国研工程检测有限公司在既有建筑和新建建筑工程及绿色建筑领域的各项检测、围护结构节能检测等多方面的工程实践基础，搭建面向我国华北和华东（http://www.chinagreb.com/）地区的既有建筑绿色化改造综合服务平台，为既有建筑绿色改造提供包含设计、施工、诊断、检测、绿色咨询、改造融资、运行维护等在内的"一站式"服务，全面推进既有建筑绿色改造的实施。目前既有建筑绿色改造综合服务平台已为各地的既有建筑改造项目提供咨询服务。

（七）知识产权

为满足研发装置的需求，开发既有建筑绿色改造相关软件3套：绿色建筑综合评价软件、既有建筑性能诊断软件V1.0（软件著作权登记号2014SR169019）和既有建筑绿色化改造效果评价软件V1.0（软件著作权登记号2014SR169017）。

申请国内发明专利6项：现场即时检测排风热回收装置热回收效率的装置（201310721727.4）、一种嵌入式绿色建筑可视化评价诊断方法（201310670703.0）、一种基于Zigbee的绿色建筑综合检测装置（201310574581.2）、一体化气升内环流生物强化膨润土动态膜雨水或建筑中水处理装置（201310717743.6）、既有幕墙硅酮结构密封胶粘结性能的测试方法（201310068922.1）和既有建筑幕墙硅酮结构密封胶的耐久性评定方法（201310104884.0）。

为实现课题成果的推广应用和资源共享，编撰著作7部，目前已完成专著《既有建筑绿色改造指南》（初稿）、《国外既有建筑绿色改造标准和案例》（初稿）、《既有建筑绿色运行诊断与检测技术》（初稿），协助项目出版专著《既有建筑改造年鉴2012》和《既有建筑改造年鉴2013》，并启动《既有建筑绿色改造评价标准实施指南》和《既有建筑改造年鉴2014》的编制工作；发表学术论文24篇。

（八）人才培养及宣传推广

2012年6月、2013年4月和2014年5月分别召开以"推动建筑绿色改造，提升人居环境品质"为主题的"第四届、第五届和第六届既有建筑改造技术交流研讨会"，共900多人参会。课题组成员及其他参会代表就国内外既有建筑绿色化改造的发展趋势、科技成果、成功案例展开了交流，对既有建筑绿色化改造技术标准、政策措施等内容进行了研讨，分享了既有建筑绿色改造的工作经验。会议的成功举办将进一步促进我国既有建筑绿色化改造领域政策和科技的创新。

同时，课题组分别在新疆和常州召开"绿色建筑、低能耗建筑示范工程技术交流会”，在无锡、武汉、南宁、成都四个城市召开“绿色医院和医院既有建筑绿色化改造培训会”。参会培训人员达800多人，有力地推动了我国严寒地区和夏热冬冷地区既有建筑绿色化改造工作的开展。

四、研究展望

课题将在未来的几年内，在现有取得的成果基础之上，着重加强以下几个方面的研究工作。

（一）加强政策机制建议的时效性与可操作性研究

既有建筑绿色化改造的政策机制建议的制定和实际落实面临一定的阻碍，应该与国家及地方当前开展的绿色节能及改造领域的重点工作相结合，加强建议的时效性和实施性研究；在实践应用当中检验政策机制建议的合理性和落地性。

（二）加强既有建筑绿色改造相关标准规范推广实施技术研究

《既有建筑绿色改造评价标准》和《绿色建筑检测技术标准》（CSUS/GBC 05-2014）在我国尚属首次编制，为既有建筑改造绿色评价及各类绿色建筑检测提供了技术依据。在标准的推广实施中，研究与完善开展的绿色改造示范工程的检测及绿色化评价技术，带动标准体系在各地及各类建筑中的应用。

（中国建筑科学研究院供稿，王俊执笔）

“典型气候地区既有居住建筑绿色化改造技术研究与工程示范”课题阶段性成果简介

一、课题基本情况

（一）课题目标

根据我国城镇化与城市发展进程中大规模既有居住建筑绿色化改造的需求，以寒冷和严寒、夏热冬冷、夏热冬暖等典型气候地区的既有居住建筑为研究对象，针对其在建筑形式与功能、结构安全性、居住舒适度、新能源利用与节能减排等方面存在的问题，进行既有建筑绿色化改造关键共性技术和适用于典型气候地区的绿色化改造建筑新技术研究，建立符合我国国情和不同气候地区特点的既有居住建筑绿色化改造集成技术体系，并在典型气候地区进行示范和大面积推广。

（二）研究任务

课题研究任务包括：1.既有居住建筑绿色化改造关键共性技术研究；2.寒冷和严寒地区既有居住建筑绿色化改造建筑新技术研究；3.夏热冬冷地区既有居住建筑绿色化改造建筑新技术研究；4.夏热冬暖地区既有居住建筑绿色化改造建筑新技术研究；5.典型气候地区既有居住建筑绿色化改造技术集成和综合示范。

（三）创新点

课题创新点为：1.既有居住建筑绿色高效加固技术方法和施工工艺；2.可满足典型气候地区既有居住建筑绿色化改造不同功能需求的绿色功能材料及应用技术体系；3.低品位能源和太阳能等可再生能源与常规能源互补供热的设计方法；4.适合夏热冬冷地区既有居住建筑应用的遮阳形式，以及可规模化应用的隔声门窗产品；5.既有居住建筑隔声与通风的外窗综合性能提升改造技术体系，及带净化功能的主动式通风技术。

二、关键技术成果

（一）既有居住建筑安全性能提升与功能改善一体化改造技术

针对我国20世纪80年代及以前建造的多层居住建筑面临增设电梯、成套改造、加层和平改坡等诸多需求且安全性和抗震性能存在较大隐患的现状，课题组围绕安全水准多元化、使用年限目标化、管理措施具体化、检测评定精细化、抗震加固性能化、改造提升绿色化等基本策略，研发了既有居住建筑安全性能提升与功能改善一体化技术。

课题从理论研究、构件拟静力试验和整体结构振动台试验三个方面对一体化改造技术进行了系统研究。提出了既有多层砌体住宅性能化抗震鉴定与加固方法，自主研发了性能化抗震鉴定软件和组合墙体承载力计算软件，实现了既有住宅实际性能水平与预期性能目标的量化，提出了“最小结构处理”的改造理论；完成了18片新增混凝土墙与既有砖墙组合墙体的拟静力试验，研发了多种砖墙与现浇及预制钢筋混凝土墙的连接方法，有效保证了新增钢筋混凝土墙与既有砖墙的协同工作性能；进行了典型砌体住宅的振动台试验，研究了不同水准地震工况下结构的位移、加速度响应、破坏情况以及动力特性，准确把握了一体化改造结构的抗震性能，为既有居住建筑实现少加固、不入户、少扰民、不搬迁的绿色化改造模式提供了可靠的技术支撑。

（二）改造用绿色化建筑材料和高性能绿色功能材料

在目前的既有居住建筑改造中，传统的建材或多或少存在某种缺陷。因此，课题围绕改造用绿色化建筑材料和高性能绿色功能材料开展了相关研究。

针对建筑改造中大量使用的商品砂浆，研发了低消耗商品砂浆，可大量使用再生资源和固体废弃物，经济效益良好。针对新型墙体材料与传统砌筑砂浆不配套问题，研发了新型薄层砂浆，同时还达到了减少砂浆用量、提高建筑功能的效果。针对夏热冬冷地区既有居住建筑夏季防潮改造，研发了利用脱硫废渣制备的低成本高性能防潮石膏砂浆。针对传统建筑腻子存在的各种问题，研发了掺有大量工业固体废弃物的无甲醛石膏腻子。针对既有居住建筑改造中的保温和防火要求，研发了利用烟气脱硫石膏制备的石膏内保温砂浆，可在不增加改造造价的基础上提高墙体的保温隔热性能。针对传统节能保温材料存在的缺点，研发了无机泡沫混凝土保温系统，包括无机泡沫混凝土保温板以及与其相配套的材料（如抗裂砂浆、胶粘剂等）。针对目前反射隔热涂料在研究和应用上存在的各种问题，对相关技术进行了优化。

（三）适合寒冷和严寒地区既有居住建筑的采暖热源改造关键技术

针对寒冷和严寒地区采暖能源消耗，课题研发了槽式太阳能集热器与燃气锅炉联合供暖机制。将槽式太阳能集热器与燃气锅炉相结合的供暖系统，一方面利用了槽式太阳能集热器克服了传统太阳能集热器的缺点这一优势，另一方面发挥了燃气锅炉相对于燃煤锅炉所具有的环保性能好的优点，对于太阳能供暖技术的推广应用具有重要意义。

为了更好地适应太阳辐射与建筑负荷的多变性，设计了多种运行模式以适应不同工况要求，使系统集热、蓄热、供热达到合理平衡。基本原则是当太阳能蓄热水箱能够直接供热时，优先利用太阳能蓄热水箱进行供热，尽量少开启燃气锅炉，提高太阳能利用率，减少常规能源消耗。多种运行模式的实现必然要求合理有效的控制策略与之配合，本系统主要是通过比较测量温度值与设定温度值来确定最合适的运行模式，从而实现各种运行模式的切换。

在进行供暖模拟后发现，槽式太阳能集热器与燃气锅炉联合供暖系统可以显著降低燃气锅炉独立供暖时间，有效降低能源消耗。在实际使用中，可对集热器面积、蓄热形式、控制措施进行进一步优化，以提高太阳能的利用率，使系统的经济性能得到进一步提升。

（四）基于余热回收的既有居住建筑能效提升改造技术

为了解决小型家庭中淋浴废水废热回收问题，同时解决生活用热水的制取问题，提高能源利用效率，达到节能减排的目的，课题研发了淋浴废水余热回收装置。

该废水取热装置位于淋浴喷头下方，用户在装置的上方进行淋浴，废水取热装置将淋浴废水储存起来，用来预热自来水，同时，通过制冷剂循环，继续吸收废水中的热量，在容积式热水箱中把热量传递给预热过的自来水，继续提高自来水的温度，达到满足使用要求。淋浴结束时，装置中存有一定温度的淋浴废水。热泵系统中的制冷剂继续与废水进行换热，在废水装置和容积式水箱中设置温度测量装置，当废水装置内废水温度低于设定温度或容积式水箱内热水温度高于设定温度时，系统停止运行，装置中存留的废水排出。

将该装置与热水器结合使用，可形成实际工程中能够应用的高效节能的家用污水源热泵热水器。

（五）新型通风隔声外窗

针对现有外窗技术存在的不足，课题研发出一种新型通风隔声窗，结构简单易实施，既能有效通风隔声，又不影响采光和开窗面积。

本次设计的外窗属整体双层结构、内外窗的方式，内窗采用推拉式，外窗采用平开式。一方面使用简单，方便用户操作维护；另一方面双层窗结构的隔声量很大，产品制成后适用范围广。设计中取消了多数外窗所采用的专门的通风通道，将内窗和外窗之间的空间用于通风，同时在窗体两侧留有进风和出风口，并在进风和出风口上布置以双层微穿孔金属板用于消声。利用迂回的路径和进风出风口上的吸声来实现降低外界噪声进入室内，同时实现通风，并提高了窗体的开窗面积和采光。

对该新型外窗进行隔声和通风测试后，结果表明新型外窗可有效降低噪声，能为住户营造空气流通并且安静的绿色生活环境。

（六）主动式居住建筑通风技术

随着生活水平的不断提高，人们逐步认识到住宅室内环境的重要性。基于此，课题研发了一种适合夏热冬暖地区使用的具有空气净化功能的主动式居住建筑通风设备。该主动式净化型住宅新风设备可与建筑外墙连接，也可与窗体结合成主动式净化型住宅新风一体窗。该设备通过监测室内空气二氧化碳浓度变化来控制小型风机运行与否，实现风量调节，同时控制除尘装置和净化装置的开停等功能，以实现有效的节能和延长新风净化系统使用寿命。

该主动通风设备不但可以同时解决目前住宅新风不足和室内空气品质低下的问题，并且杀菌除尘装置稳定可靠，可以反复清洗，而净化装置稳定高效。通过本系统主动型送风装置，外加机械排风装置，可使室内污染空气中的有毒元素浓度稀释降低，污染的有害尘埃病菌消灭净化，使清新新风不断进入室内，污染的浊气不断排除室外，达到住宅新鲜空气补充和净化目的。

三、工程应用

（一）寒冷和严寒地区：哈尔滨河伯小区住区绿色化改造工程

地理位置：哈尔滨市道里区。

基本信息：建成于1999年，小区占地面积12.81万m^2，一期改造建筑面积16万m^2，29栋住宅，2790余户居民，建筑多为7～8层的多层建筑。

改造范围：一期拟改造15.8万m^2；建设

槽式太阳能集热器约8000m²。

改造时间：2013年～2014年

改造目标：实现低能耗、低污染、舒适健康、与周边环境协调的绿色化改造目标。

改造内容：建筑围护结构节能改造、供热系统改造、首层商服改造、庭院环境改造、地下车库加建等。

绿色化改造技术应用：

围护结构改造：外墙采用100mm厚的B1级防火保温材料EPS板；外窗外侧增加一层单框双玻塑钢窗，阳台单层窗更换为单框双玻塑钢窗，窗框与洞口之间用聚氨酯发泡剂填充并用密封膏嵌缝做好保温构造处理；屋面重新做保温及防水层，采用喷涂硬泡聚氨酯作为保温材料，同时加做两层防水卷帘以及一层隔汽层。

热源改造与能效提升：采用槽式太阳能集热器与天然气锅炉相结合的联合供热模式，并采用分散式独立供热、以栋为单位精确供热的方式。

既有住区环境改造：增加居民健身广场、绿化景观、健身娱乐设施，建设停车库、保安执勤室等服务设施；庭院内的道路及绿化重新设计，满足无障碍通行的需要，庭院铺装采用透水砖。

小区智能化改造：在居民家中设置温度采集系统，通过无线设备将数据传送至数据中心进行统一管理监控；小区安装安全报警系统，配备智能一卡通系统；公共照明采用智能控制的LED灯具。

（二）夏热冬冷地区：上海思南公馆二期绿色化改造工程

地理位置：上海市黄浦区。

改造范围：思南公馆二期改造保护项目面积为5310m²，由11幢居住功能的独立式风貌别墅组成，均为3层砖木结构。

改造时间：2013年

改造目标：在保护基础上，通过环境整治、部分功能置换、建筑单体修缮改造、结构加固、配套设施改善、绿化更新等方式保护和提升这一地区的人文、历史内涵与风貌，使其成为具有海派文化风韵的、以居住为主的高级居住社区。

改造内容：建筑改造、室内外环境改造、结构加固改造、采暖空调改造、绿色节能改造等。

绿色化改造技术应用：

绿色高效加固：采用整体加固，资源能源消耗少，加固效果优越。

节约材料：屋面瓦片循环使用；原外墙砖拆除后挑拣，用于外墙维修加固。

绿色环境营造：补充优化高大乔木，增设灌木，种植草地。

绿色构件应用：采用高性能隔声门窗，外窗为与建筑外立面协调的带百叶木窗。

绿色设施优化：采用集中变频加压给水系统；在二次装修时，采用节水洁具。

围护结构改造：屋面采用STP真空超薄绝热板，采用外墙内保温系统，采用保温腻子。

（三）夏热冬冷地区：上海天钥新村（五期）旧住房绿色化改造工程

地理位置：上海市徐汇区。

基本信息：在20世纪50～70年代分期开发建成，房屋质量差异很大，总用地面积约23866m²，共有37幢房屋。

改造范围：改造项目主要对小区内89-95号、101-107号、113-119号、125-131号4幢房屋进行绿色化改造，改造总建筑面积约1.28万m²。

改造时间：2014年

改造目标：保留原房屋结构，改善使用功能和配套设施，延长房屋使用寿命，提高居住水平和环境质量，实现绿色化改造。

改造内容：建筑功能改造、结构加固改造、绿色材料应用、绿色节能改造、设备设施改造、室内外环境整治等。

绿色化改造技术应用：

建筑功能改造：对4幢房屋分别向北扩1.5m，利用扩建部分面积，对房屋内部厨卫重新调整布局，做到厨卫独用。

结构加固改造：对结构进行整体抗震加固。

绿色材料应用：外墙涂料采用反射隔热涂料，新扩建部分的窗体采用塑钢中空玻璃。

绿色节能改造：屋面增设通风的斜屋面，实现平改坡。

设备设施改造：进行二次供水设施改造和节水系统优化改造；进行供配电设备与系统改造和照明系统智能化改造。

室内外环境整治：对整个小区绿化进行补种翻新。

（四）夏热冬暖地区：深圳莲花二村既有居住建筑绿色化改造工程

地理位置：深圳莲花山公园东侧。

基本信息：占地面积16.4万m²，总建筑面积20万m²，区内多层住宅44栋，高层楼宇2栋，居住人口约1万人。主要配套设施有综合服务大楼1座，中学、幼儿园、文化活动中心各1个，停车场3个。

改造时间：2012年～2013年

改造目标：在保持原有建筑结构和墙体不变、居民不作动迁的条件下，通过对建筑物的外墙面、外窗、屋面、绿化环境、配套服务设施进行绿色化改造，提升住区居住环境，促进和谐社区建设。

绿色化改造技术应用：

隔热性能提升：屋顶、外墙采用热反射涂料；外窗玻璃采用隔热涂膜、增设遮阳棚。

新型绿化技术应用：采用屋顶、外立面复合绿化技术。

住区环境改造：采用地面绿化技术，增设生态停车场；住区内步行路面采用透水地面、嵌草砖等代替硬化地面。

四、展望

本课题注重技术创新，在既有居住建筑绿色化改造设计、材料、结构、建筑新技术方面均有创新性产品或关键技术形成。同时，本课题注重已有技术的集成创新，注重实用化、工程化、系统化和成套化，注重专项技术研发为集成和系统服务。目前，课题取得的关键技术成果正处于示范工程应用阶段，随着研究成果的进一步推广应用，将逐渐凸显本课题对既有居住建筑绿色化改造行业的技术支撑作用，从而将有力推动既有居住建筑绿色化改造完备产业链的建立。

（上海市建筑科学研究院(集团)有限公司供稿，李向民执笔）

“城市社区绿色化综合改造技术研究与工程示范研究进展”课题阶段性成果简介

一、课题简介

“十二五”国家科技支撑计划课题“城市社区绿色化综合改造技术研究与工程示范”旨在建立针对既有城市社区的绿色化改造综合技术支撑体系，主要包括六大技术研究内容：城市社区绿色化改造基础信息数字化平台构建技术研究与示范、城市社区绿色化改造规划设计技术研究与示范、城市社区资源利用优化集成技术研究与示范、城市社区环境综合改善技术研究与示范、城市社区运营管理监控平台构建技术研究与示范、城市社区绿色化综合改造标准及评价指标体系研究。

二、阶段性成果

截至目前，课题取得的阶段性研究成果，可概括为“1项软件著作权、1本专著、2本标准、8项专利、29篇论文”：

1.城市社区绿色化改造基础信息数字化平台构建技术研究与示范：根据社区绿色化改造全过程工作要求，明确了社区绿色化改造全过程信息需求，逐一给出了社区绿色化改造所需的各种信息的获取方法或技术，综合运用调查、航测、扫描、监测、检测等数据采集技术，提出了数据来源策略、来源方式、格式选择及转换要求。在数据处理方面，实现了扫描数据与主流地理信息系统软件（GIS）的对接，提出了BIM信息与GIS的对接方法，提出了非空间数据和空间数据处理相关技术。在平台开发方面，详细设计了平台功能板块，并选择了与之匹配的开发环境、开发语言和硬件配置，开发形成了城市社区绿色化改造基础信息数字化平台。对城市社区绿色化改造基础信息数字化平台进行了试用，除示范工程外还通过对全国31个社区绿色化现状基础信息调查，进一步充实了平台数据库，进一步改进了平台的功能。该平台正在申请软件著作权1项。

2.城市社区绿色化改造规划设计技术研究与示范：在既有城市社区功能评价及复合升级方法研究上，构建了基于单中心城市模型的用地功能提升解释模型，可以对用地功能提升加以解释及预测。提出了以平衡规划为核心的社区绿色化改造规划方法，该方法在传统的调查、分析、规划设计和实施四阶段方法的基础上，对内涵和方法技术加以扩充。基于社区改造的复杂性和多因素的特点，平衡规划强调在规划设计中寻求多维度影响因素间的平衡，包括最基础的经济、社会和环境三个层面的平衡，以及各个单独维度内的平衡。在梳理既有社区改造案例的基础上，归纳总结了包含四个维度的社区改造模式决策框架，即功能匹配度、建筑性能、环境承载力和经济可行性。此外，该方法强调动态思维和持续更新，调查及分析对象兼顾社区物质空间的客观信息和社区内个人及群体的满意度和需求等主观感受。规划设计上强调的社区文脉延续，不仅包含可以物化的符号体系的撷取、移植和改造，也强调社区原有社会经济关系的维系。实施上摈弃蓝图—建设模式，转而寻求绿色化运行维护。已根据该研究成果编制了《城市社区绿色化改造规划设计技术指南》（以下简称《规划设计指南》）初稿。《规划设计指南》从社区绿色化改造指标、规划设计基本流程、模式与策略、调研与诊断、场地规划与布局优化、公共设施和市政设施改造、道路交通系统提升、环境改善、建筑本体绿色化改造等方面，以图文并茂的形式，对社区绿色化改造规划设计中的技术问题提出切实可行的指引，为规划设计人员、政府管理人员和社区居民推进社区改造提供了系统化的技术参考。

3. 城市社区资源利用优化集成技术研究与示范：在能源资源方面，开展了既有社区建筑能耗现状调研及评估方法的研究，提出了既有社区能源利用诊断评估方法；完成了太阳能、浅层地热能、余热资源利用潜力评估方法研究，并结合示范项目进行可再生能源资源评估；完成了既有社区能源改造规划方法研究，从经济效益、技术效益、环境效益、社区效益四个维度建立了既有社区能源系统集成优化综合评价指标体系。基于该成果开发了“一种新型的路面集热装置”、“谷值负荷冷冻（却）水系统蓄能空调”等2项专利技术。

在水资源方面，研究确定既有城市社区水资源利用现状诊断因子、诊断指标及评价方法；优化集成了针对既有城市社区节水和水资源利用改造设计方法并进行技术评估；提出针对既有社区不同情景模式下的雨水收集利用改造规划设计方案。除了集成现有的既有社区非传统水资源优化利用改造技术外，研究针对不同土壤基质类型的社区雨水收集处理改造技术，提出了两种新型雨水渗滤技术，一是场地改造用新型浅草沟技术，二是道路改造用雨水渗滤暗沟技术。基于该研究成果，开发了“浅草沟及浅草沟的制造方法”、“道路雨水渗滤暗沟”等2项专利技术。

4. 城市社区环境综合改善技术研究与示范：通过对国内外绿色社区评价标准和相关文献调研，结合国内城市社区实际情况，从以人为本、定量化以及系统性原则，建立社区环境指标评价指标体系。根据指标体系内容，通过现场实测、数值模拟等方法建立了相应的诊断技术体系。重点开发完成城市社区热环境模拟预测模型、社区风环境舒适性评价流程以及社区污染物诊断分析模型等创新的评估诊断方法及工具。初步建立了较为完整的社区环境综合改善技术体系，开发了“用于建筑物墙面绿化的花盆”、“用于绿化墙面的防水挂件”、“用于建筑密肋楼盖的防水模壳”、“用于坡屋面的轻型绿化容器”等4项专利技术，并成功应用于上海钢琴厂改造项目、无锡巡塘老街历史文化建筑保护改造项目等一批示范项目中，取得较好效果。

5. 城市社区运营管理监控平台构建技术研究与示范：通过对城市社区运营管理的需求分析，研究确定了城市社区运营管理监控平台监控技术和平台开发的需求。在此基础上，对城市社区运营管理监控平台软件的构架与基本功能进行了开发研究，确定监控平台软件一期版本的功能框架与需求。结合坪地国际低碳城、龙华规划国土信息馆片区、上海钢琴厂社区深化了城市社区运营管理监控平台监控技术和平台开发需求。在城市社区绿色化改造基础信息数字化平台的基础上，开发了城市社区运营管理监控功能，形成了城市社区运营管理监控平台软件V1.0，实现了资源消耗监测、环境监测及反馈等功能。

此外，本年度出版专著《深圳国际低碳城发展年度报告（2014）》1本，为示范工程深圳国际低碳城改造成果的扩散宣传提供了载体。

6.城市社区绿色化综合改造标准及评价指标体系研究：基于结果性指标与过程性指标相结合动态诠释社区绿色化改造的思想，根据城市社区绿色化综合改造的“土地集约、资源节约、环境生态、交通便利、宜居幸福”内涵，创造性地提出了城市社区绿色发展指数。在指标项大致确定的基础上，开展城市社区绿色化现状调研，完成全国31个社区调研，涵盖东北、华北、华东、华南、西北、西南共31个大中小城市。结合社区现状调研数据与示范工程诊断数据，正开展指标项与指标值科学性、合理性与可操作性的深入分析工作，以便修改完善指标体系。同时，充分整合课题的所有研究成果，已启动《既有社区绿色化改造技术规范》的研制工作，并已向住建部申请立项为行业标准。地方标准《深圳市既有城市社区绿色化改造规划设计指引》已正式立项，并同步开展标准的编制工作。

三、“十三五”展望

自十八大以来，我国能源战略已发生了根本性的变革，从原来的尽可能满足能源需求转向能源消费管理。

2014年6月13日，习近平主席主持召开中央财经领导小组第六次会议，研究我国能源安全战略时强调：“推动能源生产和消费革命是长期战略，必须从当前做起，加快实施重点任务和重大举措。第一，推动能源消费革命，抑制不合理能源消费。”《能源发展战略行动计划（2014～2020年）》（国办发［2014］31号），指出：加快调整和优化经济结构，推进重点领域和关键环节节能，合理控制能源消费总量，以较少的能源消费支撑经济社会较快发展。

据不完全统计，中国目前的既有建筑总面积已达500亿m^{2}左右，为了实现能源消费总量控制目标，按用能总量控制的思路来开展绿色建筑与建筑节能工作，一方面，需要对把好新建关，做到不欠新账；另一方面，需要做到尽可能减少旧账，即进行既有建筑的绿色化改造。严格来说，既改这一块的难度和压力比新建还要大的多。

2013年国家发布《绿色建筑行动方案》后，各地也相继推出地方版的绿色建筑行动方案，可以预见，既有建筑绿色化改造作为绿色建筑行动中的重要内容，将越来越受重视。

从目前所开展的工作来看，绿色建筑与建筑节能的重心仍放在新建建筑上，对既有建筑的改造作为一项工作，如“十一五”期间主要围绕节能改造，“十二五”期间升级为绿色化建筑。但上述工作主要针对单体而言，只在十二五项目《既有建筑绿色化改造关键技术研究与示范》中针对城市社区单列一项课题《城市社区绿色化综合改造技术研究与工程示范》。只能说在规模化推广绿色建筑上开了一个头，但还远远不够，迫切需要加强此方面的研究才能支持国家大范围推广既有建筑改造的需求。

因此，未来“十三五”期间，应该走规模化、差异化、精细化的既有城市社区绿色化改造道路，规模化的既有社区绿色化改造是整体提升我国建筑绿色化水平的重要手段，对有很强改造需求的旧工业厂区、老旧住宅小区制定相应改造措施，本课题研究成果也将在示范工程的基础上积极总结经验，加强对不同社区类型改造技术体系研究，达到可复制、规模化、迅速化的效益，积极服务于我国既有社区的绿色化改造。

（深圳市建筑科学研究院股份有限公司供稿，叶青、鄢涛、郭永聪、刘刚、郑剑娇执笔）

“大型商业建筑绿色化改造技术研究与工程示范”课题阶段性成果简介

一、课题基本情况

目前我国约有500亿m²既有建筑的存量，这些建筑普遍存在能耗大、空间利用率低、隔热保温性能差等问题。本课题以大型商业建筑大空间综合改造、热能综合利用、增层及增建地下空间关键技术研究为重点、研发以既有大型商业建筑为核心的城市综合体改扩建成套技术，为商业建筑绿色化改造的设计和施工提供技术依据。力求通过本课题的研究，解决既有商业建筑能耗大、空间利用率低、舒适性低等的相关技术问题，提出成套应用技术，大力推广绿色化改造成套技术，实质性推动节地、节材、节能、环保工作，实现建设事业的可持续发展。

二、阶段性成果

（一）既有商店建筑绿色改造空间功能提升评估软件

商业建筑绿色改造空间功能提升指标体系，是针对商业建筑绿色改造的功能提升而进行建立的评估体系，它将能够评价商业建筑功能的普遍性及特殊性做出归一的指标，体现商业建筑绿色改造的功能提升的程度。体系主要通过场地评价和建筑本体评价两大方面，采用层次分析法，以设计院的设计人员及绿色建筑设计相关专家的问卷形式形成该体系，并通过指标两两比较、经过计算及验证后，得出每项指标的权重。使用时可根据商场的实际情况，为每项指标打分，综合打分情况，得出该商场的绿色改造功能提升的状况。该体系不仅为商业建筑功能评价填补空白，而且为商业建筑绿色设计提供支持。

（二）既有建筑增建地下空间的关键技术

对于原基础为独立基础的既有建筑，应用锚杆静压桩技术进行结构托换实现地下空

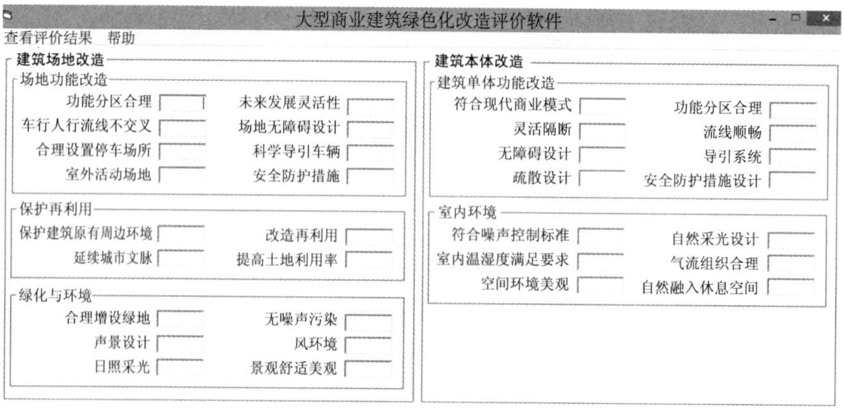

大型商业建筑绿色化改造评价软件
查看评价结果　帮助
建筑场地改造
场地功能改造
功能分区合理　未来发展灵活性
车行人行流线不交叉　场地无障碍设计
合理设置停车场所　科学导引车辆
室外活动场地　安全防护措施
保护再利用
保护建筑原有周边环境　改造再利用
延续城市文脉　提高土地利用率
绿化与环境
合理增设绿地　无噪声污染
声景设计　风环境
日照采光　景观舒适美观
建筑本体改造
建筑单体功能改造
符合现代商业模式　功能分区合理
灵活隔断　流线顺畅
无障碍设计　导引系统
疏散设计　安全防护措施设计
室内环境
符合噪声控制标准　自然采光设计
室内温湿度满足要求　气流组织合理
空间环境美观　自然融入休息空间

图1 大型商业建筑绿色化功能提升评价软件

间的增建。通过对施工工艺的模拟分析，控制施工过程中既有建筑物的沉降和对周围环境的影响，并选择最合理的施工方案。对抗震要求较高的建筑，可以将隔震技术应用到地下增层方案中，即应用基础隔震的原理，在原建筑进行地下增层后在底层和基础之间加入一层水平刚度较小的隔震层，大大减小结构在地震中所受的地震力。此方案实现地下增层时，向下多增建一层较矮的地下室，插入隔震支座，形成隔震层。在一次改造中，即能完成地下增层、基础隔震改造和基础加固三种体系改造。应用隔震技术的地下增层方案在增加使用面积的同时，大幅提高结构的抗震性能。

对于原基础为桩基的既有建筑，应用既有桩基实现地下增层。通过既有建筑增建地下空间改造模式下单桩再承载利用的模型试验，确定开挖后桩基承载力的计算方法，为实际工程中桩基础的设计提供依据。

既有建筑增建地下空间的改造，对原建筑的正常使用以及建筑外观基本上没有造成影响，原建筑（除一层）在改造期间可以正常使用。是以节地为目的的既有建筑绿色化改造的有效方式。

（三）大型商业建筑抗震加固新型装置和振动台试验

根据大型商业建筑以多层混凝土框架结构为主，建筑体型较大，平面体系不规则，建筑布局要求灵活等结构特点，研发出一种设有防屈曲装置的金属阻尼器（BRB）及一种新型防屈曲耗能支撑（MD）。并完成防屈曲支撑耗能结构震动台主体试件制作。

在云南某大型商业建筑项目上，使用BRB及MD组合应用的阻尼器方案，该方案混凝土用量共计约20m^3，钢筋用量共计约10t；而采用传统方案混凝土用量共计约432m^3，钢筋用量共计约100t。减震方案明显降低了结构加固改造材料用量，符合绿色节能改造要求。

通过防屈曲支撑耗能结构震动试验台试验，验证耗能支撑对结构的减震效用，为耗能支撑研发提供了重要科学依据。

图2 防屈曲支撑耗能结构震动台主体试件

（四）大型商业建筑用能系统动态负荷特性实时监测技术及配套设备开发研究

针对大型商业建筑的负荷特征和用能特点，研制开发适用于大型商业建筑用能系统动态负荷特性实时监测装置，对用能系统进行实时监测，掌握大型商业建筑设备设施的用能规律，根据用能规律，对设备节能方法进行研究。依据节能规律和方法提出节能运行策略，形成大型商业建筑设备节能运行技术体系，为我国既有大型商业建筑供能系统的绿色化改造和室内空气品质改善提供重要科学依据。

在唐山某商业建筑项目上，使用用能系统动态负荷特性实时监测系统，1个采暖季总运行费用49.9万元，实际采暖面积为23000m²，则采暖费用为21.7元/m²，小于当地市政管网的供热费用32元/㎡，经济效益明显。

大型商业建筑用能系统动态负荷特性实时监测装置主要由三大部分构成，即基于无线通信模块的数据采集子系统、运行数据管理子系统及室内无线监测设备，如下图所示：

（五）大型商业建筑系统节能运行调控技术

节能控制的实现需要有合理的公共建筑节能控制装置。对于学校、商场、办公楼等建筑其共性是夜间无人时可以关闭（夏季）或保持防冻运行模式（冬季）模式，对于这类建筑在冬季供暖运行时课题研制了公共建筑节能控制器，适用于大型商业/办公建筑。该控制模式可以随外界温度和不同时段调整供热流量，保证供热的舒适度和节能的效果。可支持多种手动与自动操作方式，包括有供热中心的远程操作和就地操作。多种控制方式可以灵活切换，如商场等处白天按照室外温度的不同保证供热的舒适度，夜间节能运行维持管路的防冻温度。

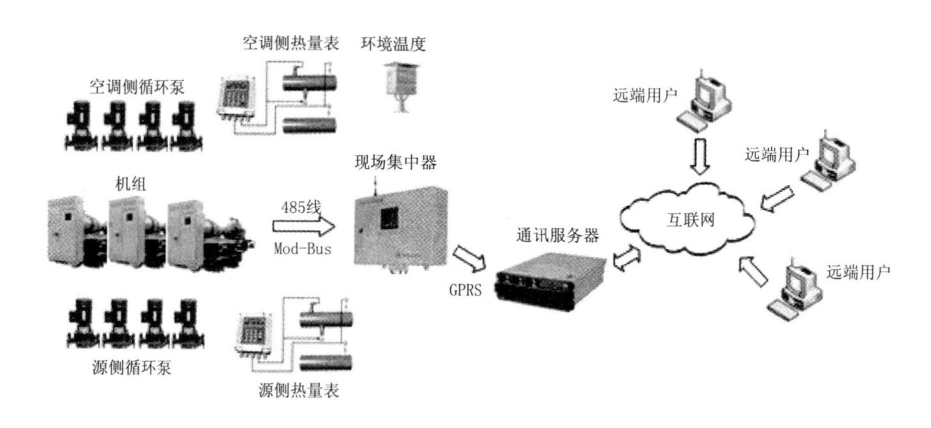

图3 空调机组数据监测系统结构简图

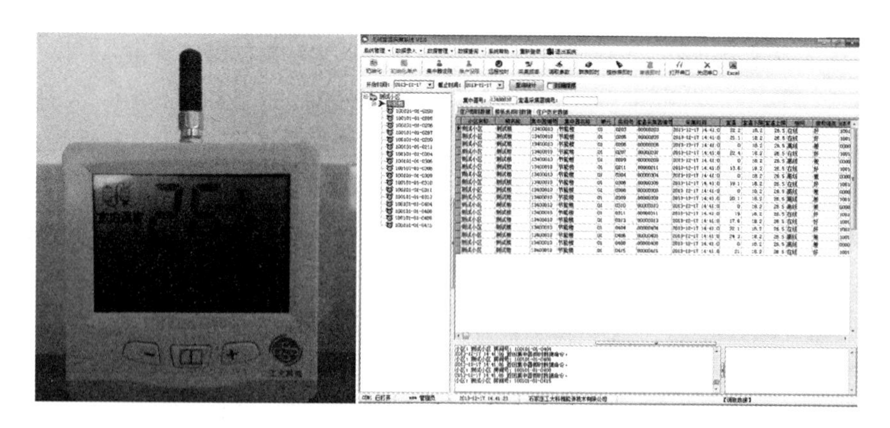

图4 室内温湿度、二氧化碳浓度无线监测设备

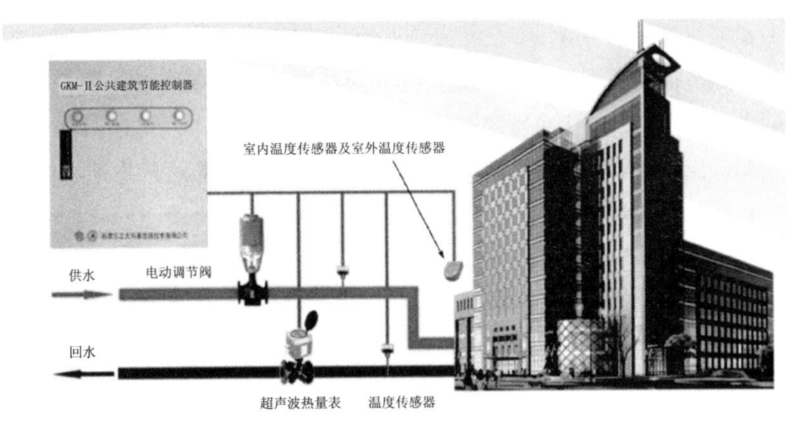

图5 公共建筑节能控制装置示意图

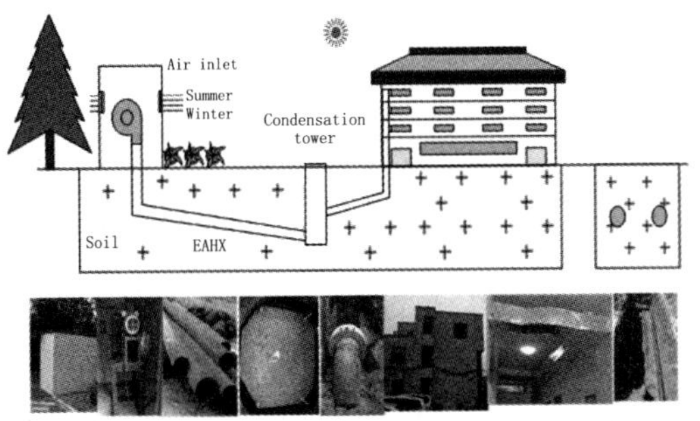

图6 基于土壤-空气换热的建筑新风系统实物图

（六）适用于大型商业建筑的具有除湿热回收和热量转移提升功能的新风热回收装置

新风系统能耗在大型商业建筑空调通风系统中占了较大的比例。为保证室内空气品质，不能简单以削减新风量来节省能量，而且还可能需要增加新风量的供应。许多大型商业建筑中，排风是有组织的，这样有可能从排风中回收热量或冷量，以减少新风的能耗。特别是对于新风量大的大型商业建筑，条件适宜的地区，采用排风热回收能达到很好的节能效果。课题研发了适用于大型商业建筑的全热交换机组，提出一种基于土壤-空气换热的建筑新风系统。该系统由新风引入装置、土壤换热管路和室内管路装置组成；新风引入装置由风帽、过滤装置和风机组成，过滤装置一端与风帽相连接，另一端与风机进口相连接；土壤换热管路由圆形管道敷设组成，其进口与风机出口相连接；室内管路装置由热交换器、送风管路、风阀、室内散流器和回风管路组成，如图6所示。本系统不依赖于建筑空调系统，适用于大型商业建筑的新风预冷预热等。经过实际运行试验，表明该系统建设成本低廉，运行稳定，能够较大程度改善室内空气品质，同时减少建筑空调开启时间，节省运行费用。

（七）大型商业建筑精细化节能运行管理的关键技术研究

课题依据精细化管理的内涵，开展了商场建筑能耗精细化管理的模式、要素、技术策略研究，以此作为商场建筑节能精细化管理的总体依据。通过研究工作开展，得到以下主要成果：1.提出了商场精细化能耗管理的模式。结合商场的条件，确定了商场节能精细化管理的基本要求、目标、技术路线与技术手段。2.通过对于能耗特性分析，提出了基于建筑空间能耗管理的监管形式。确定了以建筑空间为基础的能耗管理形式、控制系统能耗监控模式及信息集成模式。3.提出以“室内状态、室外状态、送风状态”为基础的全空气系统全年运行策略。对已有全空气系统全年运行策略进行了显著改进。全年分区科学合理，区域划分简洁明了。同时加强了对室外新风冷量的充分利用，减少了冷热源使用时间。4.应用神经网络（NN）技术预测商场空调供暖负荷，以此作为冷热源台数控制的依据。通过实际测试，分析了压差控制的弊端。提出了基于温差的变流控制模式。

（八）示范工程

1.南京金鹰国际广场（NIC）

南京金鹰国际广场（NIC）是由南京国际集团股份有限公司开发集商业、商务、娱乐、办公、住宅、酒店于一体的超高层综合商用建筑群，一期总面积超过22万m²，已于2010年初建成并开始投入营运。一至八层裙楼建筑面积88000m²，1层层高6m，2～8层层高5.5m，为大型购物中心，其中商业总建筑面积8.8万m²，可租用面积4.4万m²。商场致力于将购物中心打造成为一个“一站式消费场所”。两层地下室夹层层高3.8m，B1层层高6.5m，B2层层高4.4m，为车库和设备及房、物业用房、酒店后勤用房等。

图7 NIC建筑外观图

NIC商场改造目前已经进入改造方案设计运用阶段，按照绿色建筑2星级标准来定位。建筑改造主要有以下几个方面：a)地下一层车库改造为商场，并与地铁连通；b)地下室增建一层，增加面积8000m²；c)缩小1～5层中庭面积；d)1～5层部分实体墙改造为幕墙；另外，商场保留原暖通空调水环热泵的使用，对电气照明灯具也进行调整，同时增加了太阳能可再生能源的利用等。

图8 宝鼎财富中心建筑外观图

2.宝鼎财富中心

宝鼎财富中心位于迁安市中心区城区，总建筑面积约为59000m²，由两栋塔楼和底层商业建筑组成。建筑地上20层，地下1层，总高度为86m，其外观如图8所示。按照建筑功能可分为办公、酒店式公寓、餐饮、商场及地下车库等。建筑实际空调面积为53000m²，其中两栋塔楼30000m²，底层商业23000m²，室内末端采用风机盘管加新风机组系统。

已在该商业建筑中应用了建筑能耗数据在线监测系统，能耗监测系统主要监测的数据如下：①热泵侧供/回水温度t1、t2、瞬时流量G1、累计流量ΣG1、累计热量ΣQ1；②用户侧供/回水温度t1′、t2′、瞬时流量G2、累计流量ΣG2、累计热量ΣQ2；③热泵机组瞬时功率Pj、总电耗ΣNj；④水泵瞬时功率Pb、总电耗ΣNb；⑤环境温T0。相应改造设备如图9所示。

3.南京新百商场

南京新百商场位于南京市中心最繁华地

段新街口商圈最有利地位，正对市中心广场，负一层与地铁一号线和二号线的进出口直接相通，是众多顾客进入新街口商圈的首选之地。新百商场是集购物观光、餐饮休闲、生活服务、高档办公于一体，拓展多种业态，满足多元消费需求的城市高端商业综合体。商场从地下二层至八层的裙楼为新百商场，营业面积5万m²。

南京新百商场建于1952年8月，至今已走过60多年的风雨历程，为了消除商场安全隐患，促进品牌调整，提高品质，增强企业竞争力，商场改造主要有以下几个方面（如图9所示）：a)建筑外立面及外围护结构改造；b)商业模式更新换代，商业布局改造；c)能源系统改造；d)照明系统改造等。

三、“十三五”展望

本课题通过对大型商业建筑功能特点、用能情况、室内环境、空间拓展等方面进行了综合分析，研究开发出一套适用于大型商业建筑绿色化改造的关键技术体系，部分技术已在示范工程上得到了应用，效益显著。

(a) 超声波冷/热量表　　(b) 电流互感器

(c) 三相智能电表　　(d) GPRS远程传输装置

图9 在线监测系统改造现场局部图

图10 南京新百商场建筑外观图

商业建筑类型广泛，有百货商店、超市大卖场、餐饮娱乐购物综合体等，不同类型的商业建筑业态、功能分区、用能情况、系统设计均存在较大差异，因此在“十三五”阶段可以针对不同商业建筑特点，进一步细化技术策略，体现不同商业的特性化适用技术。此外，商业建筑业主最大的关注点是收益，而绿色化改造大多涉及改造的方面比较多，相应工期也比较长，很多情况还是需要停业改造，对商业业主经济影响较大，很多租户也持反对意见，推广有一定难度。因此“十三五”阶段对于配套政策建议的研究应该与课题重点工作相结合，借力现有热点任务，利用与之相关的政策整合及再创新，循序渐进地开展切实可行的政策与机制建议研究，从政策层面给予一定支持，提高商业建筑绿色化改造的积极性。

（上海维固工程实业有限公司供稿，徐瑛、刘芳、沈洁沁执笔）

“办公建筑绿色化改造技术研究与工程示范”课题阶段性成果简介

一、课题基本情况

（一）课题目标

本课题在对我国既有办公建筑绿色化改造实际发展状况调研的基础上，结合我国国内对既有办公建筑绿色化改造技术的潜在需求，参考国外既有办公建筑绿色化改造技术的发展情况，重点研究既有办公建筑的室内环境与室外环境绿色化改造技术、既有办公建筑绿色化改造的节能节水技术、既有办公建筑设备系统提升改造成套技术、既有办公建筑绿色化改造的装修与加固技术，并结合办公建筑绿色化改造示范工程，有效解决以往我国既有办公建筑绿色化改造技术水平和效率不高以及资源浪费严重等问题，为提升办公建筑绿色化改造的整体技术水平、促进建设事业的可持续发展起到重要的作用。

本课题重点研发的办公建筑绿色化改造关键技术，涉及室外环境、室内环境、节能节水、设备的升级改造、装修与加固中的节材技术、改造施工技术等方面，旨在解决办公建筑绿色化改造中的共性技术问题，为推动我国既有办公建筑绿色化改造提供技术支撑。

（二）研究任务

课题以五项任务的形式对既有办公建筑的绿色化改造开展研究并进行工程示范：

任务一：既有办公建筑的室内环境绿色化改造技术研究。

任务二：既有办公建筑绿色化改造的节能节水技术研究。

任务三：既有办公建筑设备系统提升改造关键技术研究。

任务四：既有办公建筑绿色化改造的施工和建筑材料的回收与再利用技术研究。

任务五：既有办公建筑绿色化改造工程示范。

二、关键共性技术

（一）超轻发泡陶瓷保温板产品开发及应用技术规程编制

“十二五”期间，课题组对发泡陶瓷保温板生产技术进行攻关，开发了质量小于180kg/m^{3}的新一代超轻发泡陶瓷保温板。该产品具有不燃、耐高温、耐老化、与水泥制品相容性好、吸水率低、耐候性好等优越的性能，保温性能优异，导热系数为0.06W/m•K以下，防火性能为A级，符合国家及地方标准对于建筑外保温防火要求，适用于建筑外墙外保温工程，已成功用于数百万平方米的建筑。

为更好地推广该产品和技术，课题组对原《发泡陶瓷保温板保温系统应用技术规程》苏JG/T042-2011进行了修订，调整了发泡陶瓷保温板的部分性能指标，增加了部分构造详图，增加了楼板、屋面保温的做法等。该规程通过江苏省工程建设标准站组织的专家审查，并已发布实施。“十二五”以来已在200万m²以上的新建建筑及江苏省通讯管理局（建筑面积1万m²）等既有建筑节能改造工程中得到应用，累计创产值8000万元以上。

（二）改性酚醛树脂泡沫板作保温芯材的保温装饰板

酚醛树脂泡沫板具有轻质、防火、遇明火不燃烧、无烟、无毒、无滴落，使用温度围广，低温环境下不收缩、不脆化的特点。由于酚醛泡沫闭孔率高，导热系数低（可低于0.03W/m•K），隔热性能好，具有一定的抗水性和水蒸气渗透性，是较好的保温节能材料，更是建筑暖通制冷工程理想的绝热材料。

改性酚醛树脂泡沫板作保温芯材的保温装饰板经过复合后的阻燃型保温复合材料，其燃烧等级可达到复合A级，抗压、抗折、耐候性等方面也具有良好的表现，性价比高，是一种综合性能优异的保温复合板材。自小试、中试后进入市场，以其自身优异的阻燃性和保温性，市场反应良好。目前，该产品在江苏省规划院节能改造工程项目上得到应用，获得使用方的好评。

（三）办公建筑绿色化改造效果评价软件

本软件以《既有建筑绿色改造评价标准》（送审稿）体系为技术依据，通过用户输入改造后的建筑相关信息，包括规划与建筑、结构与材料、暖通空调、给水排水、电气与自控等内容，自动评估建筑所处的绿色化等级水平。

该软件可对既有办公建筑通过输入改造前和改造后的相关设计、运行数据，如围护结构、暖通空调、给水排水、照明和电气等，自行分析建筑改造后的室内外环境提升水平、结构安全性能提升水平、节能量和节水量等，可为后期的运维监测提供技术依据。

（四）新型外遮阳装置

课题组研发新型外遮阳装置，即新型铝合金外遮阳百叶帘，已获得实用新型专利授权（建筑保温遮阳装饰一体化的窗体，授权编号ZL 201220731397.8）。该成果已建立生产线，具有年产约12万m²的生产能力，新型铝合金外遮阳百叶帘已在江苏省人大综合楼绿色化改造工程中得到应用。

（五）多仓型真空绝热保温板

课题组自主研发的多仓型真空绝热保温板，具有优异的保温隔热性能，且为A级不燃材料，非常适合用于办公建筑等公共建筑的建筑节能改造。该产品不同于一般的真空保温板，它具有独立真空分仓结构，可以根据工程需要的面积和形状沿着分仓缝进行裁剪，较好地克服了一般真空保温板不能裁剪的弱点。目前，该产品已获得了实用新型专利授权，授权号为ZL 201320493140.8；发明专利“多仓型真空绝热保温板及其制作方法”已申报，受理号为201310351526.X。

中国建筑科学研究院环能院办公建筑改造工程中也采用了真空板薄抹灰外挂装饰板的外墙外保温系统，该改造工程建筑面积约为3800m²，其中局部使用了多仓型真空绝热保温板，效果良好。此外，北京市诸多建筑项目中采用了真空板及多仓型真空板作为墙体保温材料，真空板及多仓型真空板的销售额达2200万元。

（六）建筑外窗冷却用空调凝结水膜状布水装置

在建筑围护结构中，窗户的热工性能最差，是影响室内热环境和建筑节能的主要因素之一。目前对玻璃的改进主要围绕玻璃自身热工性能的提升，如降低玻璃的传热系数、降低可见光透过率、提高遮阳系数等，通常采用中空玻璃、真空玻璃、低辐射镀膜玻璃或者外加遮阳的手段来降低通过玻璃窗的传热量，而玻璃表面温升产生的长波辐射一直没有受到重视。

课题组研发的建筑外窗冷却用空调凝结水膜状布水装置（实用新型专利号：ZL 201320772804.4）。该装置可降低通过玻璃的辐射换热量和对流换热量，直接改善室内热环境；避免凝结水随意滴洒，实现了凝结水利用后的回收再利用。依据实测数据，通过凝结水对玻璃窗的降温，可以降低玻璃表面与室内壁面之间长波辐射换热量的72.1%。该装置无电动设备，结构简单，不会产生额外运行成本，弥补了现有技术的不足，具有广阔的应用前景。

（七）办公楼吊顶辐射+新风空调系统集成技术

温湿度独立控制系统是公认的一种舒适、节能的空调系统形式，而吊顶辐射+置换新风系统是较为常用的一种温湿度独立控制系统的末端形式，不仅是办公建筑节能应用的有效手段，也可以大幅度提高办公建筑的舒适性。

课题组首先对现有辐射板进行改进，研制出模块化吊顶辐射板，不仅使辐射板的生产本土化，而且性能更加优良，造价更低。此外，课题组还搭建了一套吊顶辐射+新风系统的实验样板房。通过对实验样板房的实验、测试，可以研究该系统的特性，积累设计及实践经验，可以在办公项目中普遍推广这一节能空调系统，并对其节能管理、稳定运行提供全面的理论及实践支持，对降低办公建筑空调能耗、减少碳排放、提高办公环境舒适度等有极大作用。吊顶辐射空调系统的安装不会破坏原有的建筑结构，非常适用于既有办公建筑的节能改造。

（八）绿色建筑现场检测评价软件

该绿色建筑现场检测评价软件又主要包括：绿色建筑项目基本信息、建筑现场检测参数配置、实时检测参数展示、绿色建筑现场检测评价指标分析、绿色建筑现场检测评价报告等。该绿色建筑现场检测评价软件基于虚拟仪器思想进行设计，通过对各种测试信号进行定义和设置，针对不同的绿色建筑现场检测参数和《绿色建筑检测技术标准》的实际要求，自由搭建专属测试系统。同时该测评软件具有专业化的数据分析、数据存储和出具测评报告等功能。目前绿色建筑现场检测评价软件，已获得软件著作权证书，登记号为2014SR118889。

（九）智能遮阳调光系统及其控制方法

建筑遮阳是建筑节能的有效途径，通过良好的遮阳设计在节能的同时又可以丰富室内的光线分布，还可以丰富建筑造型及立面效果。智能遮阳系统主要依靠它的智能控制系统来实现节能的目的。通常系统依据当地气象资料和日照分析结果，对不同季节、日期、不同时段及不同朝向的太阳仰角和方位角进行计算；或者利用太阳跟踪系统得出太阳的仰角和方位角。再结合建筑物的朝向，由智能控制器按照设定的时段，控制不同朝向的百叶翻转角度。此方法需要的输入参数太多、调试麻烦，未考虑阴天或特殊天气状况时太阳亮度降低时应该增加百叶开启角度的问题，而且太阳光线存在被遮挡被折射等因素导致太阳本该存在的位置并不是天空最亮的地方。

本技术提供的新型智能遮阳调光系统及其控制调光的方法，巧妙利用建筑模型，不需要输入或设置太多参数，只需得到建筑室内光照强度与百叶帘角度的关系，根据建筑模型得出模型内与模型百叶帘角度的关系，相互关联后，即可通过模型的光照强度和百叶帘角度来调整百叶帘的角度，实现需要的光照强度，而且考虑光照不均或光照较弱时的特殊情况，全自动化控制，方便有效。目前，该技术正在申请发明专利，受理号：201410494259.6。

三、示范工程

（一）江苏省人大常委会办公楼

地理位置：南京市鼓楼区

基本信息：江苏省人大常委会既有办公建筑包括综合楼、老办公楼、会议厅，建筑面积共23423m²。其中，老办公楼为南京市历史建筑。

改造时间：2012年～2013年

改造目标：在保护历史建筑基础上，对该办公楼进行修缮改造、结构加固、配套设施改善、绿化更新等。通过绿色化改造，改善室内外环境，提供健康、舒适、高效的使用空间，并达到节约资源（节能、节地、节水、节材）、保护环境、减少污染、传播绿色理念目的。

改造内容：建筑及结构改造、室内外环境改造、采暖空调改造、绿色节能改造等。外墙增加玻璃棉内保温系统，屋面增加XPS保温层；原单玻璃窗更换高性能中空玻璃断热铝合金节能门窗，受阳光辐射较大的外窗增加与建筑外立面协调的铝合金外遮阳百叶帘；增加部分屋顶绿化；屋面增加太阳能热水系统，增加分项计量装置等。

（二）镇江市老市政府办公楼

地理位置：江苏省镇江市正东路141号

基本信息：镇江市老市政府办公楼由原档案局、原文化局、原政法局、原发改委、原财政局、原市政府一号、二号楼等组成，建筑面积共4.48万m²。

改造时间：2013年6月～2014年12月

改造目标：对建筑进行修缮改造、结构加固、配套设施改善、绿色更新等。通过绿色改造，改善室内外环境，提供健康、舒适、高效的使用空间，并达到节约资源（节能、节地、节水、节材）、保护环境、减少污染的目的。

改造内容：建筑及结构改造、室内外环境改造、采暖空调改造等。外墙增加玻化微珠保温板保温系统，屋面增加真空绝热板保温层；原单玻璃窗更换高性能中空玻璃断热铝合金节能门窗；选用节水器具，采用透水铺装地面，增加雨水收集回用系统；屋面增加太阳能热水系统，空调系统局部进行节能改造，增加分项计量装置；采用节能灯具；改造过程使用可再循环、可再利用材料；等等。

（三）上海电气总部办公大楼

地理位置：上海四川中路和元芳弄交叉口

基本信息：改造面积6884.16m²，建筑占地约820m²，总建筑面积6884.16m²。

改造时间：2012年～2013年

改造目标：对建筑进行修缮改造、结构加固、配套设施改善、节能改造等。通过绿色改造，改善室内外环境，提供健康、舒适、高效的使用空间，并达到节约资源（节能、节地、节水、节材）、保护环境、减少污染的目的。与上海地区同类建筑相比，综合能耗下降30%。

绿色改造前问题汇总与改造方向　　表1

系统	目前水平	改造方向
围护结构	烧结淤泥普通砖，无保温措施；普通屋面	外墙和屋面进行保温处理
	铝合金单玻璃窗	更换外窗
暖通空调	无中央空调系统	以分体空调、VRV空调为主
照明系统	采用不节能照明设备 且无照明节能控制装置	重新安装线路，选用高效节能电器
可再生能源应用	有热水需求，未用可再生能源	1号楼、6号楼安装太阳能光热系统
绿色建筑	缺乏绿色建筑技术集成	整合绿色建筑技术体系
分项计量	无分项计量设施	增加整个建筑群的分项计量设施

改造内容：节地与室外环境改造、节能与能源利用改造、节水与水资料利用改造、节材与材料资源利用改造、室内环境改造、智能化改造等几个方面。节能与可再生能源利用改造：生态绿化种植屋面，高效变制冷剂流量空调系统，排风热回收技术的应用，Low-e玻璃窗的改造，LED灯+光导管改造。节水与水资源利用改造：雨水的回收利用，喷灌节水系统，节水龙头、节水座便装置；室内环境改造：自然通风技术的应用，低挥发性材料的应用；智能化改造：楼宇自动控制系统，智能灯控系统，能耗独立分项计量，远程能效管理系统，建筑智能化系统集成。

（四）中国科学院高能物理所办公楼

地理位置：北京市海淀区玉泉路19号乙

基本信息：建筑物为一座四层办公楼，一、二层层高3.6m，三、四层层高为3.3m。原有建筑为砖混结构，建筑面积2393.34m^2。

改造时间：2012年底～2013年10月

改造目标：本次综合改造目的是让办公楼在使用功能、内部环境、安全性、耐用性方面得以提高，降低建筑物运行能耗；并扩建一定使用面积的会议室，使建筑各项功能更好地满足办公、会议的使用要求，降低建筑物运行能耗，为类似既有办公建筑的改造提供借鉴经验。

改造内容：围护结构外墙采用热工性能良好的保温砌块；外窗更换为断桥铝合金中空玻璃窗；建筑外立面的改造；屋面改造及屋顶花园方案的设计；电气照明及配电线路改造；空调系统改造；给排水系统改造；消防系统改造、安全系统改造；视听系统的改造、噪声控制、结构改造。

（五）天津大学生命科学学院办公楼

地理位置：天津市南开区天津大学校园内

基本信息：四层砖混结构房屋，总建筑面积5380m^2

改造时间：2013年4月，主体竣工时间为2013年9月

改造目标：在经济适用的前提下，改造设计需要满足学院常规的科研办公；同时，改造设计要求使用方、设计方、施工方等多方合作，实现改造后建筑的节能、节水、节材，创造生态、健康、舒适的室内外科研办公环境；改造后建筑设计力求展现生命科学学院形象独特、崭新的一面。通过绿色化改造技术策略的应用和实施，使改造后建筑能够达到绿色建筑的星级标识。

改造内容：改造设计以绿色化技术整合的方式，在保留原有建筑结构主体不变的情况下，对该既有建筑进行了建筑设计再创作。通过多种方案的设计、模拟、比选、优化，最终确定项目改造设计方案，改造重点包括建筑外围护结构、节水设备与中水利用、建筑设备分类分项计量、可再生能源综合利用等内容。

（六）内蒙古如意广场4号办公楼

地理位置：内蒙古呼和浩特市如意开发区

基本信息：框架剪力墙结构，总建筑面积1万m^2

改造时间：2014年6月开始改造

改造目标：对建筑进行修缮改造、结构加固、配套设施改善、绿色更新等。通过绿色改造，改善室内外环境，提供健康、舒适、高效的使用空间，并达到节约资源（节能、节地、节水、节材）、保护环境、减少污染的目的。通过系列绿色化改造技术策略的应用和实施，使改造后建筑能够达到绿色建筑的星级标识。

改造内容：垂直绿化、室外风环境模拟分析、透水铺装、地下空间利用；新风热回收、污水源热泵、节能照明、风力发电、太阳能热水；节水灌溉、雨水收集回用设备；3R材料利用；建筑自然采光分析设计、建筑声环境分析、建筑室内风环境分析设计、导光筒、室内空气质量监控系统；建筑智能化设计（能耗监测系统）。

（七）轻工业环境保护研究所办公楼

地理位置：北京市海淀区温泉镇高里掌路17号楼

基本信息：框架结构，总建筑面积4808m^2

改造时间：2014年7月开始改造

改造目标：进行使用功能改造，满足办公和科研需要，对大空间进行灵活隔断优化设计，以方便施工、装修，满足轻工业环境保护研究所办公、实验、科研、会议的多功能要求。在满足结构安全、功能要求的基础上，通过先进绿色建筑理念和技术应用，提升采暖空调系统、照明系统节能效果，给排水系统节水效果，降低周边环境噪声、提高室内舒适，提升建筑物的综合性能。

改造内容：建筑空间的高效利用、可循环建材应用、建筑自然采光分析设计、辐射供暖技术、节能照明、空调系统改造、节水技术、建筑声环境改善、屋顶绿化、安防和消防监控、节水灌溉及雨水回收、分项计量技术。

四、研究展望

对既有办公建筑进行绿色化改造，赋予既有建筑以新的生命力，是一种可持续发展模式。课题顺利实施可支撑和保障既有办公建筑的绿色化改造，既有助于提高既有办公建筑的室内外环境质量和综合品质、提升既有办公建筑的使用功能和结构安全性能，从而改善办公环境，丰富城市历史和文化；又可显著降低既有办公建筑的整体能耗水平，避免大拆大建所产生的巨大资源能源浪费，从而实现建筑领域的节能减排和可持续发展目标。课题研究成果具有显著的推广价值和广阔的应用前景。

（中国建筑科学研究院供稿，李朝旭、赵海执笔）

"医院建筑绿色化改造技术研究与工程示范"课题阶段性成果简介

一、课题基本情况

(一)课题背景

目前医院绿色化建设还处于初级阶段，医院建筑绿色化改造还存在很多亟待解决的问题，主要体现在以下几个方面：1.缺乏针对医疗功能用房有特殊要求的区域的绿色化改造成套技术；2.医院建筑能耗巨大，且能源结构不合理，清洁或可再生的能源份额很少，缺乏适用于医院用能特点的分项计量系统和能耗监测平台；3.医院建筑室内环境交叉感染严重，需要专门的环境质量改善与安全保障技术；4.医院建筑室外环境需要进行生态化、人性化改造设计，医疗废气、废水、废物无害化处理技术有待升级。

针对上述问题，本课题拟针对医院建筑所处的地域特点、气候特征、资源条件及功能结构，依据绿色、生态、可持续设计原则，在医疗功能用房绿色化改造、医院能源系统节能改造与能效提升、医院建筑室内环境质量改善与安全保障、医院建筑室外环境绿色化综合改造、医院建筑绿色化改造工程示范等关键技术上形成突破和创新，最终实现医院建筑安全性能升级、环保改造、节能优化、功能提升的目标，充分满足我国医院建筑绿色化改造的经济和社会发展的重大需求。

(二)课题目标

本课题主要针对医院建筑所处地域特点、气候特征等，依据绿色、可持续原则，在医疗功能用房绿色化改造、医院能源系统节能改造与能效提升、室内环境质量改善与安全保障、室外环境绿色化综合改造及绿色化改造工程示范等关键技术上形成突破和创新，研发适用于医院建筑绿色化改造的关键设备，并提供技术支撑；提出适用于医院建筑高效、节能的绿色化改造技术条件、优化设计方法等，形成适用于医院建筑绿色化改造的综合技术集成体系；因地制宜进行示范工程建设，实施产业化推广应用，全面提升建筑功能、优化能源系统结构、改善室内外环境，最终实现医院建筑安全性能升级、节能优化等目标。

（三）研究任务

课题从5个方面对医院建筑的绿色化改造开展研究并进行工程示范。即：1.医疗功能用房绿色化改造技术研究；2.医院能源系统节能改造与能效提升技术研究；3.医院建筑室内环境质量综合改善与安全保障技术研究；4.医院建筑室外环境绿色化综合改造技术研究；5.医院建筑绿色化改造示范工程建设。

二、阶段性成果

课题执行期限为2012年1月至2015年12月，截至2014年，取得的主要技术和应用成果如下：

（一）关键技术

1.在进行大量的文献阅读和梳理后，结合美国LEED评价体系、《医疗建筑绿色指南》和我国《绿色医院建筑评价标准》，取长补短，初步形成一套《医院能源系统运营管理评价指标体系》。该体系针对医院建筑、设备和人员的特点，细致地顾及医院运营管理的方方面面，且指标明确，结构简单明了。下一步将调整该体系评价内容、评价依据和各项权重，以使其更加贴近实际，评价结果务求客观可信。

2.在所有前期研究的基础上，依据《医院能源系统运营管理评价指标体系》开发《医院能源系统运营管理评价软件1.0》，充分满足了简明和便捷实用的设计要求，后续将继续完善，形成功能全面、操作简单、方便快捷的综合评价软件。

3.提出了一种医院建筑空调水系统，目前该实用新型专利已获得授权，专利号为ZL 201420052303.3。本实用新型专利可实现节能除湿和恒温恒湿控制空调送风，同时提供生活热水，适用于潮湿地区对室内温湿度有要求的建筑，特别适用于夏热冬暖地区的医院建筑。

4.研究并构建了建筑装饰装修集约化改造设计与综合性能提升关键技术体系。在医院环境色彩方面，研究分析了医院环境色彩的功能，医院环境色彩应遵循的设计原则，设计思路等。在医院装修材料方面，研究分析了医院常用装饰材料的性能特点，及医院主要医疗功能空间装饰材料的选择。

5.在“适度集中化”和“空间弹性化”研究方面，形成集中布置的模式和弹性设计的关键技术，并建立典型空间，用模拟技术模拟其环境特征，检验集中和可弹性设计可能，采用层次分析法、模糊聚类分分析方法形成“适度集中化”的指标体系。

6.通过对室外渗透路面的铺装、景观水体设施的冷却技术以及绿化景观体系吸热作用的分析。开发了热岛模拟控制软件，通过使用具有良好人机界面实现对医院建筑室外环境参数的无线测量与传送、显示与存储，实现对执行机构快速准确地控制以及监控系统的远程监控。

7.根据医疗废物焚烧特性及目前焚烧尾气处理现状，提出了一种全过程的尾气高效处理的综合技术：焚烧前重金属分类处理，焚烧过程中控制燃烧室温度、钙硫比，焚烧后尾气急速冷却、半干法脱酸、布袋除尘等综合改进措施。

8.为了全面发挥医院绿地的游憩功能、生态功能、康复功能和社会功能，解决上海市医院室外景观研究滞后的局面，改善医院的室外环境，规范、推动上海市医院室外的景观建设，研究形成了《医院绿地景观设计导则》。本导则适用于上海市各个区县新建、改建、扩建的各类医院的景观设计,并为国内同类医院建筑室外环境绿色化改造提供了参考。

9.针对医院建筑室外环境绿色化改造申请《适用于医院内的用于各种大型庭荫树和珍稀树木正常生长的生态地坪做法》专利一项。

10.完成环保杀菌涂料的研发。环保杀菌涂料是通过纳米银离子在涂膜表面形成一道高氧化态银和原子氧屏障，当细菌、霉菌附着涂料表面，纳米银离子通过制造一种氧化还原反应来破坏微生物外细胞膜中蛋白酶硫氢基（-SH），将细菌或霉菌杀灭。金黄色葡萄球菌和大肠杆菌的抗细菌率都达到90%以上。

11.按低能耗空气处理过程，搭建医院恒温恒湿空调试验平台，并验证节能效果、优化控制软件和控制方法以及故障预测和诊断方法。该试验平台搭建在广东省建筑科学研究院研发中心，目前已在进行试验平台基建场地的改造处理。

12.申请《一种适用于医院绿色化改造的围护结构传热性能测评装置》实用新型专利，目前该专利已获得授权，专利号为201420096039.3。本装置适用但不限于医院等对功能房间热声环境有要求的建筑类型。

13.申请《一种适用于医院建筑普通功能用房的净化除湿装置》实用新型专利，专利号为201420096015.8。本装置适用适用于医院等对功能房间洁净空调有特殊要求的建筑类型。

14.申请《一种适用于医院洁净功能用房的可启闭式能量回收装置》实用新型专利，专利号为201420096055.2。本装置适用适用于洁净度要求高，通风换气量大的房间，如手术室、分娩室、急救室等房间。

（二）示范工程

1.上海市胸科医院

工程概况：在原有建筑面积与周边环境的基础上，以绿色建筑为理念，实施建筑功能改造、结构改扩建、节能改造、绿化改造。

改造技术：空调系统由燃油锅炉改为燃油+燃气锅炉、热水系统改为空气源热泵+太阳能系统、进行分项计量及能耗监测平台改造、外窗更换为塑钢窗+内遮阳形式、屋顶绿化改造、标识系统改造等。

拟示范内容：功能布局改造、锅炉系统改造、智能管理平台搭建、废水处理系统改造、室外环境改造。

2.上海交通大学附属仁济医院（东院）

改造内容：调整空调、热水等系统，保证供应量，以满足新增病房使用，同时智能调节温度，提高人员舒适度。增加绿化面积，供病人及医护人员休闲观赏使用；照明光源改造采用T5、T8直管荧光灯和紧凑型荧光灯，兼有少量白炽灯、金卤灯及射灯；门急诊内科病房楼增设中央空调冷凝热回收，锅炉排烟余热回收，门急诊内科病房楼及外科病房楼中央空调群控系统调节冷热源主机运行；通过建设体检楼屋顶绿化、地下车库覆土集中绿化，改善院区环境，调节院区微气候。

拟示范内容：功能布局改造、能源系统改造、室外环境改造。

3.南方医科大学第三附属医院（门诊楼）

改造概况：由原来的4栋厂房和1栋酒店改造成为一栋整体医院建筑，该医院在空间布局和色彩搭配等方面特别有示范意义。

目前进度：该项目已经总体落成，该工程在雨水回收和用电分项计量、能耗监控平台方面还有些欠缺，将于2014年年底增补完成这两项技术，并申报绿色建筑标识。

4.吉林大学中日联谊医院

改造内容：6号楼所有卫生器具更换为节水型卫生洁具；新增加的电梯全部带有电能回馈装置，大大节约了能耗；对路灯、楼型灯等用电设施安装时控开关，根据季节变化及时调整开启时间；卫生间排风扇改为延时型，灯具为声控的或光感控制；对长明灯分片管理，楼层保洁员负责关闭光线好的区域的长明灯。

5.江门市五邑中医院

项目概况：该医院成立于1958年，现已发展成为一所集医疗、科研、教学、预防保健、康复为一体的综合性中医医院，先后成为三级甲等中医医院，全国示范中医院、首批广东省中医名院、全国中医医院信息化示范单位、暨南大学附属江门中医院。

改造内容：医院主要进行了2#、3#、4#、5#、6#住院楼以及实习生大楼的整体翻新改造，同时还有2栋养老大楼的翻新在进行中；原采用燃油炉提供热水，现改造为太阳能热泵热水系统产热水；门窗保温隔热方面同时进行改造；1#、16#、32#住院楼以及专家楼将原有燃油炉改造成太阳能-热泵热水系统，同时将医疗蒸汽锅炉进行改造，从燃烧重油的锅炉改成节能管道燃气锅炉。

取得的其他显化成果为：

形成研究报告15篇；完成装置样机1套；建立实验平台1个；申请专利6项；发表学术论文24篇。

三、“十三五”研究展望

课题实施可支撑和保障不同气候地区的医院建筑绿色化改造，有助于提高既有医院建筑的室内外环境质量和综合品质、提升既有医院建筑的使用功能和安全性能，从而改善患者及医护人员的医疗及工作环境；同时通过能源系统的改造又可显著改善既有医院建筑的整体能耗水平，避免大拆大建所产生的巨大资源能源浪费，从而实现建筑领域的节能减排和可持续发展目标。

课题研究成果具有显著的推广价值和广阔的应用前景。

（中国建筑技术集团有限公司供稿，赵伟、狄彦强、张宇霞执笔）

“工业建筑绿色化改造技术研究与工程示范”课题阶段性成果简介

一、课题背景

城市化的快速扩张与经济转型的双重背景使得工业厂区由原先的城市边缘地区逐渐转变为城市中心区。由于产业转型、土地性质转换、技术落后、污染严重的等各种问题，大量的传统工业企业逐渐退出城市区域，在城市中遗留下大量废弃和闲置的旧工业建筑。如何处理这些废弃和闲置的旧工业建筑，是城市规划者、建筑师、企业、政府必须面对的问题。如果将这些旧厂房全部拆除，从生态、经济、历史文化角度来看都是对资源的一种浪费，因而对既有工业建筑进行改造再利用成为符合可持续发展原则的有效策略。传统的改造设计中，建筑师是从艺术和文化角度来进行改造，虽然使建筑改变了使用功能避免被拆除的命运，但是由于缺乏减少能源消耗、创造健康舒适生态环境等要求的考虑，旧工业建筑并未达到再利用的根本目的。

工业建筑改造再利用与绿色建筑相结合，是破解城市旧工业建筑改造问题的新思路。将旧工业建筑进行绿色化改造再利用，以绿色环保为契合点，可以实现城市的环境效益与社会效益共赢。同时，可以利用城市工业建筑再生模式来发挥城市优势生产要素以及通过各项政策、技术等手段实现旧工业建筑再生与升级。为提升国内旧工业建筑改造再利用的水平，研发工业建筑绿色化改造技术体系，国家科技支撑计划项目《既有建筑绿色化改造关键技术研究与示范》设立课题“工业建筑绿色化改造技术研究与工程示范”。

二、目标与研究任务

（一）课题的总体目标

“工业建筑绿色化改造技术研究与工程示范”课题旨在从改造可行性评估、室内环境、能源利用、雨水资源利用、结构加固、改造施工等方面，解决工业建筑绿色化改造中的共性技术问题以及改造为办公建筑、商场建筑、宾馆建筑和文博会展建筑等不同功能用途下的个性技术问题，形成工业建筑绿色化改造技术体系。并建立4个工业建筑绿色化改造示范项目，培养一支熟悉工业建筑绿色化改造建设的人才队伍，发表多项具备一定国内外影响力的科研成果。

（二）课题的研究内容

课题从5个方面开展工业建筑绿色化改造技术研究与示范工作：

1. 既有工业建筑民用化改造综合评估技术研究。

2. 工业建筑室内功能转换与基于大空间现状的室内环境改善技术研究。

3. 工业建筑机电设备系统改造技术研究。

4. 工业建筑结构加固与改造施工技术研究。

5. 工业建筑绿色化改造工程示范。

三、阶段性成果

课题执行期限为2012年1月至2015年12月，截至2014年底，取得的主要技术和应用成果如下：

（一）技术研究

1. 对旧工业建筑保留改造的缘由进行分类，并从规划阶段和单体阶段两个层次归纳了旧工业建筑拆改决策的评估流程。在梳理的旧工业建筑保留及拆除的影响因素和问卷调查的基础上，利用层次分析法确定了六大影响因子的权重系数，并构建了旧工业建筑拆改决策指标体系的二级指标和评判方法。

2. 对工业建筑改造不同功能选择方向展开分析，主要关注其功能定位影响因素，选择改造案例最多的办公、商场、文博会展和酒店四个功能类型，总结出各功能类型存在的共性的影响因素。进行工业建筑分类特征与公共建筑匹配性评价，评价中一方面对工业建筑按结构形式和空间特征进行分类，另一方面梳理办公、商业、展览、酒店四类建筑的特定设计要求，分别形成了针对四类建筑的匹配性评价表。

3. 研究归纳梳理了16个工业建筑改造案例，梳理出绿色技术应用的特点，包括各种技术应用的频率、与工业建筑的关联度、应用特点以及经济效益。基于以上研究成果形成了工业建筑民用化改造绿色技术的适宜性推荐指南。

4. 通过分析办公、商业、宾馆与文博四大类建筑的空间需求，探寻其与不同类型工业建筑空间的契合点与改造需求，并进行实际改造案例中的功能匹配与改造利弊分析，最终得到不同类型工业建筑向不同功能转换时的空间匹配与改造设计要点。

5. 针对单层厂房所具有的天窗特征，分别基于锯齿形天窗厂房、矩形天窗厂房和平天窗厂房的多个实际案例，对比分析研究各类改造措施对室内采光的影响效果。以工业建筑多层厂房改造中增设中庭、院落和边庭的多个实际案例为研究对象，通过模拟对比分析其改造前后各类功能空间的采光效果，探讨采光空间增设的影响，以及采光改善措施在实际应用中需要关注的事项。

6. 针对单层厂房的天窗特征，对单层厂房改造利用天窗通风的措施进行研究。研究天窗参数变化对自然通风的影响进行研究，从而提炼出单层厂房利用天窗通风时的优化设计措施要点。针对多层厂房改造多增设中庭的状况，对多层厂房改造利用中庭通风的措施进行研究。研究中庭的设计参数对自然通风的影响，提炼出多层厂房利用中庭通风时的优化设计措施要点。

7. 对国内外工业建筑改造案例中的围护结构改造措施进行梳理总结，并对典型的工业建筑绿色化改造项目进行实地调研，梳理出典型的工业建筑围护结构被动式节能改造措施。通过系统研究高掺量粉煤灰水泥（普硅）泡沫保温板开发中的各种影响因素，成功开发出集防火与保温功能与一体的无机保温材料。

8. 综合经济性、后期维护的便利以及立面造型的效果，提出单层厂房和多层厂房改造适宜的垂直绿化形式。对垂直绿化的构图形式进行研究归纳，并结合工业建筑大屋面雨水回用的方式，研究提出垂直绿化用水量及屋面雨水作为墙面垂直绿化水源的应用方式。

9.对工业建筑改造高大空间采用的气流组织形式进行梳理，主要分析展览馆高大空间、办公类建筑报告厅大空间、大跨度大空间、空间有限制要求的空间以及对其他类型空间室内气流组织形式进行分析，通过试验方法对高大空间喷口送风夏季不同工况下的气流组织测试，主要对喷口高度、喷口大小、喷口送风二次接力进行测试与对比，掌握了夏季工况下喷口送风室内气流组织分布规律。

10.在对既有机电设备系统现状情况分析的基础上，对工业建筑机电设备进行了分类，编制了工业建筑机电设备系统现状评估导则。导则中对“旧工业建筑机电设备评估”和“旧工业建筑机电设备的处理”做了相应的规定，对绿色化建筑沿用旧工业建筑部分机电设备如何改造做了说明。

11.针对工业建筑改造成绿色化民用建筑时，供配电系统负载种类和构成都会发生重大变化。对供配电系统中三相不平衡问题、分相无功补偿问题进行研究，提出解决措施。工业建筑通常具有宽大的屋面和简洁的外立面，适合太阳能利用技术的应用，通过对典型工业建筑绿色化改造项目的调研分析研究，梳理出典型工业建筑太阳能利用技术改造措施。结合改造特征，研究开发基于互联网的建筑能源管理综合服务平台，基于能效分析的智能化能源监管系统，以及分布式紧凑型数据采集单元。

12.汇总目前运用较为广泛的雨水弃流工艺和雨水处理工艺，确定不同工艺的大屋面工业建筑改造中的适宜性，并结合建筑性质提出工艺的改进措施。通过调研和实地考察，分析现有工业建筑的屋面雨水排水系统现状，针对不同屋面排水形式和不同的雨水管布置方式，提出雨水汇水和收集系统的改造方式。

13.在对既有建筑消能减震加固工程应用技术进行调研的基础上，针对工业建筑改造后的结构特征，提出了工业建筑绿色化改造结构加固用的消能减震器的适用类型。以课题示范工程——上海申都大厦改造工程为基准工程实例，将有限元模型移植到MATLAB环境中，开发出一个完全独立的结构消能减震控制仿真专用程序。对开孔式加劲阻尼器（HADAS）、屋顶花园摆式TMD系统、阻尼索系统等在工业建筑改造中的应用进行研究。

14.针对大空间建筑室内增层加固，对室内增层结构选型、改造夹层楼盖结构实现技术、基于建筑净空要求的屋盖形式和加固技术、适用于既有工业建筑改造的加固方法的合理应用、用于工业建筑改造的新型材料等进行系统研究，提出技术措施要点。

15.对各种拆除方法对比分析，提出绿色拆除技术要求，开发了便携式防护隔声屏以实现改造过程的低噪音。针对工业建筑跨度较大、钢构件截面较大、质量好的特点，研究既有工业建筑中构件的无损拆卸技术及利用途径。

16.从循环再生角度，研究建筑垃圾减量化与综合利用措施，在选取有代表性再生骨料的基础上，研究再生混凝土的配制与合理强化，重于经济合理和实用性，并提出基于再生材料的绿色建材性能和绿色化评价体系。

（二）物化成果

1.标准编制

作为国内既有工业建筑绿色化改造领域的首部技术规范，上海市地方标准《既有工业建筑绿色民用化改造技术规程》由课题组主编，已于2014年获得立项批复，并启动编制工作。课题组同时参编国家标准《既有建筑改造绿色评价标准》。

2.专利

结合课题的技术研究成果，课题组共申请国内专利11项（其中8项实用新型专利，3项发明专利），截止2014年底已获得授权8项（其中发明专利1项，实用新型专利7项）。

3.软件著作权

课题组共获得4项软件著作权，分别为申都大厦能效监管系统软件（2013.8）、能效分析方法及智能监控系统（2013.9）、能耗监测管理平台（2013.10）、工业建筑民用化改造技术资料查询系统（2014.5）。

4.产品及中试线

已完成“高掺量粉煤灰水泥（普硅）泡沫保温板”产品实验室开发，在同行业的生产企业完成两次批量试生产实验；中试线已完成场地基建工作。

5.论文

课题组已正式发表论文31篇，其中英文论文3篇，SCI/EI收录1篇。

6.专著

专著《既有工业建筑的绿色化改造》以及《既有工业建筑绿色化改造设计施工指南》编写工作均已启动，截止2014年底已形成初稿。

7.人才培养

培养上海市优秀技术带头人1名，青年骨干4名，硕士研究生毕业7名。

（三）示范项目

在全国建立4个既有工业建筑绿色化改造示范项目，其中2项获得国家三星级绿色建筑设计评价标识，2项申报上海市二星级绿色建筑设计评价标识。

示范项目1：上海申都大厦

地理位置：上海市黄浦区西藏南路1368号

基本信息：该建筑建于1975年，原为上海围巾五厂漂染车间，1995年由上海建筑设计研究院改造设计成带半地下室的六层办公楼。经过十多年的使用，建筑损坏严重，业主单位决定对其进行翻新改造。改造后的项目地下一层，地上六层，地上面积为6231.22m^2，地下面积为1069.92m^2，建筑高度为23.75m。

改造时间：2012年～2013年

改造目标：三星级绿色建筑

改造内容：建筑立面改造、屋面改造、围护结构保温改造、空调系统改造、结构加固、电气系统改造、给排水系统改造。

绿色化改造技术应用：

外立面单元式垂直绿化、屋顶复合绿化、建筑功能集成的边庭空间、中庭拔风烟囱强化自然通风、太阳能光热技术、太阳能光伏技术、排风热回收、能耗分项计量与监控、雨水回收与利用、结构阻尼器增设加固。

示范项目2：天友绿色设计中心

地理位置：天津市华苑新技术产业园区开华道17号

基本信息：该项目原来为多层电子厂房，经天津天友建筑设计公司改造为其自用办公楼，项目基地面积3215m^2，建筑面积5766m^2。

改造时间：2013年～2014年

改造目标：三星级绿色建筑

改造内容：建筑立面改造、屋面改造、

围护结构保温改造、空调系统改造、电气系统改造、给排水系统改造。

绿色化改造技术应用：

南向活动外遮阳、拉丝式垂直绿化、增设特朗伯墙、顶层天窗采光与水墙蓄热、模块式地源热泵结合蓄冷蓄热的水蓄能系统、模块式地板辐射供冷供热。

示范项目3：上海财经大学大学生创业实训基地

地理位置：上海财经大学武川路校区

基本信息：该项目位于上海财经大学武川路校区内，占地面积2313m^2，改造后总建筑面积为3753m^2，原为上海凤凰自行车三厂的一个单层热轧车间，根据规划要求校方对其进行改造再利用，改为学生创业实训中心。

改造时间：2013年～2014年

改造目标：二星级绿色建筑

改造内容：建筑立面改造、屋面改造、围护结构保温改造、空调系统改造、电气系统改造、给排水系统改造、结构加固。

绿色化改造技术应用：

结合旧建筑特征的被动式设计，利用厂房高大空间的矩形天窗，设置电动可开启扇，促进自然通风和采光；高能效比的空调设备，多联机的IPLV比上海公建节能标准高一个等级；设置屋顶雨水收集与利用系统，针对不同用途和不同使用单位的供水分别设置用水计量水表。

示范项目4：上海世博会城市最佳实践区B1～B4改建工程

地理位置：上海世博园浦西园区

基本信息：该项目位于上海世博会城市最佳实践区，世博会后为了满足会后发展需求，在保留大部分建筑的基础上，进行相应的改造和新建。由南北两个街坊组成，北街坊最早为上钢三厂的单层工业厂房，其中B1、B2改造后功能为办公建筑，南街坊最早为南市发电厂，改造后定位商业和文化休闲，传承世博会美好城市理念形成文化创意街区；B3、B4为商业建筑。改造后总建筑面积62300m^2。

改造时间：2012年～2014年

改造目标：二星级绿色建筑

改造内容：建筑立面改造、屋面改造、围护结构保温改造、空调系统改造、电气系统改造、给排水系统改造、结构改造。

绿色化改造技术应用：

围护结构被动节能设计、节能照明、可再生能源利用、非传统水源、屋顶和垂直绿化、增层提高空间利用效率、既有结构及材料的利用、结构绿色拆除。

四、展望

既有工业建筑的改造再利用，是全国城市建设领域长期面临的任务。从东北老工业基地到南方的新兴城市，均存在的大量的既有工业建筑改造处理需求。近年来，随着绿色建筑理念的兴起，既有工业建筑的绿色化改造案例逐渐涌现，但整体上看呈点状发展，以个体案例为主，无大面积的改造案例，全国总体数量仍然较少。可以预见，在“十三五”大力发展发展绿色建筑和可持续发展的理念下，将城市的既有工业建筑改造利用与绿色建筑发展结合，大力推广既有工业建筑的绿色化改造再利用将是大的趋势。从“十二五”点的推广，到“十三五”面的铺开仍然需要开展充足的研究和示范工作，这正是本课题研究的意义。虽然课题已系统的开展研究和示范工作，但在助力既有工业建筑绿色化改造的大范围铺开方面，未来仍需要开展更深入研究和更大范围的示范工作。

（上海现代建筑设计(集团)有限公司供稿，田炜、李海峰执笔）

四、成果篇

依托“十二五”国家科技支撑计划项目“既有建筑绿色化改造关键技术研究与示范”的研发工作，本篇整理了项目在实施过程中形成的部分既有建筑绿色改造技术、产品和软件等成果，分别从成果的名称、完成单位、主要内容和经济效益等方面进行介绍，以期进一步促进成果的交流和推广。

既有混凝土结构耐久性检测技术与评定方法

一、成果名称

既有混凝土结构耐久性检测技术与评定方法

二、完成单位

完成单位：中国建筑科学研究院

完成人：孙彬、邸小坛、王景贤、周燕、韩继云、谭海亮、孙斌

三、成果简介

目前，对钢筋锈蚀引起的结构损伤检测与评定方法较多，而关于混凝土冻融循环、硫酸盐侵蚀、碱-集料反应等对既有结构造成耐久性损伤的检测技术与评定方法缺乏系统研究；多数检测技术与评价指标仅适用于新建结构的测试与分析，且多数是针对建筑材料的耐久性测试，专门针对既有结构的现场检测技术较少；在现有的评定方法中，部分耐久性极限状态指标尚未明确，耐久性评定方法和寿命预测方法缺乏系统性。

研究成果主要内容：

（1）三种耐久性损伤类别的工程鉴别方法

提出了三种耐久性损伤（冻融循环、硫酸盐侵蚀、碱-集料反应）工程鉴别方法，为开展既有混凝土结构耐久性分析评定奠定了基础。

（2）基于混凝土芯样圆柱面硬度指标的耐久性损伤检测技术与评定方法

提出了采用里氏硬度计检测从损伤部位钻取的混凝土芯样砂浆硬度值，根据芯样圆柱面硬度的变化规律反映混凝土耐久性损伤规律，从而确定损伤层厚度和损伤程度。

（3）基于混凝土芯样径向对测法超声波声速指标的耐久性损伤检测技术与评定方法

提出了采用超声波对测法检测从损伤部位钻取的混凝土芯样，根据混凝土芯样径向声速沿深度方向的变化规律确定损伤层厚度和损伤程度。

（4）既有混凝土结构碱-集料反应耐久性检测技术

提出了确定既有结构混凝土中碱含量测试的改进方法和既有结构混凝土中集料活性的分析判定步骤。

（5）既有混凝土结构剩余耐久年限预测方法与耐久性评定方法

提出了基于模型参数校验与试验模拟比对方法建立适合于所评工程专用的耐久性损伤退化模型的思路；提出了既有混凝土结构抗冻融、抗硫酸盐侵蚀、碱-集料反应的寿命预测方法与耐久性评定方法。

（6）具有耐久性损伤的结构构件性能评估方法

提出了具有耐久性损伤的钢筋混凝土受

弯构件的承载力和抗弯刚度评估方法，为耐久性损伤结构的安全性评定提供技术依据。

四、效益

处于我国东北、西北和华北等寒冷地区的混凝土结构，冻融破坏是其运行过程中的主要病害；处于盐湖环境的西部地区，硫酸盐侵蚀已成为工程结构的主要病害；早期建设的工程中忽视了碱骨料反应，随着服役年限的增长，既有结构发生碱骨料反应的可能在逐渐增加。本成果可用于此类既有混凝土结构的耐久性损伤检测、结构耐久性评定、结构剩余耐久年限预测以及此类损伤结构的安全性评估等，可为检测鉴定机构提供技术依据，可为编制国家相关标准提供参考，应用前景广阔。

通过合理有效的结构耐久性检测、评定和寿命预测，可为既有工程的维修加固提供决策技术，避免工程事故的发生，也有助于提高工程建设投资的合理性，可避免盲目拆除和过量加固带来的资金浪费，项目实施可为国家的基本建设带来重大的社会经济效益。

多层住宅一体化改造方法

一、成果名称

多层住宅一体化改造方法

二、完成单位

完成单位：上海市建筑科学研究院（集团）有限公司、上海建科工程改造技术有限公司

完成人：李向民、蒋璐、蒋利学、张富文、郑士举

三、成果简介

我国大中城市均存在量大面广的既有多层住宅，其中大部分存在抗震设防标准低、缺少电梯、使用功能欠缺、不独立成套等缺陷。随着经济发展、生活水平提升和城市人口老龄化加剧，该部分既有多层住宅有着增设电梯、抗震加固、平改坡、成套改造以及环境整治等方面的迫切需求。在多层住宅增设电梯和功能改善过程中，还存在出资渠道不明、住户利益均衡等操作难题；此外，大中城市中心城区土地资源日益珍贵。因此，在增设电梯、抗震加固和平改坡实施过程中可通过增层实现经济平衡，并显著提升居民的居住品质。

研究成果主要内容：

本发明涉及建筑工程领域，公开了既有多层住宅加梯加层、平改坡与抗震加固一体化技术，其技术方案为，将既有多层住宅增设电梯、加层、平改坡与抗震加固进行一体化设计，即在增设电梯的同时采用单面混凝土板墙对既有多层住宅外围墙体进行抗震加固；并在原结构墙体外侧增设扶壁柱，屋面新增混凝土大梁，上部采用坡屋面钢结构进行加层。新增板墙、扶壁柱以及电梯井剪力墙与原结构墙体之间采用销键加化学植筋进行可靠连接。扶壁柱支承上部加层重量，并与板墙以及电梯井处新增的混凝土剪力墙共同作用，显著提升既有多层住宅的抗震性能。

既有社区绿色化改造规划设计方法

一、成果名称

既有社区绿色化改造规划设计方法

二、完成单位

完成单位：深圳市建筑科学研究院股份有限公司

完成人：叶青、鄢涛、侯全

三、成果简介

在既有城市社区功能评价及复合升级方法研究上，构建了基于单中心城市模型的用地功能提升解释模型，可以对用地功能提升加以解释及预测；提出了以平衡规划为核心的社区绿色化改造规划方法，该方法在传统的调查、分析、规划设计和实施四阶段方法的基础上，对内涵和方法技术加以扩充。基于社区改造的复杂性和多因素的特点，平衡规划强调在规划设计中寻求多维度影响因素间的平衡，包括最基础的经济、社会和环境三个层面的平衡，以及各个单独维度内的平衡。在梳理既有社区改造案例的基础上，归纳总结了包含四个维度的社区改造模式决策框架，即功能匹配度、建筑性能、环境承载力和经济可行性。此外，该方法强调动态思维和持续更新，调查及分析对象兼顾社区物质空间的客观信息和社区内个人及群体的满意度和需求等主观感受。规划设计上强调的社区文脉延续，不仅包含可以物化的符号体系的撷取、移植和改造，也强调社区原有社会经济关系的维系。实施上摈弃蓝图-建设模式，转而寻求绿色化运行维护。

该研究成果已编制了《城市社区绿色化改造规划设计技术指南》（以下简称《规划设计指南》）初稿。《规划设计指南》从社区绿色化改造指标、规划设计基本流程、模式与策略、调研与诊断、场地规划与布局优化、公共设施和市政设施改造、道路交通系统提升、环境改善、建筑本体绿色化改造等方面，以图文并茂的形式，对社区绿色化改造规划设计中的技术问题提出切实可行的指引，为规划设计人员、政府管理人员和社区居民推进社区改造提供了系统化的技术参考。

城市社区绿色改造技术指标体系

一、成果名称

城市社区绿色改造技术指标体系

二、完成单位

完成单位：深圳市建筑科学研究院股份有限公司

完成人：叶青、鄢涛、郭永聪、刘刚、郑剑娇

三、成果简介

国外社区指标体系主要有英国的BREEAM Communities，美国的LEED ND，日本的CASBEE for Urban Development，台湾绿建筑评估手册——社区类（EEWH-EC），这些指标体系大部分均针对新建社区进行编制，虽然标明适用于既有社区，但是存在一定局限性，专门针对既有社区改造的指标体系寥寥无几。国外社区指标体系提倡混合功能，主要采用措施项得分评价。国内社区指标体系主要有《绿色生态住宅小区建设要点与技术导则》、《中国生态住区技术评估手册第四版》、《2005年全国绿色社区表彰评估标准》，大部分均针对新建社区进行编制，虽然标明适用于既有社区，但是存在一定局限性，国内社区指标体系更多针对住区（即居住型社区），主要采用措施项得分评价。

基于结果性指标与过程性指标相结合动态诠释社区绿色化改造的思想，根据城市社区绿色化综合改造的“土地集约、资源节约、环境生态、交通便利、宜居幸福”内涵，创造性地提出了城市社区绿色发展指数，将指标系统架构分为目标层、结果层和过程层三层。目标层，即城市社区绿色化综合改造技术指标体系；结果层包括土地空间利用综合指数、资源利用综合指数、社区环境质量综合指数、绿色交通发展指数和居民满意度5大类别；过程层包括45项指标，其中3项为创新项。

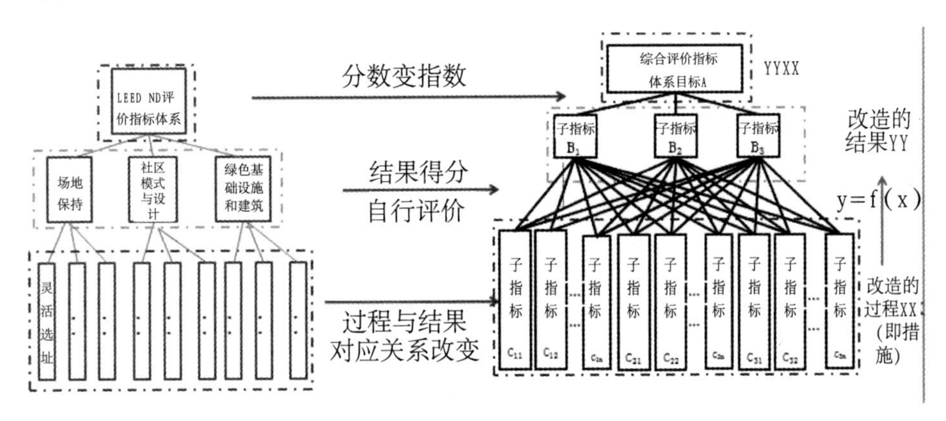

图1 指标体系原理图

该指标体系针对我国的既有城市社区，所提出的社区绿色发展指数，运用向量结构的评估方法，对城市的社区改造从软（行为过程）、硬（结果成效）两方面进行全过程的考核，为被评估社区找出其在象限结构中所处的“绿色位”，从而寻求合理的改造路径。运用该指标体系既可以对建设成果进行评价，同时又可为现状诊断、规划设计、改造实施和运营管理等改造工作提供全过程的动态评价与分析，进而给出合理的改造路径，从而提高社区改造绿色化水平和工作效率。

目前已经将该指标体系应用于中关村软件园、梅坳社区等项目，后续将在本课题其他所有示范工程中应用。运用该指标体系既可以对建设成果进行评价，同时又可为现状诊断、规划设计、改造实施和运营管理等改造工作提供全过程的动态评价与分析，进而给出合理的改造路径，从而提高社区改造绿色化水平和工作效率。

基于当前研究成果，后续将编制《城市社区绿色化改造评价技术指南》。

既有建筑增建地下空间的关键技术

一、成果名称

既有建筑增建地下空间的关键技术

二、完成单位

完成单位：南京工业大学

完成人：刘伟庆、王曙光、杜东升、徐洪钟、蒋刚

三、成果简介

许多既有建筑因使用面积不足需要进行增建改造，但由于原建筑风貌需要保留等原因，不能进行向上增层，需要利用地下空间进行地下增层。应用隔震技术的地下增层方案既增加了使用面积，又增强了房屋抗震能力。此方案应用基础隔震的原理，即是在建筑物底层和基础之间加入一层水平刚度较小的由弹性元件和阻尼元件组成的隔震层，隔震结构的水平周期大大延长，反应谱中周期对应的地震作用系数减小，在地震中所承受的地震力大大减小。

既有建筑增建地下空间的改造，对原建筑正常使用以及建筑外观基本没有造成影响，原建筑（除一层）在改造期间可以正常使用，是以节地为目的的既有建筑绿色化改造的有效方式。

研究成果主要内容：

（一）施工工艺与技术

1.应用结构托换技术实现地下增层。结构托换是指利用其他受力构件临时性代替原结构承力体系，拆除不需要的原结构，施工新结构，待新结构施工完成，拆除临时受力构件，完成结构托换。

2.应用锚杆静压桩实现结构托换。锚杆静压桩的原理是将压桩架通过锚杆与既有建筑连接，利用建筑物自重作为压桩反力，用千斤顶将桩分段压入地基中。锚杆静压桩施工工艺具有无震动、无噪音、无污染等优点，可以最大限度减少对既有建筑物中人们生活的影响。

3.利用新增地下室施工隔震层。向下多增建一层较矮的地下室，在框架柱位置施工隔震支座的上下垫块，插入隔震支座，形成隔震层。

（二）施工工艺影响研究

对既有建筑实施地下空间扩展，需要充分掌握其地下增建改造过程对既有建筑本身及其周围环境的影响。采用大型有限元软件ABAQUS对既有建筑地下增层的施工工艺进行仿真模拟，主要结论如下：

1.随着地基土弹性模量的提高，地下空间增层施工所造成的上部结构柱底沉降及相邻柱基沉降差值均随之减小。当实际工程中，既有建筑地基土土性较差时，建议采用加固注浆等方式改善地基土土性，为后续施工增加安全性保障。

2.对比分析盆式开挖、岛式开挖以及常规分层开挖三种土方开挖方式对既有建筑的沉降影响。分析结果表明：施工过程中，采

用岛式开挖方式对既有建筑相邻柱基沉降差值影响较小，因此采用岛式开挖方式更为适宜。

3.对比研究了地下室顶板先行施工、常规施工方法等地下室结构工程施工工序对上部结构沉降的影响。分析结果表明：常规做法施工对上部结构相邻柱基沉降差值控制更为有利。

城市社区绿色化改造基础信息数字化平台构建技术

一、成果名称

城市社区绿色化改造基础信息数字化平台构建技术

二、完成单位

完成单位：深圳市建筑科学研究院股份有限公司

完成人：叶青、鄢涛、郭永聪、刘刚、李雨桐、史敬华、贺启滨

三、成果简介

城市社区改造涉及改造前诊断评估、改造规划、项目技术方案设计、项目实施和运营管理等工作，这些工作均以取得社区基础信息为前提。对社区基础信息的掌握和现状研究的质量，直接决定了社区改造规划、设计、实施和运营的质量。目前社区基础信息在获取方式是分专业、分阶段进行，获取回来的数据在各个专业之间不能共享和有效应用。

社区绿色化改造较传统改造对信息需求提出了更高的要求，在信息协同方面也要求更高，基于传统的社区信息采集、处理和应用方法和技术已难以满足要求。国内外均有针对城镇规划和城市运营管理领域等宏观层面的信息平台的研发和应用，但尚未有面向社区改造专业应用的相关信息平台。

根据社区绿色化改造全过程工作要求，明确了社区绿色化改造全过程信息需求，逐一给出了社区绿色化改造所需的各种信息的获取方法或技术，综合运用调查、航测、扫描、监测、检测等数据采集技术，提出了数据来源策略、来源方式、格式选择及转换要求。在数据处理方面，实现了扫描数据与主流地理信息系统软件（GIS）的对接，提出了BIM信息与GIS的对接方法，提出了非空间数据和空间数据处理相关技术。在平台开发方面，详细设计了平台功能板块，并选择了与之匹配的开发环境、开发语言和硬件配置，开发形成了城市社区绿色化改造基础信息数字化平台。

本技术解决了城市社区绿色化改造所需的基础信息的快速获取、科学处理与存储、有效分析应用以及共享与持续更新等问题。基于该技术构建的基础信息平台，可提供规范记录社区全寿命期信息的平台，促进数据收集效率和数据共享性的提高，以发挥数据的最大效用，同时提供一定的绿色性能分析功能，为城市社区绿色化综合改造的诊断评价、改造规划、项目技术方案设计、项目实施和运营管理等工作提供数据支撑，从而提高社区改造绿色化水平和工作效率。

已基于该技术构建了社区改造基础信息平台，在梅坳社区进行了示范应用，后续将

在更多示范工程中应用。预期可提供规范记录社区全寿命期信息的平台，提高数据收集效率，促进数据共享性，以发挥数据的最大效用，同时提供一定的绿色性能分析功能，为城市社区绿色化综合改造的诊断评价、改造规划、项目技术方案设计、项目实施和运营管理等工作提供数据支撑，从而提高社区改造绿色化水平和工作效率。

目前该技术正在申请软件著作权1项。

图1 航拍飞机

图2 监测

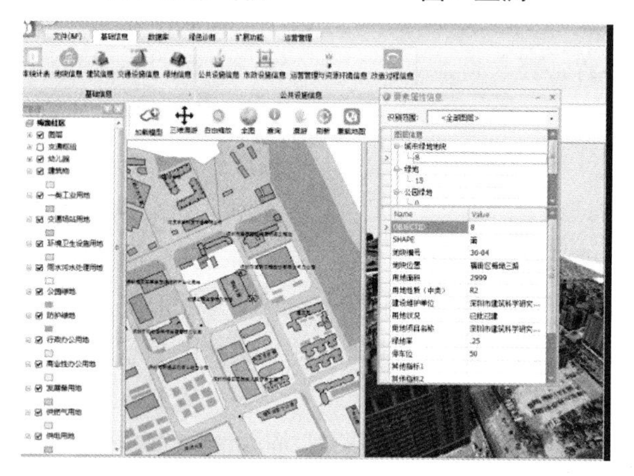

图3 社区改造基础信息平台截图（以梅坳社区为例）

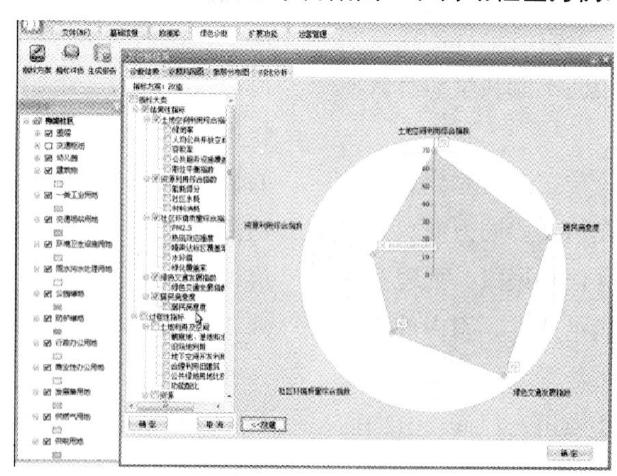

图4 基于社区改造基础信息平台进行绿色化改造诊断（以梅坳社区为例）

太阳能季节性蓄热与地埋管地源热泵系统集成技术

一、成果名称

太阳能季节性蓄热与地埋管地源热泵系统集成技术

二、完成单位

完成单位：山东建筑大学

完成人：刁乃仁、李慧、崔萍、陈兆涛

三、成果简介

该技术属于太阳能-浅层地热能结合的建筑集成技术，基于地埋管太阳能季节性蓄热的地下传热分析，建立了季节性地埋管蓄热器的设计理论，开展了太阳能与浅层地热能复合地源热泵系统关键技术的研究，建立了该复合系统的监控平台与示范工程。

主要创新点：

（一）建立了基于系列解析解与叠加原理的变功率地下传热、太阳能蓄热的多流程串联式地埋管地热换热器的传热分析方法；

（二）编制了太阳能季节性蓄热的地热换热器设计和性能模拟软件；

（三）通过对太阳能与地源热泵复合系统的优化设计、装备开发及示范工程的研究，获得了太阳能热利用与地埋管地源热泵相结合的集成技术。

研究成果一方面可有效解决华北地区住宅建筑以及东北地区建筑的冬季供热，有效解决地下冷热负荷不平衡的问题，大幅度降低该区域建筑中供热系统消耗常规能源和能耗较高的问题。另一方面，该成果采用太阳能与地源热泵复合系统，能够克服解决地源热泵、太阳能两种新能源利用技术各自的应用瓶颈。

该成果通过优势互补实现了资源的充分利用，是利用可再生能源，实现经济、社会和环境等方面的可持续发展的重要途径，因此该技术的应用前景十分广阔。

硬泡聚氨酯复合板现抹轻质砂浆外墙外保温系统技术

一、成果名称

硬泡聚氨酯复合板现抹轻质砂浆外墙外保温系统技术

二、完成单位

完成单位：北京建筑技术发展有限责任公司

主要完成人：罗淑湘、孙桂芳、邱军付、王永魁

三、成果简介

硬泡聚氨酯复合板现抹轻质砂浆外墙外保温施工技术是针对目前大量用于既有建筑外墙外保温改造工程中的聚氨酯复合保温板所开发的保温系统构造技术。该系统构造技术在聚氨酯复合保温板外侧增加一层10mm以上的轻质保温砂浆过渡层的做法，从而有效阻隔热量传递到聚氨酯复合保温板外表面，降低其因受热产生的形变，对保温层的应力释放起到有效的缓解作用，使变形与应力在复合保温板和抗裂砂浆间“过渡”与“渐变”，对提高整个外保温系统的稳定性、抑制因板缝引起的表面开裂等有明显的效果与作用。其系统构造见图1：

（一）技术特点

1. 减缓聚氨酯复合保温板因受热产生的形变。

由于聚氨酯复合保温板的尺寸变化较聚苯板大，采取薄抹灰做法时，热量可通过抗裂砂浆层很快传递到聚氨酯复合保温板的外表面，聚氨酯复合保温板受热引起板材在厚度方向的形变，易导致工程质量问题；而轻

基层墙体	基本构造						构造示意
	粘结层	保温层	轻质砂浆层	抗裂层		饰面层	① ② ③ ⑤ ⑥ ⑦ ④ ⑧
混凝土墙、各种砌体墙①	粘结砂浆②	聚氨酯复合板③	无机轻集料保温砂浆或胶粉聚苯颗粒浆料⑤	抗裂砂浆⑥	玻纤网⑦	涂料（或饰面砂浆）⑧	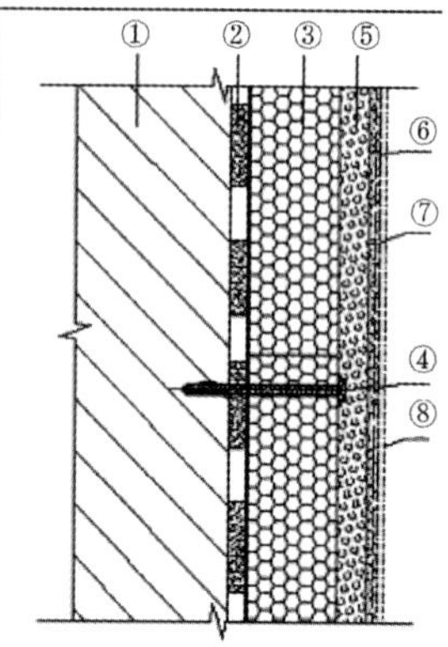
锚栓④							

图1 聚氨酯复合板外墙外保温系统基本构造

质保温砂浆过渡层的做法，可以有效阻隔热量传递到聚氨酯复合保温板外表面，过渡层的厚度越厚，越利于使聚氨酯复合保温板的表面温度在最易产生热形变的温度点（70℃）降低到较稳定的温度范围，对聚氨酯复合保温板因受热产生的形变有明显的减缓作用。

2. 提高整个外保温系统的稳定性。

轻质保温砂浆过渡层的导热系数介于聚氨酯复合保温板和抗裂砂浆之间，使热和冷传递到聚氨酯复合保温板的表面的速度减慢，且对保温层的应力释放起到有效的缓解作用，从而使变形与应力在复合保温板和抗裂砂浆间“过渡”与“渐变”，对提高整个外保温系统的稳定性。

3. 提高保温系统的平整度，增强保温系统的防火性能。

既有建筑的基层一般平整度相对较差，利用过渡层可进行找平，不需再对聚氨酯复合保温板进行打磨找平，可减少抹面砂浆（抹灰层）的厚度不均匀性，利于提高保温系统的整体平整度，从而降低了表面开裂的可能性；轻质保温砂浆过渡层的设置同时还增强了聚氨酯复合保温板外墙外保温系统的防火性能。

（二）施工流程

基层处理
↓
挂基准线
↓
安装托架
↓ ← 配制粘结砂浆
粘贴翻包玻纤网
↓
粘贴聚氨酯复合板
↓
安装锚栓
↓ ← 配制轻质砂浆
抹轻质砂浆
↓ ← 配制抗裂砂浆
抹第一遍抗裂砂浆
↓
铺压玻纤网
↓ ← 配制抗裂砂浆
抹第二遍抗裂砂浆
↓
饰面层施工

（三）应用案例

复兴路34号北京市建筑工程研究院，所属街道为万寿路街道；本次改造分别对建造于1978年、1991年和1992年的3栋砖混建筑实施节能改造，共计改造面积8432㎡。由于其建筑结构属于砖混结构，墙体没有保温层，节能效果较差。在2012年底的节能改造工程中，采用硬泡聚氨酯复合板现抹轻质砂浆外墙外保温系统技术进行节能改造，取得了很好的效果。

改造前照片

改造后照片

智能遮阳调光系统及其控制方法

一、成果名称

智能遮阳调光系统及其控制方法

二、完成单位

完成单位：中国建筑科学研究院、莱恩威特（北京）环境科技有限公司

完成人：刘春砚、田小虎、刘哲、赵力

三、成果简介

建筑遮阳是建筑节能的有效途径，通过良好的遮阳设计在节能的同时又可以改善室内的光线分布，还可以丰富建筑造型及立面效果。智能遮阳系统主要依靠它的智能控制系统来实现节能目的。通常系统依据当地气象资料和日照分析结果，对不同季节、日期、不同时段及不同朝向的太阳仰角和方位角进行计算；或者利用太阳跟踪系统得出太阳的仰角和方位角，再结合建筑物的朝向，由智能控制器按照设定的时段，控制不同朝向的百叶翻转角度。但原方法需要的输入参数太多，调试麻烦，而且并未考虑阴天或特殊天气状况时太阳亮度降低时应该增加百叶开启角度的问题，而且太阳光线存在被遮挡被折射等因素导致太阳本该存在的位置并不是天空最亮的地方。

本成果提供一种智能遮阳调光系统及其控制调光的方法，用以通过微缩模型上百叶帘的全方位旋转找出设定光照强度下建筑百叶帘对应的角度，不用考虑太阳方位、天气和建筑物朝向等诸多外部因素。一种智能遮阳调光系统，包括建筑模型、第一百叶帘、第二百叶帘、第一控制器、第二控制器、第一光照传感器、第二光照传感器组、第一步进电机及第二步进电机。

本产品的研发是根据国家绿色建筑及传统外遮阳百叶系统的新产品，符合国家、地方建筑要求，电子、机械结构形式及试验条件符合《建筑遮阳产品电力驱动装置技术要求》JG/T276-2010、《建筑遮阳产品用电机》JG/T278-2010、《建筑遮阳产品机械耐久性能试验方法》JG/T241-2009、《建筑外遮阳产品抗风性能试验方法》JG/T239-2009、《建筑遮阳通用要求》JG/T274-2010、《建筑遮阳产品误操作试验方法》JG/T275-2010等规范要求。适用于建筑外窗装饰节能工程。本项目课题组对建筑遮阳百叶系统技术进行攻关，利用电子单片机技术开发出具有独立知识产权的核心控制单元，使产品在实际应用中更人性化，与传统产品相比可操作性更强、具有明显的节能效果（传统产品节能一般效率为10%-14%）。本产品发明专利技术已有国家专利局受理，可以很好地指导新建建筑及既有建筑节能改造中建筑遮阳系统工程的实施。

一种雨水利用系统及其使用方法

一、成果名称

一种雨水利用系统极其使用方法

二、完成单位

完成单位：上海现代建筑设计（集团）有限公司

完成人：田炜、叶少帆、瞿燕、夏麟、李海峰

三、成果简介

目前对雨水的处理主要有以下两种：一种为通过机械设备处理雨水，通过设备的混凝、沉淀、过滤作用使雨水得到净化；另外一种为利用人工湿地、景观水池对雨水进行生态处理使雨水得到净化。采用机械设备处理雨水的方式由于需要建造一定体量的雨水收集池，利用机械设备作用，会增加建设成本和运行能耗，系统经济性较差；而采用人工湿地和景观水池这种生态处理雨水的方法通常需要占用较大的土地，因此在用地紧张的城市地区也很难实现。因此有必要开发一种占地小、运行费用低的雨水利用方法。

在建筑屋面上设置景观是一种新型的建筑景观设计方式，包括屋顶绿化、屋顶景观水池等方式。这种设计是在各类建筑物、构筑物、桥梁（立交桥）等的屋顶、露台、天台、阳台等上进行造园，种植树木花卉，设置水景。在城市建成区地面可绿化用地越来越少，拆迁腾地费用昂贵的背景下屋顶绿化和屋顶景观水池是很好的改善城市居住环境方法。将这种设计方法与雨水利用系统相结合，是一种经济可行的雨水利用方式。

研究成果主要内容：

本发明提供了一种雨水利用系统，包括雨水收集储存系统、雨水处理系统和雨水回用系统，所述雨水收集储存系统包括导流装置、屋顶绿化渗透管、雨水收集管和雨水储水箱，所述雨水处理系统包括屋顶绿化系统和屋顶景观水池，所述屋顶绿化系统包括土壤和植物，所述植物种植在所述土壤中，所述屋顶景观水池内种植有水生植物，所述雨水回用系统包括雨水灌溉管道和景观水池补水管，所述雨水灌溉管道分别与雨水储水箱和屋顶绿化系统连接，所述景观水池补水管分别与雨水储水箱和屋顶景观水池连接。与现有技术相比，所述雨水利用系统解决了屋顶绿化的用水需求，具有节省土地资源、处理效果好、处理成本低、储存方便、运行能耗低和水量平衡效果好的特点。

医院能源系统运营管理评价指标体系

一、成果名称

医院能源系统运营管理评价指标体系

二、完成单位

完成单位：中国建筑技术集团有限公司、北京科技大学

完成人：赵伟、狄彦强、曲世琳、胡甲国、吴晓琼、王东旭、董家男等

三、成果简介

本体系结合美国LEED（Leadership in Energy and Environmental Design）评价体系，《医疗建筑绿色指南》（Green Guide for Health Care，GGHC）和我国《绿色医院建筑评价标准》，针对医院建筑、设备和人员的特点，细致地顾及医院运营管理的方方面面。“医院”和“运营”是本体系的特点和重点。

研究成果主要内容：

本体系从结构上共分为8个部分，分别为场地可持续管理、设备管理、化学品管理、废物管理、环境服务、餐食服务、环保采购和安全运营。其中每一项均紧密联系医院实际，例如“场地可持续管理”的评价指标设定结合了医院占地大、人流密集的特点，将医院选址和医院运行过程中的交通组织加入评价之中；“设备管理”结合医院运行时间长、能耗巨大的特点，着重考量医院设备的节能情况，同时考虑到医院医疗实际需求，对空调组件等的洁净等级和运行模式进行了严格的要求。本体系中诸如“化学品管理”、“废物管理”更是专门针对医院系统设置，专业性很强。

大型商业建筑中央空调智能优化控制管理系统

一、成果名称

大型商业建筑中央空调智能优化控制管理系统

二、完成单位

完成单位：河北工业大学

完成人：杨宾、齐承英、王华军

三、成果简介

大型商业建筑其用能系统的运行能耗较大，在满足用户舒适健康前提下尽可能按需供冷。大型商业建筑中央空调智能优化控制管理系统所提出的粗调＋微调的优化控制思想，能够实现大型商业建筑中央空调系统逐渐逼近最优工况点的整体优化运行，其中粗调就是将空调季划分为多个时间段，每个时间段为一个控制区，在同一个控制区内，其空调负荷变化不超过一定范围，两个相邻控制区的空调平均负荷变化量也不超过一定范围，由于每个控制区内空调负荷变化量较小，就可以求平均值，进而利用空调系统优化控制仿真计算程序离线计算出该平均负荷条件下的最优运行工况，从而得到离线优化控制策略，这就确保了在该控制区内采用相应的离线优化控制策略，即便空调负荷改变，空调系统都能运行在能耗较低的工况下，不会偏离最优工况太远，同时也是对各控制参数目标控制值的限制，提高系统运行稳定性。

大型商业建筑中央空调智能优化控制管理系统旨在为进一步建筑节能示范推广与空调系统节能优化提供合理的控制方案，更为我国既有大型商业建筑供能系统的绿色化改造和室内空气品质改善提供重要的调控手段和科学的监控平台。

研究成果主要内容：

中央空调智能优化控制管理系统（REF-AIRCON-AICS）是基于系统集成技术和楼宇自动化（BAS）开发的。控制系统融入了中央空调系统运行特性物理数学模型、人工智能和实际运行经验修正等思想，由计算机工作站后台程序实时运行物理数学模型自动寻优，以获取不同负荷、不同室内外环境等条件下空调系统最优运行工况，根据现场调试结果和实际运行经验对计算结果进行修订以提高控制准确性，人工智能在对空调区域的负荷预测以及控制系统寻优求解中起到关键性作用。

REF-AIRCON-AICS系统是以舒适性控制为前提，以科学管理和节能优化运行为目标的冷水机组运行管理系统，该系统大大减轻了中央空调系统操作人员劳动强度，实现无人值守，提高了机组管理水平，减少设备故障率，节约人力开支。系统适应范围广，灵活性大，符合中央空调系统节能运行的普遍性和个体差异性等要求。

一种改善室内空气质量和湿环境的建筑微通风系统

一、成果名称

一种改善室内空气质量和湿环境的建筑微通风系统

二、完成单位

完成单位：广东省建筑科学研究院

完成人：杨仕超、吴培浩、麦粤帮、罗运有

三、成果简介

本实用新型专利公开了一种改善室内空气质量和湿环境的建筑微通风系统，主要包括送风子系统、空气过滤装置、除湿子系统、智能控制子系统。本专利用于给建筑提供新风，并可根据需要对新风进行空气过滤、干燥除湿，能有效调节室内湿度，改善室内空气质量环境，并避免室外噪声干扰和雨水进入室内，保障室内人员的健康舒适，防止建筑及室内物品回潮、发霉，适用于潮湿地区的别墅、高档住宅和酒店客房等建筑的室内环境改善，特别适用于中心城区和交通繁忙道路边居住建筑的室内空气质量和湿环境改善。

本实用新型专利已经授权，专利号为ZL 201220385449.0，且已在实际改造项目中使用，应用效果良好。

一种套筒式连接的钢筋混凝土摇摆墙组件

一、成果名称

一种套筒式连接的钢筋混凝土摇摆墙组件

二、完成单位

完成单位：上海建科工程改造技术有限公司

完成人：张富文、许清风、贡春成、冯波

三、成果简介

摇摆墙是一种可恢复功能的抗震结构，与混凝土框架结构相结合，能够有效地控制结构的变形模式和损伤位置，从而方便地预测可能发生损伤的构件或部位，同时可保证框架结构在强震作用下呈现整体破坏模式。

本发明是针对现有摇摆墙结构摇摆性能不足、造价较高及可更换性能较差等缺点，提出了一种套筒式连接的钢筋混凝土摇摆墙组件，既能够充分发挥墙体的摇摆性能以实现强震下的耗能目标，又能实现强震后连接件的快速更换和结构性能恢复。

研究成果主要内容：

套筒式连接的钢筋混凝土摇摆墙组件包括：钢筋混凝土摇摆墙、主体框架结构、套筒连接件、橡胶垫和基础。所述钢筋混凝土摇摆墙，根据现行规范进行纵筋和箍筋的设置，墙体下部预埋两根钢棒并伸出墙外一定长度，并在对应每层梁中心线处预埋一根通长水平螺杆，螺杆两端各栓接一块钢板，钢板宽度与墙体厚度相同，钢板外表面与墙体外表面齐平，螺杆伸出墙体一定长度；所述主体框架结构上，与摇摆墙相邻的框架柱内预埋水平螺杆与钢板，螺杆与钢板栓接，钢板外表面与框架柱外表面齐平，螺杆伸出柱外长度与墙体内螺杆外伸长度相同；所述套筒连接件包括一根两端带有螺纹的延性螺杆、与之配套的两个螺母和两个起连接作用的套筒，延性螺杆由低屈服点高延伸率钢材整体；所述橡胶垫用于支承摇摆墙，需在对应位置处开孔以便于摇摆墙下部两根钢棒插入基础中，而基础则在相应位置处埋设两只钢杯。

本发明施工简便、造价较低，无需使用阻尼器等附加元件即可实现大震下的耗能，同时也有助于抗震承载力的进一步提高。

智能型净化抑菌空气处理机组

一、成果名称

智能型净化抑菌空气处理机组

二、完成单位

完成单位：中国建筑科学研究院、北京工业大学

完成人：王清勤、赵力、曹国庆、路宾、田小虎、陈超、王平、王亚峰

三、成果简介

建筑室内颗粒物污染是影响室内空气品质的一个重要因素，目前已成为各国关注的焦点。由于常规空气处理机组过滤器的设置级别一般不超过中效过滤器，而中效过滤器对PM2.5细颗粒物的过滤效率较低，因此在室外雾霾天气下或室内产尘量较大时，空调系统的运行往往很难保证室内空气质量。如需保证室内空气质量，则应在空气处理机组内增设效率较高的高中效甚至亚高效空气过滤器，但由于过滤器效率高时，阻力往往较大，会引起空调风机能耗的增加，因此在民用建筑常规空气处理机组中往往很少使用高中效甚至亚高效空气过滤器。此外，空调系统，尤其是空气处理机组箱体是一个污染源，因为其内部由从表冷器（或蒸发器）上流下的水，而且其后各段壁面上也常是潮湿的，容易滋生细菌。所以没有抑菌功能的空气处理机组不算是卫生的、无菌的空调系统。

为解决常规空气处理机组的上述问题，本成果提供一种智能型净化抑菌空气处理机组，包括进风段、初中效过滤段、表冷/加热段、风机段与出风段，其特征左于：还包括高中效或亚高效空气过滤段，高中效或亚高效空气过滤段并联在进风段与表冷/加热段之问，在初中效过滤段与表冷/加热段之间设有第一模式启闭阀，在高中效或亚高效空气过滤段与表冷/加热段之间设有第二模式启闭阀，第一模式启闭阀与第二模式启闭阀择一开启。

智能型净化抑菌空气处理机组可以是带有回风的形式。此形式在室内或回风总管上设有室内颗粒物浓度测试仪，室内颗粒物浓度测试仪与控制器相连，控制器与第一模式切换阀以及第二模式切换阀分别相连。机组的表冷/加热段下游还设有再热段与加湿段。带回风的智能型净化抑菌空气处理机组在室内或回风总管上还设有室内温湿度传感器，室内温湿度传感器与控制器相连，控制器与再热段和加湿段相连。

智能型净化抑菌空气处理机组可以是全新风的形式。此形式在室外设有室外颗粒物浓度测试仪，室外颗粒物浓度测试仪与控制器相连，控制器与第一模式切换阀和第二模式切换阀分别相连。机组的表冷/加热段下游还设有再热段与加湿段。在出风段外设有送风温湿度传感器，送风温湿度传感器与控制器相连，控制器与再热段和加湿段相连。

在表冷/加热段与初中效过滤段之间的

空段上设有消毒抑菌段，消毒抑菌段具有双氧水发生器、甲醛发生器或臭氧发生器，并在进风段处设有进风密闭阀，在出风段处设有出风密闭阀，消毒抑菌段的双氧水发生器、甲醛发生器或臭氧发生器与控制器相连，进风密闭阀、出风密闭阀以及风机段分别与控制器相连，控制器上还设有时钟电路。

与现有技术相比较，本成果具有的有益效果是：能够根据室内外空气PM2.5浓度，自动切换工作模式，在实现节约能源的前提下，有效控制室内空气PM2.5污染物浓度，并能够抑制细菌的生长，从而营造出洁净的室内环境。

一种主动释热电红外智能开关

一、成果名称

一种主动释热电红外智能开关

二、完成单位

完成单位：中国建筑科学研究院、莱恩威特（北京）环境科技有限公司

完成人：刘春砚；赵力、刘哲、田小虎

三、成果简介

为了实现“人来灯亮，人走灯灭”的节能目的，人们利用了声音、红外线和微波雷达等方式控制照明设备的开启与关闭。但这些方式只能判断有人来从而打开用电设备，然后自动延时一段时间后关闭用电设备，不管此时人是否离开。为了让静止的人也能被探测到，人们想到让传感器动起来，使静止的人产生与传感器的相对运动从而被探测到。实现的方法各式各样，但或多或少都存在一些或复杂或不可靠或寿命短的弊端，以至于市场上没有成熟的类似产品。比如使用常规直流电机的话，一是电机寿命短；二是如果采用减速机构作为辅助设备使用，力传递过程中会增加机械结构的复杂性，在实际使用中会增加机械故障率的发生。

为了让室内静止的人实时被探测到，因此让设备在寻找、记录并加以计算，判断室内是否有人存在和无人存在状态，设备终端将探测数据计算进行控制室内照明设备开启和关闭，此产品可有效避免公共办公场所下班或无人时忘记开关灯造成的能源浪费。在实际应用中可根据建筑室内照度情况开启和关闭照明设备。本成果提供的一种主动释热电红外智能开关，用以根据环境状况和是否有人自动控制空调设备或照明设备的开启和关闭。其构成包括：菲涅尔透镜、第一电路板、转动轴、热释电红外传感器、步进电机轴、步进电机、遮光片、槽型光耦、第二电路板、继电器、环境传感器、微控制器、电源电路。

本产品的研发是根据国家绿色建筑及照明节能系统的新产品，本产品符合国家、地方建筑要求，本产品适用于建筑室内照明设备节能工程。本项目课题组对主动热释电红外智能开关系统技术进行攻关，利用电子单片机技术开发出具有独立知识产权的核心控制单元，使产品在实际应用中更人性化，与传统产品相比可操作性更强、具有明显的节能效果。本产品可以很好地指导新建建筑及既有建筑节能改造中建筑室内照明节能系统工程的实施，发明专利技术已由国家专利局受理。

本发明实现了在对环境状态感测的基础上，感觉是否有人来对用电设备进行开启和关闭，避免了在无人情况下的电力浪费，具有节能可靠、使用寿命长的优点。

道路雨水渗滤暗沟

一、成果名称

道路雨水渗滤暗沟

二、完成单位

完成单位：深圳市建筑科学研究院股份有限公司

完成人：罗刚、郭永聪、彭世瑾、王莉芸、彭佳冰

三、成果简介

目前，城市中的道路两侧都设有人行道，人行道靠近车行道一侧大多设有绿化带。有些道路还采用绿化带将道路分隔出主道和辅道。但是这些绿化带大多被保护在路沿石内侧，以防止被雨水冲刷。显然，这种绿化带对车行道的雨水的截污和排放没有明显作用。

随着环保理念的普及，已有部分新建道路采用浅草沟（或称植被浅沟）对道路雨水进行截污和排放。要使浅草沟能够真正起到排洪的作用，浅草沟必须有足够的宽度和深度，在开发密度大的城市很难推广。而对于已经建好绿化带的既有道路，改造成本较高，推广难度更大。

本成果提出了一种造价低廉的新型雨水入渗、截污及排放装置的解决方案，对新型植被浅沟做出实质性改进，从外观上也看不出沟渠的存在，故称之为道路雨水渗滤暗沟。该成果可在有效截污、调节雨洪的前提下，大幅度降低制造和维护成本。成果适用于土壤渗透性能较好地地区的道路雨水排放系统，特别适用于土壤渗透性能较好地区的既有道路雨水系统改造。

渗滤暗沟已在中关村软件园示范工程做了实物样板，对于当前众多的改造和新建项目都具有良好适用性，造价低廉，在市场中拥有一定的竞争力，能够产生较好的经济效益。

一种用于工业建筑绿色化改造的智能型低压无功补偿装置

一、成果名称

一种用于工业建筑绿色化改造的智能型低压无功补偿装置

二、完成单位

完成单位：北京建筑技术发展有限责任公司

完成人：钟衍、王志忠、刘丽莉、罗淑湘

三、成果简介

工业建筑绿色化改造领域中建筑供配电系统改造是一项重要改造内容，其中传统的供配电系统低压无功补偿装置多采用在负载侧并联或串联电力电容器的方法，普遍采用人工定期巡检方式，不包括无线通信，当系统出现异常情况时值班人员无法实时得到系统异常信息，进而无法对系统异常情况作出快速反应并解决相关问题。

为了克服上述缺陷，本技术采用一种基于GPRS技术的智能型低压无功补偿装置，GPRS技术具有广域覆盖、接入迅速、永远在线、按量计费、高速传输、质量较高等优点，在远程突发性数据实时传输中有不可比拟的优势，特别适合于频发小数据量的实时传输。基于GPRS技术的智能型低压无功补偿装置是在传统的有线通讯模式上增加了采用GPRS技术传输数据的无线通信模式，实现当系统出现异常情况时低压侧无功补偿装置电容器实时动作状态数据的远距离传输，节省人力的同时实现了供配电系统的优化运行，是应用于工业建筑绿色化改造领域的一种有效节能改造技术。

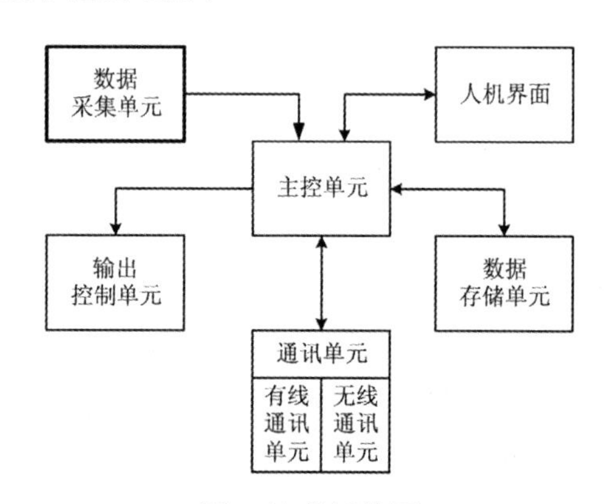

图1 技术架构图

研究成果主要内容：

（一）该装置由数据采集单元、主控单元、输出控制单元、人机界面、通讯单元和数据存储单元组成。利用模块化单元结构，具有简单、灵活的特点。

（二）通讯单元设有2个通信接口，1个为有线通信接口，可以与上级管理单元进行信息交换，使上级管理单元实时监测配电系统的运行工况，及时发现系统运行中的问题；另1个接口为无线通信接口，采用GPRS模式，系统正常运行时，GPRS处于休眠模式；当系统出现异常时，GPRS处于唤醒模式，系统通过GPRS通讯将系统异常信息以短信方式通知值班人员。

（三）与常规的无功补偿控制器相比，该装置增加了无线通信功能，用于通知值班人员低压无功补偿系统的异常情况。

一种用于垂直绿化的旋转喷雾灌溉装置

一、成果名称

一种用于垂直绿化的旋转喷雾灌溉装置

二、完成单位

完成单位：中国建筑科学研究院深圳分院
完成人：林静

三、成果简介

研发的一种用于垂直绿化的旋转喷雾灌溉装置不仅可满足植物浇灌，还可用于叶面喷洒以及周围环境喷雾降温。智能控制旋转喷头进行有效叶面浇洒，根据周边环境需要控制喷雾强度达到降温和空气净化目的。

研究成果主要内容：

该装置包括旋转驱动装置、旋转雾化喷头、一级水管、二级水管、控制器、水槽、水泵、计算机、三级水管、雾化喷嘴、转接集水器，其特征在于所述水泵置于水槽中，与此水泵连接的纵向水管为一级水管，与此一级水管连接的横向水管为二级水管，此二级水管每一条水平排布并与一级水管通过旋转驱动装置连接，此旋转驱动装置控制连接于二级水管的旋转雾化喷头，此旋转雾化喷头通过转接集水器连接二级水管和三级水管，此三级水管与所述二级水管一一对应连通的雾化喷嘴。该灌溉系统还包括控制系统，该控制系统包括计算机、控制器和旋转驱动装置，计算根据实际需要通过控制器控制旋转驱动装置旋转和旋转雾化喷头的喷雾强度和时间。

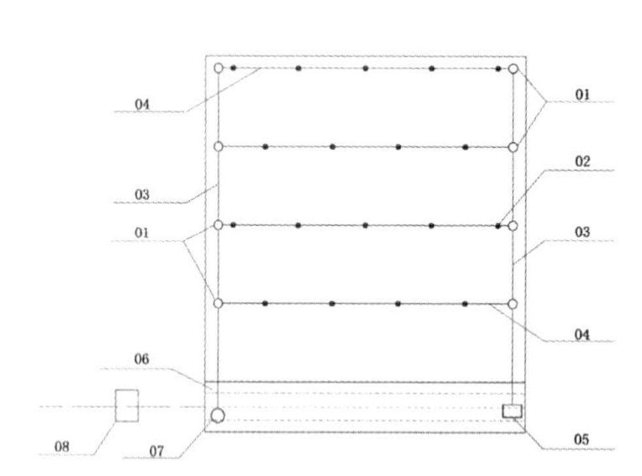

图1 用于垂直绿化的旋转喷雾灌溉装置的结构示意图

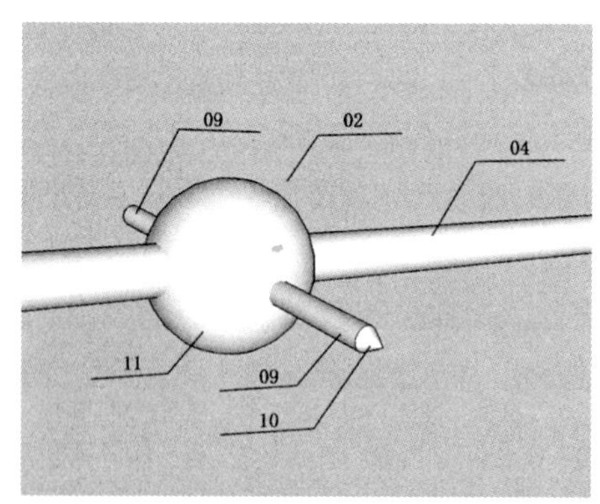

图2 旋转雾化喷头的结构示意图

01 旋转驱动装置；02 旋转雾化喷头；03 一级水管； 04 二级水管；05 控制器；06 水槽；07 水泵；08 计算机；09 三级水管；10 雾化喷嘴；11 转接集水器

本领域的技术人员可以根据需要分别设定二级出水管和旋转雾化喷头的位置和数量，还可根据需要设置三级水管和雾化喷嘴的数量。所述每一条水平布置的二级水管上的旋转雾化喷头与相邻二级水管上的旋转雾化喷头交错布置，不仅减少了喷头数量还扩展了喷洒的覆盖范围。所述的旋转驱动装置控制分别设置在每条水平布置的二级水管两端，控制所述二级水管以及设置在二级水管上的旋转雾化喷头，所述的旋转雾化喷头可360度旋转，可根据需要通过计算机控制雾化喷嘴的朝向，通过控制器控制雾化喷嘴的喷洒。

一种扇形活动外遮阳装置

一、成果名称

一种扇形活动外遮阳装置

二、完成单位

完成单位：上海市建筑科学研究院（集团）有限公司、上海建科建筑节能评估事务所、湖州职业技术学院、上海雅丽特遮阳帘有限公司

完成人：曹毅然、肖先波、梁云、马小兵

三、成果简介

建筑外遮阳可以在夏季有效遮挡太阳光通过外窗的直射，降低空调运行负荷。目前行业中应用的普通活动遮阳篷的强度普遍较弱，其安全性较差；而固定遮阳篷结构强度虽然较好，但在冬季会对有利的阳光造成遮挡；卷帘式、百叶帘式、可调机翼式等遮阳形式由于成本较高，不利于在既有建筑中的遮阳改造中大规模推广应用。本成果所解决的技术问题是：提供一种结构简单、成本低、安装使用方便、强度较高、易于维护的建筑活动外遮阳装置，克服现有技术和产品中存在的遮阳结构复杂、成本高、维护不便、普通活动外遮阳强度较弱、固定遮阳对冬季不利等弊端。

研究成果主要内容：

一种扇形活动外遮阳装置由半圆形框架、半圆形导轨、支撑杆、顶半环、伞形遮阳面料、手动调节控制机构等组成

一种扇形活动外遮阳装置采用高强度复合材料做遮阳面料，材料造价低；主体结构框架采用固定式，具有较高的强度；扇形面料外圆弧边缘与置于导轨中的多个滑块连接，滑块在导轨中运动，使遮阳装置灵活可调，实现活动外遮阳的功能，在夏季遮挡不利阳光，在冬季避免遮挡有利阳光，在恶劣天气时收起面料以确保安全；遮阳装置顶部设置半圆形开口，一方面有利于通风，另一方面可减小风荷载，提高装置安全性。

新型家用淋浴废水余热回收利用装置

一、成果名称

新型家用淋浴废水余热回收利用装置

二、完成单位

完成单位：哈尔滨工业大学

完成人：董建锴、雷博、姜益强

三、成果简介

洗浴热水排放的不仅仅是水，还伴随着大量的余热损失，随着建筑节能的开展，如何有效合理利用洗浴热水的废热引起了社会更多的关注。

为了解决小型家庭中淋浴废水废热回收问题，同时解决生活用热水的制取问题，满足市场需求，减少能量损失，提高能源利用效率，达到节能减排的目的，研究团队首次提出并设计了便于家用的小型废水余热回收装置。此装置能有效收集现有淋浴用废水中的余热，利用污水源热泵加热自来水，制取生活用热水，达到能量回收再利用的目的，减少热量损失。

研究成果主要内容：

本装置核心为一废水取热装置及其构成的热泵热水系统，该系统主要包括压缩机、容积式热水箱、节流机构、废水取热装置等。通过废水取热装置将淋浴废水储存起来，用来预热自来水，同时在装置下部，通过制冷剂循环，进一步吸收废水中的热量，在容积式热水箱中把热量传递给预热过的自来水，继续提高自来水的温度，使其满足使用要求，储存在储水箱中。储存的废水在温度低于某一设定值时自动排出，以免影响系统运行效率。且装置带有溢水口，方便淋浴装置运行时持续使用。

废水取热装置放置于淋浴系统的下方，用户在装置上方进行淋浴等，淋浴用废水通过装置上方的进入口逐步流入装置内部。淋浴开始时，淋浴用废水从上端入口逐渐流入装置，随着废水水量的增加，装置内水位线逐渐上移，直到达到排水管上端的高度时，废水通过排水管逐步流出装置。当淋浴进行一段时间后，整个系统开始运行，制冷剂和预热水通过换热管进行换热。废水通过该装置循环排出，当用户淋浴结束时，装置中存有一定高度的废水。制冷剂和预热水继续与废水进行换热，在废水中设置温度测量装置，当装置内废水温度低于预热水温度时，关闭容积式热水箱流出预热水环路。当装置内废水温度低于设定温度时，关闭制冷剂环路，系统停止运行。

预热水从装置中流出后进入容积式热水箱，制冷剂从装置中流出经过压缩机的压缩后进入容积式热水箱中与容积式热水箱中的水进行换热，制取热水。

可收起百叶遮阳装置

一、成果名称

可收起百叶遮阳装置

二、完成单位

完成单位：重庆大学

完成人：李楠、朱荣鑫

三、成果简介

窗户是现代建筑的重要组成部分，室内人员通过窗户可以采光、通风、装饰以及获得视野，越来越多的建筑采用大面积玻璃幕墙，这种玻璃幕墙在炎热的夏季里，通过玻璃幕墙进入室内的阳光将会造成巨大的冷负荷，致使室内温度过高，空调能耗居高不下，通常人们主要采用内遮阳、玻璃贴膜和外遮阳的方法防止阳光直射，内遮阳如窗帘或内百叶遮阳，却不能同时满足遮阳和通风，在遮阳的时候不能通过玻璃幕墙获得视野；玻璃贴膜则价格偏高，很难普及；一般固定外遮阳装置虽然遮阳效果好，但自身重量大，容易坠落发生安全事故，尤其是遇到大风和大雪天气。

有鉴于此，本成果的目的在于提供一种可收起百叶遮阳装置，该可收起百叶遮阳装置结构简单、重量轻，通过装在窗户或玻璃幕墙的上部，并向外开启和收起，方便进行遮阳和防眩光的同时不影响室内通风和自然采光。

研究成果主要内容：

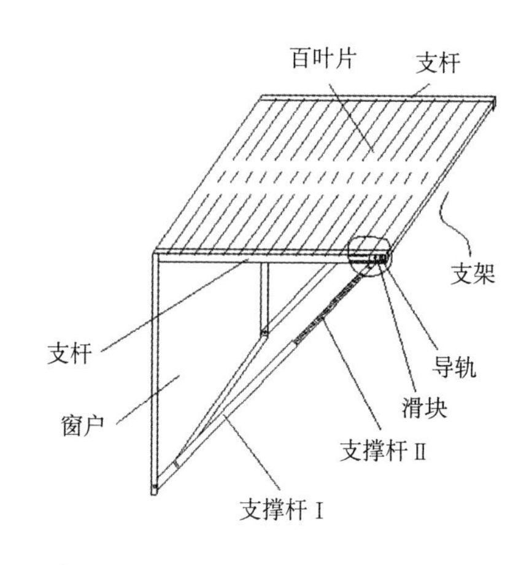

为了达到上述目的，本装置可收起百叶遮阳装置包括百叶片、铰接在窗户/玻璃幕墙上方且可向外伸出的支架和百叶片开启装置，支架两侧均采用空心的支杆，支杆内设置有导轨，导轨上设置有可沿导轨滑动的滑块，滑块连接有驱动其沿导轨上下滑动且用于支杆支架的驱动装置，驱动装置包括铰接在窗户/玻璃幕墙下方的支撑杆Ⅰ和与滑块活动连接的支撑杆Ⅱ，支撑杆Ⅱ通过螺纹套装在支撑杆Ⅰ内，支撑杆Ⅰ内设置在驱动支撑杆Ⅱ转动且向外伸出的转动装置。

该装置通过安装在窗户或玻璃幕墙的上部，并向外开启和收起，方便进行遮阳和防眩光的同时不影响室内通风和自然采光。该装置利用电机驱动调整支架位置以及百叶遮阳，使可收起百叶遮阳装置结构简单可靠、重量轻，不易发生坠落事故。在实现较好的社会效益的同时，也具有较好的经济效益。

大型商业建筑抗震加固新型装置和振动台试验

一、成果名称

大型商业建筑抗震加固新型装置和振动台试验

二、完成单位

完成单位：上海维固工程实业有限公司

完成人：陈明中、黄坤耀、徐继东、周海涛

三、成果简介

根据大型商业建筑以多层混凝土框架结构为主，建筑体型较大，平面体系不规则，建筑布局要求灵活等结构特点，研发出一种设有防屈曲装置的金属阻尼器及一种新型防屈曲耗能支撑，并完成防屈曲支撑耗能结构震动台主体试件制作。

防屈曲支撑耗能结构震动试验台可通过试验，验证耗能支撑对结构的减震效用，对耗能支撑开发提供了重要科学依据。

研究成果主要内容：

（一）根据常见的结构形式进行缩尺设计，并进行主体结构弹塑性分析。首先根据软件计算分析结构的性能及破坏情况，为结构的模型设计提供依据。经过弹塑性分析防屈曲支撑在大震作用下滞回曲线饱满，耗能效果明显。

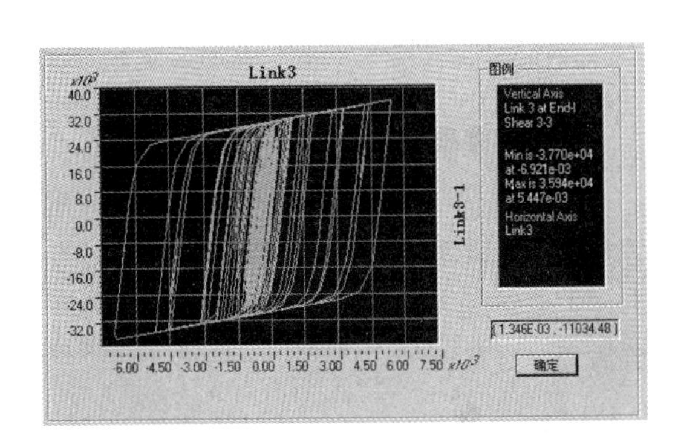

图1 防屈曲支撑（BRB）的耗能滞回曲示例一

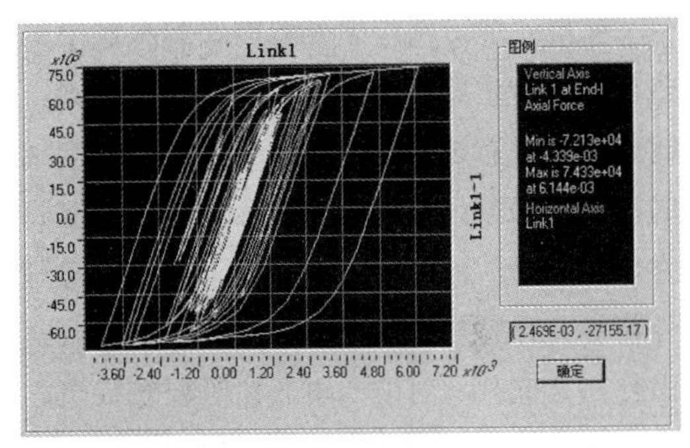

图2 防屈曲支撑（BRB）的耗能滞回曲示例二

（二）对试验模型进行设计，根据弹塑性分析的结果对结构进行设计，并完成实验模型框架的制作。

图3 试验件模型

可拆卸内置百叶帘三玻保温遮阳一体化窗

一、成果名称

可拆卸内置百叶帘三玻保温遮阳一体化窗

二、完成单位

完成单位：江苏省建筑科学研究院有限公司、江苏康斯维信建筑节能技术有限公司

主要完成人：李明、刘永刚、许锦峰、张海遐、吴志敏

三、成果简介

外墙外围护结构中外窗的保温和遮阳隔热性能极为重要，对建筑节能的贡献最大。随着建筑节能设计标准的进一步提高，常规的中空玻璃窗已难以满足高标准节能建筑的要求。另外，目前常用的外遮阳系统通常与外窗是分开的，设置在外窗外侧，经受风吹雨打，其抗风、耐候、耐久性等要求极高，在高层建筑中应用常常引起人担心。近年来工程中开发应用的中置百叶中空玻璃窗基本解决了高层建筑的应用问题，但其传热系数一般在2.6W/（m^2•K）以上，且其中置百叶帘的维修操作复杂、周期长，对用户生活的影响较大，开发和应用高性能的保温遮阳一体化窗变得迫切。

“十二五”期间江苏省建筑科学研究院有限公司联合相关企业开发了可拆卸内置百叶帘三玻保温遮阳一体化窗，申报了发明专利和实用新型专利，其中实用新型专利已获授权。该保温遮阳一体化节能窗包括窗框体和窗扇，其中窗扇包括窗扇体和安装其中的外玻璃、中间玻璃和内玻璃，并在外玻璃和中间玻璃之间安装有百叶帘。所述中间玻璃的宽度小于外玻璃和内玻璃的宽度，其另三边与内玻璃端部平齐，并在中间玻璃的四边通过密封胶与内玻璃粘接为一体。在窗扇体的一侧边框内部设有一个由中间玻璃、大间隔条、定位嵌条及间隔方通围成的竖向空腔，其内设置有控制百叶帘动作的绳索操纵机构。该节能窗的结构剖面图如图1所示；目前已生产出样品，见图2。

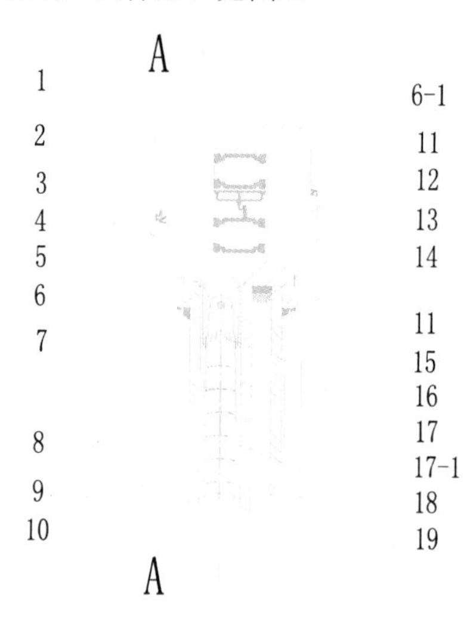

图1 节能窗的结构剖面图

1-窗框体、2-窗扇体、3-垫条、4-上盖、5-转片从动卷筒、6-左半槽、6-1-挂边、7-百叶片、8-提升绳、9-外玻璃、10-底杆、11-密封胶、12-小间隔条、13-压条、14-垫条、15-右半槽、16- 提升绳导向轮、17-梯绳、17-1-横绳、18-中间玻璃、19-内玻璃

图2　保温遮阳一体化节能窗实物

经测试，该保温遮阳一体化节能窗传热系数可达2.2W/（m^2•K）以下，遮阳系数可达0.20以下。该技术可以有效克服现有技术的不足，不仅可以提高保温、隔热性能，满足更高节能标准要求，而且还可方便地装拆其中的百叶帘进行维修，并减小对用户生活的影响。相关技术还在进一步完善中。

可拆卸内置百叶帘三玻保温遮阳一体化窗将外遮阳系统与外窗是融为一体，大大提高了遮阳系统的抗风、耐候、耐久性，保温、隔热性能良好，安装维修便捷，可用于新建高标准节能建筑及既有建筑的节能和绿色化改造工程中，具有广阔的推广应用前景。

既有建筑改造用石膏防潮砂浆

一、成果名称

既有建筑改造用石膏防潮砂浆

二、完成单位

完成单位：上海市建筑科学研究院（集团）有限公司

完成人：王琼、叶蓓红、赵立群、钱耀丽、谈晓青

三、成果简介

我国夏热冬冷地区在夏季潮霉季节，外墙的内表面及地面常产生返潮结露现象，不仅侵蚀表面装饰材料，影响室内环境的舒适性，严重地甚至引起维护结构的破坏、滋生霉菌，因此建筑室内湿度调节尤为重要。传统的调湿材料大多集中在硅胶、高分子聚合物、无机矿物质以及复合材料上，由于调湿机理的复杂性，从当前国内市场的实际应用情况来看，仍未出现既经济又具备良好调湿性能的建材。

该技术利用脱硫石膏及其他工业废渣制备的石膏复合胶凝材料，开发了用于潮湿环境的石膏防潮砂浆，即利用了石膏砂浆的“呼吸功能”，又改善了石膏砂浆防潮耐水性差的缺点。该砂浆保水性好，与墙体粘结力强；与水泥基砂浆相比，干缩较小，砂浆粉刷上墙后无裂缝产生，可用于夏热冬冷地区既有建筑物夏季防潮改造，是既有居住建筑绿色化改造的重要技术，同时也是脱硫废渣资源化综合利用的有利途径。

研究成果主要内容：

（一）通过添加优选的特殊颜料，大大提高了涂料的太阳光反射比和近红外反射比。制备高明度反射隔热涂料，颜料的添加量为17%～20%。

（二）采用普通色浆进行调色，制得中高明度的彩色反射隔热涂料。白色涂料太阳光反射比≥0.83，近红外反射比≥0.83。

（三）结合夏热冬冷地区的逐时气象参数，根据反射隔热涂料等效涂料热阻的计算公式，可计算出不同太阳反射比的涂料所对应的等效热阻值，如下表所示：

不同太阳反射比的涂料所对应的等效热阻值 表1

污染后的太阳辐射吸收系数ρc			ρc≤0.3	0.3<ρc≤0.4	0.4<ρc≤0.5	0.5<ρc≤0.6
夏热冬冷地区	等效热阻值Req（m^2•k/W）	1.2<K0≤1.5	0.19	0.16	0.12	0.07
		1.0<K0≤1.2	0.24	0.20	0.15	0.09
		0.7<K0≤1.0	0.28	0.23	0.18	0.11
		K0≤0.7	0.40	0.34	0.25	0.16

大型商业建筑结构加固的高强耐久修复材料

一、成果名称

大型商业建筑结构加固的高强耐久修复材料

二、完成单位

完成单位：上海维固工程实业有限公司
完成人：陈明中、黄坤耀、王鸿博

三、成果简介

随着国内建筑改造与加固市场的日益扩大，加固施工的安全性与耐久性也日益受到重视，高强早强型加固料的早期体积稳定性设计方法能够解决此类加固料在早期体积收缩过大，开裂难以控制的顽疾，大大延长加固料的应用耐久性，同时在国家大力推进建筑的绿色化改造中能够节约材料，降低重复加固施工的频率，符合国家倡导的资源节约型发展政策，因此具有良好的推广应用价值。

在上海某项目中对部分混凝土柱子采用高强早强高耐久性加固料进行加固，加固厚度60mm，实际消耗加固料100t，与灌浆施工相比，节约模板800m^2，支模措施费降低80%，材料用量节省50%，施工效率提高50%。

研究成果主要内容：

针对大型商业建筑加固改造承载能力要求高的特点，以及目前加固结构耐久性差的问题，通过增加无机添加剂，对水泥基材料进行改性，研究出适于各种类型大型商业建筑改造的高强早强、与原结构兼容性好、耐久性能好，同时还具备良好施工性能、成本合理的加固材料。

新材料进行了系列的研发试验，包括在湿热老化环境和标准环境下的抗压、抗折强度试验和正拉粘结试验，进行了抗渗、弹性模量等指标测试，结果表明材料性能突出；同时研发材料还适用于喷射施工，无需支模，加固层厚度比常规加大截面可以大大降低，适合大型商业建筑改造使用，实现节省用材的目的（包括主材和辅材）。

湿热老化环境和标准环境下的抗压、抗折强度试验　　表1

粘结强度养护环境	标准养护	湿热老化后	热老化后
高强早强加固料与旧混凝土界面正拉粘结强度（MPa）	2.8	2.6	2.8
碳纤维胶与旧混凝土界面正拉粘结强度（MPa）	3.0	2.4	2.3

湿热老化环境和标准环境下的正拉粘结强度试验　　表2

指标养护环境	湿热老化后	热老化后	标准养护
抗压强度（MPa）	77.2	82.6	78.3
抗折强度（MPa）	7.8	8.5	8.1
抗渗压力（MPa）	2.0	2.2	2.1

建筑外墙用反射隔热涂料

一、成果名称

建筑外墙用反射隔热涂料

二、完成单位

完成单位：上海市建筑科学研究院（集团）有限公司

完成人：杨霞、夏文丽

三、成果简介

建筑反射隔热涂料是近年来得到一定应用并受到重视的新型功能性建筑涂料。在我国夏季气温过高的夏热冬暖、夏热冬冷气候区，该涂料除了具有普通外墙涂料的装饰效果外，还能够反射太阳辐射热而降低涂膜表面温度，并减轻因夏季涂膜表面温度过高而带来的一系列问题。建筑反射隔热涂料虽然研究很多，但是在实际应用中还存在诸多问题，如：性能不稳定，近红外反射率较差；颜色单一，主要以白色或浅色涂料为主等。另外，反射隔热涂料在《居住建筑节能设计标准》也不能科学地体现其贡献。因此，诸多因素制约其在建筑节能领域的应用。

该研究通过采用优选的特殊颜料，配制高太阳光反射比和近红外反射比的反射隔热涂料，添加普通色浆进行调色，可制得各种颜色明度的彩色反射隔热涂料。白色涂料太阳光反射比≥0.83，近红外反射比≥0.83。通过反射隔热涂料的等效热阻计算，评价其节能贡献。该产品适用于一般工业与民用建筑工程的砌筑工程，完全可应用于既有建筑的绿色改造工程。

研究成果主要内容：

（一）形成工业废渣高效激发预处理关键技术。利用干法脱硫灰中的活性氧化钙吸收废渣混合料中的水分，放出热量；同时根据生成的氢氧化钙作为混合料的碱性激发剂的原理，研发了工业废渣高效活性激发技术，并开发了相关的预处理工艺设备。

（二）形成石膏复合胶凝材料关键技术。对石膏复合胶凝材料各组分进行调整，增强其强度及耐水性，并能大掺量利用上海本地固废；通过对其安定性、稳定性、耐久性等性能、生产工艺及质量控制方法的研究，开发了石膏复合胶凝材料。

（三）形成石膏防潮砂浆关键技术。选用性能较优的石膏复合胶凝材料配制石膏防潮砂浆，通过对砂浆中促凝剂、保水增稠材料、灰砂比及石膏砂浆现场施工情况、砂浆保水性及砂浆耐久性等的研究，开发了石膏防潮砂浆。

既有建筑绿色化改造效果评价软件

一、成果名称

既有建筑绿色化改造效果评价软件

二、完成单位

完成单位：中国建筑科学研究院上海分院、上海国研工程检测有限公司

完成人：张永炜

三、成果简介

我国目前既有建筑数量巨大，且普遍存在能耗大，室内热舒适性、空气质量、声环境和光环境差等各种问题，基于此形势，需要针对这些建筑的不足之处进行改造，并引入绿色建筑和可持续发展的理念，采取适宜的绿色技术，减少对环境的影响，以实现可持续发展。本软件根据《既有建筑绿色改造评价标准》（报批稿）的要求进行了研究与开发，取得了具有创新性的成果：

（一）接口开放：各类能耗模拟、声、光、风环境等模拟软件均可接入此平台。

（二）根据《既有建筑绿色改造评价标准》（报批稿）中的条文规定，确定了一些可以量化的指标，明确了各种效果分析指标。这些指标为开发软件提供了支持，并用于衡量改造前后的效果。

（三）软件具备详细的录入项目信息、Google地图、不同的改造阶段选择不同的标识、技术体系的选择以及按照改造前后的顺序导入或是录入以上指标的功能，并且能自动计算生成效果分析图表等结果。

（四）可收集、整合、统计各项专业改造的手段及分析结果，并形成改造前后的效果分析报告。

（五）指导设计师进行条文评价。主要研究内容将围绕着标准在软件中实现所需解决的重点、难点问题进行，旨在实现用户使用软件时，通过简单流程和操作即可完成既有建筑绿色改造的效果分析工作。

研究成果主要内容：

（一）软件可建立与建筑区域相关联的数学模型：由于效果分析时，一些关键指标的计算（如人均用地指标、公共绿地面积等）以及一些模拟工作（风环境模拟、热岛模拟等）需要对建筑群体进行模拟，而以往的专项分析软件仅针对建筑单体的模拟计算工作。

（二）软件实现了建筑模型与具体条文评价的相关性：软件实现了大部分数据的数字化，并实现了与评价条文的联动，避免绝大部分数据需要用户手工填写的繁琐工作。

既有建筑性能诊断软件

一、成果名称

既有建筑性能诊断软件

二、完成单位

完成单位：中国建筑科学研究院上海分院、上海国研工程检测有限公司

完成人：张永炜

三、成果简介

既有建筑的绿色改造涉及规划与建筑、结构与材料、采暖通风与空调、给水排水和电气等多个专业，每个专业都有较多的量化数据。既有建筑性能诊断软件是以《既有建筑绿色改造评价标准》（报批稿）为基础而开发的，是一种用于诊断既有建筑绿色改造性能的软件平台。该软件平台有针对性地对既有建筑改造前后的指标和参数进行性能诊断，取得了具有创新性的成果：

（一）本软件能够完美地结合我国既有建筑绿色改造行业的各个领域，并可根据建筑自身特点量身定制。

（二）本软件平台主要由中心站和监控子站组成。在平台中，中心站通过网络与各监测子站进行信息交换，按要求对收集的监测结果进行统计处理，形成各种统计分析报告和图形等，通过显示屏进行实时数据显示。

（三）既有建筑的绿色改造涉及规划与建筑、结构与材料、采暖通风与空调、给水排水和电气等多个专业，每个专业都有较多的量化数据；本软件平台可对既有建筑绿色改造过程中各项量化的数据进行统计及整合，并做出相应的性能诊断；对于越限的数据，本软件会以“报警与故障”的形式提示用户，并给出相应的原因分析。

（四）本软件的“专家系统”能够根据建筑的实际用能情况，给出机组最优化运行的方案。

绿色建筑综合评价软件

一、成果名称

绿色建筑综合评价软件

二、完成单位

完成单位：同济大学土木工程学院

完成人：周建民、吴辉、徐苗苗

三、成果简介

绿色建筑是当今全球化可持续发展战略在建筑领域的具体体现，其实践需要确立明确的评价及认证系统，以定量的方式检测建筑设计生态目标达到的效果，用量化指标来衡量其所达到的预期环境性能实现的程度。评价系统不仅指导检验绿色建筑实践，同时也为建筑市场提供制约和规范，促使建筑在设计，运行、管理和维护过程中更多考虑环境因素，引导建筑向节能、环保、健康舒适的目标发展。

目前全球绿色建筑评价体系主要包括中国《绿色建筑评价标准》（GB50378-2014）、美国绿色建筑评估体系(LEED)、英国绿色建筑评估体系(BREE-AM)、日本建筑物综合环境性能评价体系(CASBEE)。此外，还有德国生态建筑导则LNB、澳大利亚的建筑环境评价体NABERS、加拿大GB Tools评估体系、法国ESCALE评估体系等。在评价过程中，都或多或少存在以下问题：

（一）需要建筑相关专业人员，甚至从业者接受培训与考核，达到一定资质后（如LEED认证工程师）才能进行评价；建设、施工等单位不了解评价内容，非常不便于绿色建筑概念的发展传播，进而影响了绿色建筑相关技术的推广与应用。

（二）需要在专业的认证机构进行注册、申请、缴费、文件审核、技术审核、资料的反复修改补充等繁复过程，花费大量的时间与金钱；难以及时对设计或施工过程加以改进，时效性不高。

（三）评价前要选定相应的评价体系，不能对同一建筑进行多标准的评价。

考虑到以上问题，编制用于绿色建筑评价的软件，评价依据选取了美国LEED-NC、日本CASBEE，以及中国《绿色建筑评级标准》GB/T50378-2014、中国《既有建筑绿色改造评价标准》（征求意见稿，正式规范尚未发布）。

在该软件中，用户可根据需要选择多种标准对建筑进行评价，得到同一建筑在不同标准下的评价情况。用户将完整的建筑信息资料输入相对应的评分项目中，点击结果即可得到建筑达到的评价等级，同时软件还列出了评价项目的得分清单，方便审查复核。对于不符合要求的评价项目，还给出了相应的整改意见及措施。

该软件适用于建筑设计、施工、运营等各阶段，仅需使用者准备好建筑信息资料，即可随时评价，得到评价结果。使用者考虑经济等综合因素采取改善意见，以获得更高的评价等级。在正式的绿建认证之前为使用者节省大量的时间、金钱。

研究成果主要内容：

（一）以美国LEED-NC、日本CASBEE，以及中国绿色建筑评价标准、既有建筑改造绿色评价标准为基础，编制了“中、日、美绿色建筑评价软件”。

（二）参考北京中海广场（2009）建筑信息，在补充了部分内容后用“中、日、美绿色评价软件”进行了算例演示。

钢筋混凝土与砌体组合墙体承载力计算软件

一、成果名称

钢筋混凝土与砌体组合墙体承载力计算软件

二、完成单位

完成单位：上海市建筑科学研究院（集团）有限公司

三、成果简介

砌体结构是我国既有居住建筑的主要结构形式，由于历史原因，这些结构有相当数量存在着抗震性能不足、功能不完善等问题，同时随着社会老龄化日趋严重，加装电梯也成为这类结构面临的现实需求。从技术层面上考虑，采用钢筋混凝土剪力墙改造砌体结构既可以显著提升结构的抗震性能，又能够实现成套改造、加装电梯等建筑功能，因此是一种较为理想的技术手段。单一墙体形式的承载能力计算已经较为成熟，但钢筋混凝土与砖砌体组合墙体的承载力尤其是抗震承载能力的计算方法仍处于探索阶段。

为了简便高效地实现钢筋混凝土和砌体组合墙体承载力计算，从而为既有居住建筑的改造提供基础性的技术支撑，开发了钢筋混凝土与砌体组合墙体承载力计算软件CACW (Capacity Analysis of Composite Wall)

研究成果主要内容：

本软件主要包含两个模块，分别是钢筋混凝土与砌体组合横墙承载力计算、钢筋混凝土与砌体组合纵墙承载力计算。其基本原理是在考虑墙体尺寸、配筋、门窗洞口、竖向荷载等影响因素的基础上，依据有限单元法对墙体抗震承载力进行综合分析与计算。本软件以有限元中的非线性分层壳单元理论为基础进行钢筋混凝土与砌体组合墙体抗震承载力的计算。该软件以试验数据为依托，能够在考虑墙体尺寸、配筋、门窗洞口、竖向荷载等影响因素的基础上，通过有限单元法对组合墙体抗震承载力进行综合分析与计算。

医院能源系统运营管理评价软件1.0

一、成果名称

医院能源系统运营管理评价软件1.0

二、完成单位

完成单位：中国建筑技术集团有限公司、北京科技大学

完成人：赵伟、狄彦强、曲世琳、胡甲国、吴晓琼、王东旭、董家男等

三、成果简介

本软件依据《医院能源系统运营管理评价指标体系》开发，便捷和全面是本软件最大的特点。用户在使用软件前需要对评价对象的信息有比较充分的了解，之后只需要按照软件说明进行简单操作就可以得出评价的结果。

研究成果主要内容：

图1为软件欢迎界面，点击“文件”可以执行“打开”、“新建”、“保存”和“退出”等基本操作。点击“帮助”可以获取软件介绍，使用说明等信息。

图1 软件欢迎界面

用户首先需要输入医院的相关概况信息，如图2。信息录入完毕后，用户可点击界面左侧的评价分类按钮，如点击“场地管理”按钮将出现图3界面，点击“设备管理”出现图4界面。在各个类别界面中，用户只需要勾选符合医院情况的项目，输入医院运营数据，就可以完成对这一评价类别的信息准备工作。当鼠标移动至备选项目时，界面下方的“标准注解”框将显示该条目的详细评价标准，供用户与医院实际情况比较。

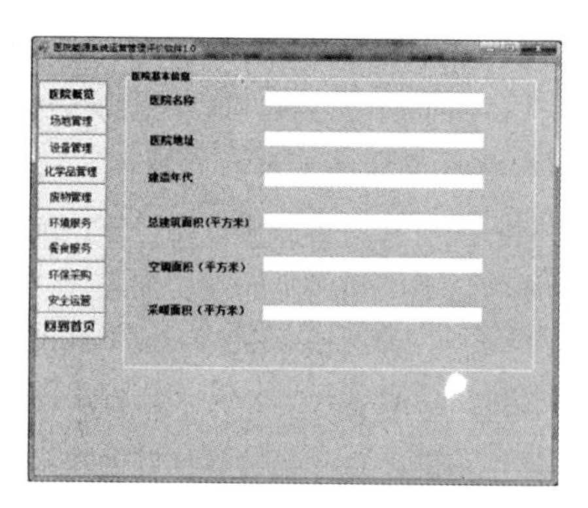

图2 基本信息录入界面

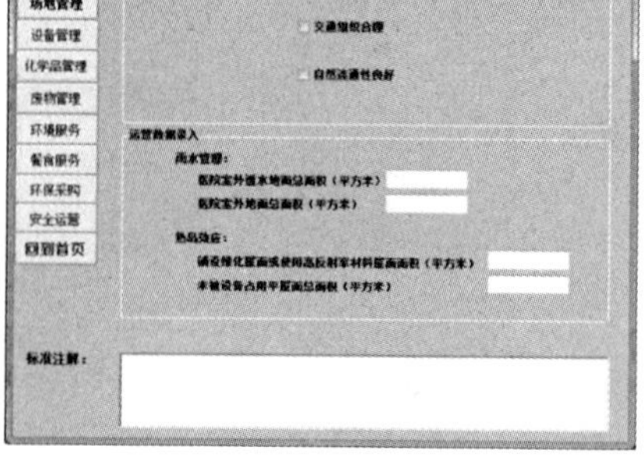

图3 “场地可持续管理”评价界面

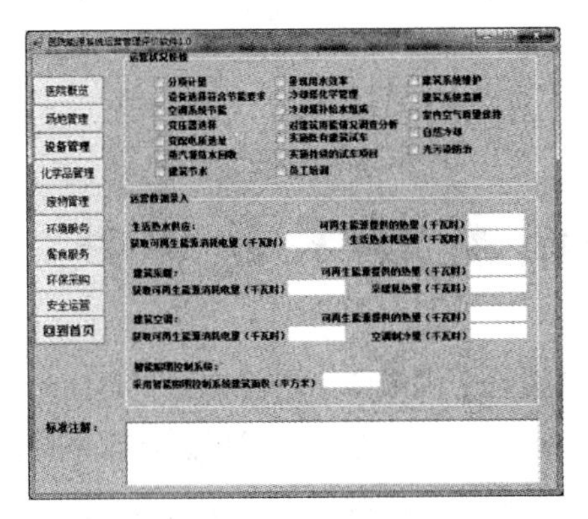

图4 “设备管理”评价界面

待用户完成所有8个类别的信息录入后，返回首页，点击“评价”可以输出医院评价结果的excel报表，报表中清晰显示了医院在各评价方面的得分情况，并有医院运营管理玫瑰图，方便用户发现医院在运营方面的优点和不足，为医院提高服务水平、改善运营状况提供帮助和支持。

集中供热脱硫除尘降硝新技术的实践

一、成果名称

集中供热脱硫除尘降硝新技术

二、完成单位

完成单位：上海昱真水处理科技有限公司

完成人：王雅珍

三、成果简介

我国是产煤大国，燃煤供热成本是燃气供热成本的1/3。但是，日益严重的空气污染问题困扰着国人，解决雾霾、灰霾。继北京拆除燃煤供热锅炉，“煤改气”后，2012年煤都乌鲁木齐市也宣布“煤改气”，全国很多大城市都计划采用燃气供热。对“煤改气”，有很多不利因素，一是气源不足，二是运行费用太高，三是带来新的更难解决的环保难题。由于燃气热值高，燃烧时炉温大于1000℃，空气中大于78%的氮气和21%的氧气在炉温大于1000℃时自然产生氮氧化合物(燃煤锅炉的炉温一般在800℃～900℃)，也就是硝。脱硝比脱硫要难，设备和运行费用都极高，硝是致癌物之一，对人类健康有着一定的危害。

（一）上海昱真水处理科技有限公司1995～1998年与上海交通大学合作研究半干法脱硫除尘（可降硝50%以上），设备虽好，但不适用于供热采暖锅炉。随着灰霾日益严重，从2005年开始研究适用于北方供热采暖系统的脱硫除尘装置。至2008年YZ型旋流混合式脱硫除尘塔的构思和设计基本完成。但未找到实验单位。原因是YZ型旋流混合式脱硫除尘塔脱硫除尘效率高，在室外温度≥－4℃时基本看不到锅炉冒烟冒气，在寒冷天气冒少量白水汽，不需要建高烟囱。但是，未建高烟囱一般环保局不批准投建，环评不达标。2013年4月，各项技术申请成功获批在齐齐哈尔市成立“齐齐哈尔昱峰供热有限公司”，上海昱真水处理科技有限公司自主研发的五项科技成果将有可能全部应用在齐齐哈尔市，但齐齐哈尔环保局不批准建没有烟囱的锅炉房，须建45m以上的烟囱。无奈之下，上海昱真水处理科技有限公司决定自筹资金在供热烟尘肆虐的黑龙江省清河林业局建立集中供热，实现保护碧水蓝天的环保理想。

清河林业局原有6座供热锅炉房，“地暖”和“挂暖”混供，无法保证“挂暖”的供热质量。上海昱真水处理科技有限公司废弃全部旧锅炉，投建拥有2台46MW热水锅炉的集中供热热源厂（供热面积可覆盖180万m²），投建4000m×2一次管网，改进新增了2300m×2的二次管网，投建7个换热站，站内将地暖和挂暖分开，拥有5套挂暖水系统和7套地暖水系统。由于挂暖和地暖分家，新增和改造2400m×2的二次管网。

（二）经过一个采暖期的运行，五项技术得到成功验证，并获得了清河镇百姓的认可。同时在实际应用过程中发现脱硫除尘塔在耐磨、防酸腐蚀上存在一些问题，必须采用高耐酸腐蚀、耐高温和高耐冲击摩擦的特殊材质制作脱硫除尘塔，以及采用高耐酸腐蚀和高耐冲击摩擦的特殊涂料保护脱硫除尘塔。

1.湿法运行时YZ-65旋流混合式脱硫除尘塔测试结果

脱硫除尘降硝塔设计除尘率≥98%，除尘后烟尘浓度＜30mg/L，脱硫率＞90%，降硝率＞70%。该技术设备通过哈尔滨市通河县清河林区昱真供热公司2台46MW（相当于65t/h的蒸汽锅炉）热水锅炉2013～2015两个采暖年度的实践检验，除尘率≥94.5%，脱硫率≥85.3%，降硝率≥70.4%。黑龙江省环科院检测中心2014年4月4日测试结果见表1。

测试结果说明：空气预热器出口烟温75℃，烟气流量145000m3/H。

（1）由于冬季周边城镇石灰窑从10月份停产，购买的脱硫剂生石灰含量＜30%，影响脱硫和降硝效果，如果生石灰含量≥80%，脱硫率≥90%以上。

（2）测试除尘率≥94.5%，此数值远低于实际除尘率。设计除尘率≥98%，烟尘浓度应该≤30mg/m^3。但是，由于工期短，天气冷，制作的脱水板不硬化，故没有安装脱水板，2014年夏季要安装特制脱水板，由于没有脱水板，在烟囱测试处烟气中含有微小水珠，而水珠含尘，故测试值偏高。待安装好脱水板后烟尘浓度应该≤30mg/m3。在室外－4℃以上温度时，看不见锅炉冒烟和冒气。

2.实践证明，在室外温度为－4℃以上时，采用干法除尘，基本上观察不到锅炉冒烟和冒气，排放达标。当采用低硫煤时，可以采用干法运行，运行费用为零。

（三）讲经济也要讲环保指标，目前全国供热锅炉房基本采用水膜除尘和双碱法脱硫，室内或室外设有循环水池，脱硫除尘废水浓缩到一定程度排放到市政废水系统，对地下水和地表水形成二次污染，导致人类患高血压、心脏病、肾结石、胆结石及诱发癌症。由于冬季水池结冰，水池和脱硫塔的维修量大。

上海昱真水处理有限公司2013年用低硫煤，含硫量≤0.2%。从2013年10月24日～2月7日采用纯自来水做脱硫降硝剂，没有投加生石灰，脱硫率约在70%，降硝率约在50%，将pH值6.0的酸性脱硫除尘降硝水每

YZ型旋流混合式脱硫除尘塔内注水并以生石灰为脱硫剂后的测试结果　　表1

点位		监测结果（浓度 mg/m^3 ）					
		烟尘浓度	除尘率%	二氧化硫	脱硫率%	氮氧化物	脱硝率%
一号锅炉	1号	1423.2		465		390.8	
	2号	1336.8		432		356.6	
	3号	78.6	94.48	60	87.1	101.2	74.1
	4号	73.2	94.52	59	86.34	110.1	69.13
二号锅炉	5号	1504.6		409		395.6	
	6号	1328.5		413		455.3	
	7号	79.3	94.73	74	81.9	126.5	68.02
	8号	76.5	94.24	58	85.96	134.2	70.52

隔40分钟排放到渣槽，与渣槽中pH值≥9的碱性水中和，将渣槽水的pH值控制在7.0左右，防止除渣链条发生腐蚀。锅炉和一次供热管网每日补水量仅为2～8吨。YZ型旋流混合式脱硫除尘降硝塔内的废水全部排放到渣槽，锅炉排污水、除尘器冲灰水、冲地废水等也全部收集到锅炉渣槽内，进行再利用。废水在渣槽中浓缩析出以硫酸钙、碳酸钙为主体的固体盐，固体盐和炉渣用于烧砖。废水、污水实现零排放。由于锅炉排污水中含有残留YZ型防腐阻垢剂，固体废物不会在渣槽内结块。

YZ型旋流混合式脱硫除尘塔具有非常大的环保意义。可应用于供热采暖的燃煤链条炉和往复炉排。可应用于全国蒸发量≤130t/h的蒸汽锅炉。该设备投资少、操作简便、运行费用极低（与国内其他脱硫除尘方法相比较而言）、占地少。可以代替燃气锅炉，防止发生氮氧化合物的污染。

YZ型旋流混合式脱硫除尘降硝塔的优点具体体现在以下几方面：

1.设备造价低（目前国内完成除尘、脱硫、降硝三项任务的设备造价是5～15万元/吨锅炉）。YZ型旋流混合式脱硫除尘塔是专为燃煤锅炉研发的脱硫、除尘、降硝技术和设备。该技术设备采用物理与化学相结合的原理，实现除尘、脱硫和降硝的目的。烟气从锅炉出来进入多管除尘器，除掉大颗粒尘，再进入YZ型旋流混合式脱硫除尘降硝塔，除掉微小灰尘、二氧化硫和氮氧化合物；

2.运行费用全国最低。采用低硫煤时可以不使用脱硫剂和降硝剂，用自来水就能完成脱硫除尘降硝工作，废水做渣槽补充水，

做到真正的零运行费用。当采用高硫煤时，由于渣槽水是碱性水，可以在渣槽内进行酸碱中和，大幅度节约脱硫剂和降硝剂（以生石灰做脱硫剂和降硝剂），大幅度降低运行成本；

3.全国锅炉房首例废水零排放，废水全部利用；

4.做到锅炉烟囱基本看不见冒烟和冒气，或仅有少量白水汽。由于排放合格，可以做矮烟囱；

5.运行操作简单，是傻瓜型的，适用于众多供热企业；

6.烟尘、二氧化硫、氮氧化合物排放合格；

7.锅炉房室内、外均不设循环水池，不会发生废水排放造成二次污染问题，真正环保；

8.设备维护费用低，检修量低。

YZ型旋流混合式脱硫除尘塔是专为燃煤锅炉研发的脱硫、除尘、降硝技术和设备。该技术设备采用物理与化学相结合的原理，

实现除尘、脱硫和降硝的目的。

锅炉烟气经多管除尘器进入引风机，从引风机出来的烟气进入除尘脱硫降硝塔，在旋转状态下与水或含有生石灰浆液的碱性水充分混合，烟气中的二氧化硫及氮氧化合物与石灰水充分反应达到大幅脱硫降硝的作用。烟气中的灰尘微粒遇水吸附起到大幅除尘作用。采用低硫煤时，使用该设备技术可以在不投加脱硫剂生石灰，单用自来水即达到大幅脱硫降硝除尘作用。

YZ型旋流混合式脱硫除尘塔具有非常大的环保意义。可广泛应用于中小型供热采暖的燃煤链条炉和往复炉排炉。可应用于全国蒸发量≤130t/h的蒸汽锅炉。该设备特点是投资少、操作简便、运行费用极低（与国内其他脱硫除尘方法相比较而言）、占地少，可以代替燃气锅炉，防止发生硝污染。

2014年2月底黑龙江农垦九三农场热力公司到清河参观集中供热项目，回到公司后定制安装了一台YZ-65旋流混合式脱硫除尘塔。2015年3月经黑龙江省农垦环境监测站连续2日六次检测，烟尘浓度平均30.8mg/Nm^3，二氧化硫浓度平均38.3mg/Nm^3。

喷射式高效节能热交换装置

一、成果名称

喷射式高效节能热交换装置

二、完成单位

完成单位：大连应达实业有限公司

主要完成人：张 达、张静妍

三、成果简介

现行供暖系统中普遍采用的板式、管壳式热交换装置是通过辐射的方式加热低温水，在循环泵的作用下，供系统循环工作。该类设备普遍用于城镇集中供暖热交换站，并可用于生产、生活用水。目前传统换热器存在换热效率较低、能源消耗量大、维护费用高，系统冷凝水浪费等不足。

在汽-水换热系统中，喷射式热交换装置利用拉法尔原理，以蒸汽作为热源，通过喷射、收缩及扩散等过程，将具有一定计算容积比的蒸汽与水的混合物在混合室直接混合，形成单项热水，其流动速度完成向亚声速的转变，当流动速度逐渐减缓，产生压力激波，压力剧烈增大，在没有换热损失下，推动循环系统流体运动。与传统换热器相比，至少可以节能12%以上。高效换热装置具有换热效率高、体积小、噪音低、安装简单、运行可靠等特点，并实现了智能化管控。它的使用性能在多方面超过传统的表面式换热器，已列入中国建筑标准设计研究院的标准图册，发展前景非常广阔。

在水-水换热系统中，喷射式高效节能热交换装置应用伯努力定律，使得高温水与低温水进行充分混合，不存在由于结垢导致的热阻，故换热机组效率近100%，远高于板式、管壳式换热机组。在相同供暖条件下，由于一次网的高温水和二次网的低温水直接混合，使得一次网供回水温差加大，因此可减小一次网高温水管的管径20%左右，相应的材料及工程造价减少30%左右。

以500万m^2供暖面积为例，通过对热交换站进行喷射式高效节能热交换装置和物联网管控系统的改造，每个采暖期至少可以节省蒸汽10万吨，节约用电200万度，折合标煤9,640吨，减少CO_2排放24,440吨。在水-水热交换系统中，同样可以节约至少10%以上的热量。

四、研究成果主要内容

1.喷射式高效节能热交换装置（汽-水）

公司自主研发的热易达喷射式高效节能热交换装置是利用拉法尔原理，以蒸汽作为热源，通过喷射、收缩及扩散等过程，将具有一定容积比的蒸汽与供热系统水在混合室内进行热交换，形成单项热水，经加热增压后的热水被输送到供热系统，提高了系统热利用效率。

与传统热交换装置相比可以节约蒸汽12%～30%，节约用电30%以上，实现了高效、节能、环保的要求，为既有和新建住房采暖系统提供了全新的解决方案。

改造前：板式换热器　　改造后：喷射式高效节能换热器

图1 改造前后的换热器

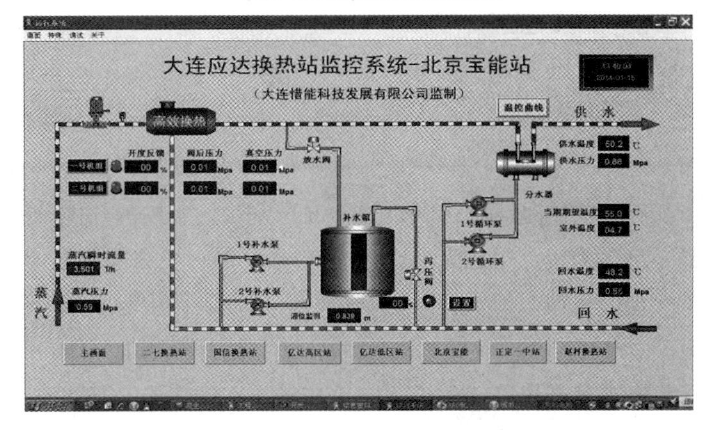

图2 物联网集中供热管控服务平台

2. 喷射式高效节能热交换装置（水-水）

高低温水混合充分，换热机组效率近100%，使得一次网的供回水温差加大、流量减小，从而使原有一次网热源不变的情况下增加10%以上的供暖面积；该设备无转动部件，无结垢现象，节约维修保养费用。此外，该装置保证一次网的供回水量相等，从而保证一次网的平衡。在新的供暖管网的建设中，同等供暖面积可以减少管网投资20%以上。

3. 城市集中供暖物联网管控技术

公司长期从事供暖行业节能技术的研究及应用，具有丰富的应用技术开发经验，工程应用综合解决方案是将物联网技术与实际工程相结合，发挥物联网在传统行业的作用。综合解决方案集成能力对企业的综合能力要求很好，不仅要对物联网技术高度掌握，还要对行业本身非常清楚，这正是我们有别于普通自动化公司的主要特征。

通过物联网技术的应用能够使二次网换热站达到无人值守的管理水平，在设备原有的节能基础上实现5%以上的精细化管理节能。

系统主要具有以下功能：

监督调度功能

能源管理功能

热网平衡功能

远程调控功能

直进式原生污水源热泵系统

一、成果名称

直进式原生污水源热泵系统

二、完成单位

完成单位：北京瑞宝利热能科技有限公司
完成人：杨胜东、杨栋、张秀恒、杨卫光

三、成果简介

城市污水中所赋存的热能是一种可回收和利用的清洁能源，弃之为废，用之为宝。因此，利用其中的热能，是城市污水资源化利用的有效途径。

应用污水的可靠方法是采用“污水源热泵系统”，其原理就是以污水为提取和储存能量的冷、热源，借助压缩机系统，消耗少量电能，在冬季把存于水中的低位热能“提取”出来，为用户供热；夏季则把室内的热量提取出来，“释放”到水中，从而降低室温，达到制冷的效果。

虽然，采用城市原生污水作为热泵的低位热源具有一定优势，但是，由于城市污水水质复杂，污水源热泵一般采用间接换热的方式运行，传热温差大，热泵效率低。此外，生活污水中含有污泥等物质在换热表面形成一层细泥膜，影响热泵换热效果。为了充分利用污水中的热能，提高污水源热泵系统的效率，我公司经过多年技术研发与试验，研制了原生污水不经任何处理，直接进入热泵进行换热的系统，省略了间接式系统中的污水换热器，有效地降低投资成本，减少机房占地面积。目前已成功应用于实际项目中且运行稳定，经济效益显著，与原有系统相比节约运行费用30%以上。

下图为直进式原生污水源热泵（污水源

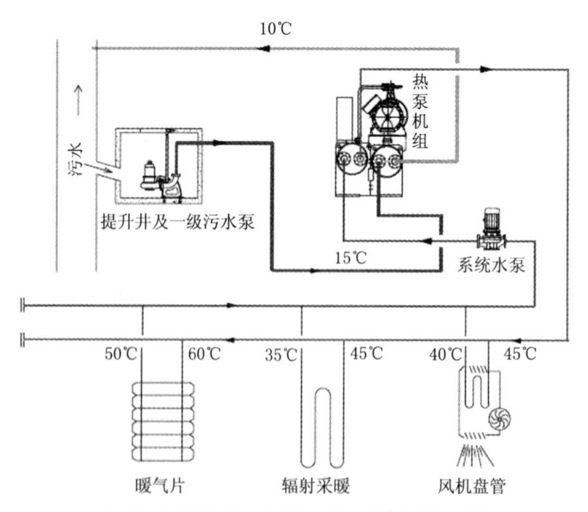

直进式原生污水源热泵系统原理图

为未经处理的城市污水）系统原理图。

（一）技术特点

1. 直进式原生污水源热泵机组专有技术一：制冷剂侧冷热切换技术

直进式原生污水源热泵通过制冷剂侧阀门开关切换操作实现机组制冷、制热运行模式的切换，无四通阀卡死、泄漏等问题，污水和使用侧的空调水始终都在固定的换热器内流动，避免了普通水路切换水源热泵机组因制冷、制热水路切换而带来的二次污染。

2. 直进式原生污水源热泵机组专有技术二：蒸发冷凝两用换热器

制冷剂侧切换直进式原生污水源热泵机组的换热器要求整合后即确保蒸发效果，又确保冷凝效果，主要从换热管表面的形状和气、液组织两个方面来解决。目前开发了的一种蒸发、冷凝两用管，可充分兼顾蒸发冷凝两种效果。在气、液流组织方面，在蒸发时候，通过满液式蒸发器设计、特殊的内部气流通道等技术，确保蒸发时候液体冷媒从底部进入蒸发器后可和换热管充分换热；冷凝时候，通过冷媒气体均流板、防冲挡板等技术，确保从上部进入的冷媒气体均匀地掠过各冷凝管，确保冷凝时候换热面积利用充分。从而杜绝了蒸发时内部沸腾泡沫引起机组液压缩、冷凝时候气流分配不均匀的风险，保证了回油、换热的效果，保证了蒸发、冷凝均有较好的效果。

3. 直进式原生污水源热泵机组专有技术三：污水侧换热器的防腐技术

城市污水水质有一定的腐蚀性，因此换热器和传热管的选材非常重要。在污水直进式系统中，热泵机组污水侧换热器换热管材质采用海军铜管，海军铜是一种锌锡铜的合金。其防腐蚀原理就是牺牲阴极的阳极保护，也就是说，在海水中，较为活泼的锌或铁先于铜失电子，从而慢慢溶解于海水中，而铜作为阳极，得电子，不溶于海水，从而得到保护。

4. 直进式原生污水源热泵机组专有技术四：油路供应系统

专用喷射泵在无能耗的状态下完成系统的连续回油：喷射泵工作原理是引高压气体或液体，通过（降压）喷管或局部节流，在喷射泵的混合室形成低压带（比蒸发压力低），从而将蒸发器内部的富油液体吸过来，两者混合后进入扩压喷管，压力升高至高于吸气压力，从而使含油制冷剂顺利回到压缩机吸气口。

5. 直进式原生污水源热泵机组专有技术五：机组全程运行高效节能

独特的油分离器及闪变式节能器的合理配置：系统运行产生的“中压闪气”和“中压饱和液态冷媒”在经济器中有效的分离，“闪气”导入压缩机完成二级压缩。分离后的“中压饱和液态冷媒”在回热器中与从蒸发器底部被连续抽出的“富油态冷媒”进行热量交换，“中压饱和液态冷媒”经回热器完全分离达到过冷状态，再进行降压节流，两项并用，有效提高了机组的效率

6. 直进式原生污水源热泵机组专有技术六：换热系统的研究

污水直接进入热泵机组，需要完善原生污水防堵塞连续过滤技术研究，以提高进入机组的污水的水质情况；提高污水侧换热器的防腐蚀、防结垢能力，以提高污水直进机组的使用寿命；完成制冷机组的冷媒切换功能，实现机组夏季供冷、冬季供热切换时，不用水侧切换，防止污水对系统的污染；方便实现污水

换热器的污物清理及换热效果还原。

（二）施工流程

前期准备--污水引退水施工--机房安装--末端系统安装--单机试运行--联动试运行--整体验收

注：污水引退水施工、机房安装、末端系统安装三者可按实际情况穿插作业。

（三）应用案例

北京城建九建设工程有限公司（简称九建公司）办公楼项目，总建筑面积为3700m^2，建筑功能为办公楼，末端采用风机盘管系统，选用2台制热量为148kW的直进式原生污水源热泵机组，两台机组采用并联设置，起到互为备用的作用。该项目还设有数据监控、采集系统，已运行两年，安全稳定，节能效果显著。

根据数据监控系统的采集数据，从2013年11月14日-2014年3月14日，4个月采暖季，共消耗了86295度电，电价均价按0.8元/度，共69036元，按建筑面积3700m^{2}计算，年取暖费为18.65元，低于北京市集中供热取暖费46元/平方米，节省59%。

九建公司办公楼

直进式原生污水源热泵系统机房

五、论文篇

随着我国既有建筑改造工作的不断推进，我国在既有建筑改造方面取得了较快的进展，但当前我国既有建筑改造的政策机制仍不完善，标准体系仍未健全，可大规模推广复制的技术体系尚未形成，产业化发展还未呈现，仍处于探索积累的阶段。为进一步推进既有建筑改造技术的交流和推广，本篇选择了部分既有建筑绿色改造、绿色评价以及政策法规相关的学术论文，供读者交流。

推动既有建筑绿色改造实践，促进既有建筑绿色改造发展

我国既有建筑面积已经超过500亿m^2，且大部分既有建筑的建设受当时技术水平与经济条件等原因的限制，导致约有30%～50%的建筑出现安全性失效或进入功能退化期,加之城市规划的更新、建筑结构和部件的老化、建筑维护不及时等原因导致建筑拆除比例较高，不仅浪费了宝贵的资源，还造成了大量的污染。此外，我国建筑在使用阶段的碳排放量基本占自身全生命周期碳排放量的80%～90%，量大面广的既有建筑的高排放给我国生态环境的承载力带来了很大的压力。相对于趋向平稳的新建建筑的完工速度，对大量业已存在的既有建筑开展绿色改造无疑会给我国的绿色建筑行业创造另一个重要的支柱和更加可观的效益。从未来一段时期来看，新建与既改并重推进将成为我国建筑行业发展的“新常态”。不难看出，对既有建筑进行绿色改造将成为解决我国当前所面临的资源与环境问题的重要途径和关键环节，也将有力缓解我国节能减排潜力日益缩减的困局。

一、既有建筑绿色改造的背景现状

根据现阶段我国的国情和多年来建筑节能工作的推进思路，既有建筑绿色改造的潜在对象可分为北方采暖地区居住建筑、夏热冬冷地区居住建筑、夏热冬暖地区居住建筑和公共建筑。在北方采暖地区居住建筑当中包括1981～1997年期间建成的大部分建筑，1998～2005年期间建成的非节能建筑；在夏热冬冷地区居住建筑当中包括1981～2001年期间建成的不满足《夏热冬冷地区居住建筑节能设计标准》要求的建筑；在夏热冬暖地区居住建筑当中包括1981～2005年期间建成的不满足《夏热冬暖地区居住建筑节能设计标准》要求的建筑；在公共建筑当中包括1981～2005年期间建成的不满足《公共建筑节能设计标准》要求的建筑。以上总计约351.5亿m^2的既有建筑将成为有必要进行绿色改造的主要载体，也是推进我国既有建筑绿色改造工作的重点和难点。

与新建建筑相比，我国既有建筑的绿色改造工作基础较为薄弱，相关标准、技术、政策、产品、机制等各方面都还有待于进一步完善，既有建筑绿色改造的推广任务比较艰巨。但随着我国绿色建筑和建筑节能工作的持续实践和积累，同时绿色建筑的发展模式也在逐渐回归到重视质量和实效的健康道路上，以上两个有利因素为既有建筑绿色改造的发展打下了良好的基础和提供了正确的指引。

截至2014年末，我国城镇化率已经超过54%,城市发展将逐步由大规模建设为主转向建设与运行维护管理并重的发展阶段，从简单的数量扩张转变为质量提升阶段，既有建

筑绿色改造已经逐步成为我国推进新型城镇化建设的一项重要工作，也将成为我国建筑绿色化道路上的“新常态”和重要组成部分，各种推进既有建筑绿色化改造的实践工作也将逐渐拉开序幕。

二、既有建筑绿色改造的实践进展

（一）研究绿色改造政策机制

随着国家和地方政府对绿色建筑和建筑节能的重视，绿色建筑和建筑节能相关的法律法规及政策文件也相继发布。法律文件《中华人民共和国节约能源法》的多条内容直接与既有建筑节能改造相关；《民用建筑节能管理规定》、《国家机关办公建筑和大型公共建筑节能专项资金管理暂行办法》等多个条例包含既有建筑改造相关内容。此外，《绿色建筑行动方案》、《“十二五”绿色建筑和绿色生态城区发展规划》及《国家新型城镇化规划(2014～2020年)》等政策文件提出了既有建筑节能改造的规划和要求。尽管目前还没有出台直接与既有建筑绿色改造相关的法规和政策文件，但绿色建筑和建筑节能相关法规和政策文件也间接推动我国既有建筑绿色改造工作的进展。

针对既有建筑绿色改造发展的需求，行业内也在相关政策研究方面进行了专项的探索和整合，成果率先在北京雁栖湖生态示范区和山东临沂市北城新区分别形成了适合当地发展的既有建筑绿色改造的落地政策，鼓励区域内有条件的既有建筑通过改造成为绿色建筑，在我国实属首创，对我国既有建筑绿色改造项目建设和辐射示范推广具有重要的推动作用。

（二）研发绿色改造技术体系

我国在绿色建筑和建筑节能的技术研发方面开展较早，“十五”期间国家立项“绿色建筑关键技术研究”等项目，“十一五”期间国家立项“建筑节能关键技术研究与示范”等项目，“十二五”期间科技部加大对绿色建筑和建筑节能的资助，发布《“十二五”绿色建筑科技发展专项规划》，启动“绿色建筑评价体系与标准规范技术研发”、“建筑节能技术支撑体系研究”等多项国家科技项目的研发工作，极大地促进了我国绿色建筑和建筑节能科技的发展。相对新建建筑，针对既有建筑改造的科技研发的课题数量和经费资助额度上还是远远不够的，但随着绿色建筑和建筑节能的不断发展，既有建筑绿色改造的技术研发也呈现逐渐加大的趋势。

“十一五”期间国家启动“既有建筑综合改造关键技术研究与示范”项目，为我国“十二五”期间开展既有建筑绿色改造做出很多探索性的研究工作；“十二五”初期，国家启动“既有建筑绿色化改造关键技术研究与示范项目”，其中包括“既有建筑绿色化改造综合检测评定技术与推广机制研究”、“典型气候地区既有居住建筑绿色化改造技术研究与工程示范”、“典型气候地区既有居住建筑绿色化改造技术研究与工程示范”、“大型商业建筑绿色化改造技术研究与工程示范”、“办公建筑绿色化改造技术研究与工程示范”、“医院建筑绿色化改造技术研究与工程示范和工业建筑绿色化改造技术研究与工程示范”七个课题。此外还启动“城市老工业搬迁区功能重构与宜居环境建设关键技术研究与示范”项目，包括“老工业搬迁区生态风险评估与土地再利用规划方法研究”“老工业搬迁区生态环境重建关键技术集成与示范”“原有工业建筑功能提升与生态改造关键技术研究与示范”“老工业搬迁区宜居环境建设规划设计技术研究与示范”四个课题。“十二五”中期，国家启动了“公共机构绿色节能关键技术研究与示范”项目，包括“公共机构既有建筑绿色改造成套技术研究与示范”课题。此外，住房和城乡建设部及地方政府在既有建筑绿色改造方面也做了大量研究性工作，这些科研项目的立项和开展，为我国既有建筑绿色改造的发展提供了技术支撑。

（三）编制绿色改造系列标准

经过多年的发展，我国已逐步形成了较为完备的绿色建筑标准体系，包括《绿色建筑评价标准》、《绿色商店建筑评价标准》、《绿色办公建筑评价标准》等，为我国绿色建筑的专业化和规模化发展起到了不可估量的作用。与新建建筑相比，既有建筑绿色改造的标准发展相对滞后，标准数量明显偏少，有些专业尚存空白，远不能自成体系，不能满足现阶段面临的既有建筑绿色改造的工程实际需要。基于对现有相关标准的梳理和研究，行业内相继开展了国家标准《既有建筑绿色改造评价标准》、上海市地方标准《既有工业建筑绿色民用化改造技术规程》、北京市地方标准《既有建筑绿色改造评价标准》和学会标准《既有建筑评定与改造技术规范》等标准规范的编制，为既有建筑绿色改造提供了切实可行的参考依据，对于推进我国量大面广的既有建筑改造和全面发展绿色建筑具有重要意义。

国家标准《既有建筑绿色改造评价标准》在对国内外相关绿色建筑评价标准进行广泛调研和对国内典型既有建筑的实际运行进行综合检测评定的基础上，统筹考虑绿色改造的经济可行性、技术先进性和地域适用性，结合既有建筑绿色改造特点而进行编制。标准主要从规划与建筑、结构与材料、暖通空调、给水排水、建筑电气、施工管理和运营管理等方面引导既有建筑经改造后实现绿色建筑所要求的社会效益、环境效益和经济效益。目前该标准已经报批。

上海市地方标准《既有工业建筑绿色民用化改造技术规程》适用类型包括厂房和仓库，改造方向包括办公、宾馆、商场以及文博会展等建筑类型，内容涵盖设计、施工、运营等环节。该标准对于提升上海地区乃至全国的旧工业建筑改造利用水平，实现旧工业建筑在更高层次上的更新与再生具有重要的意义。目前该标准正在编制过程中。

北京市地方标准《既有建筑绿色改造评价标准》在充分借鉴和吸收国家标准《既有建筑改造绿色评价标准》的编制思路和内容的基础上，充分考虑北京市当地的气候特点和经济发展水平，并重点体现北京市地方标准起点高、要求严的原则，形成适应首都既有建筑改造上水平、出效益的具有先进性和适用性的技术标准。目前该标准正在编制过程中。

学会标准《既有建筑评定与改造技术规范》从房屋安全责任人、使用人或管理人的权利和义务，检查和检测，抵抗偶然作用能力评定、安全性评定、适用性和功能性评定和耐久性评定修复修缮、加固改造和提升功能改造几个方面系统的将既有建筑的维护与修缮、检测与鉴定、加固与改造、废弃与拆除等涵盖在内。该规范为既有建筑评定和改造提供了技术依据，弥补了国内既有建筑评定与改造行业规范和标准的空白。目前该标准已通过审查会议。

（四）建设绿色改造示范工程

依托于国家科技支撑计划项目“既有建筑绿色化改造关键技术研究与示范”，课题组分别在多个气候区建立了既有居住建筑、既有城市社区、既有办公建筑、既有医院建筑以及既有工业建筑等多种类型的既有建筑绿色改造示范工程，部分示范工程已建成并进入示范阶段，其中3项已获得绿色建筑星级认证，部分项目信息见表1。

三、既有建筑绿色改造的宣传推广

（一）编撰系列图书

为系统总结我国既有建筑改造的研究成果与经验积累，推动我国既有建筑改造的发展与实践，中国建筑科学研究院会同有关单位编撰了《既有建筑改造年鉴》，年鉴主要包括政策法规、标准规范、科研项目、技术成果、论文选编、工程案例、统计资料、大事记等内容，力求全面系统地展现我国既有建筑改造取得的进展。目前共出版4本既有建筑改造年鉴（2010、2011、2012、2013），《既有建筑改造年鉴2014》也将于2015年初出版。

部分示范项目绿色改造内容　　表1

序号	项目名称	类型	面积	绿色改造主要内容
1	哈尔滨河柏小区	居住建筑	158000m^2	外墙保温采用B1级防火保温材料EPS板；进行外窗改造，窗框与洞口进行保温构造处理；重做屋面保温及防水层，加做两层防水卷帘以及一层隔汽层；槽式太阳能集热器与天然气锅炉相结合的联合供热方式；增设居民健身广场、绿化景观、停车库等配套服务设施；增设无障碍通行设施，庭院铺装透水砖；加装能源监测系统，小区安全报警系统，智能一卡通系统；公共照明采用智能控制的LED灯具等。
2	上海电气总部办公大楼	历史建筑	6884m^2	增加绿化种植屋面，变制冷剂流量空调系统，增设排风热回收装置，改用Low-e玻璃窗，照明改用LED灯并以光导管辅助；增加雨水回收利用，喷灌节水系统，节水龙头、节水座便；装饰装修材料采用低挥发性材料；增设楼宇自动控制系统，智能灯控系统，能耗独立分项计量系统，远程能效管理系统等。
3	江苏省人大常委会办公楼	办公建筑	23423m^2	外墙增加玻化微珠保温板保温系统，屋面增加真空绝热板保温层；原单玻璃窗更换高性能中空玻璃断热铝合金节能门窗；选用节水器具，采用透水铺装地面，增加雨水回用系统；屋面增加太阳能热水系统，空调系统进行节能改造，增加分项计量装置；采用节能灯具、可再循环、可再利用材料等。
4	上海市胸科医院	医院建筑	10458m^2	功能重新布局，燃油+燃气锅炉，空气源热泵+太阳能系统，空调、热水系分项计量及能耗监测平台，废水处理，塑钢窗+内遮阳，屋顶绿化，锅炉烟气做回收处理等。
5	上海申都大厦绿	工业建筑	7301m^2	外立面单元式垂直绿化，屋顶复合绿化，建筑功能集成的边庭空间，中庭拔风烟囱强化自然通风，太阳能光热技术，太阳能光伏技术，排风热回收，能耗分项计量与监控，雨水回收与利用，结构阻尼器增设加固等。

此外，2015年还将计划出版《国外既有建筑绿色改造标准和案例》、《既有居住建筑绿色改造技术指南与案例集》、《办公建筑绿色改造技术指南》、《办公建筑绿色改造工程实践》、《医院建筑绿色改造技术》、《申都大厦的绿色改造》等图书，力图形成既有建筑绿色改造系列图书，供广大从事既有建筑绿色改造的人员参考使用。

（二）制定技术指南

在科技部、住房和城乡建设部的组织和推动下，以中国建筑科学研究院牵头的编制组在2014年启动了《既有建筑绿色改造技术指南》的编制工作。该指南立足我国既有建筑发展现状，对现有的既有建筑改造相关政策法规和技术要求进行了系统梳理，并结合在编的国家标准《既有建筑绿色改造评价标准》的指标体系，以及示范工程的技术经验积累展开编制工作。《既有建筑绿色改造技术指南》届时将由科技部、住房和城乡建设部联合发布。

（三）召开技术交流研讨会

自2009年在深圳举办“第一届既有建筑改造技术交流研讨会”以来，已成功连续举办六届（2009、2010、2011、2012、2013、2014）既有建筑改造技术交流研讨会，有效推进了我国既有建筑改造工作的深入开展。为了更好地交流国内外既有建筑绿色改造的技术成果及成功案例，研讨既有建筑绿色改造政策措施及标准规范，分享既有建筑绿色改造工作经验，促进既有建筑绿色改造领域的科技创新、成果转化和推广应用，近年来既有建筑改造技术交流研讨会均以“推动建筑绿色改造，提升人居环境品质”为主题开展相关的讨论，并出版会议论文集，促进科研院所、高等院校、企业等单位之间的交流合作。“第七届既有建筑改造技术交流研讨会”定于2015年4月15～17日在海口召开，将继续探讨既有建筑绿色改造的相关议题。

（四）建立绿色改造技术平台

依托中国建筑改造网（http://www.chinabrn.cn/）在业界较大的影响力和完善的构架，中国建筑科学研究院对原网站进行全面扩容，丰富既有建筑绿色改造相关的新闻时讯、统计数据、法律法规、政策文件、标准规范、科研成果、技术介绍、产品推广、示范案例等板块，并配套建立既有建筑绿色改造信息动态数据库，形成国内首个既有建筑绿色改造网络信息平台。

为推进既有建筑绿色改造的科研成果转化和面向社会形成服务能力，在华北地区以国家建筑工程质量监督检验中心为依托，在华东地区以上海国研工程检测有限公司为依托，通过深度的业务整合、人员调配、设备改造等一系列有针对性的措施，目前初步形成既有建筑绿色改造综合性技术服务平台两个。这两个实体机构性综合技术服务平台的建立，为在以上两个地区针对既有建筑绿色改造展开政策咨询、技术服务、市场培育、业务宣贯、人才培养等将既有建筑绿色改造做大做强的一揽子推广行动提供了良好的平台支撑。

四、促进既有建筑绿色改造发展的几点建议

目前我国既有建筑绿色改造的政策机制仍不完善，标准体系仍未健全、可大规模推广复制的技术体系尚未形成，产业化发展还未呈现，仍处于探索积累的阶段。在建设美

丽中国和新型城镇化的新形势下，应抓住机遇，加强政策研究，强化理念宣传，推动技术创新，开展工程示范，完善标准体系，建立推广平台，培养既有建筑绿色改造产业链，推进“以人为本”的既有建筑绿色改造工作的“快发展”。

（一）加强政策研究，强化理念宣传

既有建筑绿色改造应在我国开展绿色建筑和建筑节能工作的基础上，对现有政策进一步整合、创新，并结合我国既有建筑绿色改造发展路径及规律，阶段性地、适时地推动既有建筑绿色改造的政策研究。在推广既有建筑绿色改造的实践过程中，积极探索业主、政府、使用者、设计方和施工企业等与既有建筑绿色改造相关方的最佳利益平衡点，制定科学合理的、贴近实际的激励机制。

绿色建筑理念已深得民心，既有建筑绿色改造应以绿色的理念为突破口，结合政策推广工作，加强民众对既有建筑绿色改造带来的直接利益和间接效益的认识，形成“政策+宣传”环环相扣的联动模式，放大政策正面效应。

（二）推动技术创新，开展工程示范

既有建筑改造远比新建建筑复杂，加之气候区和建筑类型的不同，既有建筑绿色改造技术创新也就显得更加迫切。从单体既有建筑到区域或整个城区的绿色改造、从20世纪建成的既有建筑到21世纪建成的既有建筑绿色改造，探索多维度的、经济合理的、因地制宜的绿色改造技术。充分利用大数据技术手段，对既有建筑绿色改造涉及的各专业进行分析研究，并借助信息化管理手段，不断推动既有建筑绿色改造的技术创新，真正发挥既有建筑绿色改造的效益。

逐步建立起全国不同气候区、不同建筑类型的既有建筑绿色改造示范工程，总结并分析绿色改造前后的效果，建立绿色改造数据库，形成可推广、可复制的技术体系，为既有建筑绿色改造规模化发展提供支撑。

（三）完善标准体系，建立推广平台

完善国家标准《既有建筑绿色改造评价标准》的各项保障措施，鼓励更多的绿色改造项目申请标识认证，充分发挥绿色建筑标识的规范和带动作用；整合现有既有建筑绿色改造相关的标准规范，在此基础上制定既有建筑绿色改造全生命周期各阶段以及涉及各技术专业的标准规范系列，同时开展地方既有建筑绿色改造相关标准规范的研究，形成“国家标准+地方标准”联合推进的形式，后续还应根据既有建筑绿色改造的实践经验及发展趋势，及时修订相关既有建筑绿色改造标准，建立动态的、完备的既有建筑绿色改造标准体系。

建立完善的推广服务平台，包括既有建筑数据库、服务公司数据库、物业管理数据库、投融资数据库、设备供应商数据库等信息，实施资源共享，提供一站式服务，减少因信息不对称而增加的交易成本。在平台的监管下，既有建筑绿色改造相关方不断加强自身素质建设，提高整合资源的能力，建立自身信誉，从而减少绿色改造项目实施中的风险。

（四）推进“以人为本”绿色改造

绿色建筑的定义为在全寿命期内，最大限度地节约资源、保护环境、减少污染，为人们提供健康、舒适和高效的使用空间，与自然和谐共生的建筑。绿色建筑的定义中“健康、舒适、高效”间接体现了“以人为本”的内涵，而既有建筑绿色改造的目标之一即是将非绿色建筑改造为绿色建筑，因此既有建筑绿色改造应处处体现“以人为本”的理念。

既有建筑改造相比新建建筑更加具有特殊性，改造目标也更具有多样性，因此应充分考虑人文历史及当地民族生活习惯、使用者的年龄特征、城市功能定位等多因素，制定“以人为本”的绿色改造方案，提升人居环境品质。

只有“以人为本”地推动既有建筑绿色改造才能深得民心，才能取得长足发展。

（五）培育既有建筑绿色改造产业链

既有建筑绿色改造应充分重视培养绿色改造人才素质，提升绿色改造产品性能和质量，培育绿色改造基地建设，分别从既有建筑绿色改造咨询设计、产品生产、施工、运行维护等全寿命期的产业链角度引导和布局，分步实施，成熟一个发展一个，待条件全面成熟时即可以“星星之火，可以燎原”之势快速发展，做大做强既有建筑绿色改造产业。

（中国建筑科学研究院供稿，王俊执笔）

国家标准《绿色建筑评价标准》GB/T 50378修订过程及要点

一、背景

国家标准《绿色建筑评价标准》GB/T50378-2006（以下简称《标准》）是总结我国绿色建筑方面的实践经验和研究成果，借鉴国际先进经验制定的第一部绿色建筑综合评价标准。该标准确立了我国以“四节一环保”为核心内容的绿色建筑发展理念和评价体系，明确了绿色建筑的定义、评价指标和评价方法。该标准自2006年发布实施以来，有效地指导了我国绿色建筑实践工作，累计完成评价项目数量数百个。该标准已经成为我国各级、各类绿色建筑标准研究和编制的重要基础。

“十一五”期间，我国绿色建筑快速发展。随着绿色建筑各项工作的逐步推进，绿色建筑的内涵和外延不断丰富，各行业、各类别建筑践行绿色理念的需求不断提出，《标准》已不能完全适应现阶段绿色建筑实践及评价工作的需要。根据住房和城乡建设部的要求，自2011年9月起，由中国建筑科学研究院、上海市建筑科学研究院（集团）有限公司会同有关单位开展了《标准》的修订工作。经过2年多的努力，《标准》修订工作已经完成并通过审查批准，新版的《绿色建筑评价标准》GB/T50378-2014已正式颁布实施。

二、修订工作的主要过程

标准修订任务下达后，标准编制组首先开展了前期调研工作。

前期调研主要包括：《标准》2006年版的修订意见和建议调研；《标准》2006年版的评价方法与条文应用情况调研；国外新近推出的绿色建筑评估体系调研。其中：

（1）修订意见和建议调研包括：于2011年9月起公开征集对于《标准》2006年版的修订意见和建议；在“中国知网”以“绿色建筑评价标准”为主题词检索科技文献收集整理对于《标准》2006年版的修订意见和建议；收集整理中国城市科学研究会绿色建筑评审专家委员会于2009年至2011年在绿色建筑标识评审工作中所提出的评审意见。相关意见和建议，已在修订工作中进行了充分考虑和适当体现。

（2）评价方法与条文应用情况调研包括：对《标准》2006年版115条一般项和优选项条文的参评和达标情况进行统计分析；将其与国内绿色建筑评价相关标准作对比分析；将其与多个省市区的绿色建筑评价地方标准或细则作对比分析。调研成果最终形成了《国家标准<绿色建筑评价标准>GB/T 50378-2006应用情况调研报告》。

（3）国外绿色建筑评估体系调研主要包括：英国BREEAM针对新建非住宅建筑的

2011版；美国LEED 2012版（后改称v4版）公开征求意见稿；德国DGNB新建办公建筑2012版（在修订工作开展后进行）。

在前期工作基础上，修订组于2011年9月召开了成立暨第一次工作会。会上，修订组成员初步确定了技术原则、人员分工、进度安排、工作方式等，最终形成了修订工作大纲与修订工作规则等文件。所确定的技术原则对于《标准》修订稿产生了深远影响，例如：修订稿扩展了适用范围，现已覆盖民用建筑各主要类型；明确了设计评价与运行评价两个阶段，并在条文内容和评价方法上作了充分考虑；评价方式及其内容，并兼具通用性和可操作性。会后，修订组以专题工作小组为单位，进一步落实了框架结构，并根据前期研究成果讨论了对于《标准》2006年版具体条文的修改。

基于各专题工作小组的工作成果，修订组于2012年1月召开了第二次工作会。会上，确定了采用量化评价方式，对控制项以外的条文进行评分，且各类一级指标分别计分；并确定了在原有“四节一环保+运营”六章的基础上增设“施工管理”一章，进一步体现全过程控制。会后，各专题工作小组开展并完成了《标准》修订初稿的条文编写。

修订组于2012年3月召开了第三次工作会。会上，进一步确定了对“四节一环保+施工+运营”7类一级指标的评价条文赋分，并对各类一级指标得分加权计算总得分的评分方法；同时也提出了各类一级指标的最低得分率要求；此外，提出了在评分项之外补充引导性、创新性或综合性等额外评价内容（后称“加分项”）。会后，各专题工作小组对此前稿件作了进一步修改，不仅对条文作了补充和调整，还细化了条文的适用范围、评价方式和条文说明，形成了《标准》修订初稿。

修订组就《标准》修订初稿于2012年5月召开了“国家标准《绿色建筑评价标准》修订稿征求意见会”。与会的主管部门领导和相关领域专家对《标准》修订初稿提出了修改意见和建议，包括：技术要求与相关标准合理衔接，将一星级技术水平定为在满足相关现行标准基础上的略为提高；明确评价边界，纳入可支持“行为绿色”的技术措施，但不考量建筑使用者的行为；通过项目试评进一步合理确定得分率、权重等取值，以及各星级的达标技术难度；在条文或条文说明中进一步明确和细化其使用范围及参评条件；编制与《标准》配套的打分表或软件等。会后，修订组根据专家意见对《标准》修订初稿进行了修改。

为了更好地开展《标准》征求意见等工作，修订组于2012年8月召开了第四次工作会。会上，进一步明确相关技术要求，布置了《标准》修订稿征求意见以及项目试评的相关工作。会后，《标准》修订稿于2012年9月起公开征求意见，截至10月31日共收到意见反馈181份，相关意见建议共计1673条；同时还启动了《标准》修订征求意见稿的项目试评工作，中国建筑科学研究院的下属部门（上海分院、建筑设计院、深圳分院、天津分院）、上海市建筑科学研究院（集团）有限公司、深圳市建筑科学研究院有限公司、北京清华城市规划设计研究院共同完成了75个项目的试评工作，并形成了试评报告。

根据征求意见和试评两方面工作成果，修订组于2012年12月召开了第五次工作会。

会上，讨论了对征求意见（包括重点征求意见问题）的处理和项目试评结果及所反映的问题，确定了若干重点事项：评价对象为建筑单体或建筑群；设计阶段评价内容为“四节一环保”五章，运行阶段再增加“施工管理”、“运营管理”两章；多种功能的综合性建筑以“条文”为基本单位进行评分，以总得分确定整栋建筑的星级；原“创新项”改为“加分项”，包括“提高”和“创新”两个方面。会后，各专题工作小组对征求意见稿作了进一步修改形成了《标准》送审稿。

2013年3月18日，住房和城乡建设部建筑环境与节能标准化技术委员会组织召开《标准》审查会。修订组随即于次日召开了第六次工作会。会上，修订组逐条研究确定了对于《标准》审查专家提出的具体修改意见和建议的处理。除了修改《标准》稿件、形成报批稿这一工作之外，会议还布置了评价技术细则、第二轮试评等其他相关工作。会后，修订组根据审查专家意见，修改形成了《标准》报批稿初稿。

为了更好地完成《标准》报批工作，修订组于2013年7月5日召开了第七次工作会。会上，修订组根据稿件修改工作以及第二轮试评工作中反映出来的相关问题，对报批稿初稿进行了局部修改，并要求在条文说明中进一步明确不参评条件及可直接得分的条件。7月底，主编单位中国建筑科学研究院还组织修订组部分专家进行了《标准》报批稿定稿工作，形成了《标准》报批文件。

在《标准》修订过程中，修订组还组织召开了两次《标准》修订稿试评工作会议；在《标准》报批稿定稿前，还对之前试评的部分项目进行了复核检验。

三、标准修订的重点内容

与《标准》2006年版相比，本标准修订主要内容或重点内容包括：

（1）适用建筑类型。

适用范围由《标准》2006年版中的住宅建筑和公共建筑中的办公建筑、商场建筑和旅馆建筑，进一步扩展至民用建筑各主要类型。首先，由近些年的绿色建筑评价工作实践来看，绿色建筑的内涵和外延不断丰富，各行业、各类别建筑践行绿色理念的需求不断提出。截至2012年底，绿色建筑标识项目中已有医疗卫生类5项、会议展览类9项、学校教育类12项，但具体评价中却反映出《标准》2006年版对于这些类型的建筑考虑得不够。其次，近些年住建部先后立项了《绿色办公建筑评价标准》、《绿色商店建筑评价标准》、《绿色饭店建筑评价标准》、《绿色医院建筑评价标准》、《绿色博览建筑评价标准》等特定建筑类型的绿色建筑评价标准，作为绿色建筑评价体系中的一本基础性标准，《标准》修订版如能对这些建筑类型统筹考虑，必将有助于各特定建筑类型的绿色建筑评价标准之间的协调，形成一个相对统一的绿色建筑评价体系。最后，《标准》修订稿的试评工作也纳入了4个医疗卫生类、5个会议展览类、7个学校教育类以及航站楼、物流中心等建筑，初步验证了《标准》修订稿对此的适用性。

（2）评价阶段划分。

《标准》2006年版要求评价应在建筑投入使用一年后进行。但在随后开展的绿色建筑评价工作中，发现有很多业主希望在建筑设计完成之后即能得到一个绿色评价的结果，因此住建部于2008年发布了《绿色建筑评价标识实施细则（试行修订）》（建科综[2008]61号），明确将绿色建筑评价标识分为“绿色建筑设计评价标识”（规划设计或施工阶段，有效期2年）和“绿色建筑评价标识”（已竣工并投入使用，有效期3年）。而且，经过多年的工作实践，证明了这种分阶段评价的可行性，以及对于我国推广绿色建筑的积极作用。因此，《标准》在此方面进行了修订，明确规定了绿色建筑的评价可分为“设计评价”和“运行评价”，便于更好地与相关管理文件配合使用，同时也更有利于绿色建筑的推广和发展。

具体方法上，根据《标准》修订稿征求意见的结果，有66.3%的反馈意见同意将“施工管理”、“运营管理”方面的内容仅在运行阶段评价。基于此，最终定为设计阶段评价内容为“节地、节能、节水、节材、室内环境质量”五个方面，运行阶段再增加“施工管理”、“运营管理”两个方面。

（3）评价指标体系。

指标大类方面，在《标准》2006年版中节地与室外环境、节能与能源利用、节水与水资源利用、节材与材料资源利用、室内环境质量和运营管理六类一级指标的基础上，增加了“施工管理”一级指标。虽然绿色建筑的施工过程在设计评价阶段还未开始，在运行评价阶段已经结束，本标准并不能对施工过程展开绿色评价，但有了“施工管理”这一级指标，在绿色建筑设计评价阶段可以预审相关内容，提醒业主和施工方注意施工过程的节能环保，在运行评价阶段则可以检查施工过程留下的绿色“足迹”，更好地实现《标准》对建筑全生命期的覆盖。

具体指标（评价条文）方面，根据前期各方面的调研成果，以及征求意见和试评两方面工作所反馈的情况，以《标准》修订前后达到各评价等级的难易程度略有提高和尽量使各星级绿色建筑标识项目数量呈金字塔形分布为出发点，通过补充细化、删减简化、修改内容或指标值、新增、取消、拆分、合并、调整章节位置或指标属性等方式进一步完善了评价指标体系。

（4）评价定级方法。

与《标准》2006版相比，本次修订最大的改变就在于评价定级方法上。《标准》2006版依据达标的条文数量给绿色建筑定级。这种方法容易操作，但隐含着“所有的条文都是同等重要的”，显然不够合理和精细。当年编制《标准》2006版时，也曾考虑过采用评分定级的方法，由于当时条件不够成熟，最终采用了按达标条文数量定级的方法。经过多年的实践，目前评分定级的条件已经具备，因此修订组在第一次工作会议上就确定了采用量化评价手段。经反复研究和讨论，最终采用了逐条评分后分别计算各一级指标得分和加分项附加得分、然后对各一级指标得分加权求和并累加上附加得分计算出总得分的评价方法；等级划分则采用“三重控制”的方式：首先仍与《标准》2006年版一致，保持一定数量的控制项，作为绿色建筑的基本要求；其次每类一级指标设固定的最低得分要求；最后再依据总得分来具体分级。

严格地讲，上述“一级指标得分”实际上都是“得分率”。由于我国地域辽阔，各地的气候、资源、环境条件以及社会和经济的发展程度都有很大不同，加之以民用建筑包含的建筑类型又很多，各一级指标下的评价条文不可能适用于所有的建筑。对某一栋具体的被评建筑，总有一些评价条文不能参评，这就意味着每一栋建筑实际可能达到的满分不是一个恒定值。“得分率”为被评建筑实际的评审得分与该建筑实际可能达到的满分的比例，显然用“得分率”来衡量建筑实际达到的绿色程度更加合理。但是在习惯上，“按分定级”更容易被理解和接受，因此《标准》又规定了一种折算的方法，避免了在字面上出现“得分率”。

绿色建筑量化评分的方式现已非常成熟，目前通行于世界各国的绿色建筑评价体系之中；而引入权重、计算加权得分（率）的评分方法，则也早为英国BREEAM、德国DGNB等所用，并取得了较好的效果；《标准》修订稿所加入的一级指标最低得分率，则是一种避免参评建筑某一方面性能存在“短板”的措施，从已通过项目试评中论证了控制最低得分率的必要性。

一级指标（各大类指标）权重和二级指标（某大类指标下的具体评价条文/指标）的分值，经广泛征求意见后综合调整确定。

（5）加分项评价。

为了鼓励绿色建筑在节约资源、保护环境等技术、管理上的提高和创新，同时也为了合理处置一些引导性、创新性或综合性等的额外评价条文，参考国外主要绿色建筑评价体系创新项的做法，设立了加分项。加分项包括规定性方向和可选方向两类，前者有具体指标要求，侧重于“提高”；后者则没有具体指标，侧重于“创新”。加分项最高可得10分，实际得分累加在总得分中。

（6）多功能综合建筑评价。

以商住楼、城市综合体为代表的多功能综合建筑的评价，是近些年绿色建筑评价工作中频频遭遇的老大难问题，也是本次修订无法回避的重要内容。《标准》修订组首先明确了评价对象应为建筑单体或建筑群的前提，规定了多功能综合建筑也要整体参评，避免了此前个别绿色建筑标识项目为“半拉楼”、“拦腰斩”的尴尬情况。

在其具体评价和分级问题上，《标准》修订组基于前期调研成果，在征求意见稿中提出了两种备选方案：一为“先对其中功能独立的各部分区域分别评价，并取其中较低或最低的评价等级作为建筑整体的评价等级”；或是“先对其中功能独立的各部分区域分别评价，然后按各部分的总得分经面积加权计算建筑整体的总得分，最后依建筑整体的总得分确定建筑整体的评价等级”。由意见反馈情况来看，39.6%赞同前一方案，58.6%赞同后一方案。

即便如此，赞同某一方案的反馈意见中，也对其本身的固有问题提出了一些质疑，例如前一方案过于严格，后一方案过于繁琐等等。根据有关专家建议，并基于修订稿中条文大多适用于民用建筑各主要类型的工作基础，修订组在多方面综合考虑后最终采用了另一种方案：不论建筑功能是否综合，均以各个条/款为基本评判单元。如此，既科学合理，又避免了重复工作，而且保持了评价方法的一致性。

（7）评价条文分值。

评价分值以1分为基本单元，按评价条文在本章内的相对重要程度赋予不同分值。而在某评价条文内，也可分别针对不同建筑类型分别设款（并列式），也可根据指标值大小分别设评分款（递进式），进一步细化了评分。此外，各章评价条文分别由相关专业的专家组成的工作小组编写并分配分值，有利于提高其专业性和可行性。

（8）绿色建筑分数要求。

不仅要求各个等级的绿色建筑均应满足所有控制项的要求，而且要求每类指标的评分项得分不小于40分。对于一、二、三星级绿色建筑，总得分要求分别为50分、60分、80分。这是修订组从国家开展绿色建筑行动的大政方针出发，综合考虑评价条文技术实施难度、绿色建筑将得到全面推进、高星级绿色建筑项目财政激励等因素，经充分讨论、反复论证后的结果。

《标准》2006年版以达标的条文数量为确定星级的依据，《标准》修订稿则以总得分为确定星级的依据。就修订前后两版《标准》星级达标的难易程度，修订组对两轮试评的70余个项目的得分情况进行了分析，得出的结论是：一、二星级难度基本相当或稍有提高，三星级难度提高较为明显。之所以规定三星级达标分为80分，适当提高难度，主要是希望国家的财政补贴主要用在提高建筑的“绿色度”上，而非减少开发商的实际支出；另外，适当提高三星级的达标难度也有助于推动我国绿色建筑向着更高的水平发展。

四、与国外相关评价体系的对比

世界其他国家的绿色建筑评价体系主要有英国BREEAM、美国LEED、日本CASBEE、澳大利亚Green Star和NABERS、德国DGNB、新加坡Green Mark等。从中挑选有代表性者，与本标准对比（如图表）。通过与国外主要标准的对比，可对本标准初步评价如下：

（1）评价方法定量化，与国际主流评价体系同步。

根据对《标准》2006年版的修订意见和建议，采用了评分制的量化评价方法，更加客观、更加精细、更加直观地反映建筑的“绿色度”；同时，也符合当今世界绿色建筑评价结果定量化的整体形势。但在评分结果的具体处理和表达上，并未照搬美国LEED等的各项得分相加得总分的百分制表达方式，而是通过一级指标得分率及其权重系数折算加权得分率，更能体现评价指标之间的相对重。

（2）评价指标体系较全面，充分考虑了我国国情。

《标准》在遵守《工程建设标准编写规定》要求的基础上，分别以章、节下次分组单元、条体现了三个层级的评价指标；各章（即一级指标）分别为“四节一环保+施工+运营”，既体现了我国绿色建筑核心内容，又实现了对建筑全生命期的覆盖，还重点突出了我国重视“节约”的特色；评价条文数（即具体指标数量）不仅较《标准》2006年版（115条）有所增加，而且也明显多于其他国家的相关标准，指标体系更加全面。

（3）评价对象范围扩展，评价阶段进一步明确。

《标准》修订后，适用范围由住宅建筑和公共建筑中的办公建筑、商场建筑和旅馆建筑进一步扩展至民用建筑各主要类型，并兼具通用性和可操作性，更好地满足了各行业、各类别建筑践行绿色理念的需求，也进一步缩小了与国外相关标准在此方面的差距。此外，《标准》还对设计阶段和运行阶段评价作了明确区分。虽然《标准》评价种类仍不及国外相关标准（如美国LEED有新建、内装、既有运维、住宅、社区开发五类），但却符合我国当前绿色建筑评价工作的实际情况和需求。

《标准》审查委员会专家也对此一致认可，他们认为：《标准》修订稿的评价对象范围得到扩展，评价阶段更加明确；评价方法更加科学合理；评价指标体系完善，克服了编制中较大的难度，且充分考虑了我国国

国家	英国BREEAM	美国LEED	日本CASBEE	中国GB/T50378	德国DGNB
发布更新	1990年首发，1998、2008、2011年三次大的更新	1998年首发，2000、2009、2013年三次大的更新	2003年首发，2008、2010年两次大的更新	2006年首发，2013年更新	2008年首发，2010年更新
评价方法	评分（得分率）	评分（百分制）	评分（比率值）	评分（得分率）	评分（得分率）
指标层级	二级	二级	三级	三级	二级
一级指标	管理、健康舒适、能源、交通、水、材料、废弃物、用地与生态、污染、创新	可持续场地、节水、能源与大气层、材料与资源、室内环境质量、区位与交通、创新性设计、地区优先级	室内环境、服务设置、室外环境；能源、资源与材料、场地外环境	节地与室内环境、节能与能源利用、节水与水资源利用、节材与材料资源利用、室内环境质量、施工管理、运行管理	环境质量、经济质量、社会与功能质量、技术质量、过程质量、场地质量
具体指标	49个（NC）	69个（BD&C）	52个（NC）	138个	61个（部分下设子指标）
评价种类	新建NC、改造Refurbishment、住宅EcoHomes、社区Communities、运营In-Use	新建BD&C、内装ID&C、既有EB O&M、住宅Homes、社区开发ND	新建NC、既有EB、改造Renovation、城市区域UD、热岛效应HI、城市Cities、单栋住宅H(DH)、临时TC	设计评价、运行评价	新建New（含更新、租户内装）、既有Existing
类型细分	办公、工业、商场、教育、医院、监狱、法院、酒店、多层住宅、机房、住宅	通用，但对住宅、学校、商场、饭店、医院、机房、物流等建筑单独评价	办公、学校、商场、餐饮、会所、工业、医院、宾馆、公寓、单栋住宅	另有工业、办公、商店、医院、旅馆、博览等	办公、教育、商场、酒店、工业、医院、实验、城市区域、装配式
等级划分	杰出Outstanding、优异Excellent、优秀Very Good、良好Good、通过Pass	铂金Platinum、金Gold、银Silver、认证Certified	五星或S、四星或A、三星或B+、二星或B-、一星或C	三星、二星、一星	金Gold、银Silver、铜Bronze

情，具有创新性。《标准》的实施将对促进我国绿色建筑发展发挥重要作用。《标准》（送审稿）架构合理、内容充实，技术指标科学合理，符合国情，可操作性和适用性强。

五、需要抓紧开展的主要工作

《标准》修订工作已经结束，新版的《绿色建筑评价标准》GB/T50378-2014也已正式颁布实施。由于修订前后的两版标准变化比加大，特别是引入了评分定级的方法，与老版标准相比不能仅定性地判定某条条文提出的要求是否得到满足，而是要定量地判定某条条文提出的要求得到满足的程度，从而给出分数。虽然新方法比老方法更加合理更加精细，但具体的评价过程也更加复杂。为绿色建筑的评价工作能够快速平稳地过渡到依据新版标准来展开，还需要做大量的准备工作。首先，待新版标准正式颁布后要做好宣贯工作，让广大技术人员尽快熟悉新的标准，特别是熟悉新的评分定级方法。其次，由于各类绿色建筑个体间的差异很大，仅凭《标准》文本很难开展准确的评价，标准修订组还应尽快编制与新版《标准》配套使用的评价技术细则并开发依托于新版《标准》和相关文件的评价工具软件。另外，要注意跟踪新版《标准》执行和实施效果，继续收集相关意见建议，不断完善绿色建筑评价体系。

（中国建筑科学研究院供稿，林海燕执笔）

天津市历史风貌建筑保护中的绿色化改造探索与实践

一、概述

2005年9月，天津市颁布了地方性法规《天津市历史风貌建筑保护条例》（以下简称《条例》），此后分6批确定了877幢、126万建筑平方米历史风貌建筑，同时开展了相应的保护工作，逐步建立了历史风貌建筑保护机制。

这些历史风貌建筑不仅作为历史遗存展示着城市生活的过去，更重要的是它们依然在使用，在现代城市生活中仍然发挥着作用。这些历史风貌建筑虽然在设计之初大多采用了当时先进的设计理念及设备，但是由于这些建筑均有50年以上的建成历史，且大部分用能设备存在不同程度的老化，因此在节能方面与现行节能设计规范存在较大差距。

二、天津历史风貌建筑整修在绿色化改造方面的难点

绿色环保理念概括起来主要为“四节一环保”，即节水、节电、节能、节材和环保减排。在天津历史风貌建筑的保护实际中既要遵循“保护优先，合理利用；修旧如故，安全适用”的原则，又要兼顾绿色节能理念。天津历史风貌建筑整修在绿色化改造方面存在以下难点：

（一）建筑年代久，风格变化多

根据《条例》规定，天津历史风貌建筑全部为建成50年以上的、有着时代特征和地域特色的建筑。其中又以1860年为分水岭，将天津的历史风貌建筑分为古代历史风貌建筑（1860年以前）和近代历史风貌建筑（1860以后）。古代历史风貌建筑主要为中国传统式建筑，如建于辽代统和二年（984年）的独乐寺、元朝泰定三年（1326年）的天后宫、明朝初年（1427年）的玉皇阁。近代历史风貌建筑是天津历史风貌建筑中数量最多、最具特色的瑰宝，建造年代集中在20世纪30年代左右，风格多样，包含了西方古典主义、折中主义、哥特式、中西合璧式、现代建筑等建筑形式。

不同保护等级历史风貌建筑改造点位要求　　表1

保护等级＼点位	外部造型	饰面材料	外部色彩	内部结构	平面布局	内部装饰
特殊保护	不允许	不允许	不允许	主体结构不允许	不允许	重要装饰不允许
重点保护	不允许	不允许	不允许	重要结构不允许	允许	重要装饰不允许
一般保护	不允许	重要部位不允许	不允许	允许	允许	允许

由于建筑风格及结构型式的多样性，因此就决定了历史风貌建筑在绿色化改造的过程中没有固定的模式，必须“一楼一议”、“因楼制宜”。

（二）多为“双重身份”，改造限制严格

由于历史风貌建筑特殊的历史、文化、建筑价值，因此在节能改造工程中受到严格的限制。《条例》规定：天津市的历史风貌建筑根据建筑的历史、科学、艺术和人文资源价值，分为特殊保护、重点保护和一般保护三个级别。每个级别有着不同的保护标准。

同时，已挂牌的877幢历史风貌建筑中，有各级文物保护单位699幢，这些建筑在节能改造的过程中既要遵循《条例》中规定的保护标准，又必须满足文物建筑保护的具体规定。

（三）难以按照现行规范进行改造

国家现行有关建筑绿色化改造的各类规范，很难在历史风貌建筑的改造中予以套用。历史风貌建筑在当时的设计建造理念的局限下，很难满足现行规范中环境绿化、土壤检测、停车位数量等方面的规定。

此外，即使套用现行规范进行绿色化改造，在建造绿色化星级标识评定时也会遇到不能参评项数目多，从而不能获得绿色化星级标识，严重影响业主方、设计方、建设施工方等多方的绿色化改造积极性。

三、历史风貌建筑绿色化改造探索与实践

历史风貌建筑保护的特殊性决定了其在绿色化改造工程中需合理施工、精心组织，本着“保护优先，合理利用；修旧如故，安全适用”的保护原则，在不破坏原有风貌的情况下最大限度地达到节能环保的要求。

（一）建立“旧材银行”，为历史风貌建筑绿色化改造储备资源

首先建立历史风貌建筑所用材料信息档案。对历史风貌建筑所用材料的种类、材质、规格尺寸、色彩、产地、材料自身标记等特征逐幢进行普查、记录、拍照、登记，在普查的基础上建立材料信息档案，并归纳、分析出使用相同材料的历史风貌建筑及材料的信息。材料信息主要包括砖、瓦、石材及相应装饰构件，木料（如：梁、柱、柁、檩、椽、楼梯、护墙板、龙骨、地板、门窗等），五金配件(如：门窗把手、挺钩、闭门器、灯具及金属装饰件等)(图1～图4)。

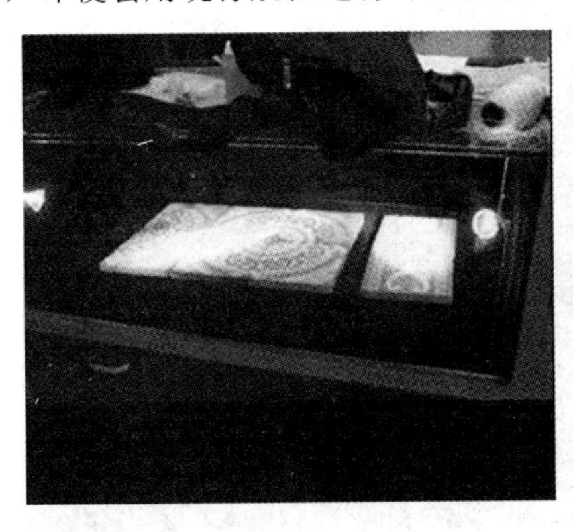

图1 历史风貌建筑张勋旧宅需复制添配陶瓷锦砖样品

图2 历史风貌建筑整修中需复制添配的铁箅子、砖、瓦等材料样品

图3 历史风貌建筑中需复制添配的砖、石材、瓦等材料样品

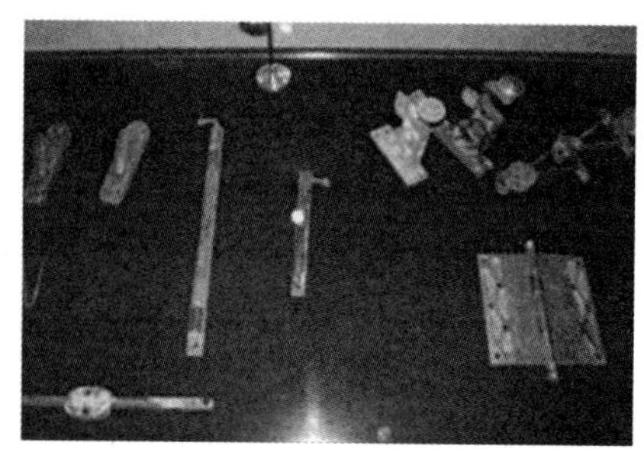

图4 静园整修工程中需复制添配的部分五金件样品

其次对有历史风貌建筑修缮所需材料的非历史风貌建筑开展查勘摸底。从近期将要实施规划拆迁的非历史风貌旧建筑开始查勘，找出可用于历史风貌建筑修缮的各种材料，将查勘资料建立相应信息档案。对照已建立的历史风貌建筑所用材料信息档案，标明各种材料可用的历史风貌建筑名称及可用部位等（图5～图7）。

图5 非历史风貌建筑拆除时收集的护墙板、壁炉、楼梯等

图6 将左图非历史风貌建筑外檐硫缸砖拆取、清整后，用于右图大理道13号历史风貌建筑外檐硫缸砖墙面的修复

图7 将左图非历史风貌建筑屋顶木料拆取后用于右图解放北路91—95号原华义银行屋顶修复

最后，合理采集、利用旧材，这既是绿色环保节能减排的有效措施，也是历史风貌建筑原貌保护的有效方法。

（二）屋面工程的绿色化改造探索与实践

历史风貌建筑屋顶分为坡屋顶和平屋顶两种形式，在节能改造中主要进行铺设保温材料。

坡屋顶屋面材质多为瓦屋面，在节能环保改造中可在屋面板上加铺保温材料，然后使用原工艺、原材料、原技术进行瓦屋面恢复。加铺保温措施的前提条件是不能破坏历史风貌建筑屋顶的外形原貌。

平屋顶历史风貌建筑及露台等部位可在工程中结合防水材料的铺设改造进行保温材料的铺设，例如，可采用国家专利产品倒置式屋面CXP复合保温板用于平屋顶及露台等部位的保温隔热。

图8 山益里增设屋顶保温材料

例1：在山益里整修工程中，将破坏严重的原屋面加固后，铺设聚苯保温层，在保温层上再按照传统大泥窪瓦工艺铺设大筒瓦（图8）。将传统工艺与绿色化改造相结合，提升了建筑的保温性能。

（三）外墙工程的绿色化改造探索与实践

由于历史风貌建筑保护的特殊要求，在外墙加保温材料会在一定程度上破坏外墙原历史风貌，因此历史风貌建筑外檐墙面的节能改造工程可与外墙整修工程相结合，通过裂缝修复、潮湿碱蚀、渗水补漏等措施改善外墙保温性能，部分历史风貌建筑可通过外墙内装修时加保温层的方式改善节能性能。

（四）外檐门窗工程的绿色化改造探索与实践

图9 木制三槽窗

历史风貌建筑的外檐门窗现状大致可以

分为三类：原状满足节能环保标准的门窗，原状不满足节能环保标准的门窗，后期改造过的门窗。

对于原状满足节能环保标准的门窗，如三槽窗（两玻一纱）（图9），可适当进行修补，继续使用，也可采取在窗边缘粘贴密封条，提高原有窗的气密性。

对于原状不满足节能环保标准的门窗，可在保持建筑原有历史风貌的条件下，按照节能环保要求更换门窗框及门窗扇，如使用中空保温玻璃或低辐射玻璃、玻璃贴膜等节能措施，窗框可换为断热铝合金等窗框，提高原有窗的保温隔热性能。

例2：大理道49号建筑物原有门窗为紫棕色钢质门，单槽钢窗，玻璃破损严重，窗框锈蚀严重，保温隔热性能差（图10）。整修改造后使用紫棕色隔热断桥铝合金门窗代替原有钢门窗，样式保持原风格（图11）。

图10 改造前外檐门

图11 改造后外檐门窗

例3：在庆王府、山益里等工程项目中，按照建筑物原始外檐门窗形式，采用实木中空玻璃门窗，在保留建筑原风貌的同时又改善了保温隔热性能（图12）。

图12 改造后贴实木中空玻璃断桥铝门窗

（五）设备的绿色化改造探索与实践

历史风貌建筑由于建造年代久远，原建筑所用上、下水设备、供暖设备及电气等设备均已老化，无法使用，并且与现行节能、环保规范存在较大差距，存在提升空间。

1.用水设备

历史风貌建筑中原有用水设备普遍存在线路年久失修、水管老化、严重锈蚀等现象，既浪费了水资源，又导致了管线供水严重不能满足日常使用需求。因此，可配合建筑整修工程更换及规整管线，从而节约能源，提高供水能力。同时，在不破坏有保留价值的设备的情况下，可将原有的抽水马桶更换为智能节水的卫生器具，节约生活用水。

例4：在庆王府、重庆道26—28号等整修工程中，采用科勒、杜拉维特等最新节能坐便。其用水量为小便1.8L/次、大便6L/次，远远小于传统坐便器9—16升的用水量，节水效果显著（图13、图14）。

2.供暖设备

历史风貌建筑在建造之初，部分有供暖

图13 重庆道26—28号更换的节能坐便

图14 最新节能坐便器

设备的多以燃煤锅炉为主。这种供暖设备耗用不可再生资源，不利于节能环保，且占用空间大，在改造中宜选用对历史风貌建筑结构型式影响相对较小的方式，可考虑更换为集中供热、空调采暖等方式。

（1）集中供暖

这种供暖方式需要市政进行统一部署，涉及面较广，对于提高单体建筑节能效果存在一定难度。如果建筑附近有市政供热管线，可就近利用市政管线进行建筑供暖改造，在保证采暖效果的前提下，室内暖气管道、暖气片尽量隐藏。在有条件的建筑整修中，增设地采暖系统。地采暖技术与传统供暖方式相比，节约能源约10%～30%（图15）。

图15 建筑整修中增设地采暖系统住宅

（2）空调采暖

空暖采暖的方式可以实现同一套系统完成冬季供暖和夏季制冷，因此可根据建筑的具体保护实际，增加中央空调等设备，但设备安装应考虑到建筑的整体性，室外机及室内机的摆放不得影响建筑的风貌。

例5：重庆道26—28号，该建筑所处的五大道地区城市供热管网不能满足本建筑集中供热的需要，且电力系统不足以满足空调动力。因此，为了满足冬季采暖、夏季制冷的双重需求，采用了以燃气为动力冷媒系统中央空调；为了不影响建筑物的整体效果，在保证建筑结构安全的前提下，将主机安放在后檐平台；为了不破坏室内的装修效果，选用了吊装风机盘管，并将空调系统的管道隐藏在吊顶内；为增加使用舒适程度，增加新风系统（图16～图19）。

例6：大理道49、55号，建筑各房间均有暖气炉窑，但因年久失修且历经了地震等自然灾害，该采暖系统早已废弃。同时由于建筑所处区域无集中供热管道，为满足冬季采暖和夏季制冷的需求，在综合比较各方案后最终确定采用最新变频技术的多联机空调系统。同时鉴于该建筑为历史风貌建筑，故将空调室外机置于三层露台一角落，保证了院落景观，且不影响建筑的整体效果（图20、图21）。

在选择空调室内机型时，考虑到建筑物内大多数房间仍保留暖气槽，这为空调室内机的布置提供了先天条件，基于此，在该项目中选择了座地明装式空调室内机。在工程中将送风机置于废弃的暖气槽内（图22），既不占用室内空间，又能保证内檐装饰的整体效果和室内标高，另外，建筑卫生间充分的利用吊顶空间，选择了暗藏风管式室内机。

图16 空调室外机

图17 吊装新风机

图18 空调室内机及新风口

图19 新风风道

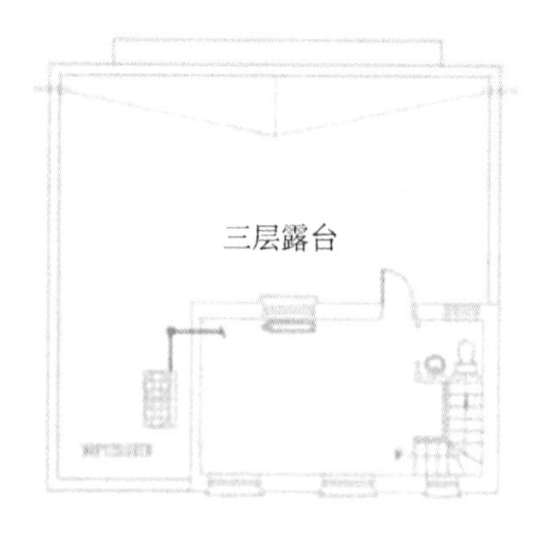

图20 空调室外机布置图

图21 室外机置于屋顶平台

图22 室内机置于暖气

为保证历史风貌建筑内檐历史特征及屋内装饰的美观，大理道49号、55号空调制冷剂铜管的布置综合运用了地板龙骨内布管、灰线内布管、吊顶内布管和立管墙角暗敷的几种方法。安装后管线完全隐藏，整体效果比较理想（图23～25）。

图23 制冷剂管地板龙骨内布置

图 24 制冷剂管灰线内布

图25 制冷剂立管墙角暗敷

空调冷凝水管的布置则采用直接穿外墙将冷凝水排至院内和剔内墙暗敷排至屋内卫生间两种方法进行施工（图26）。

图26 穿外墙管排冷凝水

四、历史风貌建筑绿色化改造政策、技术支持的思考

近年来在历史风貌建筑绿色化改造实践中，我们认为在政策和技术标准、施工工艺、技术集成等方面还有很大的提升空间。

（一）政策的管理与支持

历史风貌建筑绿色化改造投资大、直接收益小，房屋产权单位、经营管理单位和使用单位的积极性不高。因此建筑绿色化改造的推广需要由政府相关部门来组织实施，并辅以必要的财政资金，才能保障工作的顺利开展。

（二）技术标准的适用与创新

历史风貌建筑绿色化改造是城市建设中

新领域，因此需要适用的技术标准予以规范和指导。但目前技术标准整体缺乏，尚需进一步创新。

（三）适用技术的集成

历史风貌建筑绿色化改造涉及的技术、设备和材料较广泛。如何根据实际情况，选用合适的技术进行集成，达到最佳效果，是我们要进一步创新和重点攻关的领域。

（四）注重绿色化改造的实效

在改造过程中充分考虑到历史风貌建筑的实际情况，选择简单实用的改造内容，使绿色化改造项目与业主的切身利益紧密相关，通过各种节能改造，降低使用成本，提高使用舒适度，使业主切实感受到了绿色建筑带来的诸多便利和实惠，才能得到更广泛的支持与推广。

（天津市国土资源和房屋管理局，天津市保护风貌建筑办公室供稿，路红、孙超、傅建华、孔晖执笔）

既有公共建筑绿色化改造市场发展的障碍与对策研究

一、引言

我国既有公共建筑基数大、能耗高且绝大多数既有公共建筑未按绿色建筑标准进行设计和建造，面临着资源、能源、环境约束和建筑功能提升、室内外环境改善等新要求的双重挑战。因此，既有公共建筑绿色化改造任务艰巨，技术需求旺盛。随着我国绿色建筑的快速发展，在获得标识项目中也不乏既有公共建筑绿色化改造项目，但由于受到政策环境、市场环境、适应性技术、商业模式以及城镇化程度等因素的制约，我国既有建筑绿色化改造市场尚处于初期阶段。因此，如何充分发挥政府培育市场的主导作用，有效驱动既有公共建筑绿色化改造利益相关方进入市场，将节能、节水以及环境改善潜力真正转变为绿色化改造市场需求，打通市场供需，发挥市场主体作用，是形成政府与市场相辅相成推动既有公共建筑绿色化改造有序发展的关键。

二、既有公共建筑绿色化改造的市场现状和结构分析

既有公共建筑绿色化改造涉及规划与建筑、结构与材料、暖通空调、给水排水、建筑电气、施工管理、运营管理等方面，是以节约能源资源、改善人居环境、提升使用功能为目标，对既有公共建筑进行维护、更新、加固等活动。较之既有公共建筑节能改造，更为系统、综合和全面。但二者在商业模式和驱动力方面较为类似。目前，我国既有公共建筑节能/绿色化改造市场模式按驱动力大体分为两类，即内在驱动为主的业主自发型（如酒店、办公楼等）和外在驱动的政府引导型（如住房城乡建设部、财政部支持的改造重点示范城市以及学校、医院等）。商业模式基本为业主自行改造或选择合同能源管理公司进行改造。由于节能服务企业能够提供专业化服务并承担部分初始成本和风险，可以有效减少投资浪费，保障改造效果，故合同能源管理服务模式具有较大的市场优势。

尽管我国已基本建立绿色建筑评价标识管理制度，绿色建筑数量显著增加，技术标准逐渐完善，能力建设稳步推进，社会认识逐渐增强，特别是《关于加快推动我国绿色建筑发展的实施意见》、《绿色建筑行动方案的通知》以及《国家新型城镇化规划（2014～2020）》等政策文件陆续出台，绿色建筑迎来快速发展的春天，但是毕竟绿色建筑发展尚短，绿色建筑市场仍处于起步阶段，在目前获取标识的绿色建筑中，既有建筑绿色化改造项目更是凤毛麟角。截至2013年底，我国共有绿色建筑评价标识项目1446项，建筑面积总和达1.627亿m²。其中仅31个

项目是通过既有建筑改造而获得绿色建筑评价标识的，建筑面积总和为165.8万m^2，仅占所有绿色建筑评价标识项目的1%。

据2013年国家发展和改革委员会城市和小城镇改革发展中心调查数据显示，调查的12个省的156个地级以上城市中提出新城新区建设的有145个，占92.9%；12个省会城市共规划建设了55个新城新区；在144个地级城市中，有133个地级城市提出要建设新城新区，占92.4%，共规划建设了200个新城新区，平均每个地级市提出建设1.5个新城新区。在地方政府热衷于圈地造城的城市发展模式下，地方政府在既有公共建筑绿色化改造市场作用有促进但也有一定阻碍（图1），而绿色化改造也尚未成为科研院所、规划设计单位、材料设备供应商、建设施工单位、物业服务企业以及银行、担保公司产业链上相关企业的业务重点。

在基于合同能源管理的既有公共建筑绿色化改造市场结构中，目前各利益相关方之间的联系为“弱”联系，如业主对既有公共建筑的改造需求不迫切、政府对第三方评估机构缺乏引导监督、缺乏长效的市场机制和政策保障等，市场行为随机、不稳定，工程实践量不大，导致市场结构较为松散、无序，有效市场尚未真正形成（图2）。

三、既有公共建筑绿色化改造市场发展障碍分析

合同能源管理服务体系主要包括政府服务、技术服务、信息服务和金融服务四个方面。既有公共建筑绿色化改造市场正外部性、信息不对称性以及动力乏失，是绿色化改造市场面临的主要障碍。究其根本是缺乏政府相应制度设计的有效保障，对技术、信息以及金融服务未营造良好的市场环境，没有真正发挥培育市场作用，如图1所示，政府对业主、对节能服务企业、对建设单位、对第三方评估机构、对科研院所以及对金融保险机构的激励、引导、支持、规范、监督等作用薄弱；而企业整合产业链资源、提供专业化服务以及创新商业模式等技术服务能力有待加强。市场发展障碍的深层次原因主要表现为以下四个方面。

（一）政策法规落实不到位

2008年开始，国家财政部、建设部联合下文要求对既有建筑进行外围护结构、管网平衡及热计量三项改造并给予资金支持；国务院关于印发节能减排综合性工作方案的通知（国发［2007］15号）及印发

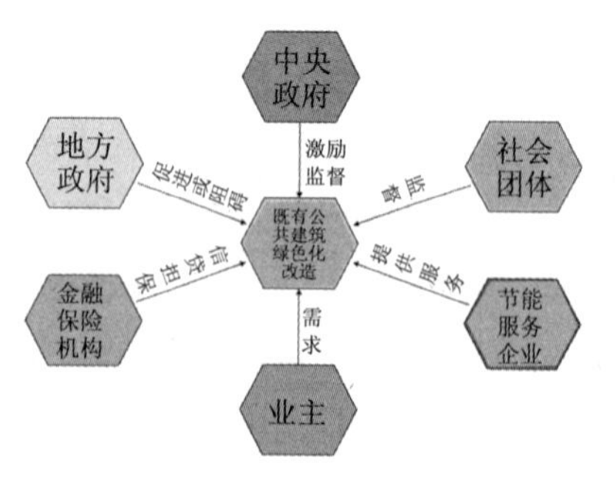

图1 利益相关方对市场作用示意图

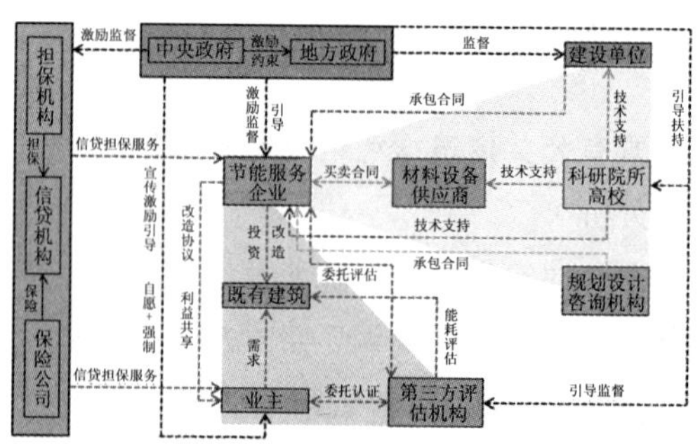

图2 基于合同能源管理的既有公共建筑绿色化改造市场结构示意图

“十二五”节能减排综合性工作方案的通知（国发［2011］26号）先后制定了“十一五”、“十二五”的改造计划；国家下发了《国务院关于加快发展节能环保产业的意见》（国发［2013］30号）、《国务院办公厅转发发展改革委等部门 关于加快推行合同能源管理促进节能服务产业发展意见的通知》（国办发［2010］25号）等一系列推动节能服务企业发展的政策文件，也出台了相关激励政策，如国家财政奖励资金、地方财政奖励资金、节能服务企业参与改造项目的税收优惠，以及达到一定节能量的项目奖励等。但由于政策法规分散、重叠、缺少实施细则等问题，落实不到位。

目前，我国制定了相应建筑节能标准、绿色建筑评价标准（GB50378-2014）以及包括《既有建筑绿色改造评价标准》（在编）在内的不同类型建筑绿色评价标准，但仍需进一步完善和细化；与建筑节能相关的法律法规有《建筑法》和《节约能源法》，但前者对建筑节能缺少强制性规定，后者相关规定实施力度不够，均难以形成约束力。

我国建筑节能和绿色建筑的推广以政府为主导，不是通过税收等经济手段进行市场管理和调节，限制了市场机制作用发挥，为政府寻租行为提供可能。此外，建筑节能和绿色建筑市场缺乏有效的市场准入制度和相应奖励、惩罚措施。在弥补市场缺陷和完善市场体系方面，政府职能“越位”与“缺位”并存。如果政府与市场职能边界不清晰，政府过度干预市场的行为会时有发生，不但容易导致经济非理性波动，也会挤占有限的财政资源。

（二）业主改造需求不迫切

需求是市场发展的基本前提。由于当前各类业主节能/绿色化改造意识不强，驱动力不足，加之对建筑能耗、水耗以及环境品质等情况无法科学判断，导致既有公共建筑绿色化改造市场有效需求严重不足。

酒店、商业办公等商业类建筑由于其水费、能源费用以及环境品质对其招商和利润直接相关，具有一定绿色化改造的内生动力，但此类建筑大多以短期投资回收期为导向，其改造措施以优化运行和更换部分设备为主，系统化性能提升考虑较少；政府类建筑由于其水费、能源费用全额财政列支，与部门和职工利益无关，自身利益驱动缺乏但上级行政措施可有效驱动其改造行为，但由于必须将改造投入列入财政预算，或明确采用合同能源管理方式进行改造的，需解决节能效益分享返还问题，繁冗程序影响绿色化改造需求不旺盛；学校、医院等公益类建筑由于其水费、能源费用部分来自财政拨款，部分为自筹，降低建筑运维费用所产生的经济效益和上级管理机构考核要求的双重驱动下，能够促使其具有绿色化改造意愿，但由于此类建筑运维费用占产值比例不高且此类机构关注软实力（教学和医疗水平）的发展和经济产出胜于建筑是否节能，是否绿色，故切实推动绿色化改造具有一定难度。

此外，既有建筑绿色化改造具有正外部性，增量成本高，投资大，而改造在按照面积收费的机制下，用户是否采取节能措施与其自身利益没有任何关系，故业主没有节能意愿，从而大幅度削弱了改造市场需求。

（三）服务市场信息不对称

我国现阶段既有公共建筑节能/绿色化改造市场顶层设计针对性不强，过于突出宏观层面，微观层面问题存在较多。既有公共建筑绿色化改造涉及规划与建筑、结构与材料、暖通空调、给水排水、建筑电气、施工管理、运营管理等方面，技术性较强，相关信息的获得对专业知识的要求较高。由于市场信息不对称，既有建筑业主在达成交易过程中，需支付“信息搜寻成本”、“信息甄别成本”和“信息传递成本”，挫伤业主绿色化改造积极性的同时，可能形成“逆向选择”，造成“劣品驱良品”。而通过合同能源管理模式进行节能改造、分享节能收益的市场模式，由于我国尚未建立完善的第三方评估机构与能效标识制度，节能服务信息和质量难以真正衡量。

在发达国家，建筑能耗和能效信息披露已初步得到法制化。在我国，此项工作也得到积极开展，但与发达国家相比仍处于起步阶段。建立信息披露制度必须是政府、业主和公众等利益相关方协调统一的过程。然而，由于目前既有公共建筑未安装能源计量终端装置以及后勤管理人员专业性不强，对于建筑能耗总体数据以及集中热水、热量、燃气、汽柴油等分类能耗、使用可再生能源情况、自购燃料建筑的能耗等数据搜集困难，加之我国建筑水耗、能耗等信息搜集、分析和评估以政府为主体，绿色化改造市场利益相关方难以或抵触参与，信息披露制度潜在的市场效益有待进一步挖掘。

（四）技术市场服务不成熟

我国绿色建筑产业处于培育阶段，尽管国家和各地政府纷纷出台了绿色建筑激励政策，但因起步晚，政策落实不到位，规模化市场需求不足。而节能服务企业因投入成本高、市场需求低以及缺乏良好的政策环境，往往面临融资、税收、市场开拓、风险控制等方面的问题，致使其进入市场动力不足。民用建筑能效测评、第三方节能量评估、建筑节能服务公司等市场力量发育不足，难以适应市场机制推进建筑节能和绿色建筑的发展要求。

现阶段，我国既有公共建筑改造多侧重于单项技术（如结构加固、节能改造、平改坡、成套改造、给排水系统改造等）的实施，技术标准体系也呈明显的专业化划分倾向，缺少因地制宜的既有公共建筑绿色化改造系统解决方案，常导致实施效果不理想，且由于各专业彼此割裂、分期实施易造成技术经济性差，给业主造成“改不改没差多少”的不良影响，甚至抑制市场需求。建筑节能和绿色建筑产业部品生产企业数量虽多，仍处于低层次恶性竞争状态，不能产生规模经济效益，无法支撑绿色化改造市场的可持续发展。

我国既有公共建筑绿色化改造市场存在市场需求与技术供给双重不足的局面。由于绿色化改造投资多来自高度市场化的社会资本，加上企业自身对投资的回报要求，市场挑战与投资压力和风险较大。以效率和利润最大化为根本动力的市场机制失效，必然导致资源配置效率降低。

四、推动既有公共建筑绿色化改造市场发展的政府和企业行为建议

市场的成长和发展取决于技术供给和市场需求的共同推动。现阶段，我国既有公共建筑绿色化改造虽潜力较大，但市场规模和环境还不成熟，需要加强市场结构中利益相关方之间的密切联系，特别是在加强社会公众节能意识，完善金融信贷激励机制的同

时，政府和企业要通过加强制度设计、培育规模、构建环境和技术创新四方面，回答好“如何愿意改，谁来改，怎么改，怎么改的好还不贵，谁来评价，评价结果如何可信”等一系列问题。

（一）基于制度设计的激励和约束政策并举

有限政府是有效政府的前提。只有把权力放给市场，把利益还给企业和老百姓，才能真正形成“两只手”共同作用。为扎实推进既有公共建筑绿色化改造，营造良好市场环境，政府要加强制度设计，激励和约束政策并举。

政府利用法律法规和政策措施，规范市场秩序，优化权利实施程序，建立具有公信力的市场，弥补市场缺陷，以免降低市场配置资源效率，影响企业投资预期收益；制定既有公共建筑绿色化改造发展路线图，分地区、分类型、分阶段实施，明确分工授权，加大激励机制，建立考核监督，在政府类和公益类公共建筑通过约束机制推进绿色化改造；加强顶层设计，实现多渠道整合、多部门联动，结合供热计量改革、既有公共建筑节能改造、绿色生态城区规划建设等相关工作，鼓励提高既有建筑改造绿色化水平；政府为市场提供所需的审批、贷款方面的激励性监督措施，形成政府和市场双方良性互动，推动绿色化改造市场向纵深方向发展。

在市场经济条件下，为了有效规范市场行为，减少市场投机和政府过度干预，政府在实施治理，尤其对微观经济主体进行调节和监督管理时，需要具有规则性和稳定性。制定既有建筑绿色改造评价标准、节能量计算标准和利益分配标准，积极培育第三方节能评估、检测市场，科学测定节能量以划分投入收益比例，为实施绿色化改造激励政策提供技术基础和质量保障；建立能耗限额制度同时配套超限额加价制度，形成敦促业主进行改造的倒逼机制；全面推进供热机制体制改革，将按计量收费落到实处，让老百姓享受到行为节能的实惠，破解“节能改造不节能”的尴尬。

（二）基于信息披露和能效标识的市场驱动

从国外既有建筑节能改造市场培育实践分析中可以看出，建立建筑能效标识制度是成功推行节能改造的主要措施。德国建筑节能条例（EnEV）强制规定了给照明、既有建筑和空调颁发特别能源证书。美国能源部等多部门将能耗对标数据和审计数据导入数据库并进行披露，以此激励业主对建筑进行用能优化。建筑能效标识制度通过建立统一的标准和程序记录建筑能耗和能效信息，并进行动态跟踪，使业主或购房者等清楚自持或所要购买建筑的能耗状况，可以有效降低信息不对称性，帮助业主了解改造的方向和潜力，形成市场效益。此外，建筑能效测评标识制度闭合了建筑节能监管环节，有利于检验建筑节能标准实施力度和符合程度，有利于提高全社会建筑节能和绿色建筑意识，有利于加强建筑节能运行管理，推进建筑节能改造。建议强制推行既有公共建筑能效标识制度，要求商业类既有公共建筑在销售、转让或出租过程中必须向对方出具建筑能效标识，否则不予以交易，并且当建筑能耗超过基准时，要求强制其进行改造，通过市场经济杠杆作用调动业主改造的积极性。

能耗对标和信息披露是建立国家建筑能

耗和能效数据库的基础。结合各部门相关工作，政府应做好制度安排，整合融通数据获取渠道，建立既有公共建筑绿色化改造信息平台，实现信息共享。如将电力部门掌握的建筑用电数据、供热部门搜集的建筑供热数据与住房城乡建设部门统计的建筑节能信息、建筑能耗和能效信息汇总起来，相互校核和完善。数据是支撑科学决策的基础，同时，也为既有公共建筑绿色化改造市场中业主、节能服务企业、材料设备供应商、金融机构等利益相关方的市场行为提供信息服务，降低因信息不对称所产生的增量成本。

（三）基于综合性能的适应性技术体系支撑

技术创新是实现既有公共建筑绿色化改造外部效应内在化的有效途径。如表1所示，既有公共建筑绿色化改造具有综合性、系统性以及多目标性等特征，需要提高绿色化改造重要性认识，关注市场需求，构建以综合性能提升为目标，适合不同气候特征的建筑绿色化改造适应性技术体系，具体绿色化改造技术包括围护结构绿色化改造、照明系统绿色化改造、供热制冷系统节能、节水技术、可再生能源利用、运营管理技术等。既有公共建筑绿色化改造适应性技术的推广应用将催生一批效果好的示范项目，在示范项目的带动下，能够很好地带动区域发展和市场发展，市场需求的增加将进一步激发技术服务创新动力，提高技术服务能力，推动市场良性发展。

综合性能优越是营造既有公共建筑绿色化改造市场公信力，打通供需的“敲门砖”。为保障市场良性发展，既有公共建筑绿色化改造流程中的每个环节都要充分体现“务实精神”（图3），按照系统性整体性原则，做好绿色化改造方案策划；在对既有公共建筑进行场地利用情况分析、建筑围护结构热工性能测算分析、暖通空调系统节能潜力测算分析、建筑室内外节水情况与电气设备运行及能耗分析、建筑室内外环境分析的基础上，形成具有契约特征并突出实效性的绿色建筑规划设计和技术方案；按照被动优先主动优化原则，结合当地的地理气候特点，在满足建筑使用功能的基础上，选用科

节能与绿色化改造比较 **表1**

类别	既有建筑节能改造	既有建筑绿色化改造
改造目标	节能、节水	节能、节水、节地、节材、环境保护
改造内容	围护结构、供热制冷系统、能耗计量系统、照明系统	场地优化、建筑结构优化与抗震性能提升、围护结构、供热制冷系统、能耗计量系统、照明系统、给水排水、室内外环境改善、新能源利用、运营管理
跟踪评估	视业主或其他需求决定是否进行后评估 评估依据：尚无专用标准，目前仅参考各种节能设计标准	按标准要求开展后评估 评估依据：《既有建筑改造绿色评价标准》

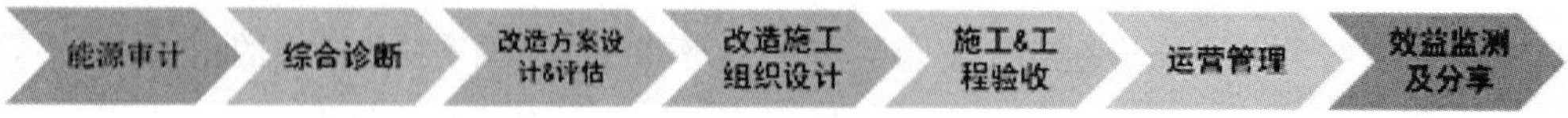

能源审计 → 综合诊断 → 改造方案设计&评估 → 改造施工组织设计 → 施工&工程验收 → 运营管理 → 效益监测及分享

图3 既有公共建筑绿色化改造流程

学、合理、适用的绿色化改造技术和产品；严格按照绿色施工标准建设施工；优化运营管理。

（四）基于资源配置效率的全过程服务模式

现阶段，我国建筑节能领域的合同能源管理大致有总包方式、节能量担保模式、节能效益分享模式、能源费用托管模式、设备租赁模式以及能源管理服务模式。业主需求决定服务模式。而在市场培育初期，市场秩序不规范、业主相对专业性不强以及改造和后期运维水平不高的情况下，借鉴全程服务的建筑合同能源管理[8]和城市综合运营商的商业模式，建议采用全过程合同能源管理服务模式开展既有公共建筑绿色化改造，业主可遴选专业化的节能服务企业独自承担或组织相关企业共同开展项目策划、投融资、规划设计、材料设备采购、工程施工、物业管理等全过程任务，在项目竣工后仍继续负责项目运行管理，业主获得的是连续一体化的而不是碎片化的服务，这种模式能够促进资源有效配置，减少企业重复索取资源造成的浪费，提高产业链整体竞争力（图4）。

与政府相关部门在执行多属性公共政策时容易出现“孤岛现象”与合作困境的现象类似，既有公共建筑绿色化改造产业链上的相关企业也存在合作困境，投资和收益分配是绿色化改造的核心问题。而全过程服务模式创新是打破困境的有效方式。节能服务企业通过精心设计、优化配置、分期投入，加强过程和质量控制，并通过延长合同期、授予特许经营权、通过节电量效益分享的转移支付，保证企业的合理回报，能够有效发挥产业链内相关企业竞合效应，形成各利益相关“强”联系局面（图5）。业主和节能服务企业V2.0不再是简单的改造阶段的合作关系，而是形成利益共享、风险共担长期伙伴关系，业主以未来收益权来换取投资和技术服务，节能服务企业借助资本运作投入巨额资金获取运营权，双方共同承担发展过程中的综合性风险，有利于在双赢的同时实现既有公共建筑综合性能提升目标。

五、结语

既有公共建筑绿色化改造是落实国家节能减排战略的重要领域，也是我国未来新型

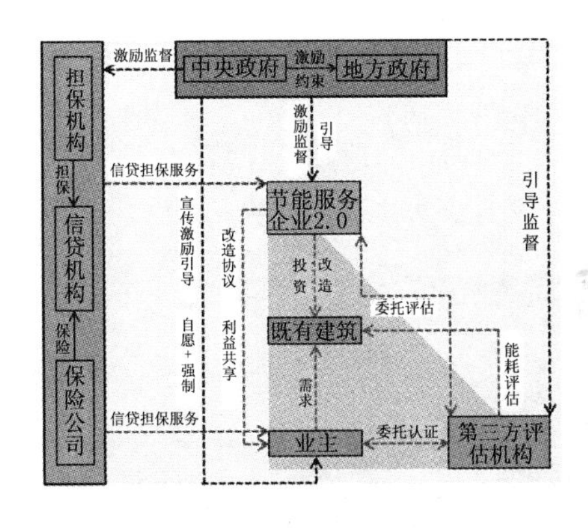

图4 全过程合同能源管理服务的既有公共建筑绿色化改造市场结构示意图

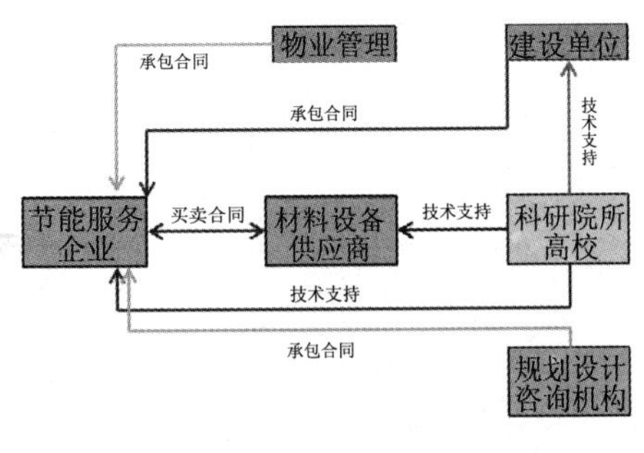

图5 资源整合的节能服务企业V2.0

城镇化“盘活存量”的重要内容。在热情高昂的推进城镇化战略时，要清楚认识到，城镇化战略确实能够通过“制度松绑”来促进经济增长和社会发展，但拉动经济增长的关键在于制度的变革和“松绑”，并非城镇化本身，若将城镇化视为在短期内拉动投资和促进消费的工具，而不重点关注相关的制度变革，则可能重蹈“土地城镇化”的覆辙。

既有公共建筑绿色化改造亦然，应积极打造软环境，不要盲目大干快上，既要政府“搭好台”，也要企业“唱好戏”，二者相辅相成。尊重市场规律，以市场机制健康运行推动既有公共建筑绿色化改造事业又好又快发展。

（住房和城乡建设部科技与产业化发展中心供稿，田永英、张峰执笔）

国外建筑拆除管理的经验及对我国的启示

一、引言

自改革开放以来，我国大陆常住人口城镇化率由1978年的17.9%提高到了2013年的53.7%，年均增长一个百分点以上，并且近年来增速逐渐加快。城镇化的快速推进也引起了一系列社会问题，在我国的城镇化建设历程中，城市建设大量采用大拆大建的发展方式，大量建筑遭到不合理拆除。根据《中国统计年鉴2012》，“十一五”期间的建筑拆建比23%，中国平均年增长建设面积为15亿～20亿m^2，则每年过早拆除的建筑面积将达到3.45亿～4.6亿m^2。

十八大报告首次提出“建设美丽中国”，指出在经济发展中要坚持节约资源和保护环境的基本国策。2013年1月国务院办公厅转发《绿色建筑行动方案》，《方案》提出要研究完善建筑拆除的相关管理制度，探索实行建筑报废拆除审核制度，严格建筑拆除管理程序。严格建筑拆除管理可以有效减少大拆大建导致的资源浪费，减少建筑施工和拆除垃圾，进而减少污染、保护环境。有利于节约集约利用资源，大幅降低资源消耗强度，提高利用效率和效益。

发达国家的建筑寿命普遍较长，其中美国建筑的平均寿命达到74年，英国建筑的平均寿命高达132年。如此长寿的建筑主要得益于完善的制度法规系统，科学的评估论证程序，还依赖于严格的审批流程，以及健康的政策导向和明确的管理职责。为响应《方案》提出的研究完善建筑拆除相关管理制度，严格建筑拆除管理程序。本文对英国、美国、澳大利亚、法国、苏格兰、日本、德国、中国香港等多个国家地区的建筑拆除管理政策进行调研，通过分析其他国家地区在严格建筑拆除管理要求与建筑管理政策体系的经验，为我国建筑拆除管理提供政策建议和参考。

二、国外建筑拆除相关的法律法规

为分析其他国家和地区在建筑拆除管理法规制度，本文调研了澳大利亚、美国、新西兰、威尔士、德国、法国、日本等7国的相关的法规（表1），各国非常重视城市规划法规体系的全面性、法律效力以及规划的严肃性。

由表1中内容可以看出，各国都制定了多项制度法规来严格建筑拆除管理，形成了从国家到地区的规划法律体系，其中美国、英国和法国的相关法律比较有代表性，下面分别进行分析。

（1）美国

美国在法律制定方面的先进性和完善性，尤其值得国内借鉴，美国将专门针对建筑物拆除的法律提升到基本法律层面，相比国内的管理条例和管理办法等形式的严肃性和强制性更强；在法律中明确定义可拆除建筑的条件和拆除的正当程序；另外，除了法律制定方面的完善性，在政策法规方面，美国拆除房屋的主体部门是规划局，需要拆除

世界各国国家在建筑拆除方面的法规　　表1

国家	法规
澳大利亚	广场规划许可证法；土地规划和环境法案；建设和综合规划法案
美国	重要空间法；公共规划和住房；区域规划法
新西兰	新西兰城乡规划法；新西兰规划法
威尔士	威尔士关于城镇和乡村规划令； 威尔士城乡规划（区域发展计划）条例
德国	空间秩序法；州域规划法
法国	城市规划法；建筑和住宅总法典；城市规划保护法
日本	都市计画法；国土利用计划法

的房屋需要出示拆除许可证。在申请拆除过程中要向有关部门提供房屋的建筑结构图。如果拆除工作没有从指定日期开始后的30天内进行，或者60天内没有结束拆迁，拆除许可将变成无效，拆除工作将停止。其全面细致的法律条款以及严厉的执行过程都保障了拆除行为的规范。

（2）英国

英国是最早开展城乡规划立法的国家，其建立了完整的规划体系（表2），不仅包括基础法规，也包含了附属法规和专项法规，最大程度从前期规划阻止了后期的不合理拆除，将前期规划提升到了一个极其重要的层面上，科学合理的阻止建筑落成后由于规划的缺陷而引起的不合理的拆除，从根本上遏制了拆除的产生和泛滥，值得国内借鉴。

英国城乡规划法规体系　　表2

法规体系	法规条目
基础法规	《城乡规划法》
附属法规	《用途分类规则》《一般开发规则》
专项法规	《新城法》《国家公园法》《地方政府、规划和土地法》

（3）法国

为详细了解国外规划法在建筑拆除中如何发挥作用，本研究重点调研了法国的《巴黎城市规划保护法》的主体内容和纲要，通过调研发现，巴黎的《城市规划和保护法》是世界上最全面、严格的城市建设法律体系之一，大到对巴黎城区的城市布局、用地规划、交通组织以及分区规划、城市设计原则，小到对城市规划控制指标和参数，都做了相当详细的规定。尤其对旧城区和古建筑的保护管理精细到了严苛的程度，如规定建筑外立面不允许私自改动、必须定期维护修缮等。其全面性、系统性和细致程度都值得国内在制定政策方面的借鉴。

三、国外建筑拆除相关的审批程序

不同国家的建筑拆除审批程序不尽相同，本文从建筑拆除审批的流程各个环节出发，调研了各国建筑拆除的审批环节，其各国的与众不同之处，以及其所具有的优势都是值得国内学习和思考的地方，表3列出了各国各地区的建筑拆除管理部门和建筑拆除审批方法。

总体而言，发达国家或城市在授予建筑拆除许可证时，均需对建筑使用功能以及结构功能进行详实的评估，只有在建筑不符合使用要求时方可批准拆除，非常重视老建筑的重用和保护，在减少不必要的资源损耗的同时，减轻对生态环境的冲击。此外，纵观国外有关建筑拆除的政策法规，无不倾向于两个核心问题：公共利益界定和拆除补偿。国外对建筑拆除的管理相对完善，有专门的管理部门和明确的制度法规，并且明确了解决分歧的方法，具有查考价值。

国内往往存在建筑拆除管理的主体不明确，各个建筑拆除监管部门的责任不明确，拆除程序具有地方性且不具有一致性，为此，本文着重调研了英国建筑拆除管理体系的职能部门、管理层次以及各个职能部门的主要职责（表4），其管理的部门的梯次，职责划分等将对国内的建筑拆除管理主体和审批流程提供参考。

总结国外建筑拆除的管理流程和管理主体，相比国内的拆除现状可以得出国外建筑拆除政策有着以下可以参考的优点：

1.优先考虑待拆建筑的补救和再利用：

各国家和地区建筑拆除管理部门和审批方法 表3

国家/地区	建筑拆除管理部门	建筑拆除审批方法
苏格兰	城市规划部门	1)房屋出现质量问题 2)优先采取技术维护，实现功能恢复 3)维护失效，向城市规划局申请拆除该建筑 4)提供有关部门出示的房屋状况 5)专业机构提供的拆除建议书 6)提供房屋维修费用 7)提供房屋价格评估报告
以色列	政府拆迁部门	1)业主申请房屋拆除 2)市政法律顾问参与建筑拆除审批和顾问 3)政府检测机构检测建筑拆除合理性 4)政府机构要求支付高额拆除成本 5)城市工程师协会指导拆除流程和现场作业
香港	市政府	1)进行详细的调查 2)评估建筑的使用功能和结构功能 3)提供结构功能计算书 4)提供建筑使用安全性报告 5)审核

英国建筑拆除管理部门及其部门职责 表4

职能部门	管理层次	主要职责
副首相办公室	国家规划政策	制定拆除立法计划或框架；公布国家规划政策；批准区域规划政策；受理对地方规划机构拆除申诉；直接接受拆除申请等
各区域政府办公室	区域规划	提出综合考虑土地利用、交通、经济发展以及环境问题的战略规划；与经济和其他战略相衔接；规定地方开发规划的框架
郡、市、区规划部门	发展规划	编制拆除规划；审批拆除许可申请
城乡规划督察员组织	规划监督	处理有关强制执行的申诉、对地方拆除行为组织调查

尽量通过技术维护手段，减免过度拆除。

2.重视拆前建筑功能技术评估：申请前应提供房屋状况、拆除建议书、维修费用和价格评估。科学评价结构功能、安全性能，提供建筑结构图和结构功能计算书等。

3.管理部门职能梯次分明责任明确：从国家到区域再到郡、市、区，权力从属关系明确，分工细致。

4.重视拆除过程监督：成立城乡规划督察员组织，监督拆除过程。

5.重视劳工的安全保障以及环保要求。

四、国外建筑拆除的政策导向

通过政府机关合理政策引导可以改善过度建筑拆除的现状，通过调研国外的政策导向可以协助指导国内政府在制定重要政策时的要点：

重视老旧建筑的修缮和再利用：以法国为例，基于《历史遗产保护法》，不光保护历史遗迹，也保护近、现代的老建筑，甚至是5年左右的工业建筑也会被保护下来。苏格兰则规定必须证明经过一切合理的努力手段均未能有效保留现有建筑物的情况下才能拆除受保护建筑物。

重视科学规划：欧美等发达国家高度重视城市规划工作，将规划置于整个城市管理的核心主干地位。德国、英国、法国和瑞典、日本均对城市规划的制定、实施、监督做出明确规定，特别强调规划的法律地位和长期效力。每个社区均有自己的规划，即使普通的民居，如果想进行改造或者新建，只有得到了社区的同意，才可以动工。

重视资金调控：巴黎市制定了古旧建筑维修费用可以得到税收返还的经济奖励政策。以色列政府通过制定高额的拆除成本阻止人们过度拆除，依靠经济杠杆调控和规范拆除行为。苏格兰对受保护建筑制定详细的价值评估，包括现有建筑价格估值、维修所需成本的完整记录和成本核算时间表、修复后潜在收益价值的估计等。如果评估结果表明建筑修缮费用出现赤字，需同时评估无偿援助是否能够平衡收支。

积极创新城市管理：以英国为例，公众参与是英国规划法规体系的“骨架”。同时对参与的内容和形式做出具体规定，如在办公场所放置副本、网上发布文件等。同样，美国、法国、德国等国家对公众参与城市规划均有明确规定。

五、国外建筑拆除管理对我国的经验启示

我国相关建筑物拆除的法规不多，各地区尝试出台了一些关于建筑拆除的规定与办法，然而许多条文分散在各个法规及制度中，较杂乱且执行麻烦。综上的国外建筑拆除相关管理经验的调研分析，提出以下几点国内建筑拆除管理进一步改善的建议。

1.细化拆除法规建设：国外涉及拆除方面的法律体系完善细致，并将其直接提升到法律层面，而不仅仅是管理条例，通过强制手段约束人们的拆除行为，提升了拆除政策的执行力和严肃性。

2.提升城乡规划法规地位：将过度拆除现象“防患于未然”，各国都极其重视规划法律体系的建设和持续更新，重视规划相关法律的科学性、全面性、适应性和规范性。依靠前期科学合理的规划减少之后期不合理的拆建。

3.明确拆除监管部门及职责：建立建筑

对国内限制建筑过度拆除启示　表5

限制建筑物过度拆除政策	实施途径
制度法规	1. 细化拆除法规建设 2. 提升城乡规划法规地位
审批程序	1. 明确拆除监管部门及职责 2. 以“优先补救” 为基本原则 3. 重视待拆建筑功能评估
政策导向	1. 重视科学城市规划 2. 重视资金调控 3. 提升民众参与力度

报废审批制度，不符合条件的建筑不予以拆除报废，明确从审批到拆除全过程的督管部门和职责，形成从国家、到省市、到区县的梯级管理体系，明确各个层次行政部门、管理部门、实施部门的权力和职责，强化各个部门间的协同。

4. 以“优先补救”为基本原则：除了保护有历史价值的旧建筑，对在寿命期内的旧建筑尽量采取技术维护手段恢复建筑功能，实现再利用，减免过度拆除，减少资源浪费。

5. 重视待拆建筑功能评估：将建筑物功能评估置于审批程序的关键环节，从技术角度科学的遏制过度拆除行为。应当建立或指定与建筑拆除相关的专业评估机构，专业检测机构，法律顾问机构。

6. 重视科学城市规划：发达国家都极其重视科学的城市规划，城市规划的不科学、不稳定和不严肃，是导致城市格局频繁变动、基础设施大拆大建的根源，为此，建议提升我国城市规划的法律地位，增强全社会的参与力度和执行力度。

7. 重视资金调控：政府机构应通过经济杠杆引导拆除市场，如制定高额的拆除费用，旧建筑维修税金返还补贴制度等，以此遏制随意拆建行为；

8. 提升民众参与力度：国外法律明文规定只用群众参与编制的规划法才有效力，国内应当提高城市规划的透明度，建立公众参与监督机制。

六、结语

《绿色建筑行动方案》提出完善建筑拆除相关管理制度，严格建筑拆除管理程序，对建成“美丽中国”、实现“中国梦”具有十分重要的意义。针对我国大拆大建的严重现状，分别从政策法规、审批程序和政策导向三个方面总结研究国外经验，尽快完善我国建筑拆除相关管理政策制度，限制过度拆除，节约资源，保护环境。

（中国建筑科学研究院供稿，李军、丁宏研执笔）

既有建筑绿色化改造诊断指标体系建立和实施方法探讨

一、背景

我国既有建筑存量大，截至2013年底，我国既有建筑面积达到500万m²，其中节能建筑仅占既有建筑总面积的23%。由于建造年代不同，绝大部分既有建筑都存在安全水平低，能耗高，使用功能差等问题，随之大量的既有建筑被拆除，一批批新建建筑应运而生。据统计，我国每年拆除的建筑面积约为4亿m²，但是拆除使用年限较短的非绿色“存量”建筑，不仅是对资源和能源的极大浪费，而且还会造成生态环境的二次污染和破坏。因此，推进既有建筑绿色化改造，是解决我国非绿色“存量”建筑面临问题的最好途径之一。

当前，我国对于既有建筑绿色化改造工作还处于摸索阶段，各种技术体系建设还不完善。进行既有建筑绿色化改造，第一步工作就是要对既有建筑进行诊断，摸清改造建筑的现有性能水平和绿色化改造的空间，为后续实施具体的改造方案提供数据支撑。由于我国还未真正建立既有建筑绿色化改造的成套技术体系，如何有效进行既有建筑综合性能诊断还比较模糊，因此，研究成套既有建筑诊断技术，建立我国既有建筑绿色化改造诊断指标体系和诊断方法，为后续进行大面积既有建筑绿色化改造诊断提供技术支撑，推进我国既有建筑绿色化改造工作真正落到实处。

二、诊断指标体系建立原则

既有建筑绿色化改造诊断是一项复杂而重要的工作，既涉及结构安全鉴定，又涉及节能，节水，节材，室内环境和运营管理的诊断，因此针对其诊断的指标也应包含这几大块内容，在具体建立过程中，要遵循以下原则：

（一）既有性

在实际诊断过程中，一定要立足于既有建筑现状，不可主观臆断，诊断指标一定要立足于既有建筑已有现状的内容进行诊断，对于不存在的内容则可不必诊断。

（二）全面性

既有建筑绿色化改造涉及的内容除了四节一环保，还包括结构安全鉴定等。涉及的建筑系统包括建筑与规划，暖通空调系统，给水排水系统，电气与控制以及运行管理，因此诊断指标要涵盖这几大块内容，不可遗漏。

（三）可量化性

既有建筑诊断指标应尽可能可量化，用检测设备或者模拟工具得到可付现的结果，不可凭主观进行判定，导致诊断结果的不一致性。对于暂无标准方法和无法量化的指标，应尽量避免使用或者少用，以减少不必要的工作量。

（四）综合性

既有建筑绿色化改造诊断指标应以综合

性指标为主，辅以必要的单项指标，以提升诊断的效率和质量。在实际诊断过程中，要注意诊断的流程和方法，对于受几个系统同时影响的指标，要进行综合性能诊断，对于只受一个系统或者设备影响的指标，可隔离进行诊断。

三、诊断指标体系内容

既有建筑诊断要立足于既有建筑运行现状和绿色化改造目标，一方面要注重如何确保既有建筑现有功能的正常运行，另一方面要注重如何实现既有建筑现有功能的提升。结合我国正在编制的《既有建筑绿色改造评价标准》，按照建筑规划与设计，建筑结构与材料，暖通空调，给水排水，照明与电气以及运行管理等六大内容，梳理了既有建筑各系统诊断指标体系，具体如下文所述。

（一）规划与建筑

规划和建筑部分涉及的评价内容有建筑场地环境，建筑围护结构热工性能，建筑光环境，建筑声环境，建筑设施的合理性和自然通风设计等，具体诊断的指标如下表所示。

（二）结构与材料

结构与材料部分涉及的评价内容有结构

规划与建筑诊断指标汇总表 **表1**

一级系统	二级系统	诊断内容		序号	具体指标
规划与建筑	场地规划	场地危险源	——	1	电磁辐射强度
			——	2	空气质量指标
		场地环境噪声	——	3	环境噪声级
		场地风环境	——	4	人行区1.5m处风速
		场地绿化	——	5	复层绿化合理性
			——	6	绿地率
	建筑设计	围护结构热工性能	围护结构热工缺陷	7	热工缺陷
			墙体热工性能	8	传热系数
			门窗幕墙热工性能	9	传热系数
			门窗幕墙气密性能	10	气密性能
		光环境	室外光污染	11	光污染
			室内自然采光	12	采光系数
			室内日照	13	日照小时数
		声环境	——	14	室内噪声级
			——	15	围护结构隔声性能
		建筑设施的合理性	无障碍设施	16	无障碍设施设置合理性
			停车位	17	停车位设置合理性
		自然通风设计	——	18	外窗幕墙可开启部分比例
			——	19	自然通风措施设计的合理性

安全性，可循环材料利用，高强度材料利用以及灵活隔断利用等，梳理的诊断指标如下所示。

（三）暖通空调系统

暖通空调系统作为既有建筑中最重要的系统之一，也是最为复杂的系统，包含有冷热源系统，输配系统，末端以及室内热湿环境控制等。既有公建中暖通空调系统能耗大，暖通空调系统是目前既有建筑运行中存在问题最多的系统，因此提升暖通空调能效对于建筑节能具有重要意义，针对暖通空调系统梳理的诊断指标如下表所示。

结构与材料诊断指标汇总表　　表2

一级系统	二级系统	诊断内容		序号	具体指标
结构与材料	结构	安全性	——	20	结构强度
	材料	材料再利用		21	可循环材料重量比例
		高强度建筑材料利用	高强度混凝土	22	利用比例
			高强度钢	23	利用比例
		灵活隔断利用	灵活隔断	24	利用比例

暖通空调系统诊断指标汇总表　　表3

一级系统	二级系统	诊断内容		序号	具体指标
暖通空调	设备与系统	冷热源效率	冷水机组	25	COP
			锅炉	26	热效率
		输配系统能效	风机系统	27	风机单位风量耗功率
			冷热水系统	28	冷热水输送能效比
		设备监控和管理	控制策略	29	控制策略的合理性
			分项计量系统	30	分项计量的合理性
		风系统	——	31	风量平衡度
		水系统	——	32	水力平衡度
	室内环境	空气质量监控系统	控制功能监测功能	33	监测功能的合理性
		室内污染物浓度	——	34	甲醛，苯、氨、氡，TVOC、PM2.5
		室内热湿环境	——	35	温度，湿度、风速
	能源综合利用	排风热回收利用	——	36	热回收效率
		可再生能源利用	——	37	可再生能源利用比例
	运行效果	暖通空调能耗	——	38	单位面积采暖空调能耗

（四）给水排水系统

给水排水系统是实现绿色建筑节水最重要的方面，其包含的内容有节水系统、节水器具和设备的应用，非传统水源利用情况以及用水能耗等，具体诊断指标如下表所示。

（五）照明和电气系统

照明和电气系统诊断主要包括供电设备，照明系统以及控制系统等，具体诊断指标如下表所示。

（六）运行管理

建筑运行好坏，最重要的是运行管理是否到位。运行管理最重要的三个方面包括管理制度，人员，设备运行，具体诊断指标如下表所示。

给水排水系统诊断指标汇总表 **表4**

一级系统	二级系统	诊断内容		序号	具体指标
给水排水	节水系统	用水点供水压力	——	39	供水压力
		避免管网漏损措施	——	40	用水漏损量
		用水分项计量	——	41	分项计量的合理性
	节水器具和设备	节水器具能效	——	42	能效等级
		节水灌溉方式	——	43	节水灌溉方式的合理性
	非传统水源利用	中水利用	——	44	中水利用比例
		雨水利用	——	45	雨水利用比例
	用水能耗	单位水耗	——	46	单位面积或者单位人的水耗

照明和电气系统诊断指标汇总表 **表5**

一级系统	二级系统	诊断内容		序号	具体指标
照明和电气	供电	配电系统容量	——	47	配电系统容量合理性
		变压器能效	——	48	能效等级
	照明	照度功率密度	——	49	照度功率密度
		照明质量	——	50	照度
			——	51	一般显色指数
			——	52	统一眩光值
	控制和管理	控制策略	——	53	控制策略的合理性
		用电分项计量	——	54	分项计量的合理性
	照明效果	照明能耗	——	55	单位面积照明能耗

四、诊断思路、步骤和方法

（一）诊断思路

既有建筑绿色化改造应立足既有建筑绿色化改造目标，从规划和建筑，结构与材料，暖通空调，给水排水，照明和电气以及运行管理等几方面进行综合诊断和分析，发现既有建筑存在的问题和提升的空间，从而为后续改造项目的实施提供依据。

既有建筑既有性能存在的问题分析下来主要包括四大类型，一是先天的设计不足，可通过后期的调整进行优化和功能提升，如建筑本身的规划和建筑设计方面，包括建筑

运行管理诊断指标汇总表

表6

一级系统	二级系统	诊断内容		序号	具体指标
运行管理	人员	人员专业配置	——	56	专业配置合理性
		人员继续教育和培训	——	57	继续教育和培训落实情况
	设备	设备运行记录	——	58	记录的完整和规范性
		设备运行策略	——	60	运行策略的合理性和实施情况
		设备运行手册	——	61	设备运行手册的制定和实施情况
		设备维护保养	——	62	设备维护保养计划制定和实施情况
	管理制度	节能、节水、节材与绿化管理制度	——	63	管理制度的执行情况
		垃圾分类和回收利用	——	64	垃圾分类和回收执行情况

室外场地风环境、光环境、声环境、交通组织、绿化、围护结构热工性能的改善和提升等；二是建筑设备系统无法正常工作，需要更换相关硬件设备才能运行或者调整某些系统性能参数，最常见如暖通空调系统，给水排水系统等；三是建筑设备系统运行能正常运行，但未达到节能运行水平，可通过改善运行管理方式和系统调试等手段即可提升其运行水平，在现有基础上提升其正常功能，最常见的如暖通空调系统，通过现场再调试和改进运行策略可使系统运行水平得到进一步提升，四是设备系统运行正常，但与现有的一些新设备新技术相比，还有较大的提升空间。最常见的如照明系统，给水排水系统，可通过更换节能照明灯具和节水器具，达到节能节水的目的，整个改造实施过程简单，效果明显。

（二）诊断步骤

既有建筑绿色化改造综合诊断应立足于建筑系统的整体性和层次性，由整体到局部，由表及里，逐层进行诊断分析，最终确定问题所在和提出解决改进措施。其基本诊断流程如下图1所示。

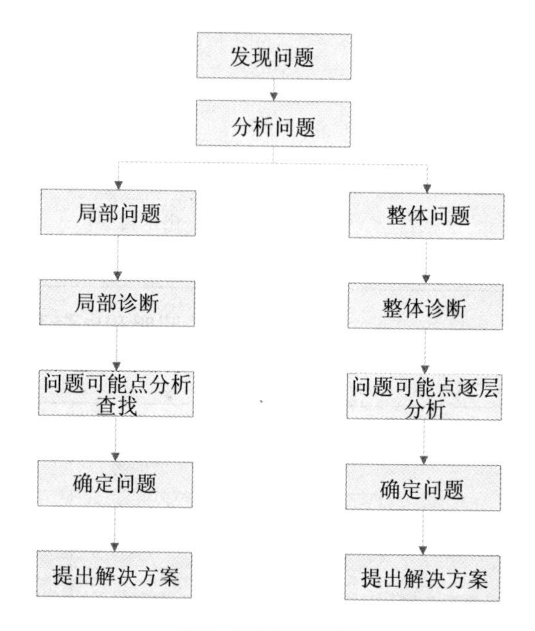

图1 诊断流程图

其中：

1. 发现问题：指建筑使用者所反映的问题以及物业管理人员所反映的问题，这些问题属于表层问题，也是最直接的问题，包括室内冷热不均，噪声，设备无法正常启动工作，设备运行能耗高等。

2. 分析问题：指针对发现的问题，分析问题产生的部位和所关联的系统，再依据关联的系统进行整体和层次分析发现问题产生的最根本的原因。

3. 整体问题：指所产生的问题是由整个系统关联所产生的，并且对整个系统的性能产生了影响，如冷机出水温度过高或者高低，送风温度低等。

4. 局部问题：指问题产生只由局部产生，而不影响整个系统性能，如照明灯具损坏等。

5. 提出解决方案：指针对具体的问题和诊断出的原因，后续改进和提高需要采取的措施，如改进运行管理手段，或是进行系统调试，或是更换设备等。

（三）诊断方法

在实施既有建筑诊断过程中，要根据既有建筑现状，依据诊断指标特点和已有的诊断条件，采用适宜的诊断方法，以提升诊断的效率和质量。具体诊断方法概述如下：

1. 检测

对于有明确量化数据和检测方法的指标参数，如场地环境噪声，围护结构传热系数，室内照度等，应根据已有的国家或行业检测标准中提供的方法进行检测。对于无国家或者行业标准的指标参数，应根据自制的作业指导书或者检验细则进行检测。

2. 核查

对于难以量化，无法用仪器设备进行测量的指标参数，如无障碍设施设置，停车位设置等，可采用核查的方式进行诊断。核查项应制作核查作业指导书，细化核查要点和核查步骤，以规范核查诊断工作，提高诊断质量。

3. 监测

对于一些随时间变化较大的诊断指标，采用短时的现场检测或者核查无法达到诊断的目的，如场地风环境，单位面积暖通空调能耗，可采用监测仪表长时间的监测数据进行计算分析。

五、总结

当前，我国正在积极推进既有建筑绿色化改造工作，既有建筑诊断是实施既有建筑绿化改造工作的重要基础工作，是后续改造方案制定的重要参考依据。本文立足于既有建筑绿色化改造目标和《既有建筑绿色评价标准》内容，探讨了既有建筑绿色化改造诊断指标的建立原则，主要内容，提出了既有建筑绿色化改造诊断的思路，步骤和方法，为今后从事既有建筑绿色化改造诊断提供了方向和参考。在后续实际工程实践中，将进一步应用实施本研究成果中的诊断指标体系和方法，以验证其适用性和改善的方向，以达到最终建立既有建筑绿色化改造诊断成套技术体系的目的，推进我国既有建筑绿色化改造工作的真正落实。

（上海国研工程检测有限公司供稿，孙金金执笔）

既有建筑改造绿色技术产品认证制度研究

一、背景

（一）我国大规模既有建筑节能改造的必然趋势

我国既有建筑存量高达510余亿m²，节能建筑不足30%，绝大多数为高耗能建筑，室内热舒适性较差，特别是严寒、寒冷地区建筑采暖能耗居高不下，冬季室内温度较低，墙体发霉、结露现象普遍存在，供热矛盾十分突出。2007年，国务院印发了《节能减排综合性工作方案》，决定在北方采暖地区实施“节能暖房”工程，提出“十一五”期间开展1.5亿m²既有居住建筑供热计量及节能改造的工作目标。在中央和地方的共同努力下，任务期内共完成改造面积达1.82亿m²，超额完成了目标，在节能减排、拉动内需、促进就业，特别是改善民生方面取得了显著成效。进入“十二五”，按照“统筹兼顾、协调推进、分步实施”的原则，财政部、住房城乡建设部进一步扩大了既有建筑节能改造规模及实施范围，决定在北方采暖地区继续实施既有居住建筑供热计量及节能改造4亿m²的基础上，在夏热冬冷地区启动既有居住建筑节能改造5000万m²、开展公共建筑节能改造6000万m²。为确保上述任务目标的顺利完成，财政部、住房城乡建设部联合发布了《关于进一步深入开展北方采暖地区既有居住建筑供热计量及节能改造工作的通知》（财建[2011]12号）、《关于推进夏热冬冷地区既有居住建筑节能改造的实施意见》（建科[2012]55号）和《关于进一步推进公共建筑节能工作的通知》（财建[2011]207号）等政策文件，指导并规范既有建筑节能改造工作。中央财政继续给予既有建筑节能改造奖励或补贴，释放改造需求。在北方采暖地区，继续实施“以奖代补”的方式，对严寒、寒冷地区分别予以55元/m²、45元/m²的资金奖励；在夏热冬冷地区，综合考虑有关地区经济发展水平，对东部、中部和西部地区分别予以15元/m²、20元/m²和25元/m²补助；在公共建筑方面，对天津、上海、重庆和深圳等重点城市按照20元/m²标准予以支持。在中央财政资金的大力投入下，既有建筑节能改造进展明显。截至2013年底，已完成北方采暖地区既有居住建筑供热计量及节能改造6.27亿m²，夏热冬冷地区既有居住建筑节能改造1429万m²，公共建筑节能改造示范1130万m²，其中北方采暖地区已超额完成“十二五”任务。未来五年，既有建筑节能改造的市场巨大。

（二）新常态下建筑产业绿色技术产品认证发展面临前所未有的机遇

建立建筑领域的产品质量认证制度是贯彻《国务院关于促进房地产市场持续健康发展的通知》（国发［2003］18号）明确提出的“制定完善住房建设规划和住宅产业政策。完善住宅性能认定和住宅部品认证、淘汰制度”的要求，对改善住宅和建筑工程的质量、性能与品质，有效引导建筑类产品及其生产企业走标准化、集成化、工业化的发展方向，促进我国建筑行业的技术进步、加快建筑产业现代化的发展，提升我国建筑类产品在国内、外市场的竞争力，起到了十分重要的作用。

中国加入ISO组织和WTO世界贸易组织大背景下，建筑行业认证与国际接轨成为大势所趋。截至2013年底，全国认证产业产值达1.2万亿元，其中体系认证证书累计发放190万张，产品认证证书累计发放7万张。强制性认证产值较高，自愿性认证产值较低。

十八大后，在政府简政放权、市场化在资源配置中起决定性作用的大背景下，认证机构作为独立第三方机构成为政府购买服务的重要对象之一，认证机构的发展无疑面临前所未有的机遇。

第一，《新型城镇化发展规划》、《绿色建筑行动方案》、《住房和城乡建设部绿色建筑和绿色生态城区发展规划》、《十二五节能减排综合性工作方案》、《十二五低碳发展综合性工作方案》、《关于进一步发展绿色建筑的实施意见》、《绿色建材评价标识管理办法》等均对绿色建筑和既有建筑节能改造的发展提出了明确规划和要求。近年来，虽然中国政府针对房地产市场进行了调控，但调控并不是要压制国民对住宅品质、面积日益增长的需求，而是抑制过分将房地产作为投资品的扭曲投资需求。中国政府通过对商品房、保障房不同类型住宅的结构调控，以及对购房资格的限制，目的在于满足不同层次国民日益增长的住宅需求的同时，保持房地产市场的平稳发展。未来五年的新型城镇化进程以及由此带来的大规模市政交通基础设施建设、保障性住房建设和绿色建筑的规模化发展、大规模既有建筑节能改造的市场，将为建筑行业认证持续发展提供强劲动力。

第二，国家和公众对建筑材料设备部品的质量性能和绿色度、建设工程质量和安全性能关注度的持续提升，将有力地推动检测认证行业发展。随着社会进步和发展，人们对健康、环保和安全的重视程度不断加强，而认证正是通过对相应领域中的各种产品或环境要素进行技术验证，检验其是否满足相关法律、法规的要求，是否符合健康、环保和安全的要求。建设工程和建筑材料直接影响人们生命和财产安全，比如，人们对木质地板的甲醛释放量、油漆中的重金属含量、老旧建筑的安全和环保性能、玻璃幕墙的安全性等方面的关注度日益提高。这一方面促使政府加大力度推进各项认证标准的升级，也使得各种强制性认证检测项目不断增加；另一方面促使生产企业和建设企业更加注重通过检测认证提升自身的竞争力，从而推进自愿性检测认证市场的不断扩大。

第三，产品认证的技术进步将为既有建筑绿色化改造保驾护航。不断改善的科技研发环境和持续增强的技术创新能力，是认证机构创新和提升竞争力的重要基础。一方面，技术进步将不断推动建筑材料、部品和产品的更新换代，从而将带来新的认证服务需求；另一方面，先进的技术工艺不断应用到认证服务领域，产生了新的认证方法和新的标准，从而提升认证服务能力。建筑产业中新材料、新设备、新结构和新工艺的出现，不断催生新的认证需求；而新政策和新规定的出台可提升特定认证项目的市场容量。比如，绿色建筑的发展促进绿色建筑选用绿色建材的认证和评价，被动式低能耗建筑的发展将会促进相关产品如节能门窗、密封条等产品的认证和评价，绿色医院和绿色校园的发展均会带动适用于医院和校园建筑材料和设备的认证和评价，而既有建筑节能改造、可再生能源建筑应用、城市水环境治理、固废综合利用等领域均会带动一批技术、产品和设备、装备的认证评价。

认证作为现代科技服务业的重要组成部分，行业整体的市场公信力是认证行业能否持续增长的关键所在。由于独立第三方认证机构独立于买卖双方，其出具的报告或认证证书相对于企业内部出于质量检测目的出具的报告具有更高的公正性。我国认证市场经过多年的发展，在政府部门规范和市场竞争淘汰的作用下，独立第三方实验室的公信力正逐步得到市场的认可，行业内的企业也日益重视品牌的维护和公信力的树立，行业公信力的建立是持续健康发展的基石。

二、认证的模式

建筑产品质量认证是依据产品标准和相应技术要求，经认证机构确认并通过颁发认证证书和认证标志来证明某一产品符合相应标准和相应技术要求的活动。产品质量认证是国际通行的对产品质量评价、监督、管理的有效手段。英国1903年对符合尺寸标准的铁路钢轨进行认证。我国是1991年《中华人民共和国产品质量认证管理条例》后逐步开展认证。开展建筑产品质量认证，可提高产品质量，增强市场竞争力；指导消费者选购合格产品；促进企业完善质量体系，促进行业进步；消除国际贸易技术壁垒。

众所周知，目前我国的建筑产品涉及建材、化工、钢铁、林木等众多行业，产品的种类繁多，建筑产品的生产单位来自国有、民营、甚至国外的各种企业,生产工艺、生产水平、组织管理参差不齐。然而建筑产品本身是百年大计，人类赖以工作和生活，所以建筑产品必须有质量保证，建筑领域开展建筑产品认证势在必行。认证模式是目前建筑产品认证最严格的模式，即：产品型式检验+初始工厂审查+获证后监督。产品认证范围可包括建筑组成的方方面面，如墙体部分；建筑砌块、隔墙等；外围护部分；墙体保温系统、建筑涂料及腻子防水卷材、建筑门窗及构配件；内装部分；厨房家具、地板；设备设施部分；建筑管件及管材、散热器、空调热泵等；施工机具部分；脚手架、建筑模板、扣件以及木结构房屋及规格材等。可采取自愿性认证和强制性认证相结合的认证方式。

既有建筑改造中绿色技术和产品的认证包括：给、排水和污水处理技术和产品；污物、建筑废物处理技术和产品；供电、配电及电气安全技术和产品；照明系统技术和产品；供暖、通风、空调及蒸汽系统技术和产品；消防系统技术和产品；电梯与扶梯系统技术和产品；外墙保温系统和遮阳系统改造技术和产品；内部装饰装修与室内设计技术和产品、室内空气品质改善技术与产品、建筑智慧运行维护系统和产品等。同时也包括既有建筑改造中的第三方评估，包括PPP模式在既有建筑改造中的应用研、合同能源管理模式下的既有建筑节能改造中的节能量审核等。

三、目前存在的问题和发展的方向

在建筑领域实施产品质量认证与目前已经开展的建筑材料产品认证有着本质的区别。建筑类产品质量认证的对象是建筑中具有规定功能的单元产品，完整的配套性要求是建筑类产品质量认证区别于通常意义上的建材产品认证、甚至目前已经开展的一些强制性产品认证(CCC认证)的显著标志。合格的建材产品往往需要进行再次加工并附加配套的技术条件与辅配材料才能成为住宅或建筑工程的功能单元(如屋面、轻型墙体、地板、门窗等)。为尽快积极稳妥地推动建筑类产品质量认证工作，需要着重解决以下几个方面的问题。

（一）尽快建立统一的建筑类产品质量认证制度。目前由北京康居认证中心、北京国建联信认证中心、中国建材检验认证集团等几家认证机构在开展建筑产品认证，然而建筑产品质量认证还没有成为国家统一的认证制度，这些由不同机构开展的建筑类产品质量认证基本都是由各机构自行制定实施规则，通过认证加贴各自不同的认证标志，这在客观上是不利于用户以及建设过程中有关各方对认证结果的采信。因此我们建议对已经具有国家标准或行业标准的认证产品尽快由有关政府管理部门协调、制定同类产品的统一的认证制度，统一实施规则、统一认证标志、统一注册人员的资质标准。

（二）呼吁尽快启动建筑类产品的强制性认证。目前开展的建筑类产品质量认证基本都属于自愿性认证，只有极少数是强制性认证，且尚未成为统一认证制度。在尽快制定统一的认证制度的同时，建议对涉及安全(包括建筑安装过程中的安全)、健康以及资源节约与环保的一些建筑类产品，如建筑扣件、脚手架、内墙涂料、门窗、地板等，尽快开展强制性认证。

（三）加强符合行业特点的认证标准的建设。建筑类产品是直接用于住宅或其他各类建筑的具有规定功能的单元产品。开展建筑类产品的质量认证就应当充分考虑建筑行业的特点，尤其是目前建筑行业技术创新发展很快，一些技术集成度高、成熟、适用的建筑类产品获得广泛的应用，如新型预制墙体、可再生能源建筑一体化系统、水系统、管道系统、整体卫浴系统、整体厨房、集成房屋体系等，较高的技术集成是这类产品的共同特点，而国内目前却极少具有相应的国家标准或行业标准。按照国家有关的程序，以先进的国际标准、成熟的企业标准为基础，抓紧制定相关的认证标准，适时开展这方面的认证，以此推动以建筑产品/部品为载体的配套集成技术的应用，应该是建筑类产品质量认证今后的发展方向。

四、康居认证中心和未来的发展

2005年4月28日，建设部办公厅以建办标函［2005］241号文授权建设部住宅产业化促进中心组建认证机构，按照国家有关认证认可的规定办理相关手续。国家认监委于2005年12月15日正式批准由建设部住宅产业化促进中心组建的北京康居认证中心，是具有独立法人地位的第三方产品质量认证机构。经国家认监委批准，认证范围涵盖了涉及建筑领域27个种类产品。至此，国内建筑领域第一家产品质量认证机构正式成立。北京康居认证中心在既有建筑改造绿色认证领域拥有丰富的产品认证、技术论证、政策信息和专家资源以及开展行业综合服务能力的平台优势。

未来五年，康居认证中心将着力做好以下几方面事情：

（一）进一步提高、完善和深化认证制度建设和认证能力建设，持续增强康居认证的品牌价值和社会公信力认知度。同时发展绿色建材评价以及建筑节能量第三方审核等新的评价、审核业务。

（二）依托认证工作和丰富的政策、信息和专家资源，加强建筑、建材部品设备领域的行业学习、知识积累和能力建设，以期在未来通过认证为“切入点”，为企业“分享信息，传递知识，建立信任”，同时提供资讯服务：康居认证拥有所有认证企业的企业信息、产品信息和供求状况，依托相关的数据库资源尤其是上游开发建设项目信息，康居认证将通过信息搜索、分析、筛选、配对等加工环节后，将高附加值的商务信息传递给客户。认证企业越多，数据库资源就越多，撮合贸易成功的机率也越大。

（三）以认证实施规则的编制为突破口，联合行业龙头企业和科研院所，建立重点行业的“评判准绳”。未来时机成熟时，以该行业的认证实施规则为基础，逐步争取编制行业标准、地方标准和国家标准。

（四）当好“桥梁”和“纽带”，打造“平台”价值。做好开发建设单位与建材部品设备生产企业的桥梁和纽带，做好设计师和建筑材料部品的桥梁和纽带，充分发挥认证作用，以认证为翘板，使认证中心成为开发商、设计院、施工单位、建材设备生产商以及金融机构相互对接、交流、合作的产业生态链平台。

（五）以相关示范工程、产业化基地、建筑产业化试点城市、标识项目等为工作依托和基础，广泛联系各省建设行政主管部门、二三线城市建设行政主管部门、招投标中心和房地产协会和广大中小开发商，推动康居认证产品的采信，为认证产品的推广、示范、销售发挥作用。

（六）服务住房城乡建设系统工作大局，特别是紧紧围绕部相关司局工作，为政府决策和管理提供技术支撑。在既有建筑节能改造适用产品认证、可再生能源建筑应用适用产品认证、供热计量适用产品认证、被动式建筑适用产品认证、适老建筑适用产品认证、绿色医院适用产品认证等领域有所作为，并召开技术产品交流活动。

（七）在国内房地产市场低迷、产能过剩的大背景下，推进国际采信，支持企业走出去。随着建筑技术进步，我国建筑产业具有一定的成本和技术优势，很多建筑企业都加快了国际化发展步伐，这其中认证作为国际通行准则成为国际化的必要条件。康居认证将认真研究出口目的地国家的政策要求，跟着企业走出去，主动向出口国家推广康居认证，逐步使康居认证成为我国建筑企业走出去的重要支撑。

（八）逐步联合各省建设行政推广部门，尝试促进地方建设科技推广部门在推动地方建设科技推广备案工作中采信康居认证过程。

（九）提供培训服务、标准培训课程和订制培训课程，相关认证标准、绿色建材与绿色建筑评价标准、建筑产业绿色供应链领域的宣贯、培训，建筑领域认证审查员的培训等。

（十）与相关电商平台深度合作，延伸服务链，提供金融、物流、线上推广等综合服务。

（住房和城乡建设部科技与产业化发展中心供稿，梁浩、张峰、梁俊强执笔）

既有办公建筑绿色化改造流程研究

一、引言

关注生态环境、维护资源永续已成为全球性的议题，依托可持续发展潮流，近年来绿色建筑在新建建筑中已大量开展，但面对我国500亿m^2建筑存量，能耗奇高，结构老化、舒适性差等问题使很多既有建筑难以满足当代需求，出现未达设计寿命即被拆除，或者运行在高能耗状态下，造成能源和资源的浪费。由此可见，单纯依靠新建绿色建筑来降低我国建筑能耗的做法难以实现节能减排的总体目标。随着时代的发展，既有建筑的“先天不足”越发凸显，成为亟待解决的问题。

二、我国既有办公建筑用能现状与舒适度要求

在全球公共建筑能耗中，办公建筑能耗占约1/5，据统计，早在2007年，我国就有公共建筑总面积52亿㎡，其中办公建筑总面积8.9亿㎡。既有办公建筑在建筑存量中数量较多，其采暖制冷、通风、照明等能耗居高不下。我国《绿色办公建筑评价标准》（GB/T 50908-2013）中，要求绿色办公建筑在全寿命周期内，最大限度地节约资源（节能、节地、节水、节材）、保护环境和减少污染，为办公人员提供健康、适用和高效的使用空间。

作为日常工作的室内场所，办公建筑对舒适度要求较高，在声环境、光环境、热环境、风环境方面，都有较严格的要求（表1）。尤其是我国北方地区，冬季采暖与夏季制冷并行，加上大量办公设备的附加热能，增大了用能负荷。另一方面，很多大体量办公建筑无法实现自然采光，据统计，办公建筑照明灯具与空调系统完全启用，其耗电量将占负荷峰值的88%。此外，较大的新风量是办公建筑室内环境要求的基本属性，利用自然资源减少新风负荷已成为大势所趋。

三、既有办公建筑绿色化改造策略研究

（一）既有办公建筑绿色化改造的影响因素

1.气候条件

气候由气候要素组成，并直接影响着建筑和使用者的热舒适度，本文涉及的主要气候要素有自然光、风、温度、湿度。气候特征是设计和改造的先决条件。因地制宜地提出改造策略，充分利用气候有利条件，回避不利条件，才能最大限度地提高绿色化改造潜力。

2. 建筑形式

建筑形式与能耗密切相关。既有办公建筑的规模、平面形态以及开间进深的尺寸大小，决定建筑是否适宜通过表皮调节室内环境，进而决定其是否利于运用自然采光、自然通风等被动式改造策略。例如，开间进深小的建筑，有利于自然采光和自然通风的实现，适宜的控制建筑开窗位置、室内分隔、家具布置都可以提高自然采光和自然通风。

一般办公建筑室内物理环境指标 **表1**

分项	指标	备注
热环境	室内温度：夏季27℃，冬季18℃；相对湿度：夏季≤65%，冬季不控制；新风量：≥30m3/人/小时	根据《办公建筑设计规范》
光环境	办公室、会议室：采光系数最低值2%，室内天然光临界照度100lx；窗地比1/5	根据《办公建筑设计规范》及《建筑采光设计标准》，采用侧面采光
	复印室、档案室：采光系数最低值1%，室内天然光临界照度50lx；窗地比1/7	
	走道、楼梯间、卫生间：采光系数最低值0.5%，室内天然光临界照度25lx；窗地比1/12	
	75%以上的主要功能空间室内采光系数满足《建筑采光设计标准》GB/T 50033-2001	根据《绿色建筑评价标准》
风环境	人员常驻空间能自然通风，房间可开启有效通风面积不小于该房间地板面积的5%	
	夏热冬暖和夏热冬冷地区不小于该房间地板面积的8%	根据《绿色建筑评价标准》
	室内游离甲醛、苯、氨、氡和TVOC等空气污染物浓度符合现行国家标准《民用建筑工程室内环境污染控制规范》GB 50325的规定	
声环境	办公室室内允许噪声级（A声级）≤55dB	根据《办公建筑设计规范》
	会议室室内允许噪声级（A声级）≤50dB	
	多功能厅室内允许噪声级（A声级）≤50dB	
	室内背景噪声符合现行国家标准《民用建筑隔声设计规范》GBJ118中室内允许噪声标准中的二级要求	根据《绿色建筑评价标准》

而平面为大进深，可以利用中庭设计，补充内部自然采光与通风，此时，主动技术辅助就显得尤为重要。因此在改造时应当充分挖掘既有建筑的被动式改造潜力，以被动优先、主动优化为原则制定改造策略。

3.建筑构造

不同构造形式，决定了不同的能耗情况和改造成本。譬如对于灵活适应性较差的砖混结构，不宜采用大面积更改承重墙和楼板的措施，因为结构加固的费用可能会比新建同等体量建筑的费用还要多。对既有建筑材质的回收再利用，有助于减少建筑蕴能和碳排放。办公建筑的外墙的构造层次（保温层、节能窗、气密性等），会直观影响既有建筑改造策略的制定和节能潜力的发挥。

4.供能系统与设备

既有办公建筑常用的空调系统形式主要有三种：全空气系统、风机盘管加独立新风系统和分体空调系统。一般大型建筑综合采用三种方式，在大空间采用全空气系统，独立办公室采用风机盘管加独立新风系统；中小型建筑多采用分体空调系统或VRV系统。作为建筑用能系统的重要组成部分，改造时需着重提升空调系统的性能和效率。此外，采用可再生能源空调系统，如太阳能空调等，可以在很大程度上节省运行能耗。

5.成本效益

由于资金渠道和预期回报方式与新建建筑不同，既有建筑改造的投资方一般希望以满足新需求为目标，以较低的投入获得建筑舒适度的提升甚至视觉形象的创新，因此对绿色化改造的投入有限。如何利用有限的投资，最大限度地实现“绿色”，这就要求具体案例具体分析，发现主要问题，研究各项“可改造因素”的绿色潜力，通过模拟预测分析各项措施的潜能，优先投资绿色潜力大的改造内容，针对不同使用功能选择合理的策略。

（二）既有办公建筑绿色化改造的策略与流程

1.改造策略

结合上文的改造影响因素，主要考虑改造策略中的形式专项，构造专项，设备专项和系统专项（表2）。每个专项策略下涵盖不同的具体措施。改造项目由于自身的复杂性，策略的制定往往兼顾多个方面，是多种策略叠加综合的结果。为满足绿色化改造目标，改造更新往往优先聚焦在降低供热能耗上，主要是改造热导部件，也就是“构造专项”策略，包含在外墙、屋顶敷设保温层以及提高门窗洞口的气密性等。此外，“形式专项”侧重于应用建筑语汇，提升建筑能效表现。“系统专项”是采用主动技术优化能耗效率的策略。“设备专项”则关注具体用电设施的能耗状况。

2.改造流程

考虑到既有办公建筑的特异性和复杂性，传统的以弥补缺陷为主的改造策略，与绿色化改造的目标相去甚远，通过软件模拟的方法筛选出针对特定单体的方法流程从而形成的定制化的整体策略，能够最大限度地取得绿色化改造效益。

（1）建筑性能诊断

在性能评估这个阶段，针对既有建筑本体物理性能和能效表现的实测和模拟，将既有建筑环境因素（热工性能、通风、采光）作为制定策略的重要参考。这个过程旨在确认建筑对当地气候和环境的回应方式及能效状况。计算机软件模拟作为一种量化分析的方式介入：能耗模拟软件Designbuilder和PKPM预测热工性能和能耗数据；PHOENICS呈现风环境和室内外空气状况；Ecotect使室内照度可视化。

（2）改造策略设计

通过对实测数据和模拟文件的对比分析，筛选出适宜的改造措施，结合成本的估

节能改造策略 **表2**

策略	内容	具体措施
构造专项	降低能耗需求，提高自然采光	蓄热性能；空心保温墙体、外墙保温、阁楼保温、屋面保温、地面保温；双层玻璃或其他气密性措施，热桥效应
形式专项	较少热损耗，提升热舒适度	建筑外形，体形系数
系统专项	更新供能方式和用能系统，应用可再生能源	采暖系统，热渗透率、通风系统、太阳能热水、太阳能光伏板、地源热泵
设备专项	降低照明和其他家电能耗	节能灯具、高效锅炉

算，可以选择：以弥补短板为目的、经济实用的“单项改造”；两到三项改造措施叠加的“复合改造”，和通过多层面的深度改造优化建筑性能的“全项改造”。值得说明的是，适宜的单项改造有时会获得比复合措施更好的节能收益，而复合措施的合理使用也有可能降低成本。因此既有建筑改造有很多可能性，探索有针对性的适宜策略或策略组合成为核心问题。

（3）建筑能耗监测

改造后方案与之前方案的对比分析，能够明确量化出不同措施在使用前后带来的能效变化，择优筛选出最有效果的改造措施。

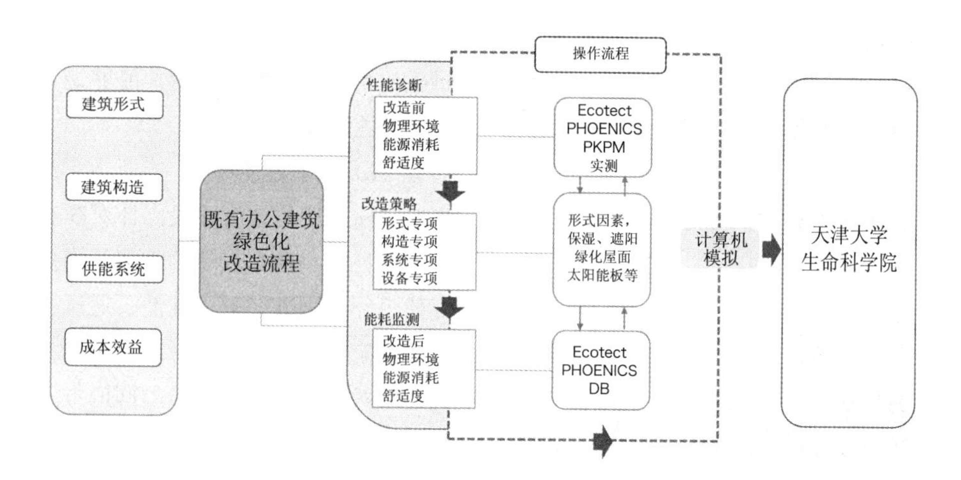

图1 既有建筑改造流程图

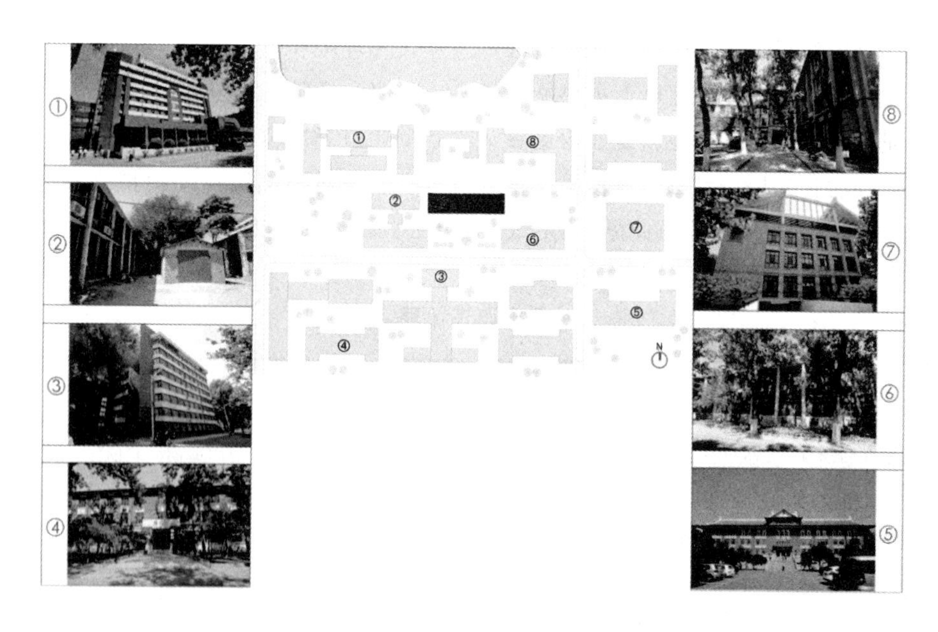

图2 天津大学生命科学院总平面及周边建筑

四、既有建筑绿色化改造案例剖析

（一）天津大学生命科学院

天津大学生命科学院，位于天津市南开区天大校区内（图2），始建于20世纪70年代末期，占地面积1350m²，总建筑面积5400平方米。2012年该办公楼改建成为生命科学学院科研办公楼，改造前作为普通教学办公功能，建筑主体高度为15.1m。建筑主体的基本信息见表3。

改造前建筑基本信息　　表3

位置	天津			
面积	5400m²			
结构	砖混			
体形系数	0.4			
外墙构造	360厚砖墙，无保温			
屋面构造	120厚混凝土楼板，无保温			
外窗构造	断桥铝合金门窗			
窗墙比	S	N	E	W
	0.32	0.32	0.2	0.2

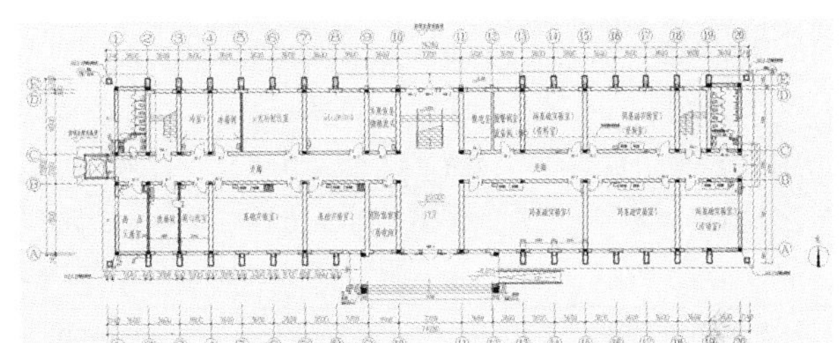

图3 天津大学生命科学院平面与形态

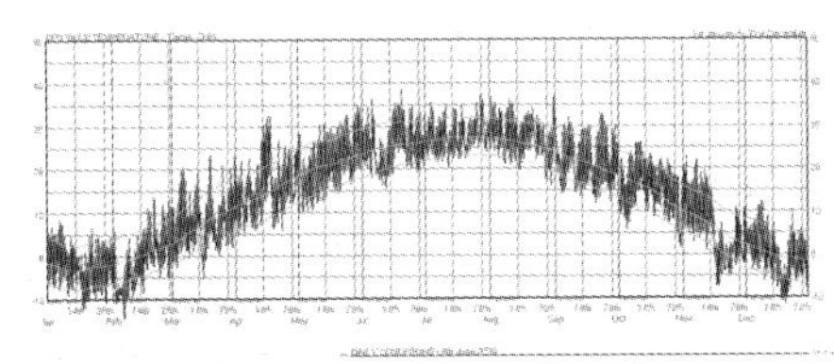

天津市逐时室外温度分布图

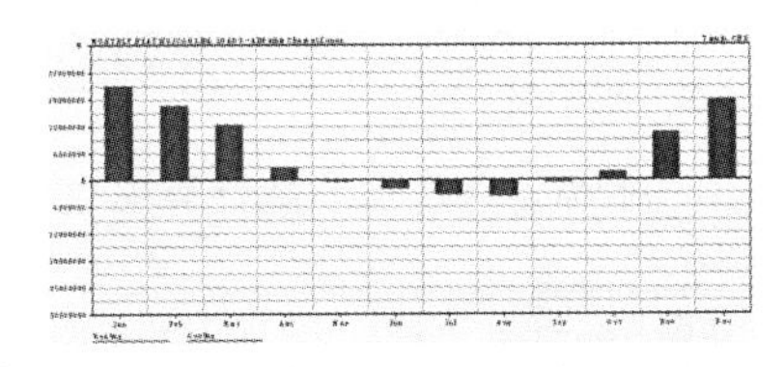

天津市基准模型的全年能耗模拟分析

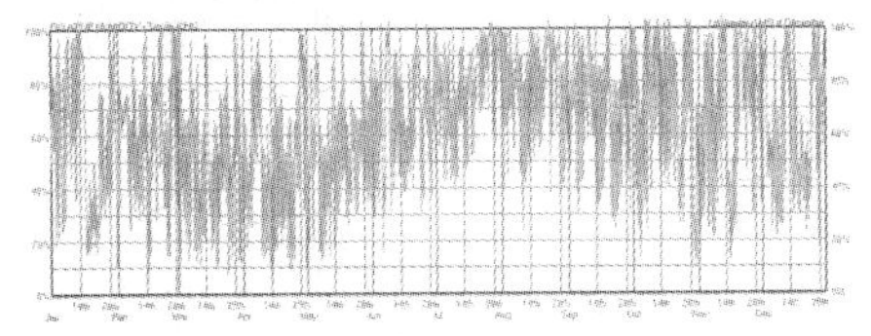

天津市逐时相对湿度分析

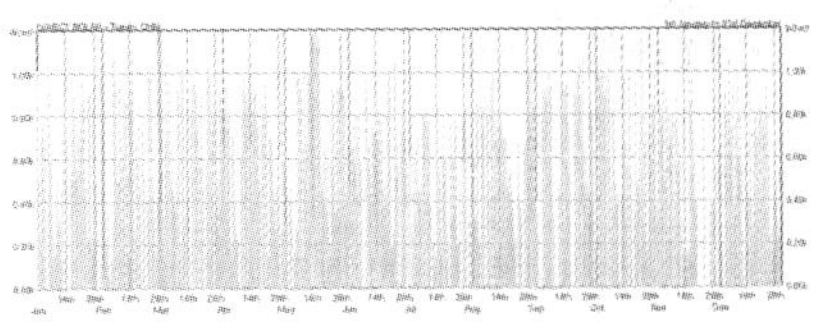

天津市逐时太阳直射辐射分析

图4 天津市气象数据

1.建筑性能诊断

（1）气候模拟

通过Ecotect 软件中的Weather tool 模拟（图4），可以看出：天津市年平均气温约14℃，7月最热，月平均温度28℃，1月最冷，月平均温度-2℃，故采暖能耗是全年能耗的主要来源；夏季湿度最大，通风防湿是有利措施，但春季湿度较低，应采取有效的加湿措施，提高室内环境舒适度；太阳能资源丰富，全年晴天较多，对于利用太阳能比较有利。

（2）热工模拟

运用PKPM公共建筑节能设计计算软件PBEC模块对目标建筑进行热工模拟，得到既有建筑改造前屋顶、墙体、楼板、外窗的热工数值，与标准数值进行比较，可精确定位绿色化改造的重点部位。建筑热工节能设计分析汇总表格（表4～表8）显示现有围护结构热工参数（尤其是各部位的传热系数）是否满足标准要求，对于未能达标的项，需要进行有的放矢地改造设计。

PKPM公共建筑节能计算书之屋顶热工节能设计分析（改造前）　　表4

屋顶:普通屋顶	厚度	导热系数	蓄热系数	热阻值	热惰性指标	导热系数
每层材料名称	(mm)	W/(m·K)	W/(m²·K)	(m²·K)/W	D=R·S	修正系数
沥青油毡,油毡纸	10	0.170	3.30	0.06	0.19	1.00
水泥砂浆	20	0.930	11.31	0.02	0.24	1.00
水泥焦渣	140	0.630	10.21	0.15	1.51	1.50
水泥砂浆	20	0.930	11.31	0.02	0.24	1.00
钢筋混凝土圆孔板	125	1.740	17.06	0.07	1.23	1.00
石灰,砂,砂浆	20	0.810	9.95	0.02	0.25	1.00
屋顶各层之和	335			0.35	3.66	
附加热阻	0.00					
屋顶传热阻RO=Ri+ΣR+Re	0.50 (m²·K/W)					
屋顶传热系数	1.98W/(m²·K)					
屋顶传热系数大于0.55不满足标准要求						

PKPM公共建筑节能计算书之外墙热工节能设计分析（改造前）　　表5

外墙:370硅酸盐砌体墙	厚度	导热系数	蓄热系数	热阻值	热惰性指标	导热系数
每层材料名称	(mm)	W/(m·K)	W/(m²·K)	(m²·K)/W	D=R·S	修正系数
水泥砂浆	20	0.930	11.31	0.02	0.24	1.00
轻砂浆黏土砖	360	0.760	9.93	0.47	4.70	1.00
石灰,砂,砂浆	20	0.810	9.95	0.02	0.25	1.00
墙体各层之和	400			0.52	5.19	
附加热阻	0.20					
墙体热阻RO=Ri+ΣR+Re	0.88 (m²·K/W)					
墙体传热系数	1.14(W/m²·K)					

各朝向墙平均传热系数

朝向	平均传热系数	平均热惰性指标	传热系数限值	是否满足
	[W/(m²•K)]		[W/(m²•. K)]	标准要求
南	1.41	4.78	0.60	不满足
东	1.39	5.17	0.60	不满足
北	1.41	4.81	0.60	不满足
西	1.39	5.17	0.60	不满足

PKPM公共建筑节能计算书之楼板热工节能设计分析（改造前） 表6

房间的楼板:钢筋混凝土楼板	厚度	导热系数	蓄热系数	热阻值	热惰性指标	导热系数
每层材料名称	(mm)	W/(m•K)	W/(m²•K)	(m²•K)/W	D=R•S	修正系数
细石混凝土	35	1.740	17.06	0.02	0.34	1.00
钢筋混凝土圆孔板(180厚)	125	0.620	10.88	0.20	2.19	1.00
石灰,砂,砂浆	20	0.810	9.95	0.02	0.25	1.00
楼板各层之和	180			0.25	2.78	
楼板热阻R0=Ri+∑R+Re	0.48 (m²•K/W)					
楼板传热系数	2.10W/(m²•K)					
楼板传热系数大于1.50不满足标准要求						

PKPM公共建筑节能计算书之外窗热工节能设计分析（改造前） 表7

外窗(或透明玻璃幕墙)类型号	窗名称	玻璃名称	传热系数 [W/(m²•K)]	玻璃遮阳系数	备注
1	断热铝合金低辐射中空玻璃窗	5+6A+5	2.70	0.63	
2			2.70	0.63	

门窗参数的朝向平均值

朝向	窗墙比	传热系数	遮阳系数	传热系数限值	遮阳系数限值	窗墙比	是否符合
		W/(m²•K)		W/(m²•K)		限值	标准要求
东	0.20	2.84	0.63	2.70	1.00	0.70	不符合
南	0.32	2.75	0.63	2.70	0.70	0.70	不符合
西	0.20	2.84	0.63	2.70	1.00	0.70	不符合
北	0.32	2.75	0.63	2.70	1.00	0.70	不符合

PKPM公共建筑节能计算书之外窗可开启面积比判定表（改造前） 表8

外窗可开启面积(m²)	外窗面积(m²)	外窗可开启面积比(%)	外窗可开启面积与外窗面积比例的限值(%)	备注
163.67	786.83	20.8	30.0	
外窗可开启面积不满足要求				

由分析数据可知，待改造建筑热工性能，无论是屋顶、外墙、楼板还是外窗及外窗可开启比例，都无法达到公共建筑节能标准，性能亟待提升。

（3）实测分析

按照《公共建筑节能设计标准》GB 50189-2005规定，屋面传热系数应不大于0.55W/(m^2•K)；外墙传热系数应不大于0.60W/(m^2•K)，15教学楼为20世纪70～80年代建筑未达到此要求，墙体保温主要依靠结构厚度，进行节能改造时应增加保温层。楼板、檐口及门窗过梁在做外保温时应加厚处理以减轻热桥现象。设计墙体时应使热流密度高峰滞后于室内外温度差的高峰值，滞后时间接近12h时有利于建筑冬季采暖的节能（表9）。

2. 改造策略设计

基于性能诊断中显示的问题，针对构造专项、形式专项、系统专项、设备专项进行改造策略制定，平衡建筑能耗、室内舒适度和成本效益，其适宜措施总结如下：

经过反复论证，兼顾成本、需求、改造后的绿色性能，最终确认实施方案（图5）。该方案外立面钢框架承载了改造工程增加的荷载，将遮阳、垂直绿化、实验室通风设备装置等整合；设计方案刻意保留基地现有树木，采用本地经济性植物，创造生命学院崭新的形象。

3. 建筑性能监测

（1）形态对比

落实改造策略后的全新方案，用建筑语汇表达绿色化措施。表11中对比了改造前后方案形象的提升。

（2）热工性能对比

PKPM公共建筑节能计算书模拟各个构件改造前后的热工性能，如下表12所示。改造后的重要部位传热系数，均优于标准要求，尤其是敷设保温层之后的屋面和墙体，优化效果明显。

测试情况 **表9**

布点	围护结构传热系数W/(m^2•K)		
示意	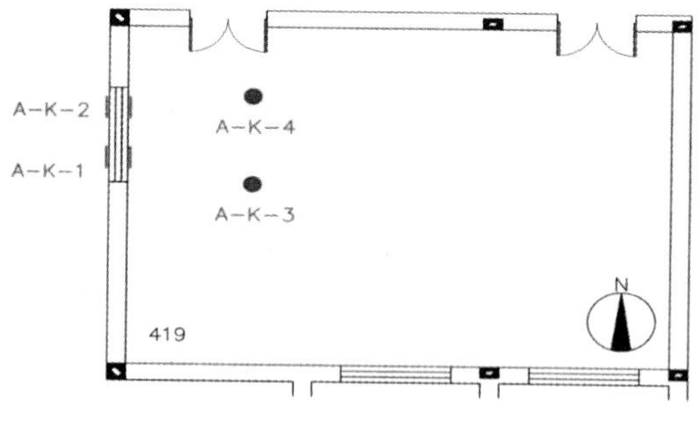 A-K-2 A-K-4 A-K-1 A-K-3 419 N	A-k-1	1.042
		A-k-2	0.696
		A-k-3	0.983
		A-k-4	0.635
	外墙围护结构的传热系数为0.85±0.1 W/(m^2•K)；屋顶结构无吊顶为0.98±0.1 W/(m^2•K)，有20mm厚空气层吊顶与屋顶复合结构传热系数为0.635±0.1 W/(m^2•K)		
测试分析	冬季采暖供暖温度恒定，室内温度较为平稳；23日至27日天气晴朗，室外气温波动随太阳辐射强度变化明显；热流密度每日的峰值较室内外温差有延迟，延迟时间在5～6小时左右，该既有建筑的非透明围护结构热惰性较差		

改造策略筛选　　表10

策略	具体措施
构造专项	在保留原有外墙360mm黏土砖的基础上，增设65mm厚憎水型岩棉板外保温层
	在原有屋面上铺设100mm厚挤塑聚苯板保温层
	加强门窗框料的热阻：外檐窗口及装饰性线角抹30厚膨胀玻化微珠
	外门窗框靠墙体部位的缝隙采用发泡聚氨酯填实、密封膏嵌缝
	提高门窗挡风雨条气密性，因改造前该建筑刚刚更换了断桥铝合金门窗，因此本次绿色化改造设计中尽量保留原有外窗不变，所有外窗开启扇处均增设纱扇
	采用中空玻璃、Low-E玻璃、热反射玻璃等节能玻璃
	旧材料利用
形式专项	对原有破损立面进行修缮，所用材料采用可再利用和再循环的建筑材料
	结合外立面构架设置遮阳百叶，合理的控制眩光和改善自然采光均匀性，同时防止夏季太阳辐射直接进入室内
	改造方案结合外立面构架设置了通风管道，有利于室内通风和气流的合理组织
	增设反光板、反光棱镜、反光顶棚
	设置垂直绿化
系统专项	设置了太阳能锅炉蓄能器，充分利用其供冷、制热性能
	结合雨水收集系统设置景观水池
	结合自行车停车棚设置太阳能光电板，为室外灯具提供照明用电
设备专项	内部给排水设备改造，电气工程及暖通系统的改造，实现了分类分项计量设计

图5 改造策略

改造前后方案形象对比 表11

改造前后热工性能对比 表12

	改造前	标准	改造后
屋顶传热系数	1.98W/(m^2•K)	0.55W/(m^2•K)	0.53W/(m^2•K)
墙体传热系数（南向为例）	1.41W/(m^2•K)	0.60 W/(m^2•K)	0.46W/(m^2•K)
楼板传热系数	2.10W/(m^2•K)	1.50W/(m^2•K)	0.95W/(m^2•K)
外窗传热系数（南向为例）	2.75W/(m^2•K)	2.70W/(m^2•K)	2.46W/(m^2•K)
外窗可开启面积比	20.8%	30%	46.7%

（3）能耗对比

运用Design Builder计算改造前、改造后的能耗，结果如下表。虽然新设备的引入使得全年空调总能耗和用电能耗有所提升，但采暖能耗大幅下降，并且太阳能空调系统为建筑带来了很可观节能量，整体来看，建筑总能耗相比改造前节能45.8%（表13）。

（4）物理环境对比

为进一步优化室内物理环境，改造设计采用与建筑垂直绿化框架结合的遮阳反光板，使室内照度均匀，避免眩光。同时，利用ecotect软件量化出遮阳反光板合理的尺寸（表14），达到既满足夏季遮阳又为冬季争取较多直接太阳辐射的目的。

需要说明的是，实施方案受制于造价和进度，如果进一步优化，还可以在风环境方面有更好地提升效果，扩大同一房间窗间距，促进室内空间气流运动，并利用外立面新增框架导风（表15）。通过改造前后对比可知，措施施用后室内风压、风速增大，自然通风效果明显。

通过整体化的“全项”，不仅能够大幅降低建筑能耗，提升舒适度，还可以为建筑形态创新找到依据。既有办公建筑绿色化改造的策略和流程，结合定量分析的手段，运用Design Builder、Ecotect、Phoenics、PKPM等软件进行能耗及物理环境定量模拟，从而得到较为理想的改造设计方案。改造后

改造前后建筑能耗计算 **表13**

	全年采暖总能耗（kWh）	全年空调总能耗（kWh）	全年用电能耗（kWh）	太阳能空调系统节能（kWh）	建筑总能耗（kWh）	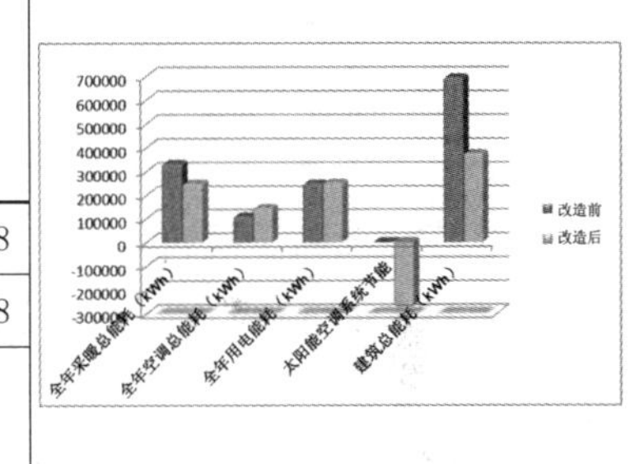
改造前	334649.2	110639.79	249979.29	/	695268.28	
改造后	251161.91	147312.30	253164.67	-274500	377138.78	
节能百分比	24.9%	-33.1%	-1.3%	/	45.8%	

南立面遮阳反光板优化效果 **表14**

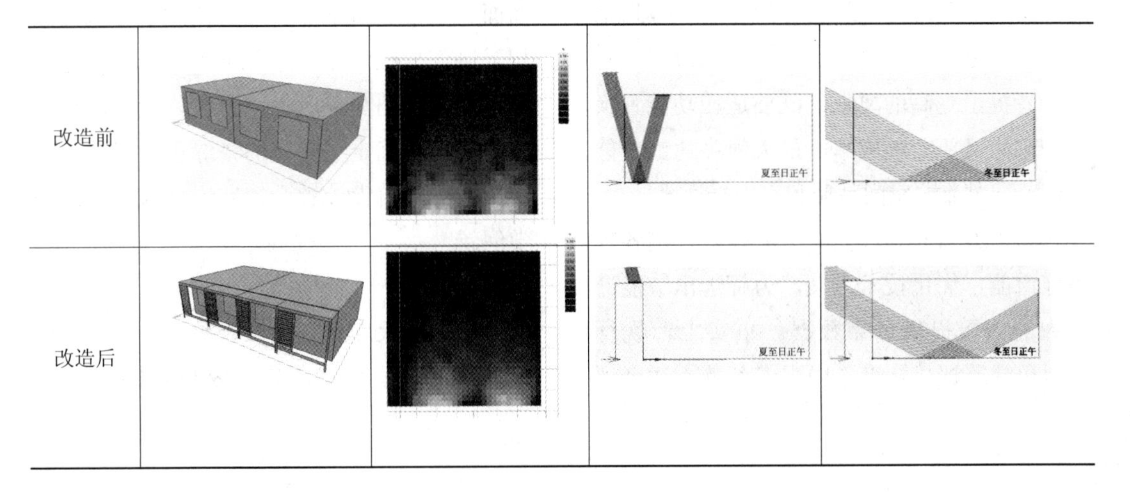

风环境模拟　　表15

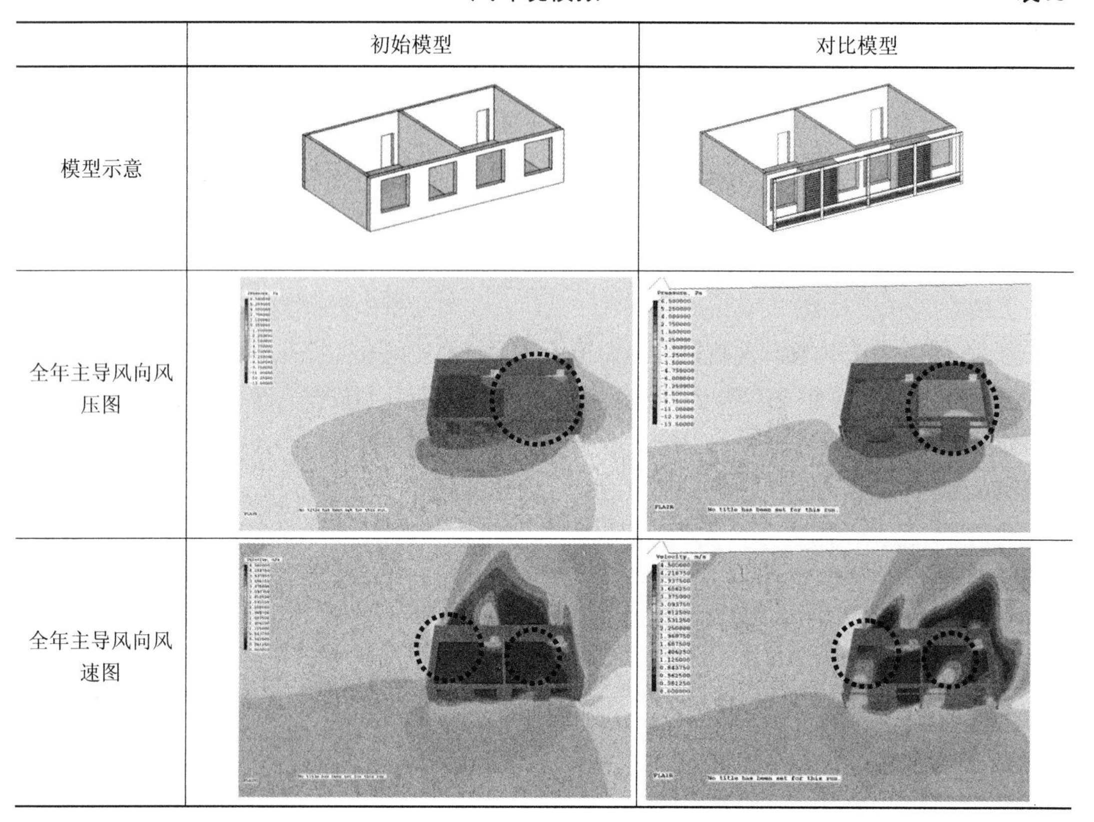

	初始模型	对比模型
模型示意		
全年主导风向风压图		
全年主导风向风速图		

的天津大学生命科学院科研楼，能够达到现行《绿色建筑评价标准》二星级。

五、结语

既有建筑绿色化改造需要打破传统设计思维模式，运用创新性设计思维进行改造前期构思，是一个多目标优化提升的过程，对设计者提出更高的要求：既要适应功能置换的需求，又要兼顾成本，最大限度达到节能目标，同时兼顾空间品质和室内舒适度。

基于模拟的绿色化改造流程，预测各项措施潜能，优化技术方案，为筛选出节能潜力大的因素提供可靠数据。事实上，现行《绿色建筑评价标准》中很多条款不适合评价既有建筑，针对既有建筑，将措施性评价与性能化评价相结合，以改造后性能的提升度作为星级评定的标准，才能切实控制节能改造的效果，这也是量化预测的目的之一。另外，大量改造工作涉及建筑和施工的方方面面，需要建筑学和其他专业的积极参与和相互协作。绿色化改造并不等同于常规建筑与绿色技术的交单叠加，方案阶段绿色化理念的植入，确定了建筑的“绿色”属性，改造策略与建筑设计整合，实现建筑形象的美学创新。

（天津大学建筑学院供稿，杨鸿玮、刘丛红、程兰执笔）

既有社区建筑用能特点及诊断分析

一、引言

社区的理念最先是十九世纪七十年代由英国学者H.S梅因提出来的。我们认为，所谓的城市社区是指在一定范围的城市区域里，有着一定数量的人群，他们之间的有着复杂的关系，且社区内建筑应该包括了住宅建筑和商业建筑等主要功能，配有基本的社区服务设施，不管从人文发展或者是区域上来看，城市社区可视为一个单元体，很多个这样的单元体组成了一个城市，两者是密不可分的，社区的发展与城市的发展也息息相关。

社区内建筑一般包含了住宅建筑和公共建筑，公共建筑包括各种商场、办公楼、体育馆、医院、学校、娱乐场所等等，我们研究社区建筑的能源利用现状就需要对社区内各类建筑的能耗进行统计分析。建筑能耗又有着狭义和广义之分，狭义的建筑能耗指的主要是建筑的使用能耗，也就是建筑使用过程中在照明、空调、烹饪、供暖、通风、生活热水、给排水家用电器等方面的民生能耗。

二、典型社区概况

某社区始建于1958年，以住宅建筑为主，共有8300多户居民约26000人，社区内配套公共设施有中小学、幼儿园、医院、银行、体育场馆、商业服务网点等公共场所。总占地面积约120万m²，总建筑面积约68.84万m²，其中住宅建筑面积约57.6万m²，公共设施建筑面积约11.24万m²。该社区内77%的住宅建筑是在20世纪90年代以后建造的，且2000年以后建造的占到了30.8%。住宅的建造年代分布如下图所示：

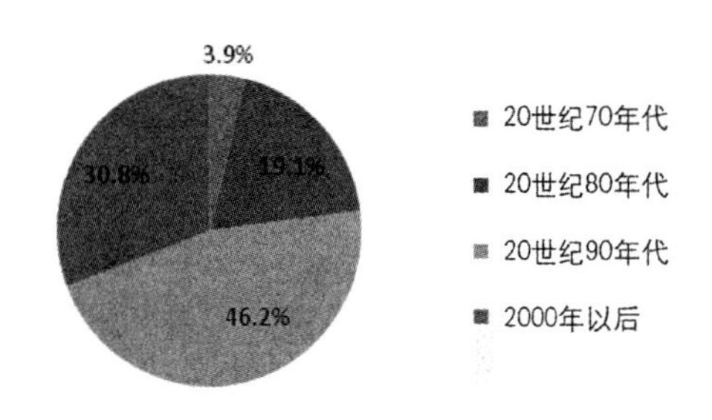

图1 社区建筑建造年代分布图

三、社区建筑用能现状

为了了解掌握社区的建筑用能情况，采用走访问卷、上门读取电表水表数字及联系物业处的水电费账单等方式对该小区的部分居民就行调研。通过社区物业，我们获取了本小区内全部住户的年用电量、用水量及燃气用量；同时我们设计了调查问卷表，通过入户调研，了解居民的居住环境、用电设备、生活热水的制取方式、夏季制冷方式等。

通过对调研数据进行统计，可知该小区建筑年份比较久远，其用电设备主要包括各种灯具、电视机、洗衣机、电冰箱、电饭锅、电水壶、电热水器和电脑等。其生活热水大多采用电热水器，只有很少一部分住户使用太阳能热水器；冬季供暖采用社区附近热源的余热利用供应，未采用分户热计量，室内散热器为暖气片，冬季室内温度基本满足要求，夏季部分住户家装有分体式空调，其余住户采用电风扇等设备制冷。

（一）用电总量及强度

该社区建筑总用电量为1429.6万kWh，单位建筑面积平均用电量为22.5kWh/(m²·a)。社区建筑用电量统计表如下所示：

社区建筑用电总量及强度表　　表1

建筑名称	建筑面积（m²）	用电总量（kWh）	单位建筑面积用电量（kWh/m²·a）
住宅楼	576000	11350000	19.7
商场	5940	342072	57.6
医院	28316	1511000	53.4
宾馆	15660	953081	60.9
幼儿园	8625	139520	16.2
合计	634541	14295673	22.5

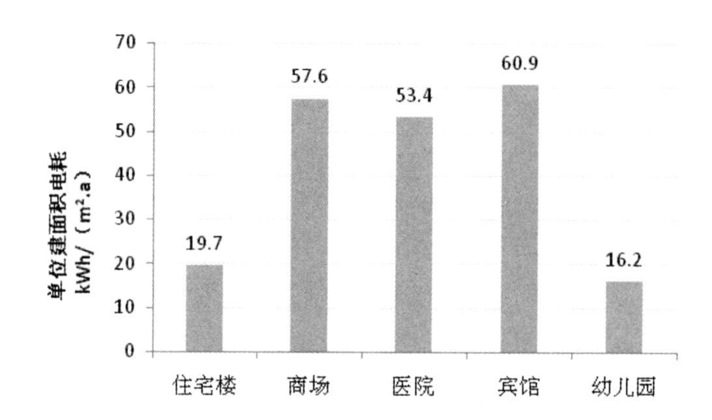

图2 社区各类建筑单位建筑面积电耗指标

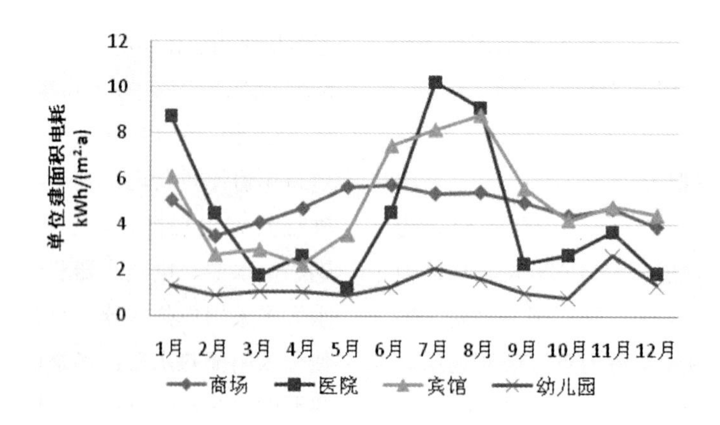

图3 社区部分公建单位建筑面积逐月电耗

社区各类建筑燃气用量强度表 表2

建筑名称	建筑面积（m^2）	用气总量（m^3）	单位面积用燃气折算标煤量（kgce/(m^2·a)）	人均年用气量 m^3/(人·a)
住宅楼	57.6万	193.02万	2.01	67.02
幼儿园	8652	7364.76	0.51	8.51
宾馆	15560	14400	0.56	18.51
合计	600212	195.19万	1.95	67.77

注：该社区用的是煤气，折合标煤量系数取为0.6kgce/m^3（参考《中国能源统计年鉴2010》）。

（二）燃气消耗总量及强度

该社区建筑总用燃气量为195.19万m^3，人均年用气量为67.77m^3/(人·a)。

（三）采暖系统

该社区冬季均采用集中供热方式供暖，社区内中心部分住宅建筑的冬季供暖由社区附近热源直接供应60℃热水供热，其余建筑由附近热源提供的蒸汽来制取60℃左右的热水为建筑供暖，供回水温差在4～7℃，在社区内共设有6个供热站和一个空调站；采暖系统末端除4栋高层住宅楼为风机盘管外，其余均采用散热器采暖。

四、社区居民能源使用习惯和改造意愿

该社区的居住人员大部分是普通职工，平均月收入在3000～4000元左右，属于中等偏下的收入。为了节约生活日常开支，中老年人的生活作息有规律，节能节水意识较强，保留着人走灯灭、关闭电源开关等良好习惯。但访问中，也有部分年轻居民并没有节能概念，水电用量明显比老年人的用量高。

根据对居民社区环境舒适度调查结果，约44%的居民对社区的整体居住环境表示满意，44%的居民认为社区的居住环境一般，约12%的居民对社区的居住环境不满意。调研结果如下图所示：

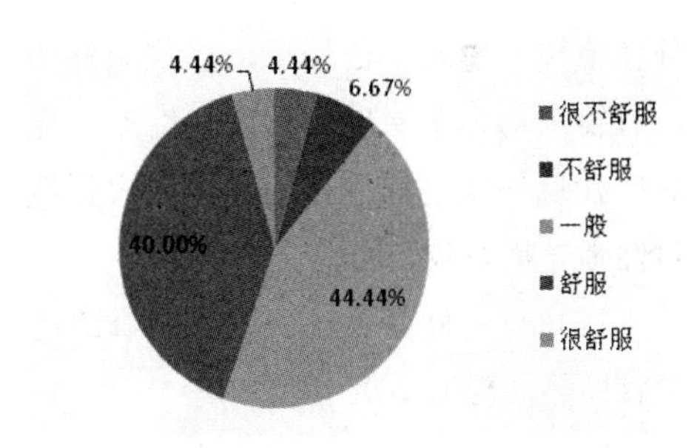

图4 居民对社区环境舒适度的问卷调查

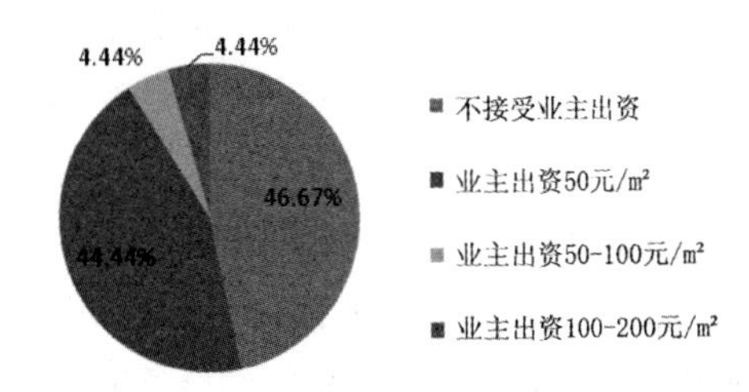

图5 社区居民节能改造意愿调查结果

根据对于社区居民节能改造意愿的调查结果，60%的居民希望对社区进行节能改造，其中，30%住户希望对小区环境进行改造，30%住户希望能对冬季供暖系统进行改造，尤其是北区建筑的居民急切希望能通过节能改造提供他们的房间的热舒适，但约50%的居民不愿意承担节能改造的费用。

五、结果分析

根据社区能源利用现状的调研结果分析：社区的采暖能耗较高，主要原因是区域能源系统效率低与部分建筑围护结构性能差。可采取对能源系统进行升级维护的节能改造来提高能源系统的运行效率。具体措施如下：

（一）对区域能源站进行改造，利用热泵对焦化厂的冷却循环水进行温度提升，提高供热介质热能品质，满足社区供热需求。

（二）建筑围护结构的局部改造：对于部分住宅楼，建筑年代较早，建筑无外墙保温，且窗户均为单层玻璃，密封性差。建议对这些建筑外墙进行保温处理，窗户更换为密封性强导热系数小的中空玻璃。

（三）对室外供热管网进行维修改造，减少管网热损与流动阻力。

（四）建筑终端用能设备改造：安装分户热计量装置，提高用户的节能意识。

（五）提高社区的可再生能源利用率，在多层住宅中安装分散式的太阳能热水器。

六、社区模糊综合评判模型

根据模糊数学的理论，假定对n个评判对象即不同的社区进行模糊综合评判，这些评判对象组成一个决策集：

D={d1，d2，d3，…，dn}

而每个评判对象又包括m个影响因素即评判目标，这些影响因素组成模糊综合评判的目标集，表示为：

U={u1，u2，u3，…，um}

把上述的m个评判目标作为模糊综合评判的评判标准，然后建立模糊评判矩阵$R=(r_{ij})m\times n$，表示如下：

$$R=\begin{bmatrix} r_{11} & r_{12} & \cdots & r_{1n} \\ r_{21} & r_{22} & \cdots & r_{2n} \\ \vdots & \vdots & \ddots & \vdots \\ r_{m1} & r_{m2} & \cdots & r_{mn} \end{bmatrix}$$

式中r_{ij}表示第j个评判对象的第i个评判目标的隶属度，$r_{ij}\in[0,1]$。

每个评判目标对每个评判对象的影响程度都有所不同，需要对各个评判目标分别赋予不同的权重，设目标i的权重用w_i来表示，权重向量可以表示为：

$W=(w_1, w_2, w_3\cdots wm)$，且

$$\sum_{i=0}^{m} w_i = 1$$

根据模糊数学合成原理，把模糊权重向量W和模糊评判矩阵R相乘可以得到模糊评判向量B，

$$B=W\cdot R=(W_1,W_2,W_3\cdots W_m)\cdot\begin{bmatrix} r_{11} & r_{12} & \cdots & r_{1n} \\ r_{21} & r_{22} & \cdots & r_{2n} \\ \vdots & \vdots & \ddots & \vdots \\ r_{m1} & r_{m2} & \cdots & r_{mn} \end{bmatrix}=(b_1,b_2,b_3\cdots b_n)$$

式中b_j表示第j个评判对象对应的评判系数。

通过比较各个评判对象的评判系数，可以看出每个评判对象的节能改造潜力的大小，从而提出既有社区的节能改造潜力方向。评判系数越小，表明该社区的用能越不合理，节能改造的潜力越大。

七、结语

社区建筑能耗分布及影响因素比单体建

筑能耗要复杂得多，仅凭现场调研很难获取能耗分析与能源优化配置所需的全部数据。大多数既有社区没有建筑能耗实时监测系统，尤其是对于建设年代比较久远的建筑小区，既没有保留建筑设计图纸，也没有基础的能源计量设施，通过现场调研仅能获得住户的基本能耗量与社区的基础数据。因此，针对目前既有社区无完整的建筑能耗、负荷数据的现状，综合采用数据调研、理论分析和模拟分析等方法，研究建立既有社区建筑能源需求预测方法，从而计算得到能源负荷数据，为既有社区能源系统的优化配置提供基础数据。

（山东建筑大学供稿，作宗浩、刁乃仁、崔萍执笔）

既有建筑绿色化改造标识项目现状分析

一、引言

随着中国城市化进程的高速发展，城市规模不断扩张，与此同时，人类生存的环境也受到了越来越大的破坏。人与自然环境和谐相处，实现经济社会的可持续发展，已成为当今国家发展的迫切需要，因此，充分考虑了人与环境的协调性的绿色建筑理念应运而生。建筑业是我国能源消耗大户之一，特别是存量大、能源利用率低、对环境污染严重的既有建筑，已成为我国发展绿色建筑要解决的重要问题之一。正因如此，对既有建筑实施绿色化改造带来的经济和环境效益也将是无法估量的。本文从已获得绿色建筑评价标识的项目出发，梳理了我国既有建筑绿色化改造的发展现状及主要技术措施；针对不同气候区和不同建筑功能，对既有建筑绿色化改造的综合效益进行了简要分析。

二、既有建筑绿色改造标识项目的发展概况

对于处于快速发展的新建建筑，由于其建设标准不断提高，有关绿色建筑的设计、施工和评价各阶段的技术支撑相对完备，执行力度逐渐加强，设计方案为其提供空间，实施绿色建筑局限性小。而对于既有建筑，由于其实施年代、使用性质千差万别，建设时期尚无完整的绿色标准及技术体系，导致实施绿色建筑局限性较大。但既有建筑现存体量大，截至2013年底已有500亿m^2，建筑设施、设备水平差也预示着其提升潜力以及改造后的效益也是巨大的。截至2013年12月，全国共有1290个项目获得绿色建筑评价标识，总建筑面积达到14260.2万m^2。在获得标识项目的构成当中，新建建筑仍然占据绝对的多数，仅有31个项目通过既有建筑改造而获得绿色建筑评价标识，总建筑面积为156.6万m^2，仅占所有标识项目总建筑面积的比例为1%。

三、既有建筑绿色改造标识项目的特征分析

自《绿色建筑评价标准》GB/T 50378-2006实施以来，既有建筑绿色改造标识项目的逐年分布情况如图1所示，项目数量呈逐年增长的趋势，整体保持良好的持续发展态势。

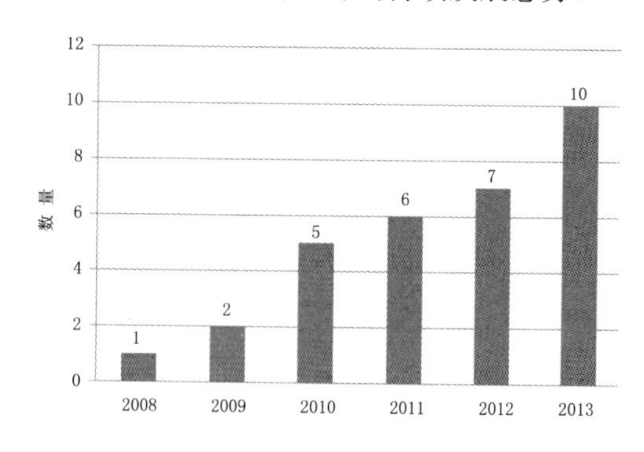

图1 项目数量发展趋势

绿色建筑理念的推广和普及，民众及各方对于绿色建筑的接受及认知度不断提高，节能改造、绿色建筑的强制与鼓励政策等的推动作用，使得既有建筑绿色化改造得到了快速的发展，特别是2012年以来，获得标识

的项目数量有了明显的增长。

既有建筑绿色改造标识项目的星级分布如图2所示，数据显示高星级的既有绿色改造项目数量占有较高的比例，其中三星级达48%。

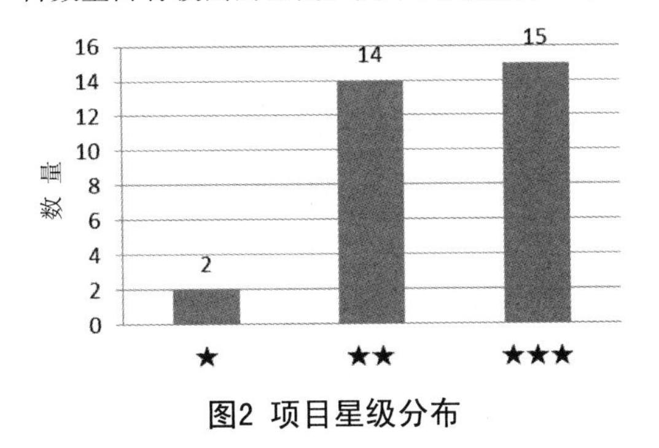

图2 项目星级分布

这主要是由于目前各地既有建筑绿色改造以示范带动为主，考虑到绿色改造技术难度较大，往往以先期基础较好的既有建筑作为改造对象，加之较大的技术及经济投入，促成了大部分改造项目可以得到较高的绿色建筑星级。从另一个方面来看，目前既有建筑改造依照现行绿色建筑评价标准的技术体系来制定改造方案，往往出现两极效应：或者达不到绿色建筑基础标准，或者可以到达较高的技术水平，难以形成广泛的普适效应。

不同建筑类型的既有建筑绿色改造标识项目数量分布情况如图3所示。改造标识项目中公共建筑数量所占比例较大，其中大型公共建筑达45%。

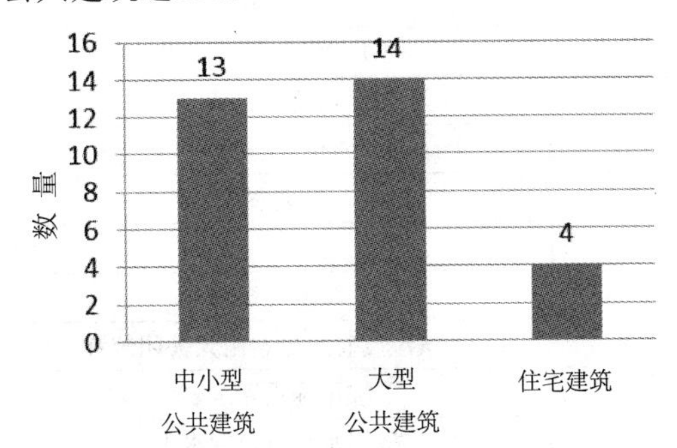

图3 建筑类型分布

究其原因，一方面是因为公共建筑的技术承载能力较强，可以给绿色改造方案留有较大的发挥空间；另一方面表现在改造的驱动力上，住宅建筑的开发商大都是前期开发与后期运营分离，缺乏后期改造的自发动力。当然大型公共建筑的能源和资源的用量和密度大，环境要求高，其改造的收益率也远远超过住宅建筑。

从既有建筑绿色改造标识项目的地域分布来看，如图4所示，全国范围内尚以上海、北京、广东、浙江、江苏等发达地区省份为主力军。

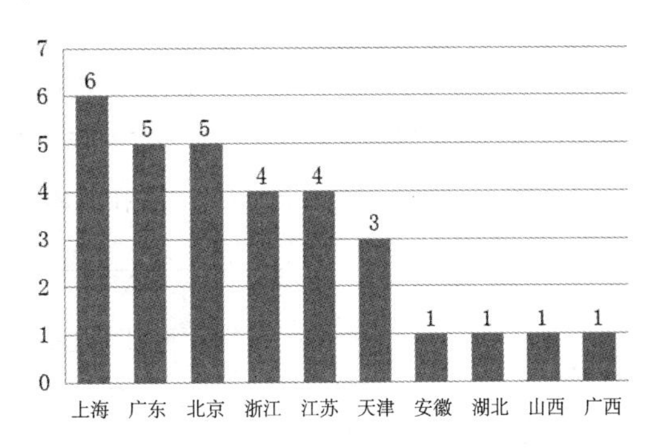

图4 区域分布

这种情况有其必然性，发达地区省份的技术力量较强，绿色意识较好，经济承载力较强，新兴领域多会率先在这些地区兴起。当然，加快既有建筑绿色改造技术体系的发展，使其成熟化、标准化、体系化，形成发达地区的普及发展效应，同时带动不发达地区的推广发展，成为目前这一领域亟待实现的目标。

四、既有建筑绿色改造实施措施

从已完成的既有建筑绿色改造项目的总体实施途径来看，各项目的控制项必须达标。一般项多是通过原有基础条件加上改造达标的条款进行组合，优选项基本都是需要通过改造才能达标。表1从绿色建筑评价的6类指标出发，分别列出了既有建筑绿色改造中采取的具体实施途径。

绿色化改造各专业实施途径 **表1**

指标类别	技术措施	实施途径
节地与室外环境	增设立体绿化	屋顶绿化
		垂直绿化
	场地绿化改造	物种改造
		面积增加
	场地污染源治理	噪声治理
		排放治理
	室外风环境改善	防风林木
		防风墙板
	增加室外透水地面面积	绿化面积增加
		透水铺装增加
	原有旧建筑的翻新改造	加固改造
		功能提升
节能与能源利用	围护结构改造	保温
		外窗
		外遮阳、玻璃贴膜
	暖通空调设备更新	冷热源
		水泵、冷却塔
		空调末端
	照明改造	灯具光源
		控制方式
	增设分项计量装置	电计量
		能耗计量
	可再生能源利用	太阳能热水
		地源热泵
	自然通风利用	格局改造
		外窗或幕墙可开启部分
节水与水资源利用	管网更新改造	管道、阀门
		水压控制、余压利用
	设备及器具更新	给排水设备
		节水器具
	雨水利用	收集系统
		回用系统
	节水灌溉	喷灌、微灌
		土壤湿度感应器、雨天关闭装置
	加装计量水表	按用途设置水表
		按用水单位设置水表

续表

<table>
<tr><th>指标类别</th><th>技术措施</th><th>实施途径</th></tr>
<tr><td rowspan="6">节材与材料资源利用</td><td rowspan="2">高性能材料应用</td><td>高性能混凝土</td></tr>
<tr><td>高强度钢材</td></tr>
<tr><td rowspan="2">材料回收再利用</td><td>可再循环材料</td></tr>
<tr><td>可再利用材料</td></tr>
<tr><td colspan="2">采用灵活隔断</td></tr>
<tr><td colspan="2">土建装修一体化施工</td></tr>
<tr><td rowspan="9">室内环境质量</td><td rowspan="2">室内舒适度的提升</td><td>温湿度</td></tr>
<tr><td>新风</td></tr>
<tr><td rowspan="3">室内噪声改善</td><td>隔声门、窗</td></tr>
<tr><td>隔声、吸声饰面材料</td></tr>
<tr><td>隔振、减震设施</td></tr>
<tr><td rowspan="2">无障碍设施设备改造</td><td>无障碍设施</td></tr>
<tr><td>无障碍电梯</td></tr>
<tr><td colspan="2">增设室内空气质量监测</td></tr>
<tr><td colspan="2">建筑材料及装修材料的污染控制</td></tr>
<tr><td rowspan="3">运营管理</td><td colspan="2">完善垃圾分类收集</td></tr>
<tr><td>增加能耗综合管理系统</td><td>对通风、空调、采暖、照明等部分的能耗进行监测和分析</td></tr>
<tr><td>完善建筑智能化系统</td><td>增加网络、监控等子系统</td></tr>
</table>

五、既有建筑绿色改造标识项目效益分析

通过对31个绿色改造项目所获得的综合效果进行统计分析，得出了公共建筑和住宅建筑在建筑节能率、单位面积能耗、非传统水源利用率、可再循环材料利用率以及增量成本方面的量化数据（表2）。

绿色化改造综合效益 **表2**

<table>
<tr><th colspan="2">建筑类型</th><th>节能率（%）</th><th>单位面积能耗（kWh/m²•a）</th><th>非传统水源利用率（%）</th><th>可再循环材料利用率（%）</th><th>单位面积增量成本（元/m²）</th></tr>
<tr><td colspan="2">公共建筑</td><td>62.2</td><td>69.8</td><td>24.0</td><td>7.8</td><td>294.0</td></tr>
<tr><td rowspan="3">住宅建筑</td><td>严寒寒冷地区</td><td>60.4</td><td>19.6</td><td>10.6</td><td>10.2</td><td>55.7</td></tr>
<tr><td>夏热冬冷地区</td><td>72.6</td><td>18.9</td><td>14.0</td><td>9.0</td><td>12.9</td></tr>
<tr><td>夏热冬暖地区</td><td>61.1</td><td>31.4</td><td>17.8</td><td>5.2</td><td>36.1</td></tr>
</table>

从表2可以看出，公共建筑由于改造成本的增加，单位面积增量成本达到了294元/m^2，但是相应获得了较好的效益，相对于新建建筑50%的节能率的要求，改造项目的建筑节能率平均达到了62.2%，非传统水源利用率平均达到了24%。虽然住宅建筑目前项目较少，但是从不同气候区的项目来看，还是收到了不错的效果。

六、结语

国家标准《绿色建筑评价标准》（GB/T 50378）和其他适用的地方绿色建筑评价标准颁布以来，我国绿色建筑行业的发展已初见成效，但今后的工作重点和难点还将集中在我国目前既有的500多亿m^2建筑上。这些既有建筑绝大部分都存在资源消耗水平偏高、环境负面影响偏大、工作生活环境亟待改善、使用功能有待提升等方面的问题。通过本文对目前既有建筑绿色改造的发展状况的深度分析，明确以后的工作重点，重视改造前对建筑现状及潜力的诊断分析，特别是以效果落实为直接目标导向在综合检测和评定的基础上对既有建筑进行绿色化改造，把握改造方案与经济投入之间的平衡，强化全寿命周期理念下的改造过程，相信在政策的推动以及绿色改造所带来的巨大的经济环境效益的诱导下，既有建筑绿色化改造会取得更有成效的发展。

（中国建筑科学研究院供稿，孟冲执笔）

屋顶绿化在既有建筑绿色改造中的应用及推广阻力分析

一、引言

我国正处在快速城市化阶段，尤其今年政府工作报告中提出要解决“三个一亿人”的问题，大量农村人口转移至城市，促进了城市建筑的发展。我国既有建筑500多亿m²，再加上每年新增的20多亿m²，占城市面积60%以上，大量的建筑密集于有限的城市土地上，使得我国城市人均绿地面积远远低于发达国家。在城市建成区如果开辟大量土地进行绿化种植，不但拆迁费用庞大，而且也会造成资源的二次浪费。

在我国的大中城市中，老城区内已建成的混合结构多层平屋顶房屋占有较大的比例，在既有建筑改造中，在确保防水、荷载等安全的前提下，进行屋顶绿化是增加老城区绿化覆盖率的有效方法。同时，发展屋顶绿化是对城市建筑破坏生态平衡的一种最简捷补偿办法，也是城镇园林建设、节能环保型绿色建筑的重要内容，对城市控制大气污染、提升生态环境质量、降低建筑能耗起到很大的作用。但目前，国内的很多城市屋顶绿化推广迟缓。是技术、成本还是政策，在制约屋顶绿化的推广？

二、屋顶绿化分类及其发展历程

屋顶绿化((Green Roof)可以广泛地理解为一切脱离地面的种植技术，包括在各中建筑物、构筑物、城墙、桥梁(立交桥)等的屋顶、露台、天台、阳台以及墙体上进行绿化种植。屋顶绿化分类形式多样，按使用要求可分为公共游览型屋顶花园、盈利型屋顶花园、家庭式屋顶花园、科研生产性屋顶绿化；按照绿化形式可分为地毯式、花坛式、棚架式、苗床式、花园式、庭院式；按照绿化效果分为不可上人的轻型屋顶绿化和可供人们休闲娱乐的重型绿化。

屋顶绿化最早可追溯到公元前2000年前古苏美尔人建造的大庙塔，最著名的就是大家所熟知的建于公元前604～562年间的巴比伦“空中花园”。近代屋顶绿化最先兴起于欧美日等发达国家，无论在绿化技术、标准规范、法律法规还是鼓励政策等方面都有了很大的发展，其中德国是世界公认的屋顶绿化最先进的国家。我国从20世纪60年代才开始研究屋顶花园相关技术，重庆、成都等南方城市相继建立了各种规模的屋顶花园，近十年来，屋顶花园在一些经济发达的城市有了较快的发展，一些城市也相继制定了屋顶绿化标准。

三、屋顶绿化的生态效益和社会效益

理想化的现代化城市要求一定数量的绿地面积来确保城市生态环境的质量，我国城市建筑高速发展，必然发生建筑与绿地争地矛盾，解决建筑占地与园林绿化争地矛盾的前景之一，是在新建或已建的各类房屋本身寻找出路。建筑物的垂直绿化，特别是屋顶绿化几乎能以相等的面积偿还支撑建筑物所占的地面。因此，屋顶绿化具有不可忽视的生态效益和社会效益。

（一）增加城市美感，为市民休闲娱乐场所

屋顶绿化能够协调建筑物与周围环境的联系，使自然界的植物与人工建筑物有机结合和相互延续，增加了人与自然的紧密度，达到保护和美化环境景观的目的随着城市发展。越来越多的人工作与生活在高空，他们不可避免地经常俯视楼下景物，除了少有的绿化带，下面主要是道路、硬地铺装和低层建筑物的屋顶，如果使用绿色植物代替黑色沥青、灰色的混凝土和各类墙面，那么整个城市的立体景观就会具有柔和、丰富和生机的艺术效果，从而形成多层次的城市空中美景。此外，绿色能够缓解人的视力疲劳，有助于用眼卫生，绿色在人们的视野中若占25%时人的视网膜即能得到极好的调节，人就会感到心旷神怡，工作效率和热情就能得到极大提高。

屋顶绿化能使不受视觉欢迎的屋顶变成绿草茵茵、鸟语花香的空中公园，使得城市的风貌得到了极大的改善，同时也提升了城市的形象，具有很好的宣传效果，对商业设施和娱乐设施也有很大的吸引和聚集作用。因此，屋顶绿化不仅能够美化城市，还能提高人们的生活质量，宣传城市形象。

（二）降低建筑能耗

由于太阳辐射，建筑屋顶吸热升温，引起顶层房间室内温度升高，增加使用空调造成的能耗。殷丽峰等研究了北京地区不同屋顶的表面温度的分布特点(图1)，认为屋顶种植绿色植物能够起到隔热降温的作用，降低建筑表面温度。冯驰等研究认为，屋顶种植佛甲草在夏季对太阳辐射的吸收率为0.83，能够明显降低顶层室内温度。Lazzarin等指出，与带隔热层的普通建筑相比，植被屋顶可以使进入室内的热量减少60%。刘凌等通过CFD计算流体动力学软件分别对外墙绿化建筑和无外墙绿化建筑的内外表面平均温度、室内平均温度和风速进行模拟，结果表明建筑垂直绿化具有降低温度的直观感受作用，从而降低空调能耗10%左右。相比之下，没有屋顶花园覆盖的平屋顶，夏季由于阳光照射屋顶的温度比气温高的多，不同颜色和材料的屋顶温度升高幅度不同，顶层最高可达80摄氏度以上。此外实施绿化的屋顶上有一定厚度的种植基质，在冬季可以充当保温层，具有较好的保温作用。

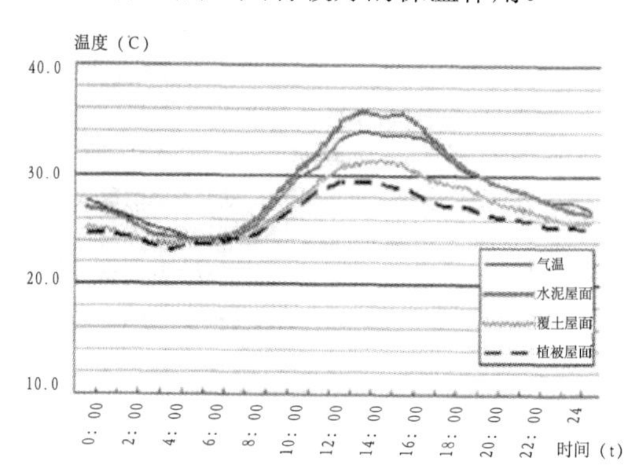

图1 北京地区夏季不同屋面温度日变化

（三）蓄积雨水，减轻城市排洪压力

在我国的很多城市地区，由于下垫面的大面积硬质化导致地表径流增加，加重城市排水负荷。屋顶花园建造时使用了大量的蓄水基质，甚至设置了蓄水池，因此其能够延迟降雨的产流时间、减少排入城市雨水管道的径流量，并且使屋顶的雨水产流分布特征更接近自然状态，降低径流峰值。在德国，政府为了奖励屋顶绿化在截留雨水，减少雨水污染，缓解市政排水工程压力方面的作用，按照50%～80%的比例减免屋顶绿化的建筑雨水处理费用。

（四）增加城市绿地,降低大气污染

在现代大都市里，建筑密度越来越高，植物绿化没有了立足之地，屋顶花园的营造能够提高城市的绿化率，改善建筑周围小气候，起到隔热保温的作用。屋顶绿化作为遏制城市热岛效应、提高空气质量的有效手段。屋顶绿化虽然不能像在陆地上那样种植高大的乔木，但是经过精心设计的屋顶花园，除了种植佛甲草等地被植物外，也可以种植一些小灌木甚至小乔木，其仍然具有不可忽视的生态效益，尤其在温暖湿润的南方，绿色植物可终年进行光合作用，固定空气中的CO_2，释放氧气。台湾学者林宪德在其编著的《绿建筑解说评估手册》中指出城镇绿化中常见的7种种植类型，并估算出各种植类型单位面积40年的固碳量(表1)。通过该种方法，可以详细的计算出屋顶绿化的固碳释氧量。

此外，绿色植物都具有滞尘杀菌的作用，其作用效果主要与植物种类、叶面积、气象条件等因素有关。美国学者Yang等人，通过对芝加哥屋顶绿化研究分析发现，19.8hm^2屋顶绿化每年可去除1675kg的空气污染物，其中净化效果最明显的是植物生长旺盛的5月份，能够降低O_3含量52%、NO_2含量27%、PM10含量4%、SO_2含量3%。

不同种植方式Pi单位面积40年CO_2的固定量 表1

种植代码 Plant code	种植方式 Planting patterns	CO_2固定量(kg / m²) Carbon sequestration
P1	大小乔木、灌木、花草密植混种区(乔木平均种植间距＜3.0m) Growing areas with trees、shrubs and grass	1200
P2	阔叶大乔木 Growing areas with big broad-leaved trees	900
P3	阔叶小乔木、针叶乔木、疏叶乔木 Growing areas with small broad-leaved trees、coniferous trees or sparse-leaves trees	600
P4	棕榈类 Growing areas with Ornamental Palm Plants	400
P5	密植灌木 Growing areas with close planting shrubs	300
P6	多年生蔓藤 Growing areas with Perennial vine	100
P7	草花花圃、自然野草、草坪、水生植物 Growing areas with grass、aquatic plants	20

四、屋顶绿化在既有建筑改造推广中遇到的问题分析

总体来说，我国的屋顶绿化设计与营建还处于起步阶段，在设计施工技术、法律规范以及示范宣传方面都存在不足，致使屋顶绿化在我国推广缓慢。

（一）屋顶绿化在既有建筑绿色改造中的技术障碍问题

1.既有建筑屋顶荷载小

建成于是二十世纪八、九十年代的旧建筑，进行屋顶绿化时最关键的是承重问题。屋顶花园荷载分为静荷载和活荷载两类。静荷载包括屋顶结构自重、防水层、种植土、植物以及园内所有的园林小品设施的重量，此外还要考虑植物长成的重量以及种植土吸收雨水达到饱和时的增重。活荷载主要是人及检修工具设备的重量，这些荷载移动会使楼板受力状况出现变化。很多既有建筑原设计只考虑超载系数和活荷载，如果改为种植屋面，种植土和植物荷载增加很多，因此在既有建筑改造中，要先对梁板柱等基础结构的荷载进行计算，然后再以最不利的因素进行组合，使得各项设计都符合屋顶的最大荷载设计。

此外，屋顶绿化产生较大的屋面荷载对建筑物下部结构也会造成一定的影响。徐福卫等利用ANSYS有限元计算软件，对建筑物进行有限元计算，得出对屋顶绿化改造中增加的荷载小于7.5KN/m^2时对建筑结构的影响较小，但是需要对顶层关键部位进行加固处理。对于屋顶或者建筑下部结构荷载较低的既有建筑，可结合具体情况，采取屋顶加固或者使用藤本植物进行立体绿化等措施。

2.防水问题

在建筑屋顶上进行绿化建设，除承重问题外，屋顶的防水和排水与既有建筑的正常安全使用关系最密切。屋顶防水的成败不仅直接影响到建筑物的正常使用，还关系到建造在屋顶上的屋顶花园的使用寿命。如果屋顶花园建成后发现漏水，必须把屋顶防水层以上的排水层、过滤层、种植土、各类植物花卉全部去除，才能彻底找出漏水原因，从而增加工程造价，减短了园林工程寿命，造成极大的浪费。因此，要严格做好屋顶的防水与排水工作。

屋顶漏水主要是因为原屋顶防水层存在缺陷，建造屋顶绿化时破坏了原防水层或者因为在屋顶花园设计时布置了的水系以及后期养护中浇灌了较多的水造成的渗漏。目前屋顶绿化的防水处理方法主要有刚、柔之分，各有特点。由于蛭石、草炭等栽培基质对屋顶有很好的养护作用，因此有植物栽培的屋顶防水最好采用刚性防水。在无植物栽培的地方，刚性防水层因受屋顶热胀冷缩和结构楼板受力变形等影响，宜出现不规则的裂缝，造成刚性屋顶防水的失败。且既有建筑的屋顶荷载一般较小，而刚性防水的荷载量比较大，因此在屋顶花园的建设中常结合刚性防水，使用柔性防水，即用三毡四油或二毡三油，再结合聚氯乙烯烯泥或聚氯乙烯涂料处理。近年来，国内外又研制了很多新型的防水材料，如铜胎基复合防水材料、聚氯乙烯防水卷材(PVC)、热塑性聚烯烃防水卷材(TPO)、合防水卷材(PSS)、高密度聚乙烯土工膜防水卷材(HDPE)等，这些材料不但质轻，而且具有较好的阻根性能。

3.植物选择受限制

屋顶绿化一般位于高处，四周相对空旷，如果没有维护结构，风速比地面大，光照强烈，水分蒸发快，温湿度条件差，植物生长条件差，在植物选择时应以抗旱、抗寒、耐瘠薄等抗逆指标为主结合观赏性状。受屋顶承重能力的限制，屋顶无法具备与地面完全一致的土壤环境，在植物种植设计时要特别注意植物的选择和植物的栽植方式。

韩丽莉认为北京等北方城市应以灌木和地被植物种植为主，乔木仅作为景观点缀的屋顶绿化种植模式。

4. 缺乏屋顶绿化专业技术人才

目前我国屋顶绿化的设计工作还没有完善规范和标准可以参考，且屋顶绿化涉及多个学科，如建筑学、力学、园林设计、生态学、土壤学等，是一门跨学科的边缘学科，国内缺乏这样的综合性人才。在我国现行的教学体系中，建筑专业人才基本上没有接触生态、植物、园林、土壤知识，让他们在设计、建造房屋时考虑屋顶绿化是强人所难。同样，对于园林设计专业、生态学专业人才，由于缺乏土木工程和力学知识，也难以进行屋顶绿化工作。此外屋顶绿化由于土壤深度浅，温湿条件差，对后期养护要求比较严格，需要培训过的有一定专业知识的专业人才来维护，才能使植物很好的生长。

（二）法律障碍

1. 屋顶产权归属阻碍屋顶绿化发展

根据我国目前实施的《物权法》规定，屋顶属于全体业主所有。对屋顶进行绿化，需要经过全体业主的同意，而对绿化后的屋顶使用权又归集体业主所有，因此这就打消了个别业主进行屋顶绿化的积极性。个别国家，如德国提出了专用使用权，指的是权利主体对建筑物的共有部分进行约定，由特定所有权人或者第三人享有排他的独占性使用权，也就是通过竞选的方式，有全体业主投票，选取合适的屋顶使用权享有人进行屋顶绿化。但是，在我国还没有任何一部法律对此进行规定。

2. 缺乏促使屋顶绿化的强制法律

我国很多城市的园林绿化部门、质量监督部门等对屋顶绿化的推广工作做了很多积极的努力，北京、上海等城市也率先结合自己的气候环境条件，制定了屋顶绿化地方标准，提出了很多财政奖励政策，但是由于欠缺法律的制约，推广实施时显得苍白无力，稍微触及开发商或者业主的利益，便寸步难行。各级政府应转变角色，制定、完善相关法律法规，对符合条件的屋顶进行强制绿化。美国的波特兰市规定所有新的政府机构建筑必须有70%的屋顶绿化面积。在德国，建筑法、自然保护法、环境影响评估法、土地利用以及废水处理法，都对屋顶绿化有明确的规定，并将屋顶绿化作为城市的基础设施，其建设和维护费用由政府出，且规定新的建筑物必须有最低限度的屋顶绿化面积。在日本东京，2001年修订的《城市绿地保护法》中明确规定，凡是新建建筑物占地面积超过1000m^2，必须配备20%以上的屋顶绿化，否则要罚款。在此影响下，日本新设计的楼房除加大阳台以提供绿化面积外，还把最高层的屋顶建成开放式的，居民可随自己所好，在屋顶栽花种草。而在我国，还没有一部法律对此进行规范约束。

3. 缺乏明确的管理者，违章建筑界限不清

目前，我国还没有比较完善的行业规范和管理措施，更没有明确的政府管理者，屋顶绿化既属于建设部门管理，又属于园林部门管理，环保部门也可以管理，多头管理的结果是办事互相推诿，工作难以开展。而根据《物业管理条例》，对屋顶进行绿化甚至会被定性为违章建筑，又会受到物业管理部门的阻碍。

（三）政府补贴起不到激励作用

对于屋顶绿化补贴，德国对辖区内居民

自费屋顶绿化予以补贴15欧元/m²，而面积大于500m²的屋顶绿化成本一般低于500欧元。因此，很多居民在屋顶绿化中不但没有花费，甚至会有一定的收入；在美国芝加哥，私人住宅的屋顶绿化可获5000美元补贴，商业大楼每栋可获1万美元的奖励；新建筑如有屋顶绿化，审批程序可以从简，甚至市政府还能给予低利率融资等经济补贴。日本将“屋顶绿化”计入建筑绿化总面积以及贴补体积率，给予赞助金、低率融资等优惠政策，而在我国，相关的补贴资助并不多，信息不公开并且申报程序复杂，这就很难激起普通民众的积极性。

（四）宣传不到位

我国相关职能部门对屋顶绿化的宣传力度不够，很多人不了解屋顶绿化能够带来的环境效益以及切身的生活便利，甚至对屋顶绿化存在认识误区，在屋顶绿化推广中受到多数业主的阻挠。即便有人想实施屋顶绿化，也不知该去什么部门走什么样的审批程序。

因此，做好屋顶绿化的宣传工作，建立屋顶绿化咨询网站、在社区举行屋顶绿化宣讲活动、政府鼓励社区建立示范工程，组织市民参观，讲解屋顶绿化建造流程等，对消除市民的误解，推动屋顶绿化进程至关重要。

五、我国屋顶绿化发展展望

二十世纪八十年代，屋顶绿化在德国迅速发展的原因是其建了数以万计的裸露砂砾屋顶，严重影响了城市景观环境，屋顶绿化是一个城市发展到一定阶段才能且必须要经历的过程。现在，德国经过20多年的粗放绿化后，逐渐朝着精巧化的方向发展，建筑群密集的城区，越来越多精致的屋顶花园出现。人们不再仅仅为了符合法律要求，获得财政补贴，更多的是为了满足自身生活需要、提高生活品质而进行屋顶绿化。我国城市建成区绿化覆盖率仅为19.2%，居民人均绿地面积仅有3.9m²左右，远低于联合国生物圈生态与环境组织提出的城市居民人均拥有60m²绿地的标准，人们对绿地的渴望远远高于欧美等发达国家，因此，如若解决了屋顶绿化技术、法律法规等障碍，形成一套屋顶绿化产业，并做好宣传工作，则无论是公共建筑还是住宅，越来越多的屋顶会改造成为室外活动、娱乐、休息的绿色空间。

六、结语

绿色植物走上既有建筑的屋顶是一个复杂的问题，牵扯到多方的利益，每一个环节的欠缺或者薄弱，都会使得屋顶绿化进程受阻，最终功亏一篑。因此需要各方通力合作，真正解决好屋顶加固，提升排水、防水技术措施，优选适合不同地区抗逆性强的植物品种，培养屋顶绿化专业人才队伍，健全屋顶绿化法律法规并从基层社区做好组织宣传等方面的工作。一旦屋顶绿化这条道在中国走通了，全国500多亿m²的既有建筑穿上了绿装，则能够改变城市建设远离自然、环境严重恶化的局面，实现城市可持续发展。

（北京建筑技术发展有限责任公司供稿，朱凯、牛彦涛、邱军付、罗淑湘执笔）

基于可持续发展的既有大型商业建筑改造策略研究

一、引言

商业建筑自1900年出现至今，经过100多年的发展，已经形成现在的集商业、饮食、娱乐于一体的商业综合体。随着发展的时间过程增长，早期建设的商场，已经不能适应现代化生活需求，但是既有大型商业建筑大多占据交通便利的城市核心地段，建筑用地面积大，对于核心城区的可持续发展具有重要的意义。同时大型商业建筑室内功能业态转换频度高、功能需求转换快而带来大量的重复装修与改造，造成资源浪费和空气污染，并且影响商业建筑的正常营业。

基于可持续发展的商业建筑改造目的在于延长建筑空间使用寿命、能够加强市场变化应对能力，并且增强空间适应能力、节约成本降低消耗。因此，商业建筑功能空间可持续设计具有十分可观的现实意义。可持续发展的改造策略，是指为了适应建筑的长远发展需求，对室内建筑功能和空间进行适应性设计，从而使建筑适应不同时期人们对建筑的不同需求，在未来改造过程中缩小改造规模，减少成本投入，最大限度地节约资金、减少浪费、节省能源。

商业建筑改造周期从规模上可以分为小型改造、一般规模改造和大型改造。小型改造周期短，大体位于建筑投产运营的5年左右，改造范围小，涉及范围窄等，一般为店铺局部空间的放大或缩小。一般规模改造，出现在建筑投产运营的10年左右，涉及范围广，动用资金多，出现对部分场所空间的统一整改，适应变化发展。大型改造一般都是出现在20年左右，这时候建筑无论从结构到空间都进入了老化状态，就要面对全部问题进行大范围调整，即动用了部分结构，也全面调整了空间。

本文意在从总结商业建筑改造类型出发，在调查研究中找出商业建筑改造的方向和手法，探索商业建筑改造的可持续性策略。

二、既有大型商业建筑改造类型分析

本文统计了国内商场改造的部分案例（可以掌握的案例），这些案例基本涵盖了商场改造的类型，为今后商场改造提供参考（表1）。案例中改造的规模和形式根据不同商场的不同需求而定，其改造趋势对今后的既有商场改造具有一定意义。

从表1可以看出，目前已经进行了一部分既有商场改造，商场建设年代不同，改造方式也各有不同，特别是王府井商场随着时代的发展已经进行了多次改造。这种建筑的多次改造，既可以使得建筑具有历史时代性，同时最重要的是可以节约再建资金、节省材料、保护环境，是集约型社会的发展需要。

商业建筑改造案例统计表 **表1**

	初建面积	初建时间	改建时间	地点	改造详情	经营模式	备注
哈尔滨国润家饰城	3万m^2	2000	2012	黑龙江	由原来30000m^2增长为60000m^2，增设地下停车场5000m^2	纯租金、其他模式	经营家纺龙江家纺巨无霸
延边国贸河南购物广场	5万m^2	2007	2009	吉林	投资3000万将4楼卖场改变成大型饮食娱乐城	纯租金 保底+流水倒扣 流水倒扣	大型购物中心
鹤鸣楼商场	2.8万m^2		2005	辽宁	旧楼重新招商，以前是中国移动租赁	纯租金 保底+流水倒扣 流水倒扣	购物形式比较多
新洋世纪商厦	4.5万m^2	2001		天津	商场二楼与轻轨9号线相通	纯租金	普通商场
静海家世界商业广场	3.5万m^2		2005	天津	扩大营业面积，原来2.2万m^2扩大为3.5万m^2	纯租金 保底+流水倒扣 流水倒扣	普通商场
澳洲商业广场	1.2万m^2		2007	湖南	扩裙房增加两层变商场，变高层为写字楼		
北京国贸城	6万m^2	1990	2000	北京	增加建筑面积	纯租金	大型商场
乐松购物广场	12万m^2	2004	2014	黑龙江	中庭扶梯改造 扶梯补洞 加电梯	纯租金 保底+流水倒扣 流水倒扣	购物中心
卓展百联重组	42万m^2	2010	2014	黑龙江	外墙体的装饰、楼内结构和格局将焕然一新	纯租金 保底+流水倒扣 流水倒扣	新百德时尚购物广场
关东古巷	9.2万m^2		2014	黑龙江	连接周围商场，扩大面积	纯租金	哈尔滨地缘文化体验中心
北京瑞蚨祥绸布店		1893	1901	北京	扩大营业面积	自营	中国最早改造案例商场
王府井商场		1955	1970 1989 1999 2004	北京	1970年扩建附属业务楼和仓库楼 1989年增建玩具娱乐品商场 1999年新建北部商业楼 2004年2月百货大楼开始进行内部升级改造	保底+流水倒扣 流水倒扣	新中国建立后北京建造的第一座大型百货零售商店，被誉为“新中国第一店”
南京国际广场（NIC）	44万m^2		2014	南京	裙房改造； 地下一层与地铁连通； 增建地下二层； 对室内空间进行调整	纯租金 保底+流水倒扣 流水倒扣	上海维固实业有限公司
南京中央商场	6万m^2	1936	1999	南京	拆除原有老楼，兴建现代化商场大楼	保底+流水倒扣 流水倒扣	购物中心

经过对上述案例的分析总结，得知商业建筑改造手法很多，比如增加面积、功能空间转化、改变使用功能、与城市相通、室内部分结构改造等。归结起来大体分为功能转变、增建扩建、与城市交通连接三类。这三种方法基本总结了商业建筑改造的主流手法，也是可持续性改造关注的改造手法。下面对改造手法和改造时间作分析，找出规律。

由图1可知，随着时间的推进，我国商业建筑改造数量逐渐增多，特别是2000年以后速度是20世纪90年代以前的两倍，可见商业建筑改造是一种随着时代而带来的趋势，以后还会快速增长。图2可以看出，在可以掌握的改造案例中主要有三大类改造手法，就数量统计改造类型大多集中在增加面积和商业空间的功能转变，并且有一部分商场改造已经兼顾到城市系统，属于2000年以后新兴改造手法。20世纪90年代以前的商业建筑（图3），在现代改造中，主要进行增建和扩建，以增加建筑面积，扩大经营范围为主要目的。早期建设的商场，由于观念和技术的局限性，没有建设满足现代需求的大面积服务场所，所以主要进行满足现代消费的扩建。同时2000年以前的商业建筑，已经进入建筑使用年限的中后期，建筑使用相关的配套功能大多不能满足现代化需要，加上之前的既有建筑改造概念没有得到普及，这段时间的商业建筑改造案例相对少，改造规模也比较局限。2000年以后，既有商业建筑进入大规模改造时期，这段时间的改造案例增多，改造方式多种多样（图4），大部分为功能空间的转化和与城市交通相连接。这表明在新世纪，对既有建筑的改造已经受到广泛关注，并且探索了一些新方法，得到新实践。

既有商业建筑在改造过程中根据实际情况会有很多改造方式，这里总结的功能转

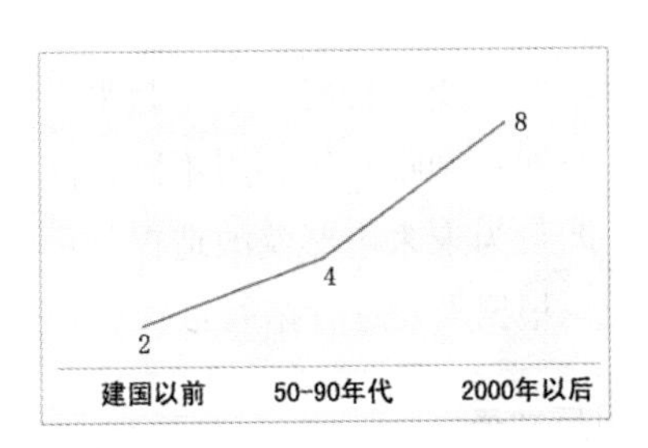

图1 随时间节点改造数量变化趋势

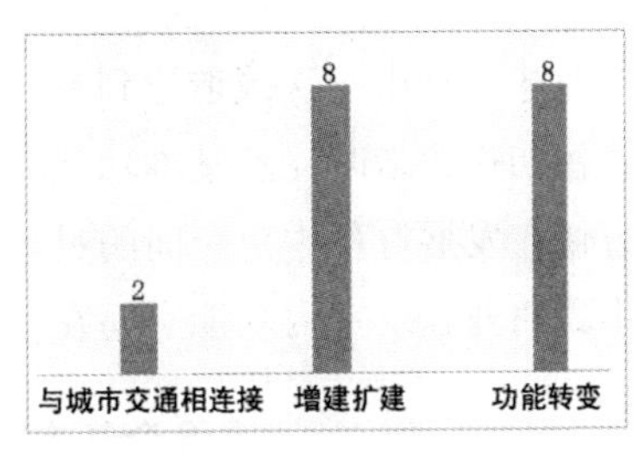

图2 改造类型数量统计分析

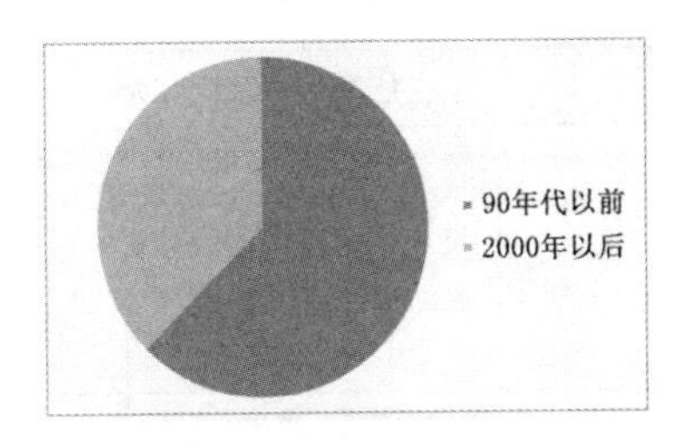

图3 增建扩建改造案例中的年代分布

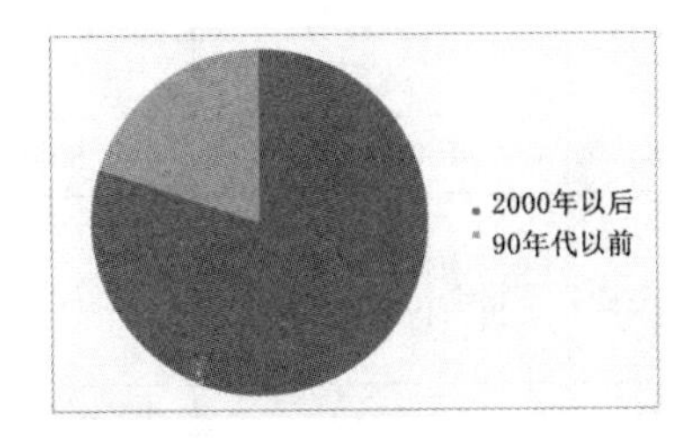

图4 功能空间改变和与城市连接改造案例中的年代分布

变、增建扩建、与城市交通连接三种方式属于主要类型，也是最重要方面，在可持续的改造过程中必不可少。

三、可持续改造策略分析

（一）功能转变

在实际工程中有大面积更换使用功能和小范围改变营业面积之分。下表（表2）对商业建筑空间进行尺寸统计，目的是从中发现各种空间相互的关联性，得到改造的互通性。最小单位尺寸（平面尺寸），也是模数，大都为柱网尺寸或者柱网的一半，原因是这样的尺寸空间容易利用，方便且利于设计。平面尺寸用基本模数衡量，单位为1，在商业建筑中，构建空间的基本单位就是精品店这样的最小型空间，在小型空间的基础上扩展成大空间。

由表2可知，在改造过程中，可以根据各功能空间对尺寸要求的不同进行灵活可变的设计，保持商业建筑利用一次改造达到灵活可变的目的。在初次改造时注意基本功能的单元尺寸，方便在发展过程中对空间的灵活扩大或者缩小。商业建筑室内功能空间在可持续改造过程中，应当利于发展变化，通常由小空间整合成大空间，或者由大空间分化成小空间。

1. 精品店在使用过程中要进行扩展，那么可以扩展单元空间的整数倍，在柱网宽度上横向增加空间，这样既可以达到方便快捷的目的，还可以节约材料、节省空间。

2. 精品店变为主力店，由于主力店的面积是精品店的几倍，或者十几倍，将精品店集中放置于一个区域，那么在改造过程中，只需要把精品店的隔墙进行拆除或者更换，即可得到主力店需求面积，而不需要进行过多的变化。

3. 由于商场中电影院的特殊空间布置，在改造过程中具有一定的难度，但是只要是掌握了电影院设计尺寸和基本单元布置尺寸之间关联和区别，就可解决这类问题。比如大型电影院放映厅，在改造过程中需要考虑的问题是，增加楼板和改变起坡形式。起坡不好改变，最好是利用起来。如果加入半层空间、咖啡室等利用不同标高带来的感觉，即可为未来电影院改造提供可能性。其他部位根据需要进行拓展。

几个基本空间尺寸表 表2

	精品店	主力店	餐饮	电影院
平面尺寸	0.5、1、1.5	5、10、≥15	2、5、10	>20
剖面尺寸	层高	层高整数倍		
面　　积	100m^2左右	500m^2左右	规模大小不同	规模大小不同
备　　注	宽度为柱网尺寸，长度可以灵活变化		尺寸也可以根据设计灵活变化，基本宽度尺寸为柱网的N倍	
辅助功能空间	楼梯间电梯间不在改造范围	办公室根据柱网，一般为0.5、1	贮藏间等对空间尺寸要求不多的一般为主要空间除去之后的剩余部分	

可持续性改造在商业建筑中，隔墙材料的选择尤为重要，这既要考虑到材料的特性和空间性质的匹配程度，也要考虑到空间整体的效果。商业建筑的隔墙都是不承重的，考虑到空间需求，对材料性能的要求如表3。

可持续改造设计中，砌筑材料对变化的总过程影响很大，因为砌筑材料不具有可变化性，属于一次使用材料，在可变设计中，使用砌筑材料会加大变化难度和工程成本，但是砌筑材料有着不可替代的满足隔声、防潮、防水、耐久性好等优良特点，所以在选择中要根据空间形式和需求不同酌情选择。其他材料如木材、复合材料、玻璃等都具备可拆卸，可多次利用的特点，选择起来的差别主要在于室内装修需求形式不同而确定。

（二）增建、扩建

在实际工程中很多见，因为建设早期的商业建筑由于建筑面积的局限性，已经不能满足发展需求，所以需要进行加建新部分来满足需求。

1.初次建设或者改造中，要注意为今后发展做出预留空间，建筑总图设计上的预留空间先作为停车场或者绿化（图5），随着发展在原有建筑旁加建扩建，建设可以与老建筑相连通的新建筑（图6）。

商业建筑在特定的商圈中往往有好几个，他们距离不远但是单体都较小，不能最大限度发挥商业建筑在地区中的最大效益，那么在改造过程中考虑把他们结合在一起则是解决问题的好方法。改造后的商业空间规模变大，可实施的变化空间也变大，有利于继续可持续进行改造（图7）。

空间需求对材料性能的要求　　表3

功能类型	空间需求	材料选择
销售区	多为开放式，少数精品店用隔墙隔开，对防潮隔声要求小，兼顾耐久和美观	木质材料、玻璃、复合材料等，对有特殊室内装修要求的可以采用金属材料
餐饮区	绝大多数都为封闭式，需要满足防潮防水、坚固、利于跑各种管线，性能优良	多用砌筑材料，也可采用复合材料
电影院	作为特殊场所，要满足隔声、防火、防水等，主要是隔声	多用砌筑材料，或特殊加工过的木质材料，保证隔声要求
超市	防潮、防水、防火、利于管线布置	多用砌筑材料，复合材料可依情况使用
娱乐厅	要满足一定的隔声要求，对防火要求高	复合材料、木质材料、砌筑材料等

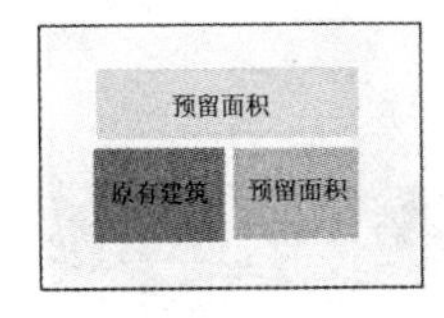

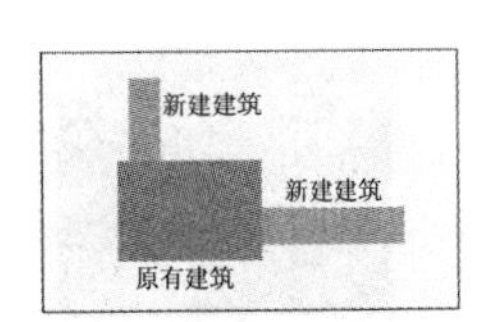

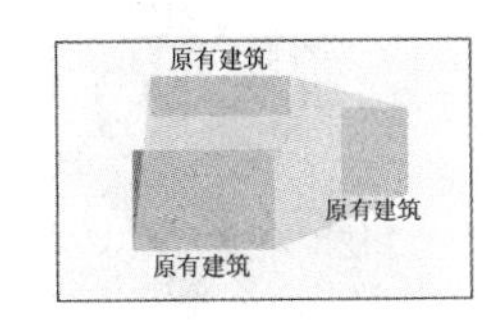

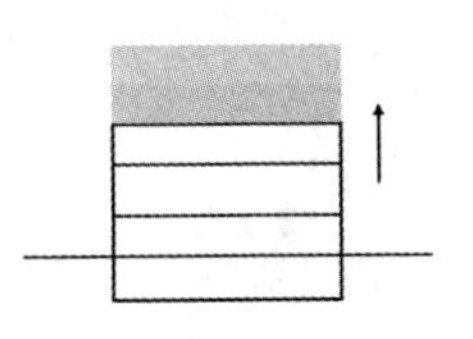

图5 总图设计上做预留空间　图6 原有建筑旁新建建筑　图7 周围商业体进行合并　图8 已有建筑上部加建

2．在已有建筑的上部进行加建（图8）：剖面设计上，要为建筑层数发展做出预留，在上部，楼梯间屋顶楼板、电梯楼顶机房做成可移动式设计（图9）；屋面板建议做成可移动式，或者先制作一层室内楼板再做一层可移动式屋面板（图10）。

3．在已有建筑的下部进行扩建（图11）：在下部，建筑底层设计要考虑未来下层开发停车场或者超市的空间布置，这需要充分考虑柱网的布置方式、楼梯和电梯的设计位置；也要对建筑基础深度进行预留，保证未来在允许范围内灵活加建（图12）。

哈尔滨关东古巷，预计改造时间2014年，目的是把现有关东古巷周围的建筑都融合连接在一起，得到一个面积11万m²以上的建筑单体。通过合并的方式，从而达到了增建和扩建的目的（图13、图14）。

金帝大酒店改扩建暨澳洲商业广场工程，改建时间2007年，将原有的金帝大酒店改为写字楼，临其南向新建澳洲商业广场。在不增加占地的情况下，将现有酒店裙楼部分加高2层，并将现有酒店塔楼下部6层进行改造，将前面的裙搂与后面的新建商业广场相连接。在建筑物改造中，通过对轻质隔墙的处理，使空间化零为整，空间的通透性加强，提高通风采光效果和室内环境品质（图15、图16）。

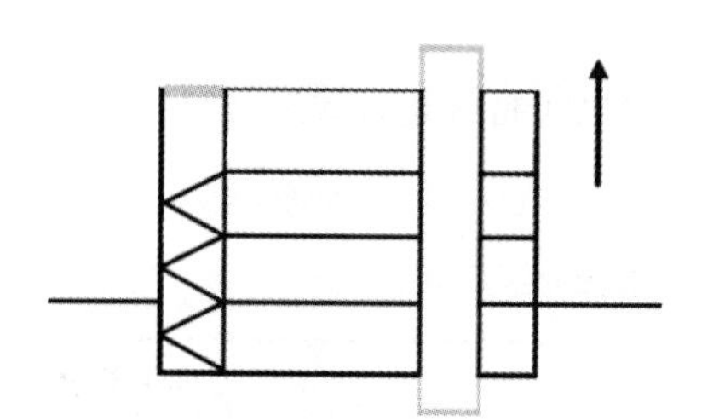

图9 可移动式楼梯间顶板、电梯机房

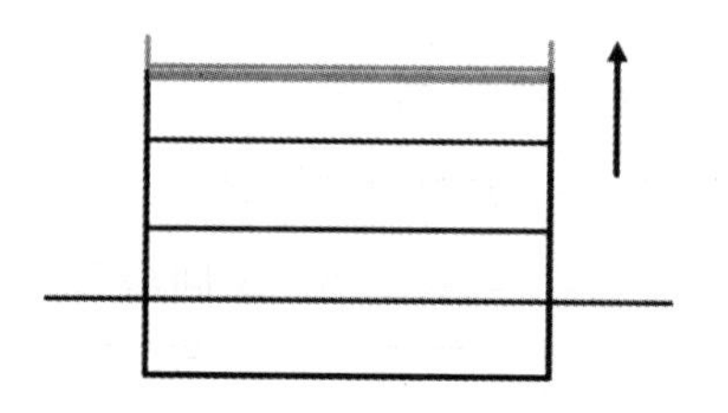

图10 可移动式屋面板

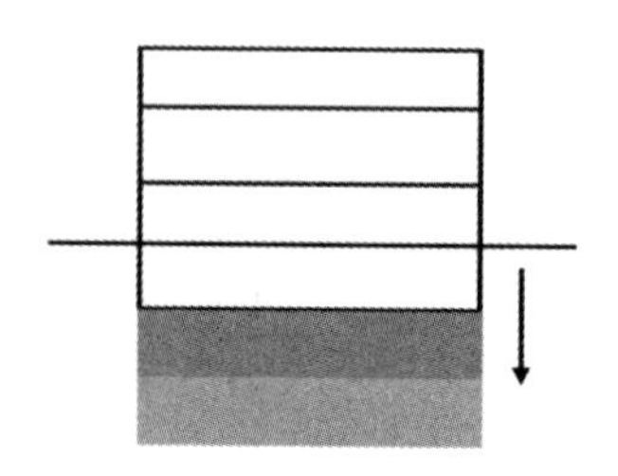

图11 已有建筑下部加建

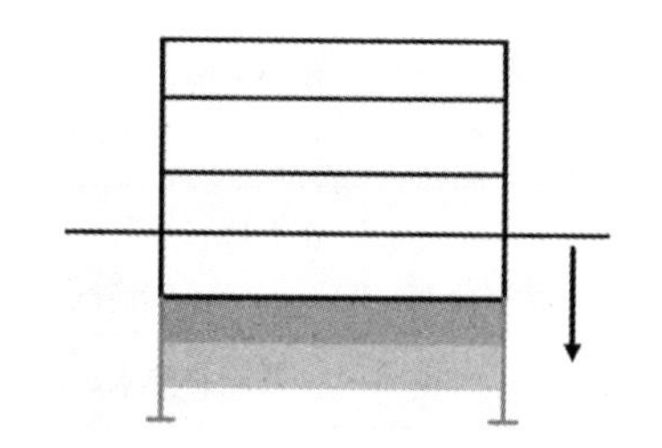

图12 建筑基础深度进行预留

图13 关东古巷总评规划图

图14 关东古巷平面布置图

图15 改造前立面图

图16 改造后效果图

（三）与城市系统相连接

即建筑与城市交通系统相连通，建设较早的商业建筑在与市政设施相联通方面做的不够充分，有些建筑在最初的设计中就没有相关功能。因此需要在改造过程中将这些功能融入进来，从而保持商场的持续活力。

1.商业建筑与城市人行过节天桥的结合是很普遍的一种方式，城市天桥由于建设简单，可能随时出现，随时消失，为了增加建筑空间与人行天桥连接机会，在改造过程中要对相应位置进行预判，并使设置可移动式外墙，然后采取可移动式或者造价低廉的建造材料，方便联通过程中的移动和拆除(图17)。

2.改造商业建筑与地铁相连通的案例有很多，这种设计方法有利于引入大量来自地铁交通的人们，增加商业建筑在客源提供方面的机会，保持不断的生机活力。对地铁方向进行预判，在相应位置做出地下室墙面设计的预留，保证墙面的可移动或者可灵活拆卸，出口方向不设置死路和不可变隔墙。

3.与城市公交相通是相对较简单的改造手法，在实际当中注意大型公交车站的对应部分设计商场入口，在暂时没有车站的位置做出入口的预留。

南京国际广场NIC项目，2014年进行改造，其中地下一层车库改造为商场，并与地铁连通；地下室增建一层，增加面积8000㎡。此项目包括了增建扩建和与城市系统相连接两种方法，增建的地下室作为停车场，原有停车场部分变为商业，并与城市地铁相连通（图18、图19）。

四、结论

可持续改造意在通过一次改造达到灵活可变的目的，为了探索这种改造方式本文首先通过大量搜集资料，列举出商场改造实际案例，从而找到商业建筑改造的时间节点、改造类型和改造特点。通过实际案例的研究和可持续建筑设计的结合探索出商业建筑可持续改造策略。大型商业建筑发展过程中会伴随着相当多的局部改造和大面积功能配置变化，可持续改造策略是基于这种变化而提出的适应多变情况的方法，在实际应用过程中，可持续改造策略通过掌握基本原理，即可得到灵活简便应用。可持续性改造将是今后商业建筑改造甚至是建筑改造的发展趋势，它不仅有利于节省原料，节约资金，减少改造时间，而且对于商场的未来发展具有强力的推动作用，是应当得到重视的改造方式。

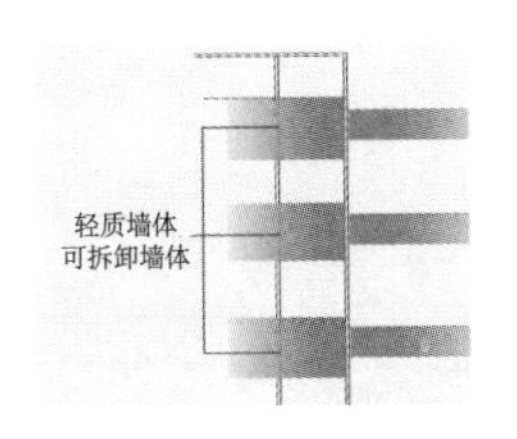

图17 与人行天桥连接处可能性预判方案

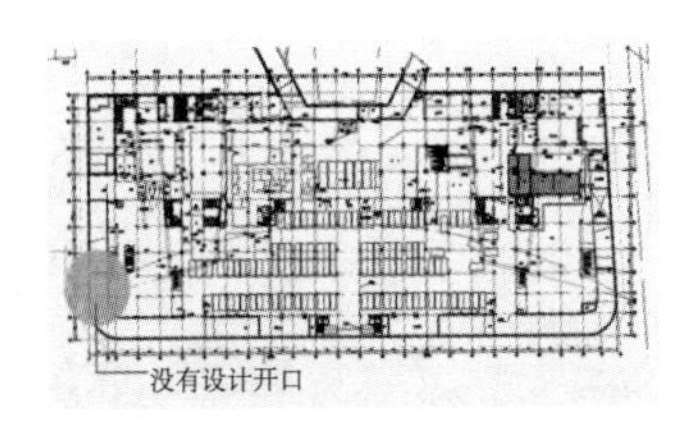

图18 改造前平面图

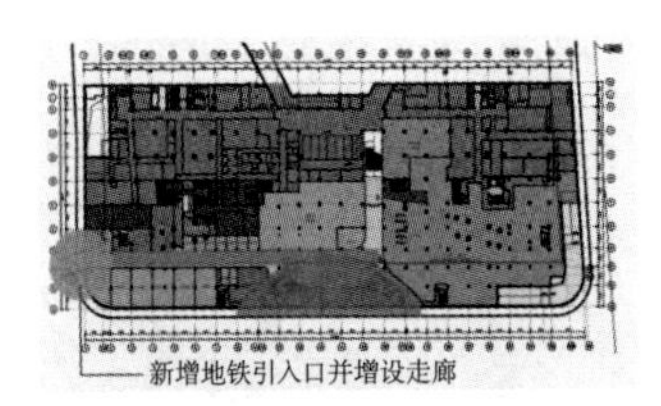

图19 改造后平面图

(哈尔滨工业大学供稿，赵学成、金虹执笔)

六、工程篇

既有建筑改造远比新建建筑复杂，加之气候区和建筑类型的不同，既有建筑改造技术创新也就显得更加迫切。近年来我国不断尝试开展既有建筑绿色改造的实践工作，部分既有建筑绿色改造工程取得了很好的示范效果。本篇节选了部分不同气候区、不同建筑类型的既有建筑改造案例，分别从建筑概况、改造目标、改造技术、改造效果分析、改造经济性分析、推广应用价值以及思考与启示等方面进行介绍，供读者参考借鉴。

北京市凯晨世贸中心绿色改造

一、工程概况

北京凯晨世贸中心项目位于北京市西城区复兴门内长安街南侧。该区域集合了西长安街、金融街和西单三大商圈的优势，被称为“政金交汇”之地。北京凯晨世贸中心尽享三大圈的便利与资源，地理位置得天独厚。

北京凯晨世贸中心是由中间有两个玻璃中庭和四个玻璃连桥相连接的三栋相互平行的独立写字楼构成，项目总建筑面积19.42万m^2，其中地下面积6.23万m^2，2006年底竣工，2007年初投入使用，2013年11月参加国家绿色建筑三星级运营标识评审。

图1 项目实景图

二、改造目标

（一）项目改造背景

北京凯晨世贸中心在2004年建筑设计之初即考虑了多项绿色节能技术，如VAV变风量系统、排风热回收系统、双层呼吸式玻璃幕墙中夹活动百叶遮阳、单索网超白玻璃幕墙及自建中水系统用于中座办公及地下空间冲厕等。

随着国家绿色建筑方面的各种技术措施的推进，北京凯晨世贸中心不断进行自我调整改进。从2009年对地下餐厅节能灯具改造、2010年功能空间节能灯具改造、冷却塔变频改造、增设大堂入口双层门，到2011年大厦整体节能评估、2012年进行包括制冷机组变频、智能监控平台建设、二氧化碳监测及中水水景补水改造等措施在内的整体节能改造、2013年太阳能热水系统投入使用，直至结稿前对冰蓄冷系统可实施性的论证，北京凯晨世贸中心一直不断地在既有建筑节能改造这条路上进行自我完善。

（二）改造后目标

通过各方面绿建技术措施的实施，希望能进一步节约大厦水电热等方面资源的消耗，同时为室内办公人员提供一个舒适健康的工作环境。

三、改造技术

（一）节地与室外环境

1.屋顶绿化

北京凯晨世贸中心2011年在建筑的屋顶上铺设佛甲草。屋顶可绿化面积为2820.20m^2，绿化面积为886.91m^2，屋顶绿化面积占屋顶可绿化面积比例为31.45%。

屋顶绿化对增加城市绿地面积，改善日趋恶化的人类生存环境空间；改善城市高楼大厦林立，改善众多道路的硬质铺装而取代的自然土地和植物的现状；减少过度砍伐自然森林，各种废气污染而形成的城市热岛效应，以及沙尘暴等对人类的危害。

图2 屋顶绿化

2.绿地认养

为改善办公人员工作环境，凯晨置业认养了大厦北侧的市政绿地，在大厦落成同年完成景观建设，并在运营期间持续维护保养。认养的绿地美化了建筑周围的环境，为大厦内办公人员提供了良好的工作环境。

图3 绿地认养

（二）节能与能源利用

1.节能灯具

北京凯晨世贸中心在建成后连续三年对建筑内部灯具进行更新换代。经过改造后，建筑内部照明功率密度值低于《建筑照明设计标准》GB 50034规定的目标值。

2.冷机变频（VSD）改造

建筑物大楼的空调冷负荷一天中存在不同时刻的负荷差别，一年中存在不同季节的负荷差别。对于空调系统而言，不同时刻的负荷变化更明显，日间负荷大，晚间负荷小。而中央空调冷水机组的冷量匹配往往能满足建筑物的最大负荷需求，致使中央空调冷水机组在99%左右的运行时间内，都运行在部分负荷状态。

本项目改造前存在制冷机组容量过大的问题，在运行中很难满足高峰、低估时段负荷的波动，单机负荷过大难于调节。改造后冷机加装变频驱动装置，解决部分负荷运行能耗高的问题。

3.冷冻水出水温度重设

冷水机组通常只有不到1%的时间在设计工况下运行。其他时间则在非运行工况下运行，期间的室外温度更温和，并且湿度低。分设计工况意味着冷负荷和冷凝器入口水温（ECWT）都比设计工况低。充分利用这些条件是减少能耗的途径之一。

北京凯晨世贸中心灯具改造列表 表1

改造部位	改造前	改造后	改造时间
地下餐厅灯具	35W卤素灯	8W节能灯	2009年
功能空间灯具	20W石英灯	3W的LED灯	2010年
地下停车场灯具	36W白炽灯	16W的LED灯	2011年

北京凯晨世贸中心项目现采用冷冻水出水(7℃)的运行策略，由于本项目是办公楼应用，在实际应用中不需要严格的工艺控制要求，所以在过渡季节等部分负荷应用条件下可以采用冷冻水出水温度重设的运行策略。

4.水泵、冷却塔节能改造

由于制冷机组99%的时间运行于部分负荷，这样对于冷冻水泵及冷却水泵变频非常有优势。如原系统采用一次泵形式，改造后冷冻水泵通过冷冻水供回水管间的压差旁通来控制频率，冷却水泵以冷却水供回水温差来控制频率，预计可节约50%的水泵运行费用。

改造前项目末端循环水泵及闭式循环水泵扬程高耗电量大，冷冻水泵、冷却水泵的运行扬程与额定扬程比较，存在较大余量，且冷却塔分级启动，定频运行，耗电量较大。通过冷冻水一次泵加装变频驱动装置、冷冻水二次泵换为扬程符合项目实际需要的水泵及冷却塔加装变频驱动装置等措施，使水泵等耗能设备变频节能运行，解决耗电量过大的问题。

5.末端空调箱风机改造

项目原有末端空调箱地上办公区域部分风机最小运行频率设定值为35Hz，实际使用最小风量需求远低于此数值；首层及地下非办公区域部分风机为定频运行，能耗大。

改造后地上办公区域部分风机更换为高效率风机，最小频率重新设定；首层及地下非办公区域更换高效率风机并加设变频驱动装置；同时AHU运行时间程序优化控制、VAV-BOX最小风量重新设定。

6.屋面热回收机组改造方案

依据业主方提供的资料显示，屋顶热回收机组共有12台，其中8台送风量为30000m³/h，排风风量分别为22500m³/h， 4台送风量为30000m³/h，排风风量分别为18000m³/h，热回收机组最大目的是节约能源，降低能耗水平，节约运行费用。为了最大节能，原热回收机组全部采用了VSD变频装置，但是实际运行过程中却发现，当运行频率大于30Hz时，楼顶板震动严重。因此在实际运行中，频率都在30Hz以下运行，变频设备起不到节约能源的目的，而且由于频率降低较多，送风量只有设计风量的60%左右，3F以下室内新风量受到严重影响，降低了室内环境的空气品质。

针对以上情况，在不改变原有热回收机组运行状态下，增加基础平台减振措施，使原有热回收机组最大新回风工况下可在50Hz运行，使热回收转轮回收量最大化的同时又解决了低楼层的新风问题。通过在新风管道旁通热回收转轮实现过渡季节新风直接供冷，达到过渡季节节能的目的。

7.采暖季节气候补偿节能方案

改造前北京凯晨世贸中心供热系统人为手动调节，虽然运行管理人员努力调整，但系统仍不能根据室外温度的变化自行调整热负荷的输出，根据采暖季夜间的测温记录显示，部分区域夜间温度高达13℃～17℃，这样供热系统的实时动态调整及跟踪性较差，无法达到按需供热的目的，必然存在一定的能源浪费。

为了解决大厦供暖系统现存的问题，并有效地利用自由热，按照室内采暖的实际需求，对供热系统的供热量进行有效的调节，改造后在换热站内采用气候补偿技术。

气候补偿技术智能化控制程度高，可以根据大厦的使用功能，设定工作日工作时间、工作日非工作时间、周末、假期等多种有规律自动运行方式，也可以手动设置各时间点运行温度。这样就能根据写字楼办公特点，做到真正的按需供暖从而节约热能。

8. EA能源管理系统

EA系统是基于冷机控制系统综合优化的控制，通过对整个系统的运行信息的全面采集及综合分析处理，实现冷水机组与冷冻水系统、冷却水系统和冷却塔系统的匹配和协调运行，实现变负荷工况下整个系统综合性能优化，可保障冷机控制系统在任何负荷条件下，都高效率地运行，最大限度地降低整个系统的能耗。

同时采用EA能源展示系统，通过LED显示屏宣传展示大厦的节能减排成果，制作绿色建筑宣传片，通过多角度、全景展示大厦的相关成果。

9. 太阳能热水系统

本项目在西侧塔楼屋顶设置热管式太阳能集热器集中集热，集热器共40组，集热面积共142.4m²，得到的高温热媒在屋顶机房内的太阳能容积式换热器换热后由管道连接至地下四层太阳能机房。系统采用集中集热集中储热的闭式系统，采用温差控制、强制循环的运行方式。

（三）节水及水资源利用

1. 水景补水及绿化浇洒采用中水

为实现节水、水资源再利用，进行再生资源回收体系建设，利用北京凯晨世贸中心已有中水处理系统，对水景用水进行回收再利用，实现水景补水及绿化浇洒采用中水。

将现有中水管道接入1号、2号水景机房，实现中水补水；水景池1～9号池需泄水时将单个池体所排放的水进行收集到中水预处理池进行处理。因水景池日常运行已改造为中水补水，当使用水景水源进行绿化灌溉时，水景池液位下降，当水景水箱水位下降到低水位时由中水进行补充，实现“过渡式”中水绿化灌溉。

图4 EA能源管理系统

图5 绿化浇洒采用微喷灌方式

2.绿化浇洒采用微喷灌的方式

由于本项目采用中水进行绿化浇灌，故使用浇洒半径小于2m的微喷灌的浇洒方式。

3.节水器具

为减少大厦内用水量，大厦采用感应式水龙头、降低马桶基础水位，同时通过调节小便池冲洗阀降低小便池用水量。

（四）室内环境质量

1.室内CO_2监测

本项目原有末端空调就在为单风机变频运行，房间存在冷热不均及新风量不均的情况。改造后通过调整回风口的位置，解决气流组织不畅及冷热不均的问题；增加室内CO_2检测探头，并增加一次风阀电动驱动装置，根据室内新风情况实时调节一次风阀的开度，保证室内新风，从而室内新风问题得到解决。

2.VAV-BOX改造

改造前凯晨大厦办公楼采用全空气VAV变风量系统，有112台约克品牌空调机，服务地上办公室。办公区VAV采用外区带加热盘管，内区则不带加热盘管，根据不同房间的使用要求来独立控制同一空调系统中的各房间的温度。但原有VAV末端读取的控制参数只有风机运行状态、设定温度、再热盘管状态，重要的参数如一次风量，风阀开度，房间温度值、风量标定均没有显示，且通讯稳定性和数据采集量上比较有限。

改造后为提高VAV通讯稳定性和优化控制策略，更换了VAV-BOX的区域控制器，并且对末端设备进行重新调整，将重要的末端运行数据一次风量、一次风阀开度、房间温度、房间温度设定、风机运行状态、再加热盘管状态、风机运行模式及标定风量在上位机中显示出来，操作人员可以直观了解末端设备的运行状况。

四、改造效果分析

通过2009年以来连续多年的改造，北京凯晨世贸中心已基本解决了制冷供暖空调能耗过高、办公区冷热及新风量不均匀、屋顶热回收机组噪声过大、灯具能耗过大等问题，并尽可能地采用节能、节水措施，改善室内人员的办公环境。综合以上各种技术，项目总年节电量为420万kWh，年节热总量为4160GJ，总年节能量约为616tce。

五、经济性分析

北京凯晨世贸中心2009年至2013年共进行了大小十余项改造，总增量成本2156.35万元，单位面积增量成本为111.04元/㎡。项目已于2014年1月取得绿色建筑三星级运行标识证书。

六、总结

北京凯晨世贸中心在方案确定时就将多项绿色节能技术纳入项目方案中，在绿色节能建筑领域北京凯晨世贸中心一直处于领跑地位，为北京市乃至全国的绿色建筑起到了很好的示范作用。北京凯晨世贸中心一直在绿色节能建筑的道路上不断探索，不断改进和引进各种绿色节能技术，相信在未来的绿色建筑节能的道路上北京凯晨世贸中心也将继续保持行业中绿色建筑实施的领先地位。

（中国建筑科学研究院上海分院供稿，
邵文晞执笔）

天津大学建筑学院办公楼改造

一、工程概况

天津大学建筑学院办公楼（原天津大学第21教学楼），坐落于天津市南开区天津大学校园内。该建筑始落成于1990年，建筑方案是由中国科学院院士、建筑大师彭一刚先生设计，曾获得多个奖项。

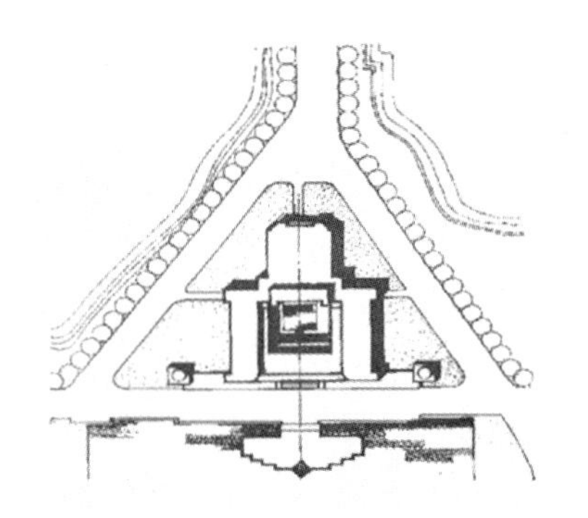

图1 第一次改造前建筑总平面图

图2 第一次改造前建筑外立面

截至目前，该建筑共经历了三次目标不同的改造，包括扩建功能改造、节水节电改造、外墙节能改造三个内容：

（一）第一次改造（2001年）

改造主要是针对建筑室内空间的高效组织和再利用。

（二）第二次改造（2010年）

改造主要是针对建筑内部功能使用的改变，进行了节水、节电的改造。

（三）第三次改造（2013年）

改造主要是针对建筑外饰面材料的回收与再利用，以及增设外围护结构保温层的改造。

二、第一次改造——扩建功能改造

（一）改造前存在问题

建筑平面布置呈“凸”字形，建筑面积约为7000m^2。主要出入口位于东侧，居中布置。全部功能包括教室、教研室、办公室、图书资料室等，全部围绕建筑中心庭院布置。

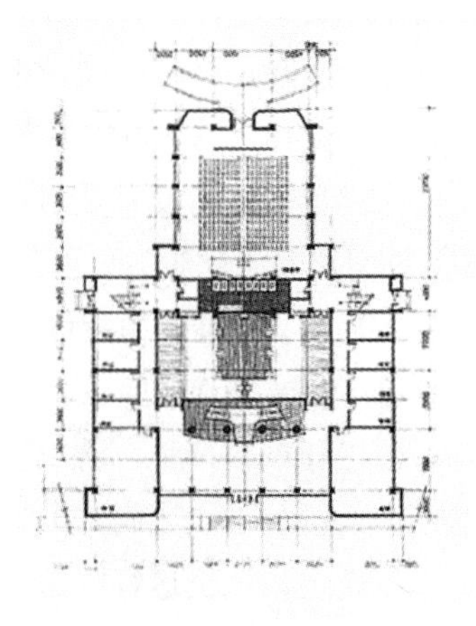

图3 第一次改造前建筑首层平面

图4 第一次改造前建筑室外庭院照片

伴随办学规模的不断扩大，原有建筑面积已经不能满足要求。如何对原有建筑室内空间进行高效组织和再利用，成为本次改造主要的难题和挑战。

（二）改造目标

在尊重原有建筑场地、建筑结构、主体空间的基础上，在不损害原有建筑通风、采光等环境条件的前提下，最大限度地增加建筑使用面积以满足扩大的办学需求，实现对原有室内空间的高效组织和再利用。

（三）改造技术

1. “加层加盖”——中心庭院改扩建设计

具体做法是将一个“玻璃盒子”镶嵌在原有中心庭院中，新旧建筑关系“同构异质”；即以空间、体形等设计要素上的和谐与关联，来体现和保持原建筑的空间特点和立面风貌。新旧建筑空间相互穿插、借用，以大面积通透的玻璃幕墙进行分隔，使每层都获得了最优的空间感受。改造设计的关键是全新融入室内空间的一条饱满而富于力度的弧线墙，该墙体分隔出一个实体和一个狭长反月形天井。改造后的建筑获得了大约960㎡的扩建面积。

图5 改建后天井照片

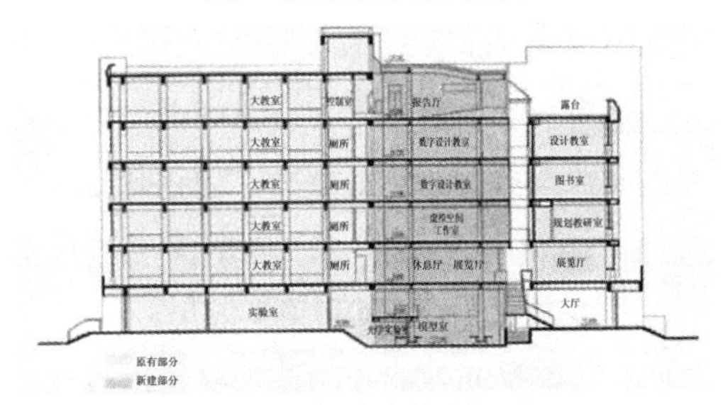

图6 改建后建筑剖面图

图7 改建后可开启的斜玻璃顶

图8 改建后墙面设置通风口

2. 天井对于室内物理环境的改善作用

改扩建后，建筑实体部分加大，影响了建筑的通风和采光，因而采用多种方法对此进行弥补。例如，缝隙空间的顶部为斜玻璃顶，并留有开槽与室外连通。建筑师还将加建部分提高一层，设置报告厅于六层，其外墙作为反光面向下反射光线，这样就可以为门厅、展览厅及各层面向“缝隙”的教室、办公室提供自然采光。

新建部分采用正压送风，面向缝隙空间的墙面留有通风口，从缝隙空间自然排风，这种窄而高的天井容易产生烟囱的拔风效应，改善了室内的通风和采光效果。

3. 选取反光性能强的装饰材料以改善加建空间部分的自然采光

天井周边的建筑室内空间，选取浅色、反光性能强的室内装饰装修材料。自然光从采光顶进入室内后，可使窗口附近的自然光经过反射进入室内，提高内部的自然采光效果。

（四）改造效果分析

本次改造通过中庭改扩建的方式，实现了既有建筑室内空间的高效组织和再利用，最大限度地满足了实际功能对于建筑面积扩张的迫切要求。由于细部处理得当，改造后的建筑室内空间增加了许多丰富有趣的空间，改造效果良好。

三、第二次改造——节水节电改造

（一）改造前存在问题

2010年，根据学校统一安排，将原有建筑学院系馆内部的教学功能，全部搬迁至原天津大学附属中学西楼。原有建筑内部功能从教学办公转为单纯的科研办公，如何应对这些转变，是本次改造需要解决的问题。

（二）改造目标

以“建设节约型校园、绿色校园”为背景依托，根据既有建筑使用功能转变的实际要求，进行原有建筑内部节水、节电改造。

（三）改造技术

1. 选用节水、节电的器具和设备

对于高校内的教学办公楼，主要以盥洗、冲厕为主，改进厕所的冲洗设备，采用节水型卫生设备是绿色化改造节约用水的重点。本次改造选用了脚踏式的节水器具进行冲厕，盥洗池的台面设置成坡面形式，避免用水浪费。在节电方面，所有办公房间均更换了节能型日光灯，公共空间均安装了室内照明红外控制节电器。

2. 分项计量系统设计

建筑主体共六层，建筑面积7960m²，空调面积1965.6m²，采暖面积7960m²。根据改造方案设计该建筑的分类分项计量系统，将采集的能耗数据依据电、集中供热、水、可再生能源等分类对建筑能耗进行实时监测，通过校园网进行数据收集整理，引入两路380/220V电源。

（四）改造效果分析

本次改造根据华北地区既有办公建筑的特点，采取有针对性的改造技术，取得了较为明显的节水、节电效果。与此同时，也对建筑的使用者在节电、节水的行为意识方面起到了引导、规范和约束的良好效果。另外，分类分项计量方案的设计，对于建设节约型校园建筑节能监管平台起到了积极的作用。

四、第三次改造——外墙节能改造

（一）改造前存在问题

多年的使用使建筑外墙饰面出现陶瓷砖

低压配电柜出线侧电表安装方案详表　　表1

低压配电柜编号	回路编号	互感器变比	分项能耗	电路用途	电表编号	电表类型
I-1		400/5		1#总柜	1#	三相表
I-2	1#7	300/5	空调	空调用电	2#	单相表
	1#6	100/5	插座	五层电力		
	1#5	100/5	插座	四层电力		
	1#4	100/5	插座	三层电力		
	1#3	100/5	插座	二层电力		
	1#2	50/5	插座	一层电力		
	1#1	100/5	照明	六层照明		
I-3	1#11	50/5	动力	消防泵		
	1#10	100/5	动力	消防动力		
	1#9	100/5	动力	电梯	3#	单相表
II-1		300/5		2#总柜	4#	三相表
II-2	2#8		照明	二至五层照明		
	2#7		照明	教室照明		
	2#6		电力	土木模型		
	2#5		照明	首层照明		
	2#4		电力	建筑物理		
	2#3		照明	南侧照明		
	2#2		照明	北侧照明		
	2#1		动力	北侧		
II-3	2#9		不详	不详		

图9 电量表和水量表实物图

剥落的情况，外墙部分受损严重影响了立面的美观。同时建筑外围护结构未设置保温构造层次，难以满足办公人员的使用要求。

（二）改造目标

在不改变既有建筑主体结构的前提下，对原建筑外饰面材料进行回收与再利用，同时对外围护结构进行节能改造，增设保温构造层次。

（三）改造技术

1. 旧建筑材料的回收与再利用

本次改造实现了废旧建筑材料的回收与再利用研究，“陶瓷砖外饰面再生方案”是该项技术的核心内容。改造实际操作过程中，采用了“就地回收、就近加工再生、就地再利用”的集约化模式。

其主要内容如图所示：

（1）旧材料回收

主要指陶瓷砖废料处理。既有建筑外墙饰面陶瓷砖废料主要来源于自然脱落和人工拆卸，总重超过340吨，其大小规格和构成成分较多样。这些陶瓷砖废料在新的装饰混凝土墙板制备中主要用于代替细骨料，因而需将废料粉碎成细骨料颗粒。

图10 原有建筑外墙饰面损落

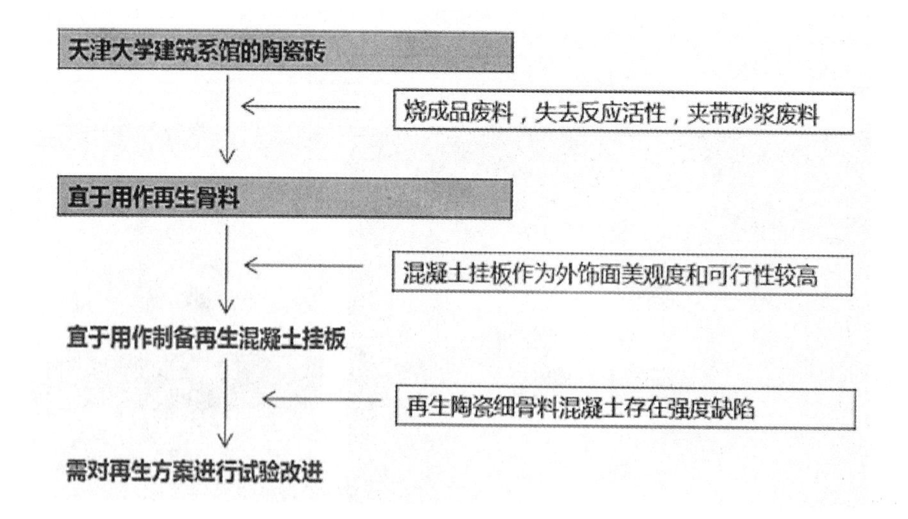

图11 关键技术主要内容

(a) 人工锤击粉碎

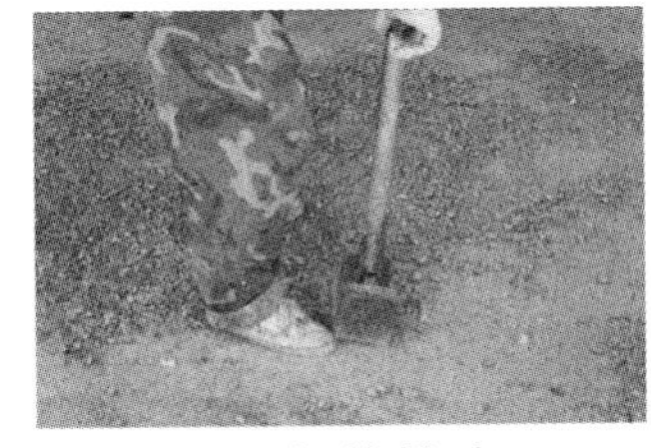

(b) 人工振捣粉碎

(c) 粒径为10～20mm的颗粒

(d) 粉碎机添料

(e) 粉碎机机械粉碎

(f) 粒径小于5mm的颗粒

图12 陶瓷砖废料的手工粉碎、机械粉碎及其废料颗粒

（2）旧材料再生

本次改造外墙饰面板选用了950mm×1245mm（横向排布12块瓷砖，纵向排布5块瓷砖）的基本墙板尺寸，每块墙板的尺寸根据需要可小幅度调整，墙板肋部厚度约30mm，板面最薄可达10mm。混凝土墙板的模板可分为一次性模板和多次模板。一次性模板一般采用泡沫塑料制作，开模时直接拆毁泡沫塑料。泡沫塑料模板的制作流程主要为：首先使用电热丝切割机将泡沫塑料切割为带有纵肋的泡沫板，然后按照挂板尺寸裁切拼贴泡沫板，在横肋与纵肋相交的部位开槽，最后由工人手工粘贴横肋。

(a) 电热丝切割机切割

(b) 裁切完成

(c) 纵肋开槽

(d) 粘贴横肋

(e) 粘贴完成

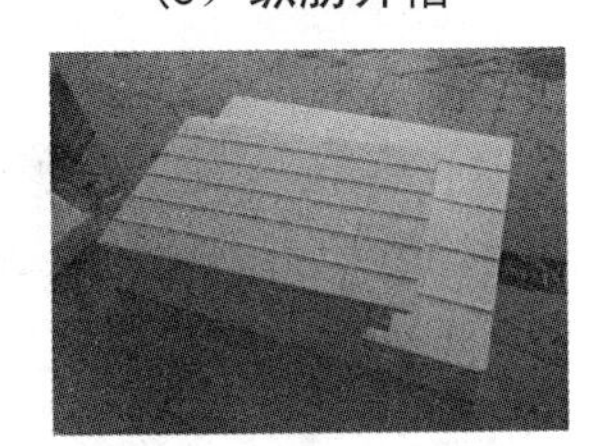

(f) 模板成品

图13 一次性模板制作流程

最终制成的成品板属于纤维加强混凝土墙板，挂板龙骨的设计也便于施工时在墙体上安装保温层，因而符合可行性原则。成品板使用陶瓷砖废料粉碎形成的颗粒代替了部分细骨料，制备成本较为低廉，减少了资源的浪费和对环境的影响。

（3）再生材料安装

幕墙墙板的分板设计主要分为陶瓷砖部分墙板的分板设计和水刷石部分的分板设计两部分。原外饰面瓷砖部分的每块墙板按照宽边5块瓷砖，长边12块瓷砖的分格进行划分，在外饰面阳角转折处做1块瓷砖宽度的折边，同时板与板之间预留原瓷砖外饰面一条瓷砖分缝的宽度。建筑原外饰面中以水刷石作为饰面层的外墙面所占面积较小，主要包裹了外立面梁柱框架及底层窗下墙的部分，需根据梁柱、窗的立面线条进行分板。

（4）外围护结构保温构造层次的安装

图14 挂板成品与原饰面陶瓷砖的对比

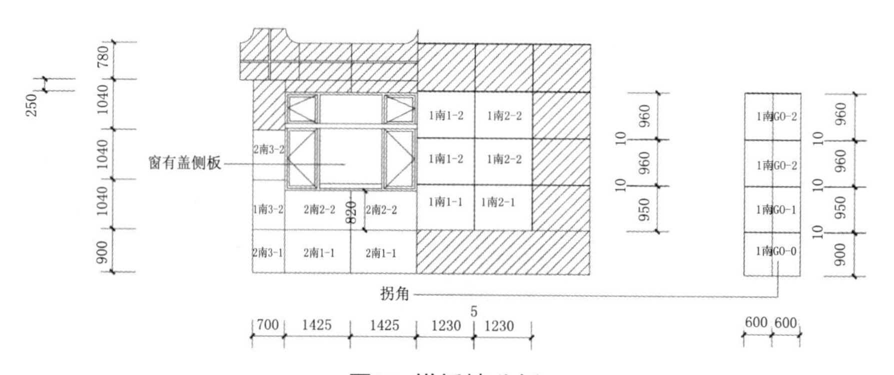

图15 样板墙分板

图16 保温层细部

本次改造外围护结构保温方式为外保温，保温层在构造层次中位于外饰面挂板和外墙之间。保温层主要由外层的铝箔和约50mm厚的矿物岩棉组成，其中铝箔主要起反射热辐射的作用，而岩棉除了起到保温隔热的作用外，也起到一定的吸声、减震的作用。

（四）改造效果分析

陶瓷砖再生的技术思路具有一定的可行性、美观性、传承性，能够最大限度地节能与降低成本。在保证新的外饰面，在满足大多数人对于既有建筑形象记忆的同时，也带来新的美学体验，改造效果良好。

五、思考与启示

办公建筑的绿色化改造在实际的操作过程中，常常由于改造时限、投入资金、人力物力，以及时代需求的变化等多方面的条件因素制约，很难做到一步到位。建筑学院办公楼的绿色化改造案例为上述现实问题找到了解决的最佳途径，即以“可持续发展观”为绿色化改造的总体指导原则，根据改造目标的不同，分先后、分阶段地对既有办公建筑进行多次绿色化改造。从整体论、系统论的角度来看，多次改造之间是渐进式的前后衔接关系，这更加接近绿色化改造技术研究的本质。

（天津大学供稿，余泞秀、李长虹、刘丛红执笔）

中国中医科学院中药研究所科研办公楼改造

一、工程概况

中药研究所科研办公楼位于北京市东城区，建于1985年，地上十二层，地下二层，建筑高度45m（实验楼外立面见图1）。地下二层分别为五级人防和设备层，兼做一般库房，地上十二层主要为办公室、实验室、图书室及其他附属用房，各层高度均为3.4m。该建筑结构采用框架剪力墙结构，外框与内筒之间的大跨度楼板采用后张无粘结预应力板，内筒为非预应力板。

图1 中国中医科学院中药研究所科研办公楼

该科研办公楼落成至今已近30年，室内装修风格陈旧，原水磨石地面严重老化、磨蚀，污迹斑斑、黯淡无光，原粉刷墙面已出现掉皮、空鼓，原天棚部分区域变形、脱落、破损，影响观感。同时随着建设方研究领域拓展，现有科研用房面积不足以支撑其研究任务，同时现有的给排水系统、通风系统及电气线路也不能满足新实验室工艺、设备需求（实验室改造前现状见图2）。

鉴于以上原因，中药研究所研究决定对其进行改造，使建筑整体性能得以提升，使科研设施环境满足科研需求同时，提高建筑空间利用率，降低设备能耗。

图2 改造前现状图

二、改造目标

本工程仅改造建筑内部，依据业主提出的具体要求，在确保建筑结构安全的情况下，重新优化建筑平面来提高建筑空间利用率及易用性，改善建筑内部环境，对通风空调、给排水、电气系统进行综合改造，提升设备设施性能，降低通风空调、电气运行能耗，节约水源。在上述改造中，采用可回收利用、环保的材料和低能耗设备等技术来实现绿色改造的目标。

三、改造技术

（一）提高建筑空间利用率

平面布局改造涉及楼层较多，仅介绍两层平面改造情况，其他楼层的改造采用相似方案解决。

首层原为图书室、办公室、消防中控室，现将图书室及小部分办公室改造为实验室（见图3，阴影区域不在改造范围内），主要功能房间包括气瓶室、空压机房、核磁设备间、质谱实验室、化学与分析室、细胞间及卫生间等。

为解决科研用房紧张问题，需提高建筑空间利用率，因此首层的实验室布局采用开放式格局，相比分成若干个房间的方案，隔墙的减小提高了建筑平面的有效利用率，便于工艺平面的布置，也为业主今后管理带来了便利。同时在保证通道通畅的前提下，实验台布置得非常紧密，使得单位面积容纳的实验台数量增加了50%。

五层原为办公室，现改造为实验室及一小部分办公室（图4），改造完成后包括仪器室、细胞间、办公室、会议室、质谱室、试剂间及卫生间等。这一层由于兼有办公及科研的功能，为方便使用及管理，将其划分为办公区与实验区，并通过隔断将其分隔开。

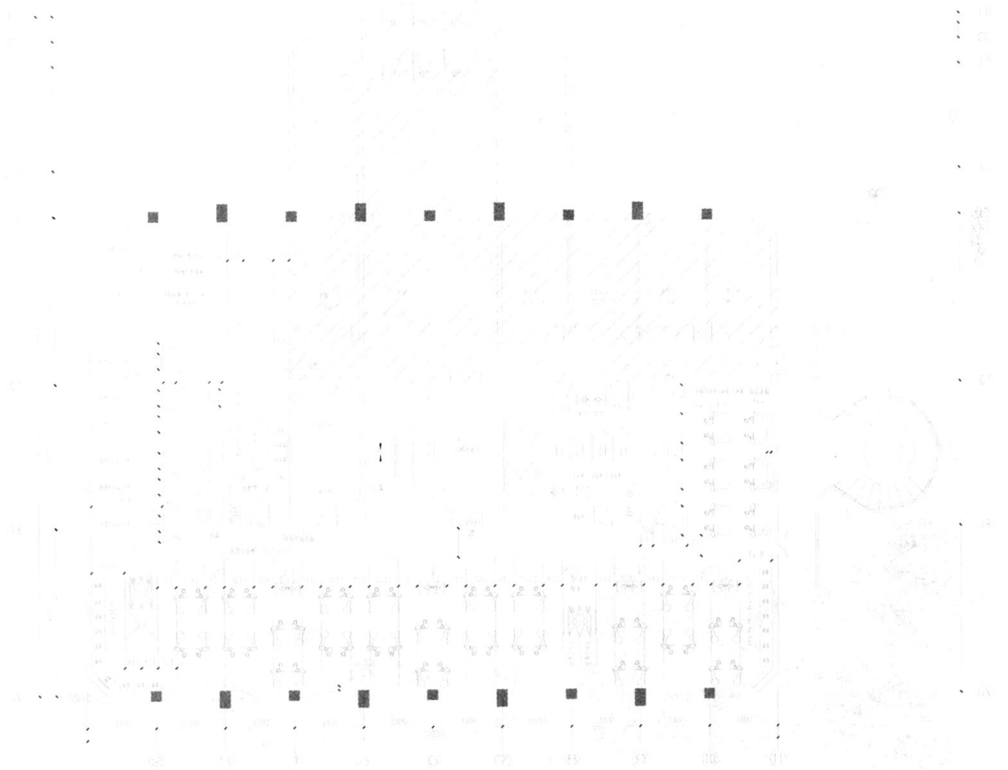

图3 首层平面图

实验区：根据业主提供工艺流程，安排各个功能间的布局，提高易用性。同一层实验室改造方案一样，除工艺上要求独立的实验室外，全部采用开放式格局。

办公区：根据业主的使用要求，在靠南侧外墙的区域，布置一排紧凑的办公室及一间小会议室。其余部分为开放式办公环境。

（二）室内环境改善

1.地面改造

对结构安全评估后，本工程不对原水磨石地面剔除，直接在现有面层上施工，这样可以节省大量的施工工期、造价，也避免了剔除地面的施工噪声污染。

（1）对水磨石地面修补及找平处理，并清洁地面，为下一步工序做准备。

（2）办公室、质谱实验室、化学与分析室、细胞间等房间地面做3mm厚的耐酸碱PVC地胶，遇墙上卷100mm；气瓶间、空压机房、核磁设备间地面采用承重较好，耐磨损的优质地砖直铺；卫生间地面采用灰色石材铺设。（图5、图6分别为办公室及实验区域改造完成后的地面）

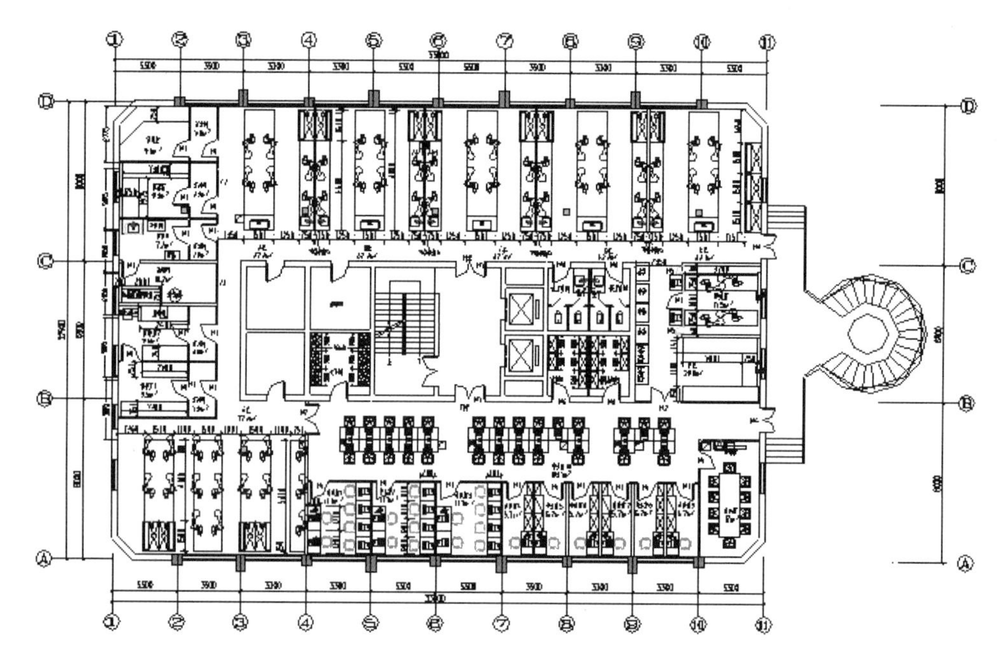

图4 五层平面图

图5 办公室改造后地面　　图6 实验室改造后地面

2.墙体改造

根据各房间的不同要求，灵活采用隔墙做法：

（1）空压机房内有噪声源，为避免噪声向外传播，隔墙采用隔声较好、自重轻、热工性能好、抗震性能良好的空心砌块隔墙并做拉结筋处理，墙体厚度200mm，为更好起到隔声效果，房间内挂吸音孔板。

（2）对于影响内区采光或需方便外界参观的区域，如设备间及质谱室与走廊相邻的隔墙、靠外窗的办公室与开放办公室间的隔墙，采用透光良好的不锈钢玻璃隔断(图7)。不但可以利用自然光，而且由于透光性良好，室内人员不会感觉得空间拥挤感，舒适性也较高。

（3）对于不影响内区采光的内隔墙，采用造价低、易施工、环保的轻钢龙骨石膏板隔墙(图8)，内填岩棉，并采用不锈钢包边防撞措施。

（4）本改造工程涉及部分洁净间及生物安全实验室，由于其对装修的要求较高，此次装修的材料采用玻镁格栅彩钢板，材料燃烧性能等级为A级。玻镁板采用手工板，板的平整度比机制板的平整度高，连接方式为凹槽加中字铝的连接方式，墙体拐角处、墙体与地面交界线均用圆弧铝做弧面过渡，玻镁格栅彩色钢板拼缝处均用硅酮密封胶填充，保证洁净间良好气密性。

3.吊顶改造

一般环境的实验室及办公室，如质谱实验室、化学与分析室、核磁设备间及办公区等区域，采用耐腐蚀、环保、无毒无味、抗静电、不吸尘、易清洁、硬度高、寿命长、不易变色变形的铝扣板吊顶。本工程采用边长为600mm的铝扣板嵌入T型轻钢龙骨内安装（图9）。

一层细胞间为洁净间，吊顶选用50mm厚玻镁格栅彩色钢板，所有基层钢龙骨均进行防锈处理。吊顶与墙体交界线均用圆弧铝做弧面过渡，玻镁格栅彩色钢板拼缝处均用硅酮密封胶填充，保证洁净间良好气密性（图10）。

4.门窗改造

根据不同房间的使用功能及要求，采用不同功能的门窗进行改造，使建筑满足现行国家标准及建设方的使用要求。如气瓶室采用普通钢制门，空压机房因噪声较大采用钢制隔声门，楼梯间和电梯间前室的门采用不锈钢防火门。洁净实验室装修要求较高，采用钢制洁净门、钢制洁净窗。其他普通环境区域采用无框玻璃门。

图7 办公室隔墙　　图8 五层实验室隔墙

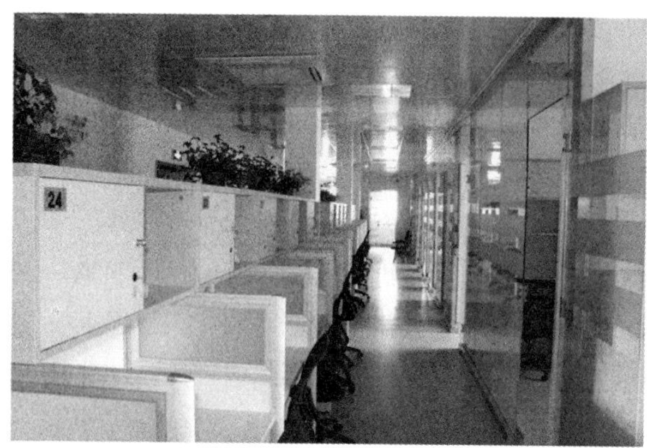

图9 铝扣板吊顶

图10 洁净室

（三）通风空调改造

1.空调系统

（1）净化空调

首层细胞间净化级别为7级，由净化空调机组承担室内空气冷热负荷。净化空调机组采用直膨空调机组，配新风段、初效过滤段、表冷/加热段、再热段、送风段、中效过滤段、等功能段。直膨机组便于过渡季节及非采暖季节的空调热负荷的供应。

（2）舒适性空调

根据建设方投资及现有条件，根据各个房间使用特点，布置分体式空调及多联机中央空调系统，如一层实验室区域为开放式格局，空间较大，且开启时间相对集中，因此采用多联机中央空调系统，又如五层区域，由于房间较一层多，且使用时间相对分散，使用分体式空调，灵活开关机，便于节能运行。

2.通风系统

实验室根据工艺特点及卫生要求，设计局部排风系统，排风系统包括万向排风罩（图11）、通风橱（图12）、排风管道及排风机等，排风管道采用耐酸碱的PVC管道及经过喷塑处理的钢板制作，排风机选用优质节能低噪产品。

为便于管理及节能，排风系统被划分成若干个小系统，每个系统可根据使用情况独立开关机，且由于建筑条件限制，排风机只能吊装于吊顶内，而楼板为预应力结构，不适宜重新打膨胀螺栓，所有吊装的风管、设备均采用实验楼新建时预埋的吊筋进行固定。

图11 万向排风罩图

12 通风橱

3.自动控制及节能

净化空调采用能效比高的直膨式空气处理机组，夏季根据房间回风温度，调节净化空调机组直膨段的冷量和再热段的加热量，冬季根据房间回风温度，调节空调机组直膨段的加热量，保证房间的送风状态参数符合设计要求。由于采用一套独立的系统，因此可根据使用情况灵活运行，很大程度减少了运行费用及初投资。

实验室排风柜的排风阀开启角度可在排风柜控制面板上调节，并与排风柜联锁，当排风柜不开启时风阀处于关闭状态。另外排风柜被划分成若干组，一组排风柜对应一台双速排风机，可根据排风柜的开启台数调节排风机转速，即可满足排风风量要求，同时也降低了能耗。

实验室万向罩也划被分成若干组，一组共用一台双速风机，根据使用情况，手动开启和关闭万向罩风阀，并在中央控制器(图13)手动调节风机排风量。

4.消声隔振

由于受建筑条件限制，排风设备只能吊装于吊顶内，因此排风设备的消声隔振直接关系到室内环境品质，因此，改造中采取了一系列的措施来使其达到规范要求。

（1）将排风系统划分成若干个小系统，来减少每个系统排风量，因此可选用噪声小的小型排风设备，同时也有利于提高吊顶高度；

（2）所有排风设备选用高效、低噪声箱式风机来降低噪声源；

（3）空调器、风机进出口风管设软接头隔振；

（4）空调器、吊装风机采用减振吊杆（设备转速小于或等于1500r/min时，选用弹簧隔振器；设备转速大于1500r/min时，

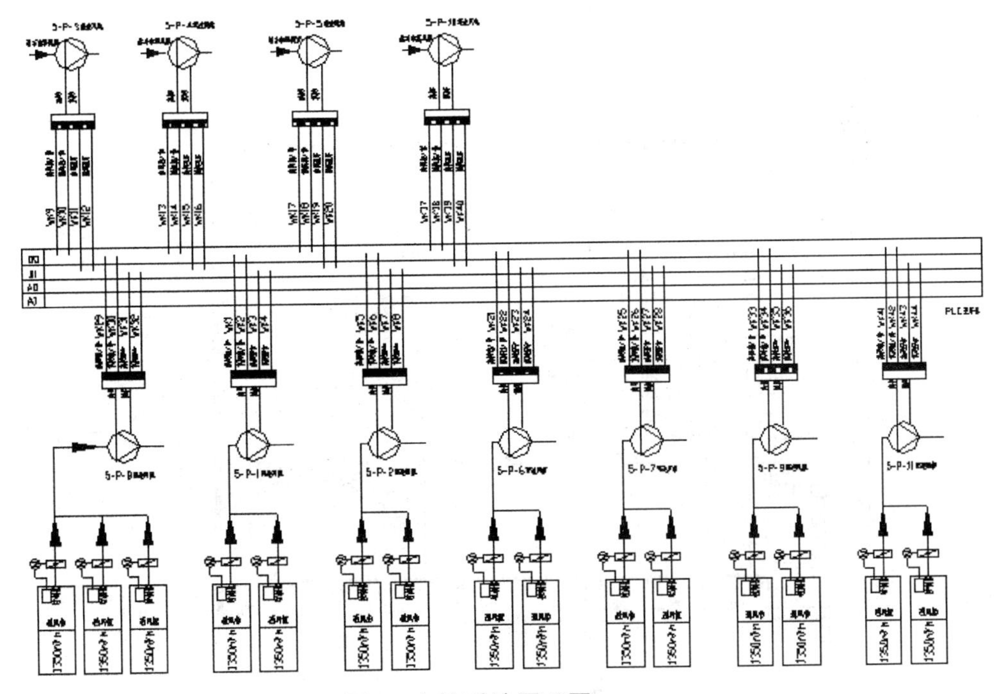

图13 自控系统原理图

选用橡胶等弹性材料的隔振垫块或橡胶隔振器）；

（5）空调送回风管设消声装置，通风机进出口处的风道安装时避免急转弯来减少噪声源；

（6）排风管道内部粘贴橡塑板吸声音，从噪声源内部减少噪声的传出。

（四）给排水改造

1.给水排水系统

根据甲方提供的资料，本建筑外框与内筒之间的大跨度楼板采用后张无粘结预应力板，因此楼面不适宜钻孔，所有需布置于楼板下的上下水管道，需利用原有的孔洞及管井进行布置。可布置在本层楼面以上的管道，改造中对其采取相应措施，使其更加美观。因此根据建设方工艺要求，在布置实验室工艺平面时，将实验室用水器具尽量紧挨原上下水管井布置（图14）。有的实验室水槽的需求较多，并非所有的水槽均能布置在上下水管井旁边。对此，将上下水管道布置于实验台下暗装，经边墙接至上下水管道井（图15）。

2.管材及连接

给水系统采用纳米抗菌PP-R管道，热熔接口；实验室排水管道采用PVC管道粘连。

3.管道和设备保温

所有给水管道，排水水平托吊管均做防结露保温，做法为1cm厚橡塑保温管壳；橡塑保温管壳；穿楼板的套管与管道之间的缝隙应用阻燃密实材料和防水油膏填实，端面光滑；保温应在试压合格及除锈防腐等工序完成后方可进行。

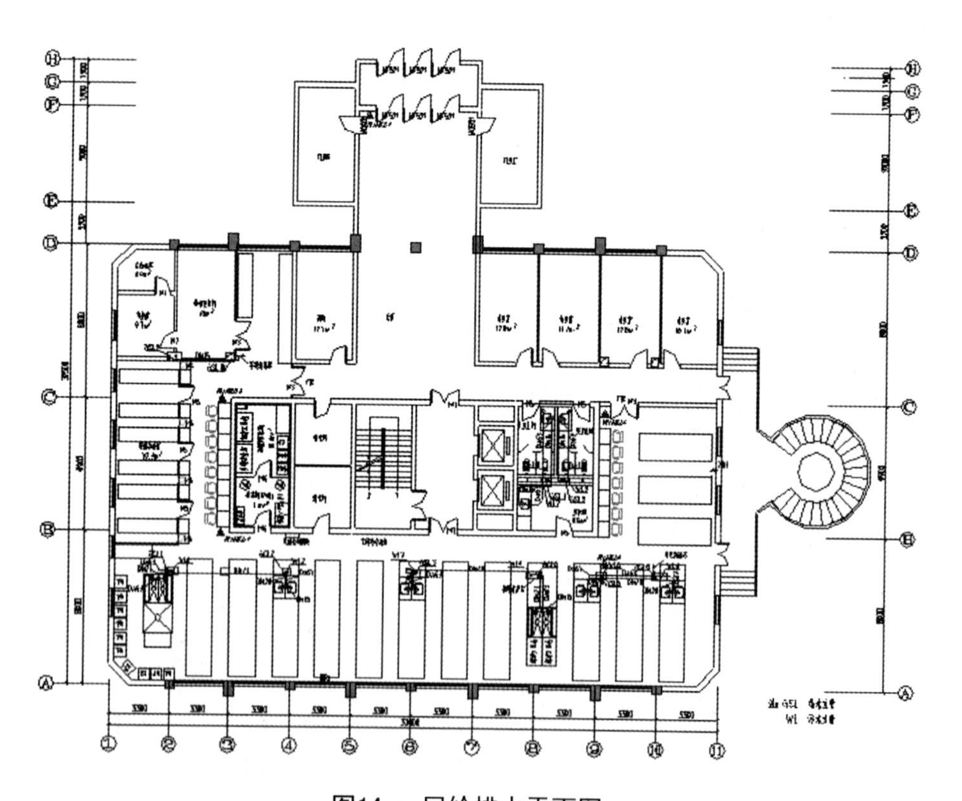

图14 一层给排水平面图

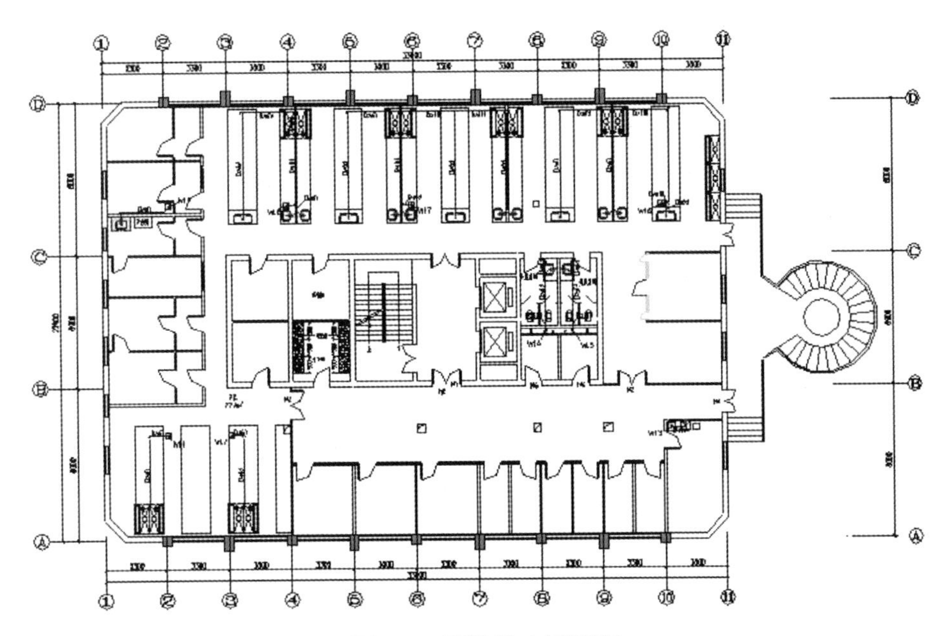

图15 五层给排水平面图

4.卫生器具

将卫生间内原用水量大的卫生器具全部更换成节水型洁具（图16），同时小便器采用红外线自动冲洗阀，卫生间蹲便器全部采用自闭式冲洗阀，洗手盆水龙头全部更换为红外感应阀门，从而在技术措施上保证用水量得到有效的控制。

图16 卫生器具

（五）电气、自控改造

1.配电系统

系统配电：实验楼供电电源引自一楼总配电室，各层均设置动力箱，净化空调等大功率设备设独立配电箱。

照明配电：照明、插座均由不同的回路供电，且均为单相三线制。所有插座均设漏电保护装置。

动力配电：净化空调配电箱设独立配电箱，并安装于同层配电间内。

应急照明：应急照明配电箱由双路电源供电，疏散照明和疏散指示均由独立回路供电。疏散照明灯具及疏散指示灯具均自带蓄电池，断电后自动点亮，放电时间≥30min。

普通照明：选用新型节能光源和节能灯具，在大面积或长时间照明场所配置智能照明控制器和节电控制器。

洁净室选用灯具为净化荧光灯，普通环

境区选用格栅灯。

2.视频监控系统

为方便监控实验的进行及人员的流动设置视频监控系统。进出口处设置彩色半球摄像头，数字硬盘录像机和监视器安装于机柜内，并预留网络端口，可实现异地监控。

3.门禁系统

为了防止外部人员进入实验室、同时便于人员管理，设置门禁系统。

（1）出入口设门禁，兼具考勤功能。

（2）重要的实验室及洁净间设门禁系统，便于内部管理。

（3）门禁主机安装于各层弱电间。

4.等电位接地系统

（1）卫生间、实验室等区域设局部等电位联结端子箱。

（2）局部等电位联结端子箱经总等电位联结端子箱与室外底线相接。

四、改造效果分析

（一）环境效益

使用新材料、新技术，使得1985年落成的科研办公楼焕然一新，满足了中药研究所科研领域拓展新需求，同时建立了舒适健康的工作环境。

通过合理的工艺平面布局，使整个建筑在使用上更加合理，提高了易用性。

（二）节能、节水、节地、节材效果

1.节能

采用低能耗的空调及通风设备、更换节能灯具，降低了运行能耗。同时采用开放式格局及通透性的不锈钢隔墙，提高了建筑自然采光效果，节省了大量的照明能耗。

本次改造洁净间采用直彭机组，既满足了洁净间的温度、洁净度要求，又降低了设备的初投资和运行费用。

使用时间集中的房间采用一套空调系统，使用时间不同的房间单独采用一套空调系统，有利于各区域单独控制，减少能源浪费。

排风系统根据末端使用情况调节排风量，降低了排风机能耗的同时，减少了采暖及空调季节的新风能耗。

2.节水

卫生间全部采用节水器具、节水阀，减少了耗水量。

3.节地

本改造工程在不增加建筑面积的情况下，采用开放式的平面布局，减少了隔断，同时采用紧凑的布局，很大程度上提高了建筑空间利用率，间接地节省了土地。

4.节材

本工程大量采用开放式的平面布局，墙体的减少节约了大量建材。

五、改造经济性分析

本工程在结构安全前提下，未剔除原地面装饰层，直接修补找平后，在上面重新装饰，极大地缩短了施工工期，降低了工程造价。

采用节水节电的设备及器具，减少了实验室的运行费用。

排风系统的风机排风量，可根据末端实际开启的排风设备数量决定，在实际的运行中，大多数时间排风设备不会全部开启，通过调节风机转速，不仅可以排风要求，还可以最大限度地节约运行电费。

六、推广应用价值

本改造工程在不增加建筑面积的条件下，提高了建筑利用率，改善了室内环境，提高了能源利用率，降低了运行能耗，节约了大量建材，节约了水资源，满足了科研及办公需求。

（中国建筑科学研究院、北京工业大学、中国建筑技术集团有限公司、中铁十六局集团第五工程有限公司供稿，赵力、陈超、夏聪和、赵永、蒋金友、孙凤月、安德柱、赵海、何春霞、赵健仁、刘瑞军执笔）

中国科学院高能物理所报告厅和会议室改扩建

一、工程概况

改造工程位于北京市海淀区玉泉路19号乙中国科学院高能物理研究所院内，建筑物为一座四层办公楼，一、二层层高3.6m，三、四层层高为3.3m。原有建筑为砖混结构。由于年代久远，现在建筑物的许多功能已经不能满足正常使用的要求，中科院决定对其进行工程改建、扩建。

该工程自2012年12月开始进行，改造主要包括外立面改造、内部装修改造、空调改造、电器改造、安全消防改造及会议室扩建工程。改造目的是使各项功能更好地满足办公使用的需要，也为类似建筑的改造提供借鉴经验。

二、改造目标

（一）项目背景

中科院高能物理研究所报告厅和会议室自建成至今，一直以来为各种办公活动及会议举办提供了活动场所及便利条件。但由于建成使用期较长，多项使用功能已不能满足目前的需求。本次综合改造目的是在使用功能、内部环境、安全性、耐用性方面得以提高，降低建筑物运行能耗；并扩建一定使用面积的钢结构会议室。

（二）存在的问题

改造前，原有建筑在以下几个方面存在问题：

1.围护结构

（1）建筑外围护结构为砖混结构，为实心黏土砖，热工性能差，其外墙平均传热系数高于《公共建筑节能设计标准》（GB 5018-2005）中外墙传热系数的要求，外墙保温性能薄弱，应采取保温措施，进行节能改造。

图1 改造前的砖混结构

（2）屋面，根据实地勘察，办公楼的屋面热工性能差，远高于《公共建筑节能设计标准》（GB 5018-2005）中屋顶传热系数的要求；而且屋面破损严重，防水性能达不到要求。

图2 改造前屋面

（3）外窗原外窗为铝合金单层窗，传热系数为6.4W/(m²•K)，热工性能差。

2. 设备设施

（1）原报告厅设施简陋，无法为各种会议及报告会的举行提供便利条件。

（2）原空调设备房设施老化，空调运行效率低下导致能耗低下，无法满足会议室及报告厅的热环境的要求。

3. 照明系统

（1）原办公室采光为电感式镇流器，功率因数低，仅为0.5～0.6，无功损耗大；整体光率低，需要改造。

图3 改造前的空调系统

（2）电气系统线路老化，存在有火灾隐患。

4. 办公场所不足

随着各项研究工作的开展，办公场所严重不足，在场地面积有限的情况下，需要增加办公场所。

（三）改造技术目标

1. 满足使用功能的需求

中科院高能作为科研院所，各种国内及国际的学术交流日益频繁，因此要求提供能满足需求的现代化的办公室、报告厅、会议场所。

2. 提高综合性能

建筑物的围护结构、暖通、电气、消防、给排水等各方面有整体性的提升。保证外观及功能的双向改善，同时降低建筑物的使用能耗。

三、改造技术

（一）围护结构改造

围护结构主要是外墙装修和内部装修。外墙装修主要对原有建筑根据实际需要进行改造，对建筑外立面重新装修；内部装修主要包括开向走廊的内门、内墙墙面、吊顶、楼地面、楼梯扶手。

原建筑墙体为砖混结构，改造后改由轻质混凝土砌块组成。所有外墙全面清洗处理，对破损墙面进行修补处理。使外围护结构的热工性能满足《公共建筑节能设计标准》（GB 5018-2005）的要求。

部分内隔墙采用100系列轻钢龙骨12mm厚双面双层纸面石膏板错缝安装，内填50mm厚玻璃棉，内隔墙均须构筑至楼板梁底。大空间的吊顶（入口大厅、报告厅）以及设备管线较为集中的房间（卫生间、开水间）等，吊顶采用了可上人龙骨，检修孔施工应平整、隙缝隐蔽美观，规格为450mm×450mm，所用吊顶内阀门位置均应设置。

外窗统一更换为断桥铝合金中空双层玻璃窗，构造形式为6+12A+6。断桥铝合金门窗的突出优点是重量轻、强度高、水密和气密性好，防火性佳、寿命及环保性能良好。设计外门窗可见光透射比75%，并对建筑物的窗墙比进行调整。

更换室内房门、窗帘盒、顶角线、门窗套等，拆除卫生间隔断，重新安装复合板隔断，卫生间重新改造，重做聚合物水泥基防水涂料。

建筑物的外屋面由于年久失修，空鼓现象严重，防水层遭到破坏，甚至有植物生长于上。此次屋面系统的改造包括防水系统的改造，并设计了屋顶花园。屋顶花园的设计依据建筑物的承载能力及北京当地的气候条件，方案与专业园林厂家共同协商确定。

图4 改造前的墙体

（二）电器照明及配电线路改造

报告厅和会议室要求具备多功能性和社会服务性，照明设计要考虑视觉环境的舒适性。照明系统的改造主要为照明灯具及线路的改造安装与调换。

楼内照明均采用高光效光源和高效灯具，照明功率密度设计标准为办公室13W/m^2，会议室7W/m^2。所有荧光灯、金属卤化物灯均配用电子镇流器，灯具功率因数大于0.9，灯具吸顶安装。灯具所配带镇流器等附件符合现行国家能效标准。

工程采用放射式与树干式相结合的供电方式，线路全部穿钢管暗敷在吊顶内或墙体内。工程选用的电缆、电线应急照明及消防系统为难燃性缆线，其他均为阻燃性缆线。所有负荷采用三级负荷，插座回路均设置漏电保护装置，动作电流小于30mA，动作时间小于0.1s。且设有专用接地线。同时，分别设置一层报告厅及会议室的配电箱。

（三）消防与安全系统

原有消火栓箱全部更新，单阀单出口。消防信号源引自原消防报警系统。一层设置区域报警控制器，对本楼的火灾信号和消防设备进行监视及控制火灾自动报警系统按智能型二总线设计，任一点断线不影响系统报警。在办公室、会议室、走廊、楼梯间等场所设置感烟探测器。集中报警控制器内设置联动控制面板，其控制方式分为自动和手动控制。通过联运控制台，可实现对消火栓灭火系统，火灾应急广播等的监视与控制，火灾发生时可手动自动切断非消防电源。

同时，在主要出入口，走道、楼梯口等部位设置彩色摄像机，满足监控的需求。

（四）空调系统改造

所有空调设备均选用高效、低噪声、节能优质产品。经过详细的负荷计算，报告厅冷负荷28.9kW，热负荷12.3kW，一号大会议室冷负荷14.2kW，热负荷5.3kW。二号大会议室冷负荷10.1kW，热负荷4.9kW。根据房间装修布局及现有技术条件，报告厅采用一台四向室内机和四台高静压薄风管机。二层大会议室1采用二台四方向室内机。2号大会议室采用一台四方向室内机。

空调器、风机等设备均按要求做隔振处理，设置减振基础及弹性吊架、减振吊杆。通风机进出口处的风道尽量避开急转弯以减少噪声源。报告厅高静压室内机接二台散流器顶送风，回风采用吊顶回风，回风口布置于室内机回风口附近。同时回风口兼作检修口。

（五）给排水系统

根据甲方要求，原有1-3层卫生间管道

全部进行了更新。同时，对年代久远、有跑冒滴漏现象的地下管线进行了拆除及更换。同时，根据实际需要，盥洗室原有给排水管道取消，改为热水间，设有热水器一台，满足了居住人员的热水需要。给水系统由园区自备水源井供给，因供水水质能满足生活用水标准，无需再进行单独的水质处理。

（六）视听系统的改造

鉴于报告厅与会议室的功能要求，对视听系统要求较高，因此，功放主机及DVD设在报告厅内的专门控制室，每个麦克风单独回路与功放主机沿讲台暗敷连接。报告厅房间布置6个高质音响。投影仪控制线穿管吊顶内设，与主席台电脑主机连接。音响采用音响线（金银线），话筒采用RVVP电缆，电脑连接投影机部位采用VGA线缆。

（七）噪声控制

报告厅对噪声要求较高，为控制噪声影响，一层报告厅的内墙面采用木丝吸声板，地面平铺地毯，以最小化降低噪声的影响。

（八）结构改造

针对在屋顶平台扩建的会议室，在前期荷载计算的基础上，决定采用钢结构，外墙采用混凝土砌块。钢结构耐火等级一级，防火材料采用厚型防火涂料，楼板为组合楼自防火。钢梁、钢柱及板件采Q345B钢，材质保证书应满足《高强度低合金结构钢》的要求；梁柱材料的强屈比不应小于1.2，且应有明显的屈服台阶和良好的可焊性。

支撑、锚栓等采用Q235B钢，钢材质量标准应符合《碳素结构钢》GB 700技术条件。

檩条采用冷弯薄壁型钢，其质量标准应符合《通用冷弯开口型钢尺寸、外形、重量及允许偏差》。

紧固件：高强螺栓连接的规格和技术条件应符合设计要求和现行国家标准。

高强螺栓采用10.9级大六角摩擦型高强螺栓。普通螺栓，采用《碳素结构钢》GB 700中的Q235号钢制成，符合《六角头螺栓-C级》GB 5780在高强螺栓连接的范围内构件的接触面采用手工除锈，摩擦系数大于等于0.35，不得刷油漆及油污。构件制作完毕，进行表面喷砂除锈，表面红丹防锈漆二遍，漆干后再涂面漆二遍，钢结构在使用过程中，还要定期进行油漆维护。

图5 报告厅扩建钢柱

四、改造效果分析

（一）环境效益分析

本次改造改善了室内环境质量，满足了日常办公及会议的需求，改善了科研院所的办公条件。

图6 建筑物外立面

图7 建筑物外立面

（二）节能、节水、节地效果分析

本次改造是在建筑原有基础上进行，扩建的工程也有一部分是位于原有建筑物的屋顶之上，节约了土地资源，充分利用了现有条件，节地效果显著。

（三）绿色运行

此次改造提高了建筑物围护结构的热工性能；对原有建筑物的地下管线进行了改造，避免了管道跑、冒、滴、漏；更换了运行效率低下、使用年限久远的空调系统，降低了空调设备的运行能耗。

图8 改造后的屋面防水层

五、经济性分析

（主要介绍建筑单项改造费用、综合改造费用、投资回收计算等）。

在原来建筑物的基础之上进行改造具有投资少、工期短、可以保留原有建筑风格，不仅具有可观的经济效益、也可以发挥原有建筑物的使用价值，具有良好的社会效益。此次改造的经验有利于类似工程的推广。

图9 四方向室内机冷暖两用

图10 室内落地风机盘管

六、结束语

（一）推广应用价值

本改造工程实现了对既有建筑使用寿命的再延长，改善了建筑物的使用功能及室内环境、提高了能源系统的效率、满足了办公及报告厅的需求。同时，在已有建筑物上扩建的会议室在做到安全性的前提下，节约了土地资源及资金费用。从整体来看，是一个成功的综合改造工程。同时，对建于20世纪的建筑的改造起到了经验借鉴作用。

（二）思考与启示

对于既有建筑的综合改造，会涉及多个方面如围护结构、空调系统、给排水系统及电气自控等。改造过程中各系统之间会互相影响制约，因此需要各工种之间的相互协调配合。同时，与业主之间的协调与沟通也相当重要。在各种技术措施满足使用功能的前提下，也要进行效益估算。同时，要结合业主的项目预算和定位，选择合适的改造方案。

（中铁十六局集团第五工程有限公司供稿，赵永、张旭东、吴伟伟执笔）

南京国际广场商场建筑改造

一、工程概况

南京国际广场位于鼓楼区中央路中心地段，面对紫金山，毗邻玄武湖。南京国际广场是集商业、商务、娱乐、办公、住宅、酒店于一体的超高层综合商用建筑群，一期总面积超过22万m^2，已于2010年初建成并开始投入营运。项目一期包括：两层地下室，八层裙楼和分别为36、39层的南北两座塔楼。1～8层裙楼建筑面积88000m^2，1层层高6m，2～8层层高5.5m，为大型购物中心，其中商业总建筑面积8.8万m^2，可租用面积4.4万m^2。另外商场还引进了自助式KTV，拥有4000多m^2大的UME豪华影城，致力于将购物中心将打造成为一个“一站式消费场所”。两层地下室夹层层高3.8m，B1层层高6.5m，B2层层高4.4m，为车库和设备及房、物业用房、酒店后勤用房等。南塔楼建筑高度161.9m，11～22层为国际甲级写字楼，面积23000m^2，层高3.8m，23～35层为白金五星级威斯汀大酒店，面积32000m^2，层高3.4m。北塔楼建筑高度161.5m，11～38层为景观公寓和顶级豪宅，面积42000m^2，层高3.4m。

图1 南京国际广场一期项目

二、改造目标

目前南京国际广场建筑存在诸多系统问题，对于购物中心的运行管理和用户的使用带来一定麻烦：暖通空调系统夏季制冷效果不好以及冷却塔冷却能力下降，导致室内空调环境下降；供配电系统的一些控制器出现故障导致停水事故；BA系统只设不用导致资源浪费；土建装修的一些问题导致建筑使用功能上出现一些问题，诸如此类问题是本建筑绿色改造的关注点，同时，通过对建筑其他绿色技术改造，将项目打造为国内首个商场绿色改造二星级建筑。

三、绿化改造技术

（一）外围护结构节能改造

本项目外围护结构节能改造满足建筑节能65%的要求，主要内容如下：

1. 节能改造基本参数

改造新增的墙体采用粉煤灰水泥空心砖、灰砂浆、轻钢龙骨石膏板墙隔断、铝合金玻璃隔断等其他绿色材料。外墙及屋顶保温材料使用热固型改性聚苯板，导热系数为0.036W/m^2•K，屋顶保温材料厚度约为90mm，外墙保温材料约为50mm。玻璃幕墙玻璃材料选用6mm中透光low-E+12mm氩气+6mm透明隔热金属多腔密封窗框，传热系数为2.100W/m^2•K，自身遮阳系数为0.400。

2. 节能改造位置

外立面改造：拆除现有外立面幕墙，进行必要的结构加固，采用钢结构框架外挂玻璃、金属幕墙，使外立面更加具备国际一流商业建筑气质风范，简约且时尚。

屋面改造：屋顶改造面积9000m^2，结合绿化屋顶建设，进行屋面节能改造。

（二）采暖通风空调及生活热水供应系统节能改造

本项目暖通系统的冷热源采用封闭式水环热泵空调系统(WLHP)，空调按业态分为各自独立运行四套系统，分别为写字楼、酒店、购物中心、北塔豪宅公寓提供冷热源。各水环热泵机组分散于各个区域或房间之中，通过水环路把分散设置的各热泵机组连接成二次侧水系统，再通过各系统空调泵房内板式热交换器与冷却塔（夏季制冷）或热水锅炉（冬季采暖）组成的一次侧水系统进行热交换。制冷时水环热泵机组向二次侧水环路中释放热量，水温升高，当系统二次回水温高于40.5℃时启动冷却塔;制热时水环热泵机组从水环路中吸取热量，水温降低。当回水温度降到15℃时，启动热水锅炉通过水系统向空调区供热。本系统以冷却塔为主要冷源，热水锅炉为主要热源。

南塔楼37F屋顶安装13台马利冷却塔，写字楼3台（循环水量200m^3/h）、酒店4台（循环水量200m^3/h），购物中心6台（循环水量600m^3/h），36F空调循环泵房分别安装写字楼、酒店一二次循环泵、板换、购物中心一次侧循环泵；南塔36F锅炉房安装3台，每台制热量3500kW的燃气真空热水锅炉，共同为写字楼、酒店、购物中心提供采暖热源。

北塔39F安装2台闭式冷却塔（循环水量150m^3/h），北塔39F锅炉房分别安装1台930kW、1台700kW的燃气真空锅炉。

结合商场暖通空调系统的特点，提升既有水环热泵系统的性能，主要做以下工作：

1. 水环热泵系统的冷却塔系统、输配系统、末端热泵系统重新设计改造

增设冷却塔系统1台，水平支管系统改造，末端热泵改造。

2. 变水量系统和变风量系统的控制改造

改造需将水环热泵系统水系统与负荷相匹配，增加调节功能，末端具有室温调控功能。

3. 暖通空调系统集中控制，优化运行策略

现有空调系统不具备完善的监控系统，增设随室外气温变化进行供热量调节的自动控制装置。

4. 暖通空调系统的计量措施

采取分区域、分商户、分功能的计量措施，为绿色化运营管理奠定基础。

（三）供配电与照明系统节能改造

通过现场采集的数据和计算分析数据表明，照明系统具有管理缺失、灯具损坏现象严重、灯具位置不合理、灯具配置功率较高等特点。照明系统改造主要有以下几个方面：

1.改造照明系统，降低灯具功耗，布置等位

LED灯具使用：天花板整体改造，取消T8发光灯带，改为LED小孔径窄角度筒灯进行强化垂直照明。用LED宽角度筒灯替代原有的节能筒灯，提高空间的水平高度。

2.公共区域照明采用集中控制模式：照明按区域采用分区、分组控制措施

改造区域：大厅和公共区域。分组控制的目的是为了实现天然光充足或不足的场所分别控制照明。

3.电气照明系统分项计量深度改造

商场电气照明等按租户或单位设置电能表，并按电能表显示的耗电量收费。

（四）建筑能耗监测系统改造

对节能工作有意义的用电支路（包括暖通空调、照明插座、电梯、生活水泵、特殊能耗、餐饮等）进行重点计量，只要改造内容如下：

1.暖通空调系统分功能（冷却塔、水泵和区域末端）、分商户终端（商户和公共区域）进行计量；

2.照明系统分区、分功能、分商户进行计量，解决普通照明、商品照明、美化照明、亮化照明的用能计量问题；

3.水系统分商户、分功能计量；

4.电梯能耗计量；

5.其他重要用能设备的计量。

（五）节地与室外环境

节地与室外环境将从“合理开发利用地下空间”、“室外风环境优化”、“屋顶绿化、垂直绿化”三方面入手，节约用地，改善环境。

1.合理开发利用地下空间

购物中心结合商业建筑特点，充分开发地下空间作为公共活动场所、停车库或设备用房等。本项目地下一层改造，在下沉式广场后方地下空间增设超市和少量店铺，增强整个购物中心的服务功能和商业吸引能力，使市民可以享受快捷便利的超市购物服务，同时也更加凸显商业集聚功能，增加购物中心人气。地下一层空间和地下一层广场开发改造面积14895m^2。

2.屋顶绿化、垂直绿化

充分考虑建筑周边、广场、道路、停车场的绿地遮阴，绿地率大于30%。在商场下城市广场建设绿化景观带，并采用立体化景观绿化设计和屋顶绿化设计。屋顶绿化面积1000m^2，屋顶可绿化面积比为10%。

（六）节水与水资源利用

本项目将从水资源综合利用与雨水、绿化、景观等方面进行改造。

1.雨水收集

购物中心占地面积37920m^2，能够用于回收雨水的土地面积约为10000m^2，而购物中心最大可利用雨水量约为10000m^3。雨水系统改造结合建筑雨水管道走势，由雨水原水系统、雨水处理设施和雨水供应系统三部分组成。

2.绿化灌溉

绿化灌溉鼓励采用喷灌、微灌、滴灌、渗灌、低压管灌等节水灌溉方式，鼓励采用湿度传感器或根据气候变化的调节控制器。

购物中心通过采用绿化喷灌和微灌方式，达到节水目的。

3.雨水与景观

“雨水景观休憩广场”与地下一层和下沉式广场建设相结合，为市民提供接触水资源利用科学技术概念的窗口，并享受绿色、生态的自然环境，达到“自然、生活及娱乐休闲”合一的目标。

（七）节材与材料资源利用

在商场改造中，建筑室内营业场所采用大的空间形式，融入灵活隔断概念，大大减少大拆大建，资源浪费的现象，且不增加改造费用。

（八）室内环境质量

在室内环境利用方面，需加强控制质量监控和商场异味的串通。

1.通风系统改造

通风系统改造中，结合暖通空调系统改造和生鲜食品区、小食街、厨房、卫生间的区域划分相互结合，采取有效措施，防止不同经营区域异味串通。改造后的商场布置，每一层都设置了餐饮或者超市，更着重减少每层异味串通。

2.室内空气品质监测

设置室内空气质量监控系统，采取二氧化碳监控措施，且与全空气系统联动控制，保证健康舒适的室内空气品质。

（九）文化传播

利用购物中心平台，将人与自然相结合，形成绿色商场社会宣传示范：

1.雨水景观休憩广场

雨水景观休憩广场与地下一层和下沉式广场建设相结合，利用先进生态技术收集雨水，形成供顾客和市民活动、观赏自然景观的雨水花园。

2.开心农场及都市农庄

结合屋顶，在八楼考虑开心农场及都市农庄，将生态环境、绿化技术、自然采光等绿色建筑技术融入生态体验式购物农场。

3.节能、环保、低碳与时尚展示——理念传递

扩大绿色理念的宣传效果，垂范社会。利用信息标注、指示牌、电子显示屏等工具，结合可演示工程实例，形成绿色节能商场建筑的理念传递体系，对社会起到真正的示范宣传作用：

（1）建筑节能和绿色建筑技术的综合展示功能

风环境模拟、屋顶及立体绿化、绿化物种、室外透水地面、幕墙和屋面、水环热泵系统的优化改造、绿色照明技术、区域控制、太阳能光伏系统、能源的分项计量措施、节能控制、分商户、区域计量、节水器具雨水与景观水、微灌技术、通风措施、空气品质检测展示与购物。

（2）绿色和健康生活理念的传递

雨水利用技术的综合展示绿化、生态与休闲相结合的休闲区域展示。

四、总结

本项目基于绿色建筑理念的方案设计，从“节地与室外环境”、“节能与能源利用”、“节水与水资源利用”、“节材与材料资源利用”、“室内环境质量”、“运营管理”六方面确定技术体系。

但绿色建筑并非各项绿色技术的简单组合，而是通过综合能源、环境、舒适、健康等多角度，规划场地、建筑景观、室内环

境、技术措施、具体构造、设备选型等不同工种多层次，借助最新的智能化自动控制技术，对各技术性能技术实现体系根据具体性能要求进行一体化控制，确定最合适的搭配策略，真正实现建筑系统的高性能、集成化。本项目通过各项绿色技术综合改造，将实现国内首个商场改造二星级绿色建筑，具有一定的示范意义。

（上海维固工程实业有限公司供稿，徐瑛、刘芳、沈洁沁执笔）

深圳市龙岗区规划国土信息馆片区改造

一、工程概况

本项目位于深圳市清湖路与梅龙大道交界处，距地铁清湖站1公里，属旧厂区功能升级改造，社区规模为0.1平方公里，建筑规模为1.6万m^2。已完成一期厂房改造工作，正在开展交通专项研究与改造规划工作，预计2015年完成。

二、改造目标

（一）改造背景

项目改造前处于空置状态，由南北两栋四层厂房构成（顶部均有整层加建），建筑面积南楼6630.8m^2，北楼9516.5m^2，共16147.3m^2。北区东面有一台货梯，南区为原来厂房的办公区，装修较好，有很多材料如隔断玻璃等可以再利用。项

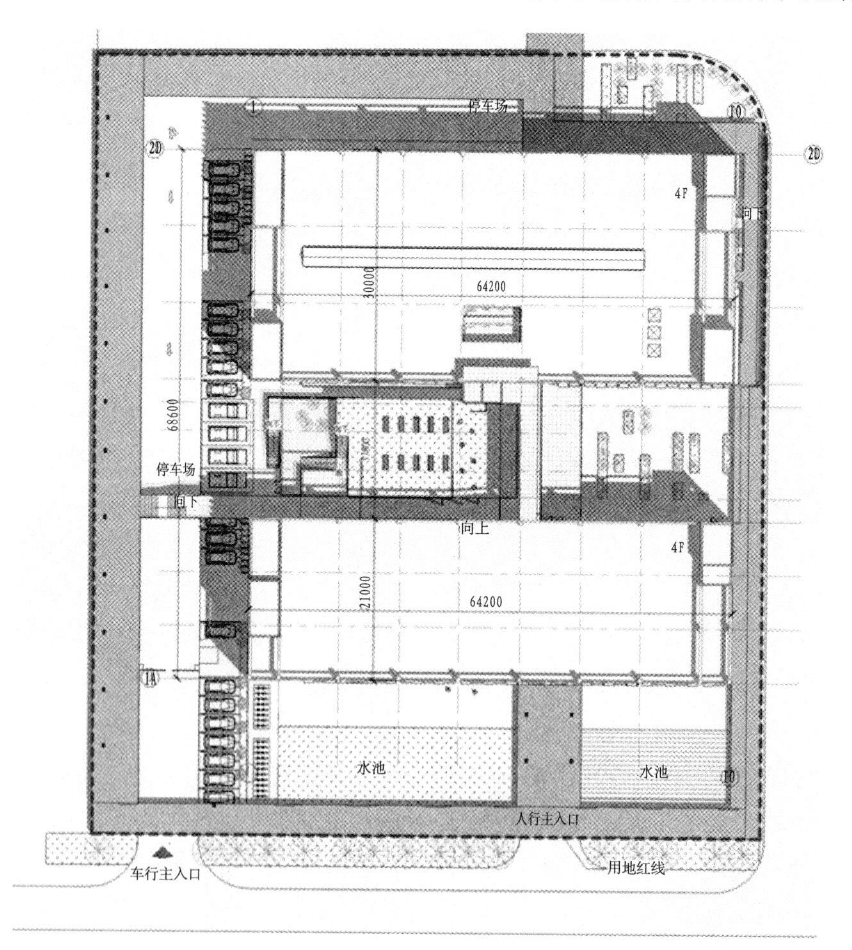

图1 龙华规划局国土信息馆总平面图

图2 项目改造前现场图片

目结构规整、布局合理、采光通风条件良好，空间使用率高，周边环境良好；然而进深过大，空间单一，机电空调配套不足，停车不便、两栋楼缺乏联系、形象缺乏识别性。

（二）改造目的

立足现有建筑基础，探索切实可行的绿色社区改造提升方案，通过在绿色生态理念指导下的设计、改造和运行管理实践，在模拟技术支持下，综合运用目前成熟、可行的各项绿色技术措施、构造做法和管理运行模式，实现示范性绿色生态办公社区。

项目功能由厂房转变成政府办公，完成后向市民开放，并组织形式多样和内容丰富的绿色环保教育展示内容，让市民在参观的过程中能够学习到更多的绿色生态环保知识。同时，建筑为市民预留很大一片公共空间，使这里不但是办公大楼，同样是市民休闲娱乐的场所。

三、改造技术

改造关键技术主要包括：

（一）绿色化改造规划技术。社区功能提升，即厂区转变为行政办公区。

在原有的结构基础上挖空一些楼板，楼板挖空面积394m^2，改善室内的采光通风条件的同时，使得建筑空间多样化，形成丰富的空间体验。

在原有的结构基础上加建一部分楼板，加建楼板面积1754m^2，用于夹层停车及其他管理服务用房，对北区原有的电梯井也根据功能的需求加建楼板。

在原有的两栋建筑中间加建报告厅、设备用房、屋顶绿化、连廊等，加建面积562m^2，完善建筑的功能同时也提升建筑的环境品质。

（二）公共空间与公共配套提升。建筑一楼部分空间为书吧，开放给市民，不但是

图3 由旧厂房功能升级为政府办公

图4 旧厂房部分挖空

图5 两栋旧厂房间加建连廊

办公大楼，同样是市民休闲娱乐的场所；建筑内部很多地方亦为公共交流空间，为大楼办公人员提供良好的交流环境，开阔视野观感与工作效率。

图6 门前广场与一楼简.悦书吧

图7 建筑内部公共交流空间

（三）资源优化利用集成。水资源：道路雨水渗排、植草砖；能源：节能围护结构、屋顶绿化、可再生能源。

（四）绿色交通改善。采用架空停车，增加机动车停车位130个、自行车停车位50个，提供电动汽车充电桩，为电动汽车提供

图8 道路雨水渗排与植草砖

图9 建筑外遮阳

图10 屋顶绿化与屋顶太阳能光电一体化（改造前后对比）

图11 架空停车与电动汽车（改造前后对比）

能量补充，鼓励社区居民绿色出行。

（五）环境改善。在物理环境方面，利用风光热音等模拟软件指导改造优化，例如经日照模拟分析，可以看出改造前办公空间的照度绝大部分在300Lx之上，满足普通办公空间的工作照度要求，但缺陷是办公空间

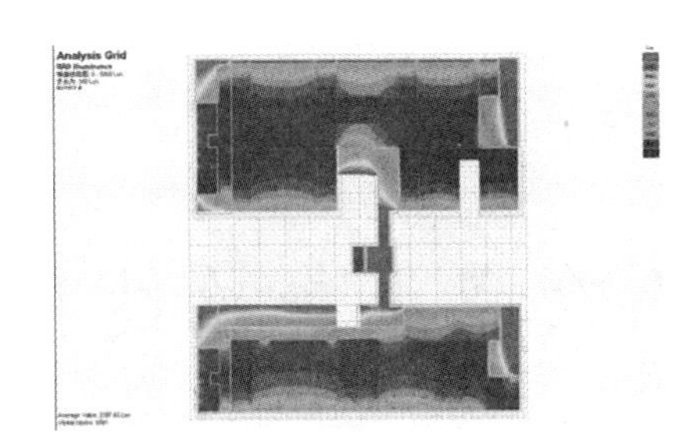

图12 改造前夏季日照模拟

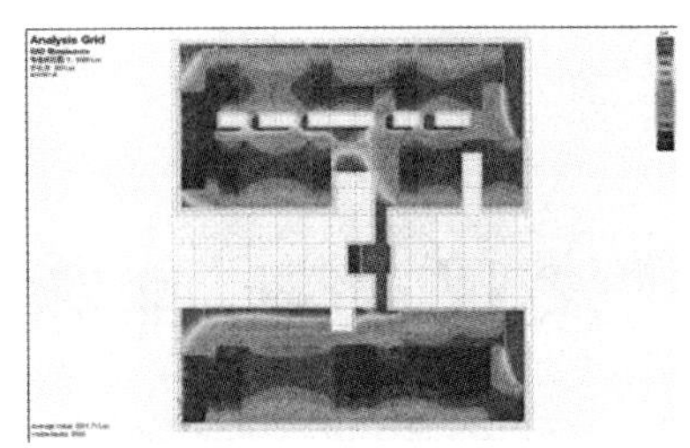

图13 改造后夏季日照模拟

图14 都市农业

的照度分布不够均匀。通过对内部通高空间加开窗户，经日照模拟分析，改善后的日照模拟分析，可以看出办公空间的照度能达到500Lx之上，满足高级办公空间的工作照度要求，而且照度明显变得均匀。

在绿化景观方面，积极利用建筑空间，推行都市农业，既增加绿容量，又提高生活乐趣。此外，绿化物种选择考虑植物生态效益，多采用乔灌草复层绿化。

四、改造效果分析

由原来的空置旧厂房一跃成为具有现代都市气息的政府办公大楼，同时增加公共开放空间，为周边居民提供休憩、娱乐空间，改变了人们对政府机关刻板严肃的印象，提升了龙华规划国土局的亲民形象。同时，由于该厂房是出租给龙华规划国土局，因此在提供优良的办公空间的同时，盘活了空置厂房空间，节省了政府机关的建造费用。

五、改造推广应用价值

深圳以制造业等轻工业为启动的产业发展历程，给深圳留下了大面积的工业区、仓储区，在三十年后的今天，成为现代化、可持续发展中难以解决的遗留问题。本项目的旧工业区改造可为深圳市其他地方改造提供鲜活案例与成功经验，同时也为全国以轻工业厂房、仓储区的特点的旧工业区改造提供指导与借鉴。

（深圳市建筑科学研究院股份有限公司供稿，叶青、郑剑娇、刘刚、郭永聪、鄢涛执笔）

深圳坪地国际低碳城更新改造

一、工程概况

深圳国际低碳城项目总规划面积53平方公里，以高桥园区及周边共5平方公里范围为拓展区，其中以核心区域约为1平方公里范围为启动区，建筑面积为180万㎡，建设周期为7年，总投资约103.7亿元。

二、改造目标

（一）项目改造目标

示范工程以深圳国际低碳城启动区建设项目为核心，到2020年，核心启动区实现“5个100%”，即100%使用清洁能源、100%新建绿色建筑、100%新能源国内外公共交通、100%污水处理、100%废物无害化处理，低碳发展达到国内领先水平。

（二）项目改造计划

根据计划，将分三期建设。其中一期改造包括综合服务中心建设、丁山河生态整治、客家围屋改造一期、交通道路改造等，二期改造包括格坑工业区“1＋1”厂房改造项目（厂房绿色改造、3D打印园、宿舍绿色改造）、小型垃圾综合处理、联泰厂房一期改造、龙口工业区“2＋1”工业厂房绿色改造项目（太空生态与医学研究中心），三期包括新建航天科普公园、中美中心。

目前，已基本完成一、二期建设（龙口

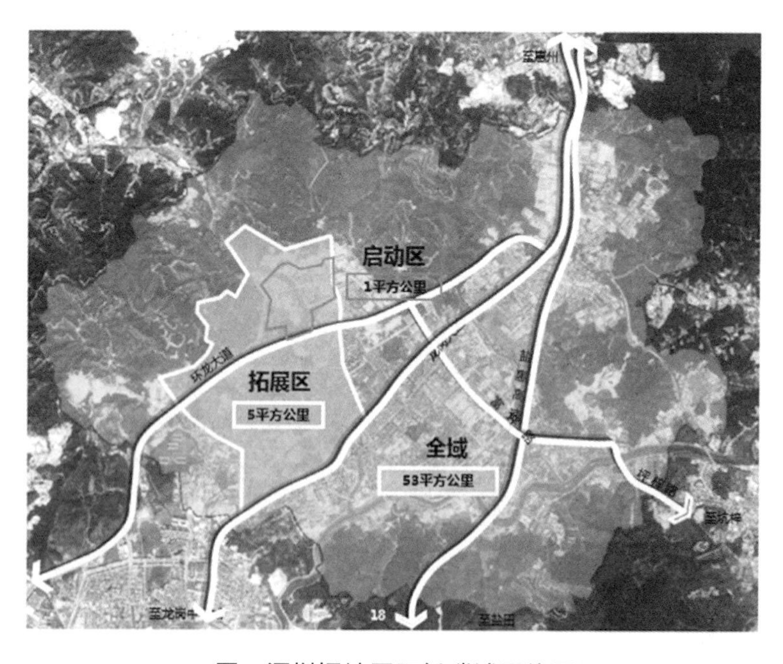

图1 深圳坪地国际低碳城区位图

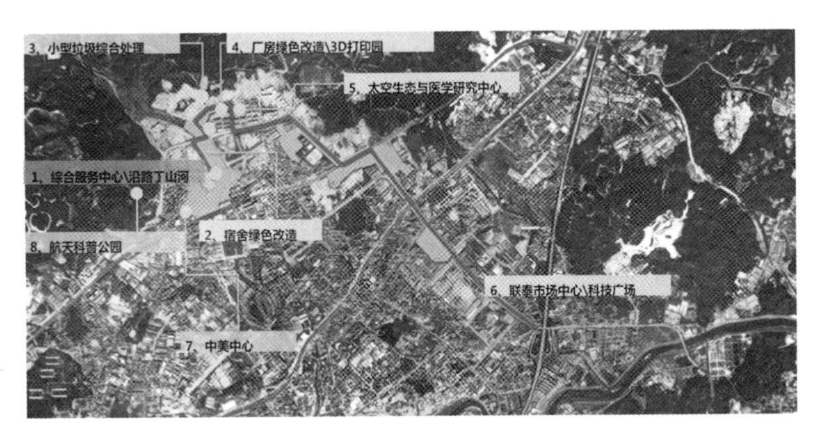

图2 深圳坪地国际低碳城一、二、三期项目

工业区“2+1”工业厂房绿色改造项目正在施工中），并按计划开展三期建设。

（三）项目改造特点

启动区采取“半步走”模式的动态规划理念，以最快速度搭建宣传窗口，全面展示低碳城理念和技术，建立低碳技术研发和孵化平台，城乡共建的微缩示范，成为城市发展新的爆发点。该项目是对发达城市边缘社区更新模式的探索，包括投融资、产业升级、建设策略。

三、改造技术

（一）模块生长，磁性吸引的动态空间——综合服务中心

深圳国际低碳城的综合服务中心是低碳城的标志性建筑之一。

图3 深圳国际低碳城综合服务中心

综合服务中心项目选址在深圳国际低碳城启动区，东南临丁山河，西邻客家围屋，北侧与待建的研发中心试用地相邻，包括未来超高层核心建筑用地，用地面积约12万m^2，首期建筑规模约2.2万m^2，主要功能区包括低碳技术展示交易区、低碳国际会议区、深圳国际低碳城展厅及能源资源信息监控中心、辅助配套功能用房、各项微市政、微能源、微交通示范区、生态栈道系统、生态园以及驳岸等。

综合服务中心从2012年12月28日开始正式进场施工，仅用22天完成了桩基础工作，59天就实现了主体封顶，各部门积极配合，工人们不辞辛劳，终于在2013年5月18日综合服务中心展开了“5•18深圳国际低碳城验收会”。会议馆的各主要设备都进行了试运转，基本具备了会议条件，为之后的室内完善工作奠定了基础，为“6•17深圳国际低碳城论坛”创造了条件。项目尊重自然本底，应用了适应当地和华南气候的10大技术系统，97项技术策略，使建筑性能超过国家绿色建筑三星级标准要求，能耗水平比传统会展中心减少50%，实现年均减碳1000t以上的示范效果。

（二）客家围屋改造一期

下高桥村萧氏新桥世居，是龙岗区公布的第三批文物点之一。它建于清末，属宅第民居，面宽64m，进深40m，平面布局为三堂四横四角楼结构。朝向东偏南20度。通面阔约105m，其进深因后部残毁，没有明显的界线，已无法准确测量，总占地面积约28000m²。前有长百余米宽30余m的完整月池，前坪宽阔。正门上用楷体刻着“新桥世居”四个字，门楼为灰瓦顶，船形脊。正门左右四条门各通一宽敞的横街，前天街完整，宗祠居中。三堂均为船形脊、瓦顶、水泥地面，脊上雕饰古朴。

在原有三堂四横的布局基础上，重新梳理空间。延续村落中原住民的生活方式、行为方式，保留生活印记，尊重并沿袭客家建筑村落的精华，同时植入绿色低碳理念以激发出新的活力。

与周边协同发展，重点解决与丁山河、综合服务中心、国际创意展区的关系，设计将多元的功能建筑、生动的街区空间、生机勃勃的绿色理念及创新的低碳技术结合在一起，营造出低碳而充满活力的绿色村落。

村落的民居外墙风化严重，部分濒危甚至坍塌，已严重影响使用，或存在安全隐患。新乔世居改造遵循对文物建筑的保护的原则，但不固守传统。协调村民、社区及政府，强调通过对旧建筑的保护，激发片区活力。采用现代的手段保护传统民居，对其外观进行修复，结合现代文化使旧的建筑散发新的光彩。如位于村落中部的一栋旧居，在倒塌后仅存两道古墙和一颗古树，而古墙上残存有围屋特有的装饰图案，这代表了客家围屋的历史印记。因此在开展古墙修复工作时，依原样对古墙修复，同时古墙和古树围合出古韵的小院落，与采用的现代材质形成

图4 项目用地现状图

图5 街巷图改造前后对比

鲜明的对比，在对比中取得平衡；在祠堂的改造中，将一侧破败的土墙用现代的钢结构保护起来，其余部分采用“修旧如旧”的方式，在翻新的同时保留部分旧的痕迹，融入新旧两种元素（如图6所示），强化新近文化的冲突与对比，形成冲突的美。

（三）低端节能的工业建筑改造

1.格坑工业区“1＋1”厂房改造项目

格坑工业区改造物业包括5#厂房和2#宿舍，总投资约1.7亿元，总建筑面积约2.3万m^2。工业用房的改造不同于历史文物的改造保护，历史文物更注重城市文脉的延续，因此对文物的保护更多地强调原址原工艺原样修复，但工业用房的改造首先得满足新时代的使用需求，适应新时代的建筑特色。

深圳国际低碳城启动区首批工业用房改造对象为两栋建筑，其现状功能一为工业厂房，另一个为厂房配套宿舍。其中厂房建筑为大运会安置社区厂房，东临工业三路；北邻工业一路；宿舍建筑为大运安置社区厂房配套宿舍，南邻龙腾路，西部和北部分别与沿河东路和丁山河路邻近。

现状厂房建筑现状主体结构已完工，但房屋窗扇及内部水、电、空调等安装工程尚

图6 祠堂前堂背面改造前后对比

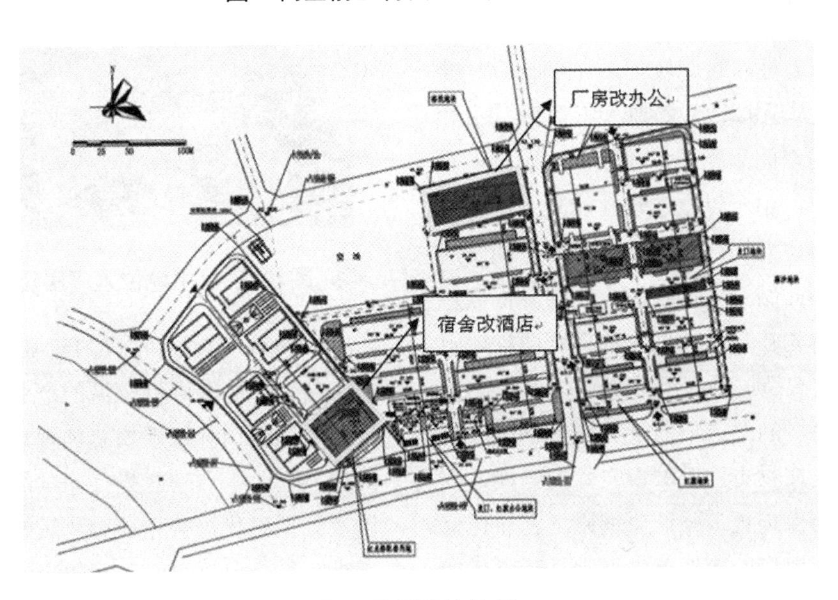

图7 项目用地位置

图8 旧宿舍改造成绿色酒店公寓

图9 旧厂房改造成3D打印中心

未安装；现状宿舍建筑主体结构、窗扇、水管等已完成，但尚未安装电。两座建筑均为尚未完工建筑，但建筑设计不合理导致内部自然采光严重不足，内部通风不理想，建筑人性化考虑不足，按照传统厂房进行设计，其主要缺点有建筑进深较大，中间部分采光较差，进深大于9米处，需要人工照明；宿舍建筑北向的空间采光条件较差，底层较多空间从无光照。由于以上建筑性能缺点，难以满足深圳市、龙岗区及坪地街道对低碳发展的诉求，因此结合坪地打造深圳国际低碳城的契机，率先在启动区优先选择这两栋建筑进行低碳化改造，适应新时期的发展需求。

工业用房的改造不同于历史文物的改造保护，历史文物更注重城市文脉的延续，因此对文物的保护更多强调原址原工艺原样修复，但工业用房的改造首先得满足新时代的使用需求，适应新时代的建筑特色。

图10 项目用地位置厂房建筑现状

因此针对低碳时代的工业建筑使用需求，结合深圳国际低碳城的产业发展的总体定位、深圳国际低碳城总体规划中对该片区的功能划分、启动区先行先试的相关要求，以及低碳时代该类企业对灵活的办公空间的需求，结合原建筑大开间的空间布局，采取灵活的空间隔断，自由划分空间，提高建筑

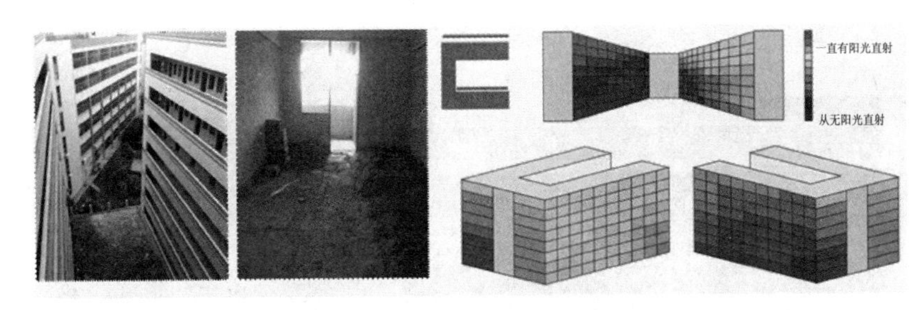

图11 工厂宿舍建筑现状

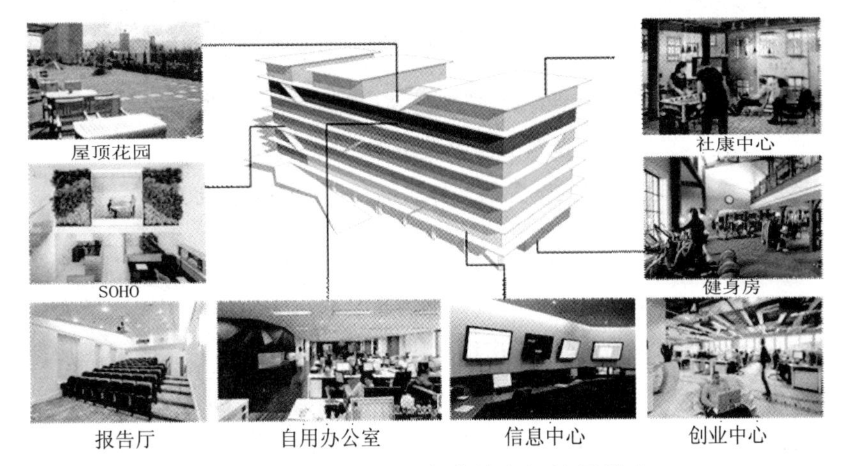

图12 功能混合，提高建筑空间使用效率

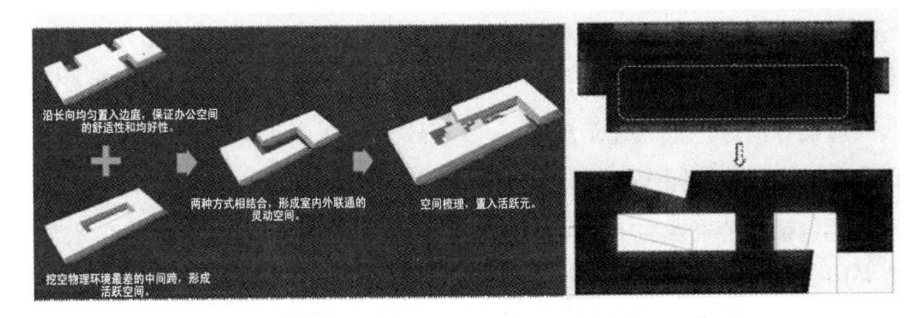

图13 绿色改造示意及改造前后的采光模拟

空间的使用效率。

该厂房建筑，其立面开窗采用简单的横向阵列排列，竖向上近两侧有竖向隔断，整体比较简洁、呆板，缺乏变化、美学功能较差。因此结合建筑美学，在建筑的里面改造过程中，通过在建筑里面增加竖向隔断，即可作为建筑自遮阳系统，也丰富了建筑立面变化的同时，在内凹部分的墙体保留原厂房的外墙及开窗，保留了原有工业建筑风貌。

在改造设计过程中，通过采取功能混合、挖空中间物理环境较差的中间跨、优化建筑内部通风环境、设置室外公共平台、增加建筑自遮阳体系、选用节能设备、低冲击开发等低碳绿色技术，使得工业用房在采光、通风、外形、内部环境质量与空间构造、景观等方面得到改善。

图14 建筑立面改造中的工业文化延续
（红色内凹部分的墙体为原厂房的外墙及窗）

2.龙口工业区“2＋1”工业厂房绿色改造项目

启动区龙口工业区“2＋1”工业厂房绿色改造项目位于龙城社区龙口村，总投资约2亿元。三栋既有厂房建筑面积21330.4m^2，功能为两栋多层厂房、一栋多层宿舍楼。本工程将该建筑改造成为中等标准绿色低碳示范建筑，达到国家绿色建筑设计一星级，能体现未来深圳国际低碳城倡导的绿色低碳建筑理念，并对未来整体22万m^{2}的旧工业园改造有示范推广作用。建筑功能包括办公室及服务配套用房等。项目改造采用新技术、新材料、新设备、新结构，在环境保护、节约能源、综合利用等方面均进行重点考虑和设计。

（四）景观修复，低冲击开发

丁山河又称高桥河，是龙岗河支流中面积最广、河道最长、源头最远的支流。发源于东莞与惠阳交界处之美山顶，上游属于惠州市惠阳区，在龙岗区坪地街道穿越深惠公路，于环城南路桥下游约200m处入龙岗河。丁山河全长约23.65Km（深圳境内6.7km），集雨面积79.16km^2（深圳境内23.49km^2）。

近年来，随着深圳、惠州经济社会的飞速发展，丁山河两岸工厂及人口数量猛增，工业废水和生活污水大幅增加，同时丁山河两岸土地开发利用程度不高，导致惠州流域处于雨污混流状态，而深圳境内的丁山河从高桥工业园区开始的中下游河段（上游段两岸并未开发）大部分已分期、分段进行防洪整治，河道两岸已逐步城市化，但由于污水截污管网尚未完全贯通，以致出现了一定程度的雨污混流现象。上述多种因素导致深圳境内丁山河水体遭受污染，水质状况不佳。

针对丁山河流域现状，本次整治范围为现状横坪公路桥上游至惠州境内的橡胶坝

图15 丁山河综合整治前流域原貌

处，总长约4.0km。其中深圳段约3.3km，惠州段约0.7km。其主要工程内容包括以下几个方面：

1.水质改善工程

本工程主要解决上游惠州河道污水及深圳段局部河段漏排污水。采用的技术措施主要有：

上游收集处理：通过在丁山河上游惠州段内河道右岸现状菜田处新建一座污水处理站，沿河道右岸铺设截污管道，将上游河道污水输至污水处理站进行处理，经污水站处理后的尾水作为河道补水及景观绿化补水。

图16 丁山河上游污水处理厂

本段截流转移：对漏排的混流污水进行完善截污为主，对局部有污水流出的雨水管道进行截流，截流的污水通过市政污水管道进入污水厂进行处理。

蓄洪处理利用：借鉴采用国外先进的蓄洪雨水处理系统的原理，挖建人工湿地，来水通过湿地过滤、净化和收集，在调蓄后补给景观湖与河道。

2.河道景观提升工程

结合丁山河河道现状及深圳国际低碳城的规划定位，以“分上下游有重点打造，分左右岸有区别设计”来进行丁山河河道景观提升的设计。对现状生态环境较好的龙腾桥上游两岸以保持现状原生态景观为主；结合深圳国际低碳城启动区推广宣传示范的项目定位，龙腾桥-横坪公路桥段河道（深圳国际低碳城综合服务中心场馆段）作为核心段进行重点打造，同时对核心段河道左右岸进行有区别的设计，采用差异法进行设计。

图17 龙腾桥上游原生态景观

其中核心段左岸核心段左岸保留二级平台形式，设置沿河步道、篮球场、健身场及休憩平台，体现低碳生活的理念。梳理并补植一定的小乔木、灌木及草本植物；核心段右岸中上游进行微地形塑造，微地形上设置贯通的沿河步道及一定的亲水、临水平台，供人们休闲娱乐。

在核心段右岸下游深圳国际低碳场馆南面新建景观湖(蝴蝶湖)，由上游人工湿地出水进行景观水补给，湖体旱季作为景观湖，汛期为河道滞洪区，体现河湖分离的治水理念；同时与河道联系打造“动与静”、“点（湿地景观节点水池）、线（河道）、面（蝴蝶湖）”不同层次的景观水景；湖岸以缓坡微地形过渡到低碳场馆与沿河步道，低碳场馆与河道之间的部分建筑以台地逐级布置在河道缓坡上。湖边设置栈道、平台及雨水花园，湖边种植水生植物，体现低碳与休闲的融合。

图18 丁山河综合整治横坪公路桥段改造前后对比照片

图19 蝴蝶湖水景观湿地改造前后对比

图20 丁山河综合整治后河流风貌

3.河道堤防工程

对现状满足要求的河道堤防，特别是龙腾路桥-横坪公路桥段河道堤防断面等均远远满足规划河道行洪要求，本次仅结合景观改造进行河道岸坡的软化、放缓处理等，体现生态低碳的设计理念；对龙腾路至人工湿地段现状无堤防段的河道进行堤防完善工程，以满足规划50年一遇标准的要求；对上游现状生态环境较好的区域，原则上不对堤防进行改造，近期只对河道左岸生物园段部分冲刷严重段进行护坡加固处理。

通过丁山河综合整治，实现了深圳国际低碳城丁山河上游河道“水清、低碳、生态”的目标，提升改善了深圳国际低碳城启动区周边河道水环境，为深圳国际低碳城的建设及深圳国际低碳论坛的召开创造了良好的外围环境，也为周边居民提供了一个休闲、娱乐、健身的良好去处，实现了低碳生态与生活的完美融合。

（五）绿色交通，高效出行

为了改善深圳国际低碳城的交通条件，提高出行效率，践行绿色交通，在建设过程中，对周边道路系统也进行了积极的改造和建设，计划新建、改建道路工程包括3条主干道、5条次干道、7条城市支路共15条市政道路，道路总长约9.95公路。

1.3条干线联通深惠

深圳国际低碳城的交通建设以绿色、低碳、便捷、高效为原则，构建以轨道交通为骨干的交通网络。3条主干道强化了深圳国际低碳城和周边城区的关系，很大程度缓解了原先由于地理位置偏远造成的交通不变的困扰。除此之外地铁线路也将向深圳国际低碳城延伸，使得市民的出行条件得到很大改善。

深圳市外环高速公路——联系深圳市区、各大物流片区、港口等，为片区的发展构建了快速的外部联系通道，高桥地区主要通过西侧龙坪路立交与其连接。

外环快速路（环龙大道）——是便捷联系龙岗中心区及深圳各区及大工业区的城市快速路，规划从高桥路至富坪路段主线高架，强化快速路两侧用地的交通联系，以保证规划区与南侧坪地中心区的互动发展。园区内主道路与快速路的交叉口主要采用菱形立交和分离式立交两种形似。

吉桥路——通往惠州新圩的出口道路，考虑未来深惠一体化的发展趋势以及高桥片区与新圩的道路系统衔接，规划该路与新圩主干路系统对接，未来可连接粤湘高速出入口。

启动区与南部坪西地区和坪地中心地区的交通联系主要通过环坪路（高桥路）、书香路（教育北路）承担，对这些次干道也进行了全面的整治，并对道路做了黑化处理，即铺沥青，和水泥路面相比，噪声更小，行车的安全性，舒适性较高，道路的使用寿命也更长。

2.200m半径密布公交站点

深圳国际低碳城贯彻鼓励公交优先的策略，为公共交通提供便利的接驳换乘条件。规划沿环坪路、吉桥路、书香路（教育北路）设置区域公交线路，与坪地中心区、坪西、坪东、吉坑等地区联系，构建对外公交系统；规划沿环坪路-塘桥东路-汇桥路-书香路（教育北路）-盛佳路-盛业路-安桥路-吉桥路构建内部公交环线，引导公交出行。公交站点进行密集化布置，以服务半径200m为标准设置，强化公共交通的服务效率，完善路网“微循环”，引导绿色出行。

密集的公交站点建设使得在低碳城内部通勤时可以很便捷地搭乘公交车，为控制区域内机动车辆使用提供了很大助力，且大量清洁能源公交的使用，在提供大运量交通能力的同时也非常注重减少对于环境的压力。

而进入启动区1平方公里范围内，更是以非机动车出行为目标，电动摆渡车穿梭于各场馆间，满足交通的需求，使得综合服务中心及周边的交通组织更加简洁有序，同时也切合综合服务中心的设计理念，更加全方位地向来访者展示和践行绿色低碳。

3.17.1公里延续绿道网络

在深圳国际低碳城的规划中，结合绿道设置沿滨水景观带及各功能区之间的慢行交通体系，是坪地沿丁山河慢行系统的组成部分，鼓励人们利用低碳交通工具出行，有效缓解交通压力。沿地块内平台、廊道组织慢行交通系统，为人们的通勤提供安全、健康和便捷的路径，以林荫道、骑楼、通廊等方式，营造良好的慢行空间环境，基于绿色与低碳交通的理念，园区沿市政道路设自行车专用廊道，可与公共交通有效接驳，并便于园区内部自行车交通联系。

图21 环境宜人的绿道系统

图22 便捷舒适的绿道驿站

结合次干道的道路绿化改造，深圳国际低碳城的绿道建设得以大力推进，共建成17.1公里的绿道，并配有至少10个绿道驿站，投放自行车500辆。之后的二期绿道建设更加完成27.4公里（双向）的绿道，二期工程多为郊野型绿道，包括求水岭绿道、屋角头绿道、富坪路等14条路段，以一期绿道为基础向外拓展，扩大骑行覆盖范围，提升慢行交通。

图23 自行车存放亭

与绿道系统相配合，绿道沿线的休憩、服务设施也逐步完善，自行车的租赁和存放系统覆盖绿道的核心区域。节地型的自行车存放亭，不但能节约自行车停放的占地，更使得自行车停放的管理更加便捷和有序。

四、改造效果分析

综合服务中心的建筑性能超过国家绿色建筑三星级标准要求，能耗水平比传统会展中心减少50%，实现年均减碳1000t以上的示范效果。5#厂房和2#宿舍改造后每年可节约用电共94万度、减少排放污废水共约4500t、每年可减少向大气排放CO_2共约927.6t，SO_2共约7.7t，NO_X共约6.5t，烟尘共约3.1t。使改造后的厂房建筑绿色星级均达到国家绿色建筑星级标准。此外，当深圳国际低碳城的低碳交通规划彻底贯彻实施后，能够对交通碳排放的削减带来非常大的作用，为深圳国际低碳城实现真正的绿色低碳发挥重大作用。

深圳坪地国际低碳城已连续两届举办由国家发改委、住房和城乡建设部以及深圳市政府联合主办的深圳国际低碳城论坛，且于2014年1月入选“全国新型城镇化”十大范例，并荣膺2014年中国国际经济交流中心与美国保尔森基金会可持续规划项目奖，评委会主席、芝加哥市前市长理查德•戴利表示“它的模式具有可复制性。它为中国其他城市，甚至是发达国家的城市走向低碳化提供了独特的、有价值的经验”。

同时，深圳国际低碳城不仅是产业集聚的低碳城，更是面向民众需求，充满人文关怀，实现人、建筑与自然协调共生的绿色社区，已成为城市公园和生态教育中心，每逢节假日约2000～3000人游玩休憩。

五、改造经济性分析

截至目前，深圳坪地低碳城启动区共投入约11.3亿元，2012年深圳国际低碳城项目实施以来，地区生产总值从2011年的42.81亿元增加到2013年的69.72亿元，年均增长27.62%，较2011年以前每年10%左右的增速显著提升；财政总收入从2011年的4.9亿元增加到2013年的14.7亿元，年均增长71.6%。

六、推广应用价值

坪地与我国众多工业化、城镇化进程中的地区存在很多共性，但摒弃以消耗自然资源和牺牲自然环境换取经济高效发展的传统工业化模式，创造性地解决城镇化、工业化进程中的资源、环境、人口等问题，在国内具有很高的示范和推广价值。坪地低碳城践行“生产、生活、生态”三合一的理念，创造性地提出了“滚动式开发模式、微市政建设模式、产城融合模式、智慧运营管理模式、低碳技术展示与孵化模式、低碳生活体验模式”等多种模式相融合，在建设程序和方式、政府鼓励支持等多个方面都做出了示范，为在全国范围内甚至更大范围内推动可持续发展提供了鲜活的经验。

（深圳市建筑科学研究院股份有限公司供稿，叶青、郑剑娇、刘刚、郭永聪、鄢涛执笔）

北京市兰园小区改造

一、工程概况

兰园小区位于海淀区马连洼北路与圆明园西路路口南侧路东，总占地面积约82000m²，总建筑面积约15万m²，小区内建筑多为6层砖混结构的楼房，如图1所示。主要生活配套设施有综合服务大楼、幼儿园、小学、医院、邮局、银行、超市等。小区原外窗及楼梯间窗为单玻铝合金窗，建筑外墙为365mm黏土砖，屋面均为平屋面，室内采暖系统为上供下回双管系统，小区由市政统一供暖，室外管网架空敷设。

图1 兰园小区平面图

二、改造目标

本次兰园小区的综合整治主要采取的改造内容包括外墙保温、屋面防水、节能窗更换、专业管线、车位优化、道路翻新、地面绿化等，实现景观营造与规划布局相配合；作业方式均为带户施工。改造后的建筑在建筑能源使用效率、建筑使用功能、交通和小区卫生环境方面均有不同程度的提升。

三、综合改造技术

（一）综合改造技术集成

老旧小区综合整治涉及建筑外观、街景、小区环境、节能、居民利益、政府投入及相关政策等诸多问题，必须因地制宜并有效运用综合技术才能使得社会效益、经济效益和环境效益的有机统一。

（二）外墙及外窗改造

本工程改造前，建筑外立面现状杂乱陈旧，主要存在问题有以下几点：（1）外墙立面涂料剥落严重，且受到铁质防盗网的锈蚀影响墙面颜色脏乱；（2）外窗为单玻铝合金窗，玻璃材质为5mm厚的单玻，其传热系数及遮阳系数均不能满足北京市建筑节能要求，且气密性较差；（3）外窗无遮阳装置，仅在阳台处设置铁质的遮阳棚，设置杂乱无章，严重影响建筑立面效果。如图2所示。

图2 改造前的外窗照片

1. 外墙节能改造

北京地区的建筑能耗主要为冬季采暖能耗，因此，围护结构（外墙和外窗）的保温性能是影响建筑节能的关键环节；在兰园小区的外墙改造中，采用聚氨酯复合保温板作为外墙外保温材料，外保温系统构造中采用在聚氨酯复合保温板外侧现抹轻质保温砂浆及粘锚结合做法。系统构造如表1所示。

聚氨酯复合保温板系统构造　　表1

基层墙体	基本构造						构造示意
	粘结层	保湿层	轻质砂浆层	抗裂层		饰面层	① ② ③ ⑤ ⑥ ⑦ ④ ⑧
混凝土墙、各种砌体墙①	粘结砂浆②	聚氨酯复合板③	无机轻集料保温砂浆或胶粉聚苯颗粒浆料⑤	抗裂砂浆⑥	玻纤网⑦	涂料（或饰面砂浆）⑧	
锚栓④							

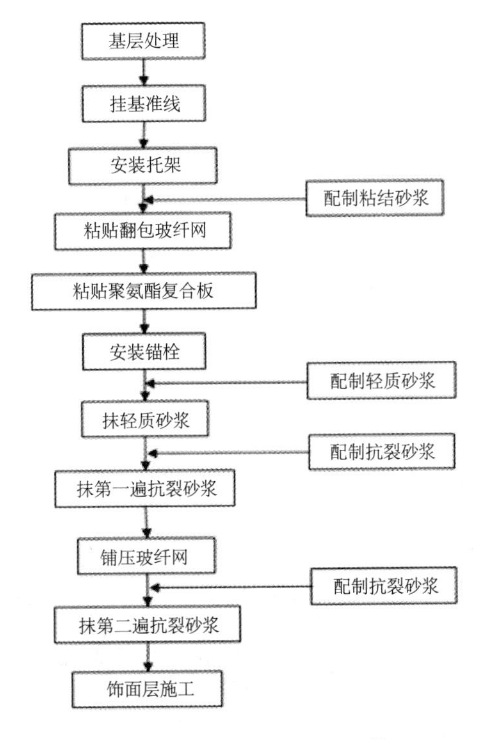

图3 外墙外保温施工工艺

施工改造前，对基底墙面进行处理，做到表面平整、干燥，无浮沉、油脂等油污，并对整体墙面进行检查，针对部分墙面存在一定的空鼓情况进行了修补处理，在粗糙表面进行修补打磨、确保墙面整体效果。外墙外保温施工工艺如图3所示，改造前后外墙面效果如图4和图5所示。

图4 改造前的外墙

图5 改造后的外墙

2.外窗节能改造

本工程外窗改造采用塑钢双层玻璃窗户，由于外窗的传热系数和气密性对建筑能耗具有较大的影响，北京地区的建筑能耗主要是冬季采暖能耗，北京市老旧小区综合改造的节能设计按照节能50%的目标进行设计，所以采用保温隔热性能更好的塑钢双层玻璃窗户，基本满足节能要求，同时塑钢双层玻璃窗的价格也相对较低，即实现了节能要求，又不会大幅度的提高改造成本，此外，全部统一更换后的外窗美观整洁，使得建筑外立面给人焕然一新的感觉，如图6和图7所示。

图6 更换后的外窗

图7 外窗更换后的整体照片

改造中，外窗洞口四周均采用聚氨酯发泡进行填充密封保温处理；并根据住户的集体要求，在外窗的下沿为住户统一安装空调保护架。

（三）地面整治及停车位绿化设计

兰园小区在建设初期仅规划了少量的地面停车位，然而随着小区内私家车数量的暴增，小区内私家车乱停乱放现象日益严重，部分私家车主甚至挤占小区人行道、消防通道和绿地用于停车，严重影响小区的居住环境并造成安全隐患；此外，小区原有地面由于年久失修，路面的平整度较差，给小区居民的出行带来不便。小区改造工程重新进行停车与绿化设计，规划了统一的停车场地，住区内步行路面用透水路面、嵌草砖等人工透水地面代替硬化地面，使地下水得到一定的平衡，减少路面雨水径流，改造后的小区环境焕然一新。改造前后的路面如图8和图9所示。

图8 改造前的路面

图9 改造后的路面

图10 原有屋面整治

（四）屋面防水

小区的综合改造工程还对小区的屋面防水进行改造，对原有屋面的防水层进行检测，并清理屋面杂物，在充分利用原有屋面防水的基础上，采用倒置式屋面做法进行屋面改造。改造情况如图10和图11所示。

图11 屋面改造施工照片

四、改造效果分析

（一）社会效益

北京市是中国首都，代表着中国的形象，自新中国成立以来，尤其是经过改革开放30几年的发展，城市面貌焕然一新，但也存在大量存量既有建筑。如果将此类建筑进行拆除重建，将耗费大量人力物力。如何改善这些老旧住区居民的居住条件，是党和政府的一项重要的民生工程。

在深入贯彻落实科学发展观的今天，认真贯彻落实北京城市总体规划，着眼于加快推进“人文北京、科技北京、绿色北京”战略和中国特色世界城市建设，以改善民生为核心，以优化城市人居环境、提高居住品质为目标的老旧小区综合整治工程是一项政府和人民满意、具有良好社会效益，促进和谐社会发展的惠民工程。

（二）经济效益与环境效应

北京市老旧小区综合整治不仅在节能改造方面严格执行50%节能目标，实现节能减排，产生较大的经济效益，同时，通过综合改造，老旧小区的总体布局得到了优化，小区的交通流线设计更加合理，增加了绿地、规划了专用停车场，整修了小区的道路，提升了建筑外墙、屋面及外窗的保温隔热性能，外立面得到了维修和刷新，小区的品质、环境得到了较大的提升，人民的居住、生活环境得到极大的改善。

五、思考与启示

北京市作为全国绿色建筑推行的先行者，始终坚定不移地实施节能减排战略，大力推动绿色、低碳、环保产业。但是大量存量既有建筑，其存在能耗高、使用功能差、安全性能弱等一系列问题，严重影响北京市建筑节能发展的步伐。自“十一五”以来，在老旧小区改造工作中做了大量基础性和前瞻性的试点工程，从2012年开始在北京全市范围内全面铺开老旧小区综合整治工作。

通过对兰园小区进行综合改造，可以得到以下启示：

（一）改造中，目标明确，着力维护居民生命安全，着力改善居民生活环境，着力营造宜居生态环境，着力建设宜居平安的环境。

（二）采取因地制宜、技术可行性的改造方案，实现经济性和技术的优化集成。

（三）严格控制改造工程质量，确保施工质量，并尽量规避施工过程的环境二次污染问题。

（四）改造要充分考虑周边环境和城市景观，使建筑与环境相得益彰。

（五）改造工程通常是“带户作业”，一定要保持与住户的及时、充分的沟通，重点关注住户的感受，避免扰民作业。

（北京建筑技术发展有限责任公司供稿，罗淑湘、邱军付、孙桂芳执笔）

上海市万航渡路767弄43号房屋改建

一、工程概况

本项目基地位于静安区万航渡路767弄43号地块，地处老城区内，前身为上海市毛巾二厂。基地由一条弄堂与城市感到相连，与周边居住区、菜市场、学校紧邻。该房屋建筑面积为14173m²，用途限定为开办养老机构。该处拟建设为集生活照料、（医疗护理）、康复护理、心理护理、娱乐活动为一体的养老场所，核定床位数由中标方根据实际情况确定，但床均建筑面积控制在28.5～35m²之间（500床以下）。以规范化的服务管理模式，提高老人生活质量和生命质量，减缓老人家庭的生活、心理压力，促进社区和谐。

二、改造目标

（一）项目改造背景

作为全国老龄化程度最高的区县，静安区60岁以上老人数量在2010年时就已超过8万，占总人口的比例高达26.86%。其中，有养老需求的人口占了近两成，并正以每年2000人的速度增长。与之相对的是，目前全区养老机构的总床位数仅853张，而每年增加的床位却不超过130个，平均每20人才有一张床位。静安区养老床位建设始终处于“短板”，全区现有床位可供量与实际需求相比差距较大，与市“十二五”规划提出的中心城区养老床位占区域老年人口的比例还相差甚远。

面对“老龄时代”的严峻现实，区委、区政府制定了《静安区养老机构建设三年行动计划》，分别从组织领导、建设布局、床位目标、资源挖掘、推进节点、扶持政策、服务管理等方面作统筹规划。同时，把推进养老服务体系建设纳入“静安建设现代化国际城区指标体系”。本项目的建设对完成《静安区养老机构建设三年行动计划》及“静安建现代化国际城区”的建设，意义重大。

（二）项目改造目标

为有效推进《静安区养老机构建设三年行动计划》的落实，在区内形成一处具有规模和影响力的综合性服务养老机构，切实缓解人口老龄化与养老服务需求之间的矛盾，计划将该地块打造成一家具备老人生活照料、医疗护理、康复、文体娱乐等功能的综合性养老机构。该机构将向社会提供全方位的、优质的、人性化的养老服务。

三、改造技术

（一）建筑改造

1.项目总平面改造

由于场地受限，可供活动的地面空间及阳光日照均不充足。针对这一困难，项目创新性的把老人室外活动场地升至五层，形成“养生绿岛”。养生绿岛中采用覆土栽培，加以精心设计的庭院绿化与安全措施，结合室内活动室与中庭绿肺形成内外兼修的养生系统，使得日常徒步锻炼从枯燥的走动升华至在花园与花园中漫步，充分享受到有氧运动的乐趣。

一号楼东侧的大面积阳台最大限度利用外部开口，结合室内活动区域丰富老人的活动空间。建筑顶部设计了局部斜坡，结合太阳能板设置的同时也有效降低了屋顶花园的风速，使得老年人可以在屋顶花园锻炼、休憩，贴近自然与阳光。绿顶的设计也成为项目的特色之一。设计针对项目研发了立面围护单元——“绿方”。通过模拟计算，确定绿方开口斜度，以此增加冬季阳光射入量与气流导入量，并在夏季起到一定的遮阳效果。在“绿方”临空外部，通过固定竖向钢丝，形成可供藤蔓攀爬的介质，通过季节性的植物落叶达到绿色建筑被动式设计。夏季遮阴，冬季缓风。“绿方”布置在南向非居住房间，并在北部沿路一侧设置，起到弱化城市噪音的功效。绿岛、绿顶、绿肺、绿方，这一系列以使用者为本、以老人舒适养生为目标的综合绿色建筑设计构成了这处无可复制的养生绿岛。改建后总平面图详见图1。

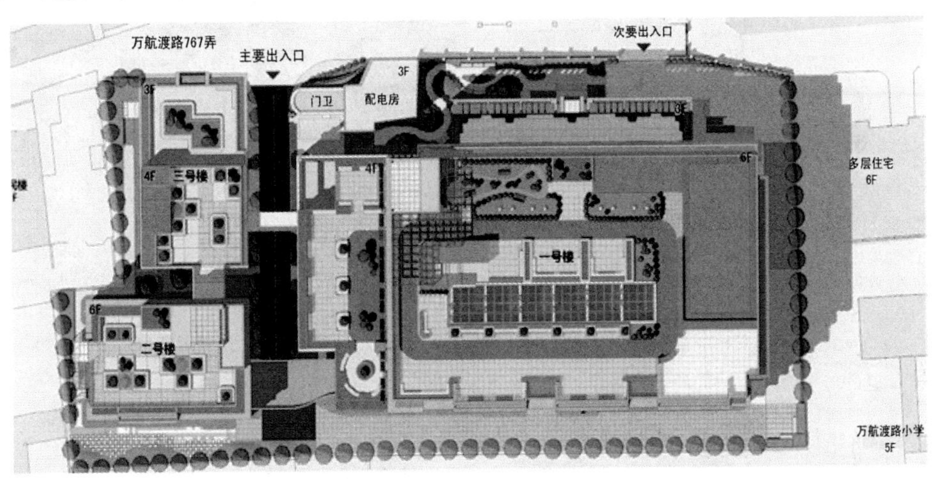

图1 总平面图

2.建筑功能改造

(1)本案将园区既有建筑整合为三栋楼，将四、五、六号楼合并为一号楼，一号楼改为二号楼，二、三号楼合并为三号楼，总建筑面积约14173.41m²，其中一号楼10123.02m²，二号楼2301.68m²，三号楼1564.89m²；根据要求，全院共设394张床位，其中全自理床位58张，约占到总床位数的15%；全护理床位336张，约占到总床位数的85%，其中包括托底床位38张。

(2)一号楼共五层，首层设宽敞大气的门廊和门厅，具有接待、办理手续、等候休息等功能；还设有多功能厅、保健站（康复室）、能提供约500份老人餐的中心食堂、厨房、家属接待室以及特色服务空间（详见图2）；二至五层设全护理床位298张，以六人间为主，房间内设卫生间；每层设置公共活动室（兼影视厅、聊天吧、棋牌室就餐等功能）、照护站、护理人员值班室、助浴间、洗衣房、储藏室、污物回收间等房间，屋顶设置太阳能、晾衣区、老年人跑道以及室外活动区（图3～图6）。

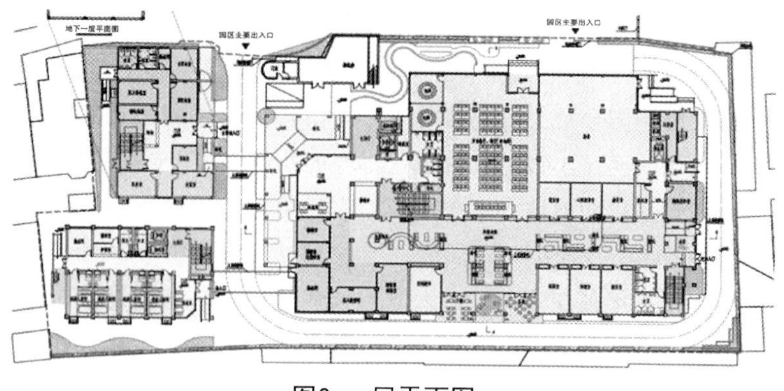

图2 一层平面图

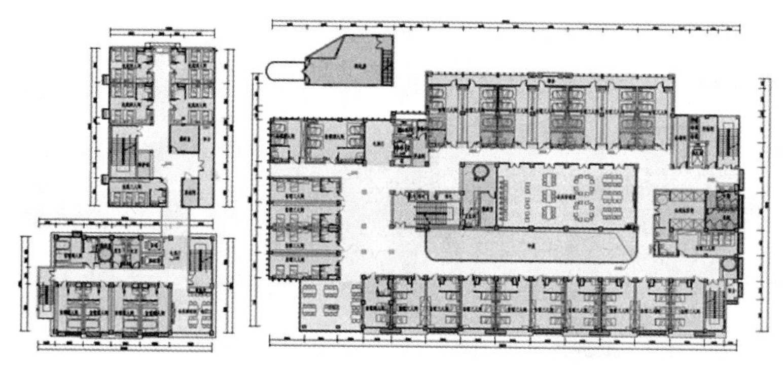

图3 二层平面图

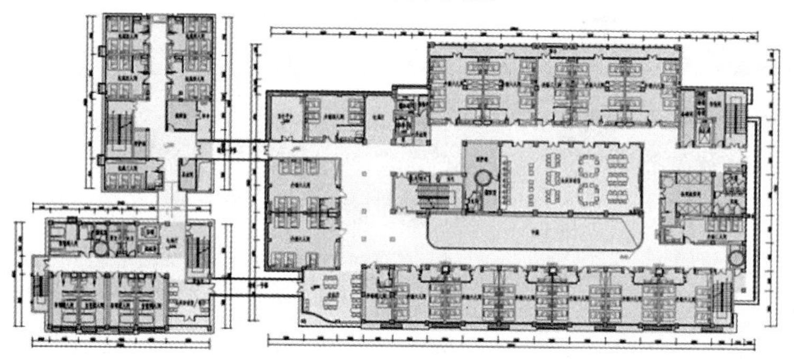

图4 三层平面图

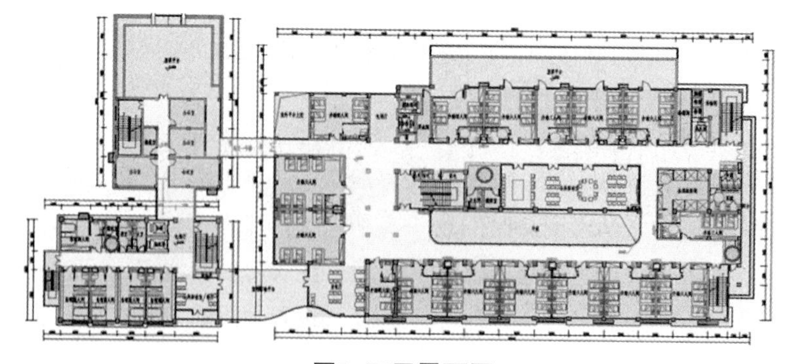

图5 四层平面图

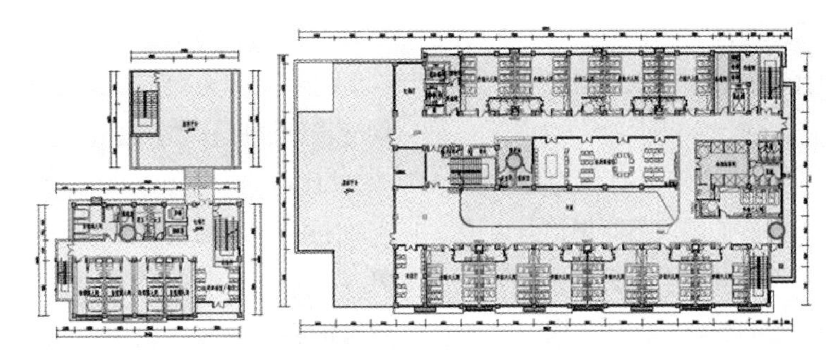

图6 五层、六层平面图

(3)二号楼共六层，首层设置4间残疾人房间，共8张床位；二层至六层设全自理床位50张，均为双人间，房间内设卫生间；每层设置公共活动区域（兼影视厅、聊天吧、棋牌室就餐等功能）、茶水间、储藏室、公共卫生间等（图3～图6）。

(4)三号楼共四层，首层设置员工更衣室、休息室、诊疗室、输液室以及药房等，二、三层设托底房间10间，共38张床位；四层为办公空间（图3～图5）。

(5)三栋楼均用连廊连接，方便使用与管理。一号楼设置两部医用电梯、一部客梯和三部楼梯。二、三号楼共用一部医用电梯、一部客梯和三部楼梯。

(6)针对既有建筑现有的结构体系，本案将老年人居室布置于楼层四周，在争取较好的朝向同时也尽可能地在每个楼层中部留出公共活动空间。通过灵活、通透的分隔，为老年人创造舒适、方便的交流、休闲空间。

3.建筑形象改造

从心理学角度来讲，不同的色彩会使人产生不同的心情和感受，甚至影响人的生理健康，根据调查，多数老人喜欢纯色。太过花哨的图案色彩，容易让老人感到不安。本方案偏向于营造“温暖”的心理氛围。利用比例划分与精致装饰，切分建筑尺度，使大尺度建筑弱化为怡人的小尺度界面。同时，选用木材与红砖，这些有亲和力的建筑材料，作为立面的主要材料，营造温暖亲和的立面，让居者有家的感觉。

一号楼东侧的大面积阳台最大限度利用外部开口，结合室内活动区域丰富老人的活动空间。

4.人性化设计

本案将居住单元布置于南北以及西侧，保证中间区域的完整性，局部用透明材质隔断，作为公共活动区。在小空间中营造相对大尺度的公共区，提供了更舒适的居住环境和更良好的采光通风。

为了提高居住单元的舒适度，在单元中设计带有布帘导轨的病床，增强了个人空间的私密性。并配有无障碍卫生间和储物柜等，各项尺寸符合规范。

在设计中，主要采用黄、绿、蓝、白等冷色调和具有弹性，柔软的安全材料。

楼梯：材质为浅色橡胶。采用黄色灯光照明。

房间：主要材质为木材。

卫生间：采用黄色或绿色，防滑处理。

公共空间：采用软质家具，可以局部采用特殊的材质和颜色。

地面和墙面：采用软硬弹性合适的材

料，使移动的活动轻松、安全。

标志：采用绿色纸质标志，防止坠落造成事故。

随着年龄的增长，老年人身体的各项机能均有所下降，对外界的需求不断增加。为了更好地照料老人和保证其安全，我们设计了一系列智能化系统，提高护理工作的效率。

Wi-Fi智能化定位系统：实现室内外老年人无缝定位、追踪。同时配备存有个人信息的智能卡，通过查询刷卡记录，可以合理地安排老人的活动等。

病床呼叫系统：一旦病房或卫生间有人按呼叫按钮，护士人员可以立刻赶往病房处理紧急情况。

公共空间呼叫系统：在公共空间，如餐厅、楼梯间等处设置呼叫系统，避免照料盲区。

语音警示系统：在走廊转角、凹凸处附近设置语音系统，提示老人注意安全，防止意外发生。

温度警示系统：建筑中的高温生活用品均应设计温度标志，防止发生意外。

5.绿化系统

利用不同的植物具有吸收二氧化碳、释氧、降尘、遮阳、减噪、驱蚊虫等功能，在建筑的立体绿化、屋顶绿化、室内绿化等不同部位有针对性地种植各种本地树木、花草、藤类，在丰富小景观的同时，为入住老人提供侍弄花草的颐养身心途径，并充分发挥其生态效应，形成一个完整的生态绿化系统，营造生机盎然的生活场所。

（二）结构加固改造

改造后万航渡路767弄43号地块（原上海毛巾二厂）总平面布局及房屋编号见图7所示。为满足建筑功能的需求，现拟对房屋进行全面的改造，并对相应部位混凝土构件采取加固措施，以确保房屋安全使用。

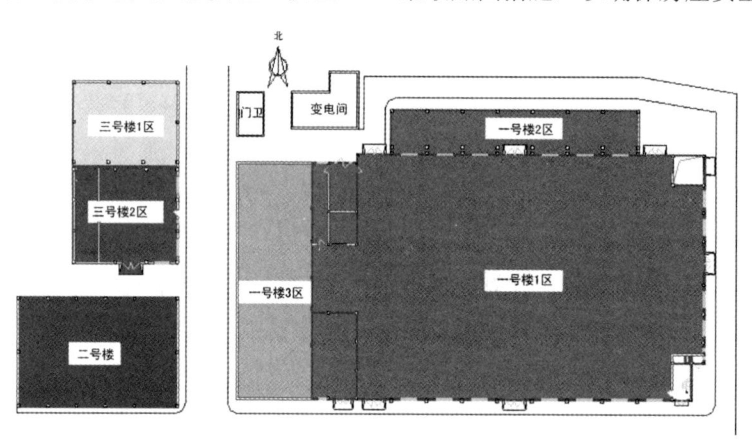

图7 改造后总平面布局及房屋编号

1.一号楼1区

一号楼1区框架柱均采用扩大截面法进行加固，柱钢筋植入原有基础中。纵向梁采用扩大截面法进行加固。新建一夹层和二夹层均采用混凝土结构，原有三层楼面梁和板拆除后重做仍采用混凝土结构。

一号楼1区改造后变为五层，各层层高分别为8m、3.6m、3.6m、3.8m、4.5m，房屋总高度23.5m。即本次改造拟将现有各夹层及局部搭建部分全部拆除，并将原14.000m

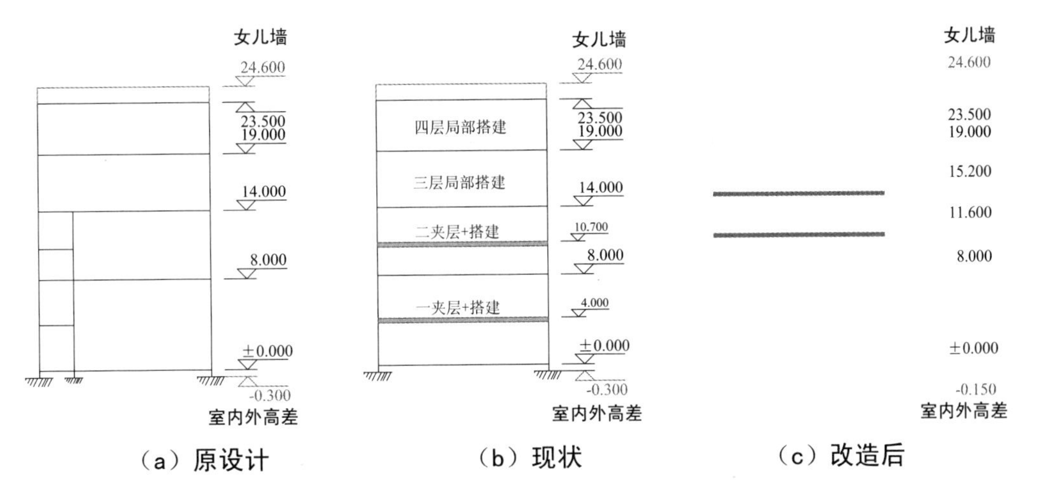

（a）原设计　　（b）现状　　（c）改造后

图8　一号楼1区原设计、现状及改造后楼层划分示意图

标高处楼板敲除，然后分别在11.600m、15.200m标高处新做楼板面，一号楼1区原设计、现状及改造后楼层划分示意图见图8。

2.一号楼2区

一号楼2区原结构为交叉条形基础，基础宽度在2000～2600mm之间，基础埋深为1.5m，混凝土强度等级为200#。原有上部结构为两层单跨钢筋混凝土框架结构，与一号楼1区之间设置有沉降缝。梁、板、柱混凝土强度等级均为200#。

本次改造拟将上部结构全部拆除，改造后6号楼共二层，各层层高分别为8m、3.6m，房屋总高度11.6m。一号楼2区原设计、现状及改造后楼层划分示意图见图9所示。

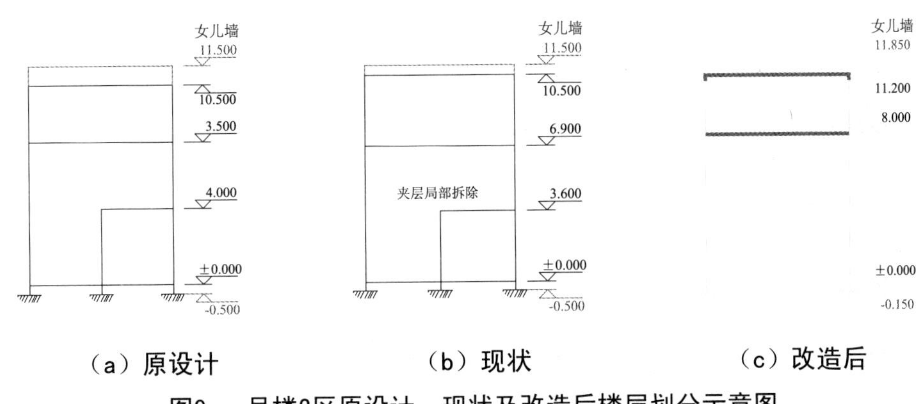

（a）原设计　　（b）现状　　（c）改造后

图9　一号楼2区原设计、现状及改造后楼层划分示意图

3.一号楼3区

一号楼3区原有基础为条形基础，基础宽度为1200mm，基础埋深为1.4m，混凝土强度等级为200#。改造后拆除原有条形基础，重新浇筑交叉条形基础，混凝土等级为C30。

本次改造拟将原有上部结构全部拆除，新建四层钢筋混凝土框架结构。混凝土强度均为C30。改造后变为三层，各层层高分别为8m、3.6m、3.6m，房屋总高度15.2m。即本次改造拟将现有楼、屋面板全部敲除，并在新的标高处重做楼、屋面板。一号楼3区为之前搭建，现状及改造后楼层划分示意图见图10。

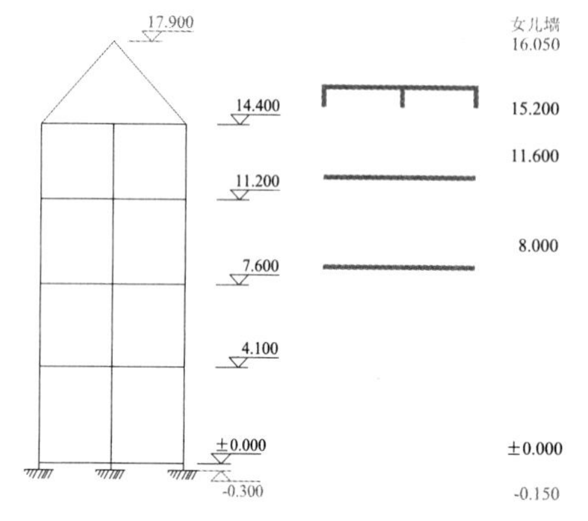

（a）现状　　（b）改造后

图10 一号楼3区现状及改造后楼层划分示意图

4. 二号楼

二号楼为筏板基础，板厚450mm，基础埋深为1.85m，混凝土强度等级为200#。原有上部结构为六层钢筋混凝土框架结构，楼板除局部区域（如卫生间、突出屋面处房间顶板）为现浇外，其余各处均为预制板。混凝土强度等级均为250#。

本次改造二号楼主体结构基本不作变动，仍为六层，主要采用增大截面法。但在房屋南侧（三层～六层楼面以及屋面）A/2～6轴线间增设有悬挑阳台，其余各处仅对各层建筑布局及使用功能做了相应调整。二号楼原设计、现状及改造后楼层划分示意图见图11。

5. 三号楼1区

三号楼1区（原锅炉房）基础为筏板基础，中间区域筏板厚度为300mm，边缘筏板厚度为200mm，基础埋深为1.8m，混凝土强度等级为200#。原有上部结构为钢筋混凝土框架结构，梁、板、柱混凝土强度等级均为200#。

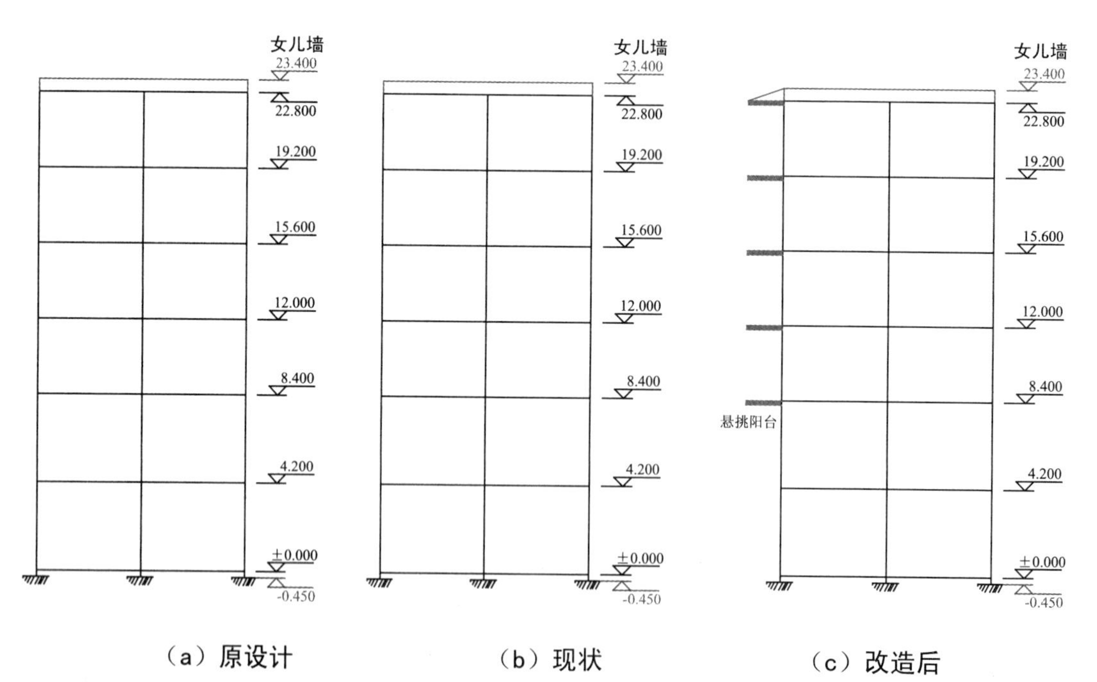

（a）原设计　　（b）现状　　（c）改造后

图11 二号楼原设计、现状及改造后楼层划分示意图

本次改造拟拆除原有上部结构混凝土柱、梁和楼板，重新浇筑混凝土柱、梁和楼板。混凝土强度等级均为C30。改造后变为三层，各层层高分别为4.2m、3.6m、3.6m，房屋总高度为11.4m。即本次改造拟将现有楼、屋面板全部敲除，并在新的标高处重做楼、屋面板。三号楼1区原设计、现状及改造后楼层划分示意图见图12。

6.三号楼2区

三号楼2区与结构采用了桩基础，原有上部结构为现浇混凝土框架结构，局部水池墙体为混凝土剪力墙。梁、板、柱混凝土强度等级均为200#。

本次改造拟将现状底部夹层（3.000m标高处）楼板、二层楼面板（5.500m标高处）、二夹层（9.000m标高处）、三层楼面板（11.550m标高处）及屋面板（14.500m标高）全部敲除，并在新的标高处重做楼、屋面板。改造后3号楼2区共四层，各层层高分别为4.2m、3.6m、3.6m、3.0m，房屋总高度14.4m。三号楼2区原设计、现状及改造后楼层划分示意图见图13。

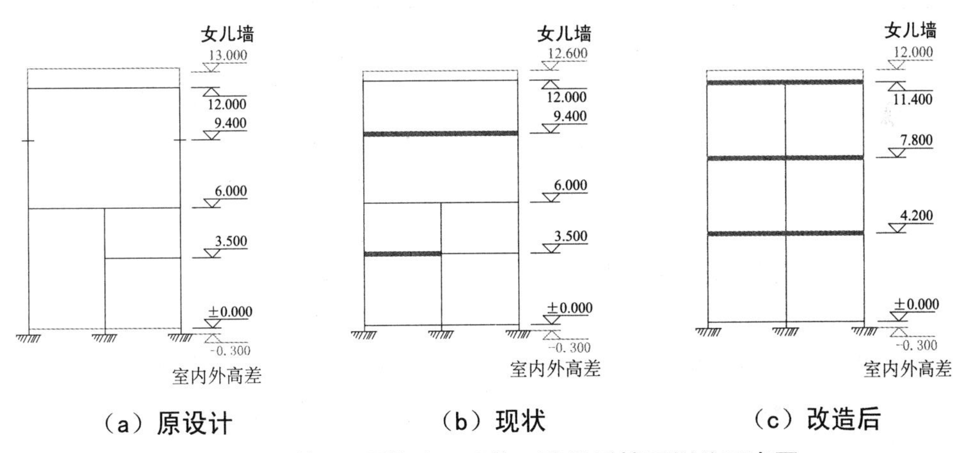

（a）原设计　（b）现状　（c）改造后

图12 三号楼1区原设计、现状及改造后楼层划分示意图

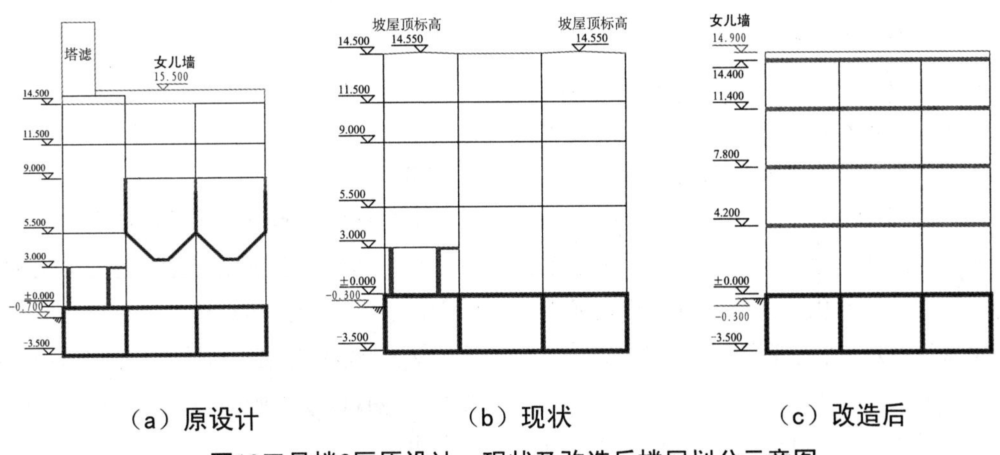

（a）原设计　（b）现状　（c）改造后

图13三号楼2区原设计、现状及改造后楼层划分示意图

（三）给排水改造

由于本项目为厂房改造项目顾水源：采用市政自来水作为生活、消防水源。从两条市政道路上各引入一根DN200给水管，在基地内形成DN300环网供生活—消防用水。

1.给水系统设计

一层生活用水由市政给水管网直接供水，二至六层生活用水由地下室给水泵房内的生活水池+变频泵供水，压力大于0.2MPa的用水点处设减压措施。

计量：基地内设总表计量，建筑各处分别设水表，其余部分根据功能及管理要求设分表计量。

水质：生活用水为城市自来水水质。

水池、水泵设计现状3#楼有地下室，地面标高-3.5m，面积约190m²。原有建筑作为毛巾厂污水处理站，内设调节池、碱铝池、养料池、泵房。现对原有地下室污水处理站进行如下改造，作为生活-消防水泵房：原有集水坑深500mm，因水泵房应设深度不小于1m的集水坑，而原有底板破坏无法进行防水施工，故，在原有-3.5m标高基础上垫高500mm，使集水坑深度达到1m，并在垫层设相应的排水沟，满足泵房排水要求。

泵房内设生活水有效容积为30m³，采用不锈钢装配式水箱，生活变频供水设备。所有卫生间、厨房等有热水需求的部位供应热水，热水水温60℃。一号楼采用太阳能加燃气热水器辅助集中热水系统，二号楼采用燃气热水器集中热水供应系统，三号楼采用燃气热水器集中热水供应系统。

2.排水系统设计

室内排水系统采用污、废合流，设置专用通气立管，排水管伸顶通气。

室内地面标高±0.000以上污、废水直接按重力流排出，本工程总生活排水量为89m³/d。污水经化粪池处理后排放。厨房排水经隔油池处理后排放。

地下水泵房废水由集水坑内的潜水泵提升至室外雨水检查井。

室内雨水与污废水在园区内分流；雨水采用有组织重力流排放雨水系统。屋面雨水设计重现期为5年，结合溢流系统，重现期10年。总体地面雨水经雨水立管和路旁雨水口收集后，排入室外雨水管，总体雨水设计重现期采用2年，汇水时间t=20min，雨水排水量为120L/s。

室外雨、污在排入市政管网前合并，排水经市政检测井(格栅井)后排入市政污水管网，总排出管管径DN400。

3.环保设计

(1)污水处理

本工程排水体制根据静安区市政管网现状，为室外雨、污在园区内分流，污水经化粪池处理，厨房排水经隔油池处理。排入市政管网前合并，排水经市政检测井(格栅井)后排入市政雨污合流管网，由城市污水处理厂统一处理。污水不对环境产生污染。

(2)排水系统设置通气管，洁具排水设置存水弯。

(3)噪声处理

水泵选用低噪声泵，进出口设置隔振橡胶接头，基础设置隔振装置，管道吊架采用弹性吊架，减少振动和噪声对环境的影响。给水支管的水流速度采用措施不超过1.0m/s，并在直线管段设置胀缩装置，防止水流噪声的产生。

(4)生活水池采用不锈钢水箱，独立设置。

4.节能设计

(1)选用节水型卫生洁具及配水件。坐便器采用容积为6L的冲洗水箱，用水点龙头应为陶瓷芯节水型水嘴；所有的给水阀门必须选用性能良好的零泄漏阀门。产品应符合《节水型生活用器》（CJ 164-2002）的相关规定。

(2)公共卫生间采用感应式水嘴和感应式小便器冲洗阀、感应式冲洗阀蹲式大便器。

(3)水泵及给排水设备均采用高效节能产品，水泵工作在高效区。

(4)建筑物内生活用水充分利用市政供水压力，需要加压供水的楼层，采用变频泵加压供水。压力大于0.20MPa的用水点处设减压措施。

(5)建筑各处分别设水表，其余部分根据功能及管理要求设分表计量。

(6)本项目设计雨水回用系统，回用水用于室外绿化。

(7)绿化灌溉采取喷灌，微喷灌等灌溉方式，以节约用水。

（四）电器改造

1.配电方式

(1)低压配电系统采用220/380V放射式与树干式相结合的方式，对于单台容量较大的负荷或重要负荷采用放射式供电；对于照明及一般负荷采用树干式与放射式相结合的供电方式。

二级负荷：采用双电源供电并在末端互投。

三级负荷：采用单电源供电。

(2)大楼标准层采用垂直预分支电缆供电，较为分散的负荷采用放射式供电。

(3)主要电力通道：垂直干线沿筒型结构的电井，用母线、预分支电缆和桥架实现。

2.火灾自动报警及消防联动系统

本工程根据最新火灾报警规范规范要求，设置一套火灾自动报警及消防联动系统(FAS)。在一号楼一层设置消防监控室，耐火等级不低于二级。消防监控室设置火灾自动报警屏、消防联动控制屏及火灾应急广播和消防专用电话控制设备。火灾自动报警系统接地采用共用接地装置，接地电阻值应不大于1Ω。

3.通信系统和综合布线系统

(1) 小区内部管网均接入一层弱电机房，机房内设置光纤互连装置LIU、网络交换机SW、集线器HUB、配线架等。每层弱电井间内设电信分线箱。

(2) 由一层弱电机房电信设备配出的电话电缆及信息光缆或线缆均在金属线槽内沿弱电竖井引上敷设后转换穿金属管至各层分线箱。

(3) 本工程WIFI系统全覆盖。

4.有限电视系统

在1#楼一层设置消防监控室。电视系统进线引自一层监控室。电视系统按照860MHZ宽带邻频传输系统要求设计，系统设计按电视图像双向传输的方式并采用光纤和同轴电缆混合网(HFC)组网，用户电平要求满足68+3dB。在护理用房、活动室等分别设置电视终端盒。

5.呼叫系统

各层照护站设置呼叫总机，每床位设置一呼叫分机，卫生间设置呼叫按钮。

呼叫系统采用总线制呼叫系统，分机采用在线编码方式，可任意设定分机号。

6.节能设计

(1)照明设备选用及节能技术措施说明

(2)照明光源设备选用的节能技术措施

照度标准值选用的节能技术措施说明　　表1

房间或场所	设计值	照度标准值	参考平面
护理室	150	150	0.75m水平面
活动室	200	200	0.75m水平面
门厅（普通）	100	100	地面
走廊	100	100	地面

说明：护理用房、活动室照明光源普遍采用36W的T5型荧光灯管，走廊等公共场地采用18W的紧凑型荧光灯。

(3)高效率节能灯具和附件选用的节能技术措施说明：护理用房、活动室照明灯具采用直接型配光形式的嵌入式格栅荧光灯具为主，灯具以大于65%高反射材料和光输出比大于60%的为主。钠灯光输出比大于60%。镇流器均选用电子节能型，功率因数达到0.9，36W荧光灯电子镇流器自身功耗不大于3.5W。

(4)照明方式选用的节能技术措施说明：对护理用房平均照度控制在100Lx以内，特殊要求时以增加局部照明器为主，一般室内直接照明灯具效率高于70%，灯具布置结合房形RCR值，分数条布置并可单独开关，且主照明线路三相供电，负荷尽量均衡。

(5)进线处低压总计量，空调分层计量，电梯单独计量。精度1.0或以上。

(6)各层走廊及楼梯灯控制：智能照明控制系统。

(7)采用能耗管理系统。

(8)其他节能措施：采用节能型Dyn11型变压器。

四、改造效果分析

（一）建筑改造

通过对建筑平面的改造及功能布局的优化，本案致力于打造集经济、实用、美观及人性化、智能化为一体的综合性养老服务机构，在很好地改善了静安区养老床位紧张的状况同时，使之成为上海市养老机构的典范。

（二）园区环境改造

在园区环境改造方面充分考虑到老年人的使用需求无论从功能结构布局方面还是绿色化环境设计都做了极为人性化的设计。同时从小景观入手，设置多个小型景区如入口中心景观区，多功能活动区，健康休息区，闻风观鱼区等休闲，健康娱乐的场所。为园区内环境改造提供了宛如小型绿地的、舒适宜人的老年人活动场所。

五、改造经济性分析

考虑到改造项目对于改造经费的控制，本案以最大化利用建筑空间，满足床位数需求同时达到每张床位的均好性，减小对既有建筑的改造量，节约投资成本，充分考虑人性化设计。同时创造安全舒适的居住环境关注城市界面设计，为区域建设做出社会性与经济性双重贡献。

六、思考与启示

面对“老龄时代”的来临，推进养老服务体系建设也渐渐成为社会的焦点话题。从建筑师的角度出发完善养老服务体系的建设也是社会责任的一部分。

随着时代的发展，人们对于养老服务体系的期待值的升高。在养老院改造项目中已不仅仅是完善室内空间的人性化设计，更加重视的是公共服务空间的休闲娱乐性，园区建设的绿色化系统性。更加重要的是改造项目对于现有资源的二次利用所体现的绿色化与经济性。

（上海市建筑科学研究院（集团）有限公司供稿，钟建军执笔）

上海市天钥新村（五期）旧住房绿色改造

一、工程概况

天钥新村位于上海市徐汇区，始建于20世纪50～70年代，是厨卫合用或独立厨房、卫生间合用的非成套住宅，这一大批旧建筑住宅功能较低，同时房屋年久失修，墙面严重风化剥落，室内走道、楼梯损坏严重，上下水管锈蚀严重，房屋不仅渗漏而且还经常堵塞，水电煤气和电视通信设施陈旧老化，严重影响居民使用，住房矛盾十分尖锐，成为突出的社会问题，同时严重影响和削弱了城市新景观的环境品质。

随着社会经济的发展以及居住水平的不断提高，居民要求改善居住条件的呼声也越来越强烈。但由于受到种种条件的制约，不能大规模的拆建，而且大规模的拆建会浪费资源、污染环境，是极不绿色的做法，因此，对现有旧小区进行绿色化改造是目前探索中寻求的最佳改造方法。

上海天钥新村(五期)改造项目主要对小区内89～95号、101～107号、113～119号、125～131号4幢房屋进行绿色化改造，改造总建筑面积约1.28万m^2。

二、改造目标

（一）改造背景

天钥新村位于上海徐汇区，紧邻上海体育场，位于零陵路以南、天钥桥路以东、中山南二路以北。

小区建于20世纪50～70年代，总用地面积约23866m^2，共有37幢房屋。总体布置以行列式为主，小区以住宅为主，靠近南面有一菜市场，小区内还有一所东安三村小学。因该小区是在20世纪50～70年代分期开发建设而成，受不同年代经济、技术标准及政策的制约，房屋质量差异很大，为部分厨卫合用、部分独立厨房合用卫生间的不成套房屋。同时由于当时设计标准的原因，厨房、卫生间内管道材料都是铸铁的，由于年久老化等原因，导致自来水的混浊、色度和铁等指标时有超标，这在一定程度上存在二次污染现象。

小区建筑密度较大，房屋间距较小，存在公共空间少、卫生环境极差、居民乱搭建现象。小区缺乏停车、居委会等必要的社区公共服务设施。

小区内道路坑洼不平，一到雨天，积水严重，居民进出极不方便，同时也是蚊子、苍蝇孳生地。整个小区围墙陈旧、破损，铁栅栏油漆剥落。

以上问题为城市的更新改造提出了新课题：如何在有限的经济条件下，采取最有效的手段对旧住宅进行绿色化改造，提升住区居住环境，促进和谐社区建设。

1.建筑现状

以89～95号为例作简单说明，该楼89号是一梯6户，91、93、95是一梯四户，均独立厨房、2户合用一个卫生间。房屋呈条状，南北向布置。

图1 改造前立面（整体）

图2 改造前立面（局部）

图3 改造前合用的卫生间

原建筑外墙一般采用1:1:6混合砂浆粉面，不作任何装饰，外墙门窗为普通钢窗或木窗，原有阳台大都被居民擅自封掉，外立面因搭建、设置空调设备等显得杂乱（如图1、图2所示），屋面形式为平屋面，做法是屋面板上铺油毡沥青防水层上铺绿豆砂，外表黑色，且屋面板都是铺设多孔板，渗漏现象普遍存在。由于使用了四十余年，且期间缺乏严格的物业管理及必要的维修保养，楼道内粉刷剥落，电线、电管似蜘蛛网状拉在墙上，楼梯踏步有的混凝土脱落，各层面墙面渗漏水较为常见，合用的卫生间脏乱不堪（如图3所示）。楼梯进口处没有安装防盗门，给居民生活带来了不安全感。

2.结构现状分析

天钥新村（五期）改造房屋为五（六）层砖混结构房屋，横墙承重体系，南面房间楼板及屋面板为预制预应力空心板，板厚100mm，置于每个开间横墙上；厨房、走廊处楼板为现浇板，板厚80mm。基础及底层墙体采用黏土砖，上部墙体大多为粉煤灰砌块和多孔砖混砌而成。基础为混凝土刚性基础，厚300mm，基础宽度较小，横墙处一般为1800mm。

由于四十余年的使用及缺乏必要的维修，建筑本身存在较为严重的损坏，部分构件存在一定的损坏现象。砌筑砂浆强度普遍较低，房屋向北有一定的倾斜，倾斜率一般＜4‰。原设计未考虑抗震设防，且限于当时的经济条件、设计理论、设计标准、建筑材料、施工技术等因素，所用的建筑材料、施工质量、结构的抗震承载力和构造措施等不符合现行规范、标准的要求。

根据上海市房屋建筑设计院房屋质量检测站提供的《房屋完损检测报告》揭示的主要损坏及倾斜情况如下：

（1）混凝土构件损坏：走道处梁底普遍存在开裂、剥落、露筋现象；走道处栏杆、扶手普遍存在开裂、剥落、露筋现象；卫生间楼板板底普遍存在开裂、渗水现象；阳台混凝土构件普遍开裂。

（2）墙体损坏：大都为阳台处墙有水平裂缝，墙体有渗水现象。

（3）房屋倾斜：大都为向北倾斜，一般

小于现行规范限值4‰。

(4)材料强度：砖强度为MU7.5，砂浆强度较差为M2.0。

3.既有建筑的抗震能力

本次改造的房屋均建于20世纪50～70年代，其设计时未作抗震设防，现状如下：

(1)房屋无构造柱。

(2)房屋中间层无圈梁。

(3)楼面板为多孔板，而非现浇板。

(4)房屋的高度与宽度之比均＜2。

(5)房屋的横墙间距＜11。

(6)房屋的质量和刚度沿高度分布比较规则、均匀。

（二）改造目标

改造目标为：保留原房屋结构，改善使用功能和配套设施，延长房屋使用寿命，提高居住水平和环境质量，实现绿色化改造。

(1)对不成套的具有改造条件、质量尚好的房屋保存其原有建筑，通过建筑物外拓、建筑平面调整、结构加强等技术措施，作成套化改造，每套住房应有卧室、厨房和卫生间，有条件的可增设客厅和阳台。

(2)成套改造后的户均建筑面积标准不低于原有水平，户型结构根据原建筑的平面尺寸，合理分隔确定。

(3)卧室应有良好的自然采光通风条件，每套至少有一间卧室直接采光、通风。

(4)卫生间使用面积不少于2.0m^2，其净宽度不少于1.2m。设置地漏、抽水马桶，预留浴缸位置，并敷设上下水管。

(5)住宅走道、楼梯间等公共部位的墙面及平顶应刷涂料。外墙刷反射隔热涂料。

(6)改造后对房屋作平改坡及外墙整修，刷外墙涂料，与周边环境协调一致。

(7)创造条件提供公共活动空间，改善绿化、服务设施，增强综合服务功能。

(8)从实际出发，以不降低原有水平为原则，采取适当的技术手段，改善隔热、通风、防火、防潮等物理功能，提高建筑质量。

(9)改造的房屋进行质量检测，收集原始技术资料、查明房屋建筑结构现状，进行技术鉴定，并结合房屋布局调整加固结构，提高房屋整体安全可靠性。

(10)上下水、煤气管道的设置参照现行《住宅建筑设计标准》设计。

(11)生活用电，每户设分户表。卧室、厨房、卫生间内均应设置不少于一灯一插座的照明设备。卫生间应选用防溅式插座。所有插座均应接地。

三、改造技术

（一）建筑改造

根据小区总平面图分析，本次对4幢房屋分别向北扩1.5m，利用扩建部分面积，然后对每栋房屋内部厨卫重新调整布局，做到厨卫独用，并且每户所增加的面积基本相同，同时房屋间距满足1:(0.9～1)。

1.改造平面设计

房屋向北拓宽1.5m，作为新的公共走廊，走廊两端扩建开间作为相对应住户的厨房卫生间，再结合原住户厨卫空间及内走廊重新分隔成独用的厨卫空间。改造后每户的厨卫开间尺寸及采光通风条件基本一致，每户扩建面积基本一致。

一梯六户单元(89号、101号)：

改造前底层02、05室与上部楼层02、05室卧室门开启位置不一致，改造后底层02、05室需改变卧室门开启位置(89号、101号2

单元共4户)。

一梯四户单元(其他单元):

改造前底层02、03室与上部楼层02、03室卧室门开启位置不一致，改造后底层02、03室需改变卧室门开启位置(91、93、97、103、105、107、113、115、117、119号10单元共20户)。

改造前后平面对比如图4所示。

2.建筑间距设计

4幢改造建筑以南北向平行布置，改造方案选择往北扩建。89～95号与北侧已完成改造的建筑间距为19.90m，方案扩建1.50m，改造后建筑间距18.40m，原有建筑高度17.92m，扩建部分与原建筑女儿墙高度17.92m一致，建筑高度间距比满足上海市规定的1:1的要求。

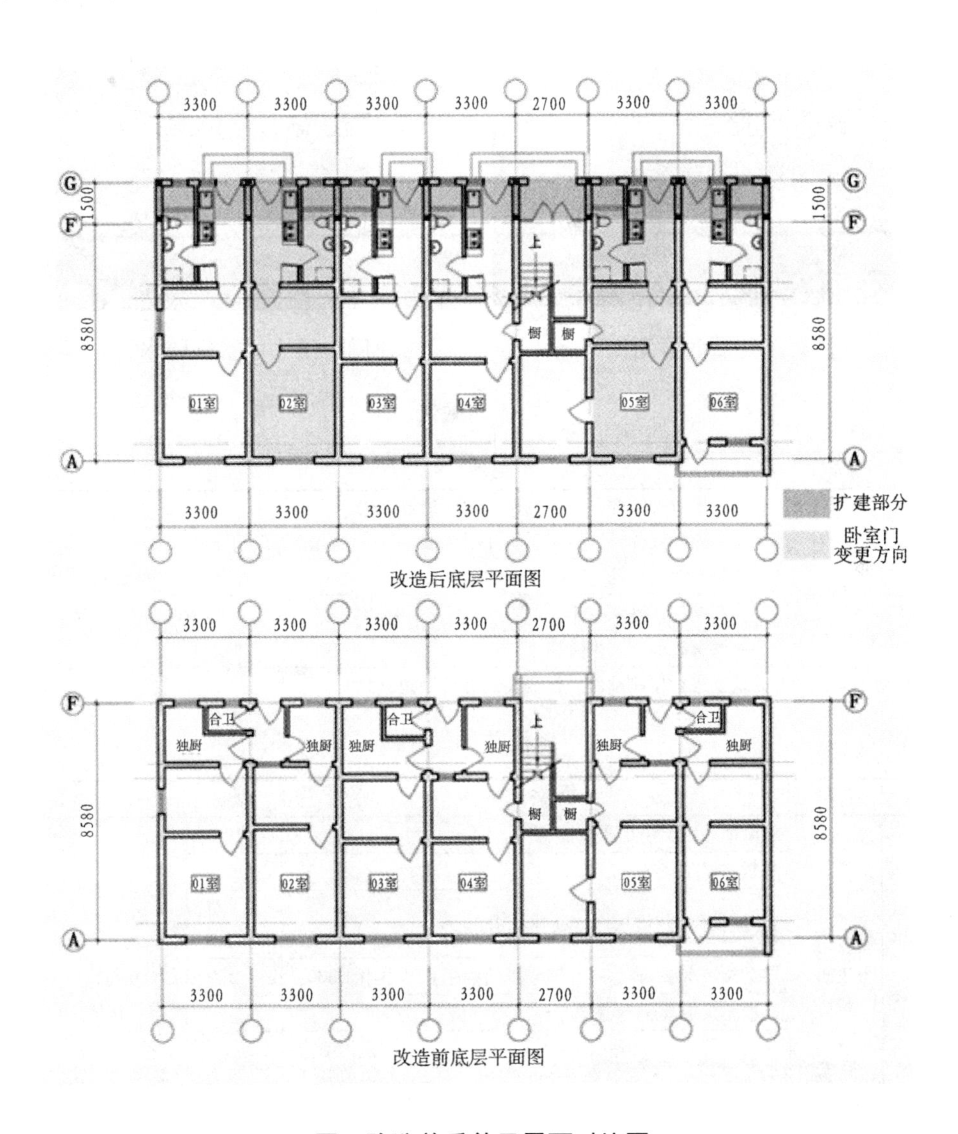

图4 改造前后单元平面对比图

3. 建筑立面

所有单元均在底层进口处，安装电子防盗门、信报箱，通过北扩，底层大门上方均按现行住宅标准新建雨篷。每户进门均改装为防盗门。走道处门窗全部更换成塑钢窗。

4. 外墙

对外墙进行全面普查，部分起壳渗水处，铲除面层至基层，重新批嵌，整修后，对整栋房屋刷涂料。外墙面做法如表1所示。

5. 地面防潮

对所有厨房、卫生间地坪铲除面层至基层，重新做防水及面层。地面防潮做法如表2所示，卫生间重做防水如图6所示。

图5 改造后底层新做雨篷

图6 卫生间重做防水

外墙面做法 表1

<table>
<tr><th>外墙名称</th><th>部位</th><th>做法</th><th>厚度</th><th>备注</th></tr>
<tr><td rowspan="4">外饰</td><td rowspan="4">外墙
具体色详单体立面</td><td>双组份聚氨酯（非焦油型）罩面涂料一遍
苯丙烯酸弹性中级中层主涂料一遍</td><td rowspan="2">4-6mm</td><td rowspan="4">外墙涂料使用寿命应≥5年</td></tr>
<tr><td>封底涂料一遍</td></tr>
<tr><td>20厚RP15砂浆找平</td><td>20mm</td></tr>
<tr><td>原有砖墙或新砌砖墙</td><td></td></tr>
<tr><td colspan="5">原外墙：采用钢丝板刷对外墙面进行排刷清底、批嵌及修补外墙裂缝。</td></tr>
</table>

地面防潮做法 表2

<table>
<tr><th>地面名称</th><th>部位</th><th colspan="4">做法</th><th>厚度</th><th>备注</th></tr>
<tr><td rowspan="8">贴防滑地砖
楼面、地面</td><td rowspan="7">卫生间、
厨房</td><td colspan="4">防滑地砖面层用白水泥擦缝</td><td>10</td><td rowspan="7">结合层与找平层应一次施工
瓷砖由居民二次装修定</td></tr>
<tr><td colspan="4">刮素水泥面浆结合层</td><td>5</td></tr>
<tr><td colspan="4">1:3水泥砂浆找坡层向地漏找泛水1%</td><td>最薄处
15</td></tr>
<tr><td colspan="4">聚氨酯防水层 防水层与墙交接处翻起高度不小于300</td><td>2</td></tr>
<tr><td colspan="4">素水泥浆结合层一道</td><td></td></tr>
<tr><td rowspan="2">地面</td><td>60厚C15混凝土垫层</td><td rowspan="2">楼面</td><td>现浇混凝土楼板</td><td></td></tr>
<tr><td>素土夯实</td><td>预制楼板（原楼面板）</td><td></td></tr>
<tr><td colspan="7">附注：面砖品种由居民二次设计另定。</td></tr>
</table>

（二）结构改造

1. 整体抗震性能提升

砖混结构由于选材方便、施工简单、工期短、造价低等特点，多年来砖混房屋是我国当前建筑中使用最广泛的一种建筑形式，其中在20世纪80年代前民用住宅建筑中约占90%，本次五期4幢房屋均为多层砖混砌体房屋，无圈梁、无构造柱。由于组成的基本材料和连接方式决定了其脆性性质，变形能力小，导致房屋的抗震性能较差。故设计中考虑如下几种抗震构造加强措施，以提高房屋的整体抗震性能：

(1) 通过在加建部分增设构造柱与原外墙作有效连接成整体。

(2) 通过在加建部分每层沿外墙统设圈梁，圈梁与原外墙或原圈梁采用植筋法连成整体。这些措施对居民使用及外立面影响最小，同时又增加房屋的侧向约束，增加房屋结构的延性，提高房屋的整体刚度，改善砌体结构在地震作用下可能产生的脆性破坏。

从宏观角度分析，处理后房屋结构的延性得到提高，侧向约束增加，特别是屋面增加一道圈梁后，相当于在房屋顶部增加了一道箍，可有效防止在地震作用下因墙体变形而产生屋面板坍落的现象。

2. 楼面构造加强

新扩建处每一层楼面沿外墙统设钢筋混凝土圈梁，圈梁与原有楼面结构采用植筋法连接成整体，使房屋抗震构造措施得以提高。多次震害调查表明，设圈梁是多层砖房的一种经济有效的措施，可提高房屋的抗震能力，减轻震害。在多层砖混房屋中设置沿楼板标高的水平圈梁，可加强内外墙的连接，增强房屋的整体性。由于圈梁的约束作用使楼盖与纵、横墙构成整体的箱形结构，能有效地约束预制板的散落，使砖墙出平面倒塌的可能性大大降低，以充分发挥各片墙体的抗震能力。圈梁作为边缘构件，对装配式楼、屋盖在水平面内进行约束，可提高楼盖，屋盖的水平刚度，同时能保证楼盖起一整体横隔板的作用。圈梁与构造柱一起对墙体在竖向平面内进行约束，限制墙体裂缝的开展，且不延伸超出两道圈梁之间的墙体，并减小裂缝与水平面的夹角，保证墙体的整体性和变形能力，提高墙体的抗剪能力。设置圈梁还可以减轻地震时地基不均匀沉陷与地表裂缝对房屋的影响，特别是屋盖和基础顶面处的圈梁具有提高房屋的竖向刚度和抵御不均匀沉陷的能力。

（三）绿色材料应用

外墙涂料采用反射隔热涂料，新扩建部分处采用塑钢中空玻璃，这样有效提高了房屋的保温隔热效果，可以节省用电量。

（四）节能改造

1. 建筑节能

原建筑建造年代久，标准低，仅在平屋面上设预制隔热板作为隔热层，保温隔热作用差。夏季在日光直射下，顶层住户室内温度一般要高于天气预报中的最高温度，夏季空调用电量很大。冬季因无保温，室内温度很低，居住舒适度差。改造中采用了屋面增设通风的斜屋面，即平改坡技术，见图7、图8，有效地降低了夏季的温度，也提高了冬季的保温性能，夏季室内温度降低了4度，如按夏季采用分体式空调计算，在假定室内温度控制在27度，室内环境温度每下降1度，可减少空调耗能5%～8%，以89～95号房为例，该楼房共36户，平均

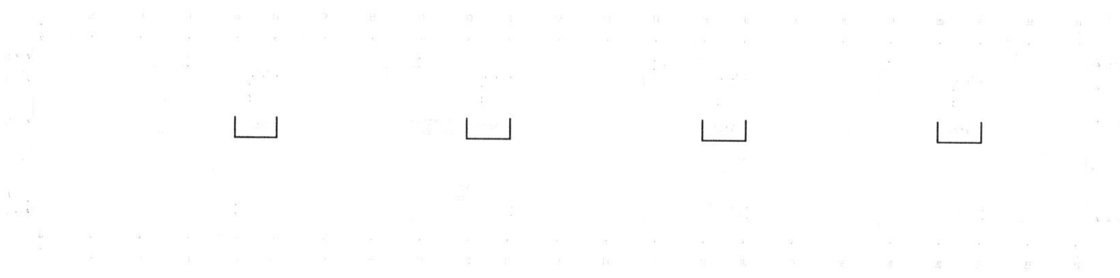

图7 改造后屋顶平面图

图8 改造后屋顶立面图

每户为二间室，使用面积为24m²，以安装2台1匹空调计算，1匹空调每小时制冷耗电约0.8kW，按夏天空调使用天数100天，每天10h计，该楼未改造前空调夏季耗电为36×2×100×10×0.8=57600kWh，改造后按室内温度每下降1度即减少用电(5%～8%)取5%计算，则4×5%=20%，夏季该楼节电11520kWh，平均每户节电320kWh，减少了居民的开支，降低了能耗，减少了排放。

新增加的卫生间大都为直接采光，部分为间接采光，解决了原有大多数卫生间无采光的问题，节省了照明用电量。

2.设备节能

卫生间由公用改为独用后，可按户单独设置水表、电表，有效地提高了居民的节水、节电意识，楼梯、走廊等公用部位均采用自熄式节能灯，减少了用电量。

更新了小区及室内的供水管线，解决了陈旧管道的渗漏水现象，减少了水的浪费。

3.环境节能

小区对房屋前后零星绿化及空地进行重新规划布置，且补种草坪，改造后提高了夏季的通风效果，绿地则缓解了城市热岛效应，起到了小区环境的降温效果。

（五）设备设施改造

1.给排水改造

由于房屋建造年代久远，居民住宅内自来水管大部分使用镀锌钢管，同时因水池、水箱及水泵、水表等设施没有内衬，材质的腐蚀性能和密封性能较差，产生的二次污染对自来水水质影响较大，为了保证居民住宅小区的供水水质供水安全，本市在旧住宅改造同时，统一进行二次供水设施改造。

本次改造项目将原有住户合用厨房卫生

间全部扩建改建成每户独立的厨房卫生间，尽可能满足和完善建筑物的使用功能。并结合本次改造同时执行二次供水设施改造。二次供水设施改造包括：

(1)水池、水箱及水泵、水表的改造。

(2)给水管道材料改为有内衬或耐腐蚀的管道，其中，DN＜100(mm)的应选用钢塑复合管(涂塑、衬塑)、聚乙烯类管(PE、PE-X)、聚丙烯类管(PP-R、PP-B)等，100＜DN＜300的应选用钢塑复合管。

(3)水表的改造应将水表统一安置在公共部位。

按照国家住建部颁布的有关城市生活供水、水质、管道及水构筑物的规范要求，和参照文件《关于在旧住房综合改造中执行二次供水设施改造标准要求的通知》(沪水务［2006］1231号)要求，在设计中以节水节能，降低给水系统的日常运行能耗为原则，应用节能的新材料、新设备和新技术。

首先在给水系统设计中，充分利用小区周边市政给水管网的压力(市政管网最小压力为0.16～0.20MPa)供水。五层住宅的一～三层全部由市政管网直接供水。四～五层由原有屋顶水箱供水。屋顶水箱利用夜间市政管网水压高的特点进行补水。这样给水系统的日常运行能耗降低到最低。在总体设计时考虑设集中水泵房，当市政水压降低时作为屋顶水箱备用供水。

为了节约用水，每户独立设干式水表计量。使每个用户养成节约水资源，节水省钱的好习惯。另外为了节约用水，坐便器采用不大于6L的冲洗水箱。

在新材料、新设备和新技术应用方面，将原来的镀锌钢管全部换成符合饮用水要求的塑料给水管，减少水的阻力，提高水的流量，减少水的污染。对原有屋顶钢筋混凝土水箱采用内贴食品级瓷砖进行水质保护。

为了防止水污染，阀门采用塑钢，铜或不锈钢的材质，禁用螺旋升降式铸铁水嘴。

2.电气改造

被改造房屋建于20世纪50～70年代，建造标准低，使用年代久，管线偏小且杂乱无章。随着社会经济的发展，用电设备增加，用电负荷增加，常常发生用电跳闸现象，不仅带来使用上的不便，而且易发生安全隐患，为满足居民用电，考虑适用、节能、增加电气系统的安全可靠性，在改造中采取了以下技术措施：

(1)所有插座均选用防护型安全插座，卫生间插座选防溅式，公用部位照明采用声光控节能自熄灯。为确保卫生间的用电安全，实施局部等电位联结，等电位箱LEB与建筑物原有接地干线可靠连接。

(2)线路采用BV-450/750型塑料铜芯线配无增塑刚性阻燃塑料管沿墙、楼板暗敷，所有照明灯具的可导电部分均通过PE线可靠接地，即照明和插座回路均为三根线，导线截面均不小于2.5mm^2。

(3)通过新增结构基础桩作整幢建筑的总等电位接地，增加屋面防雷措施，以增强建筑的防雷接地可靠性。

（六）室内外环境整治

原有小区道路路面坑洼不平、围墙斑驳、栏杆锈蚀、小区大门破旧，结合绿色化改造，对道路重新按现有规范要求铺设混凝土路面，对整个小区绿化进行补种翻新，对小区大门门卫室重新装修设计，围墙重新粉刷、栏杆重新油漆。

四、改造效果分析

（一）使用性能提升

1.房屋的使用功能提升

改造前的住房为卫生间不独用的不能适应现代基本使用要求的住房，改造后为基本满足现代居住功能的成套住房。

原有的水、电管线陈旧，给排水管积垢，更换户内的水、电管线后，饮用水水质得以改善，特别是电线管更换后，满足了现代居民使用必要的电器设备问题。

屋面平改坡后，不但解决了长期难以解决的房屋渗漏水问题，而且提高了房屋保温隔热的效果。

2.房屋的安全性能提升

原建筑受到建造年代、设计标准、建筑技术、建筑材料以及当时国家经济情况的限制，存在建造标准低，结构安全度低，无抗震设防，电气系统用电负荷标准低，避雷设施不完善等缺陷，在改造中通过结构方面的加强，电气系统的替换，避雷装置的整修或替换，提高了房屋的结构性能、抗震性能，解决了用电和雷击可能性的安全隐患。

3.房屋耐久性能提升

原建筑因维修资金的缺乏及随着居住人口增加的过度使用，在长达近40年的使用中，缺乏必要的正常维修，普遍存在外墙及屋面漏水、外墙开裂，楼梯、厨房、卫生间楼板、阳台走道、栏杆开裂、露筋，排水管道渗漏等现象，不仅影响正常使用，而且降低了房屋的正常使用寿命。结合绿色化改造，进行了房屋修缮，消除了影响居民正常使用的现象，而且提高了房屋的耐久性。

（二）节能效果

改造中采用了外墙刷反射隔热涂料、屋面增设通风的斜屋面(即平改坡工程)、扩建处窗采用塑钢中空玻璃等措施，有效地降低了夏季的温度，也提高了冬季的保温性能，夏季室内温度降低了4℃，有效地降低了夏季空调的用电量。

新增加的卫生间大都为直接采光，部分为间接采光，解决了原有大多数卫生间无采光的问题，节省了照明用电量。

统一设置水表、电表，公共部位安装自熄式节能灯，大大地节约了用水和用电量。

将原来的镀锌钢管全部换成符合饮用水要求的塑料给水管，减少水的阻力，提高水的流量，减少水的污染。

（三）综合改造效益

1.社会效益

随着经济的发展，人们对居住的要求有了很大的提高。天钥新村旧小区绿色化改造，使居民摆脱了居住在非成套房内的困境，其中通过本次五期四幢成套率改造，居民由原来的卫生间合用，改造成卫生间独用，并且适当增加了使用面积，较大程度地提高了居住质量，且解决了老公房屋面的渗漏、保温问题，同时也对城市景观进行了塑造。绿色化改造后，小区的外观、小区的道路、小区的设施均得以提升，不但改善了社区环境，减少了邻里纠纷，促进了社区文明的建设，还进一步密切了政府和群众的关系，使城市的内涵和外延都更为丰富。

2.环境效益

绿色化改造后，门窗、墙面焕然一新，小区的总体布局得到了优化，原先杂乱的绿化通过规划、调整，绿化率有了提升，小区的公建配套设施得到了完善，铁栅栏围墙重新油漆或更新，小区的给排水管道和不堪承受的线路用电得以更新，小区道路重新铺设，改变了泥泞、坑洼状况。平改坡后多层房屋均由平屋面改为保温隔热良好、视觉效果佳的坡屋面，外立面得到了维修和刷新，小区的品质、环境得到了较大的提升。

3.经济效益

利用原房屋质量尚好的旧住房作为成套率改造是一项投资少、见效快的改建方案，具有较好的经济效益。综合改造按以前经验单价约为818元/m^2，原拆原建的单价约为1800元/m^2，经济效益明显。

五、思考与启示

目前，上海市各类居住房屋已超过5.6亿m^2，老旧住宅约占2.2亿m^2，近2000万m^2建于20世纪50～70年代，这些房屋由于各种原因，其结构、设施均存在不同程度的缺陷，有的设施老化甚至影响到了居住安全。下阶段，上海市将继续把保障市民群众居住安全和使用功能的旧住房综合绿色化改造项目列为工作重点，围绕保障性安居工程2013年到2015年受益居民约18万户的目标任务作统一部署，进一步加大财政投入、加大推进力度。这意味着，一个巨大的城市更新计划已然形成，而它必将促使整个上海楼市格局再生新的变化。因此在今后新一轮大批改造中，建议制订专门针对20世纪50～70年代建造的不成套住宅，在规划间距、容积率、抗震标准、住宅设计标准、安装电梯等公共设施配套方面制订专门的政策。在改造设计中，充分利用原有房屋的潜能，结合屋顶平改坡作适当加层，有条件的可增加电梯，真正做到花小钱，办大事，达到优化环境、完善功能、改善居民居住条件，从而实现综合绿色化改造。

（上海市建筑科学研究院（集团）有限公司、上海市房屋建筑设计院有限公司供稿，
沈祖宏、李向民、许清风执笔）

济南市济钢新村供热改造

一、工程概况

济钢新村位于山东省济南市历城区工业北路与飞跃大道之间，东邻凤鸣路，西接工业南路，济钢新村区位图如图1。济钢新村始建于1958年，以住宅建筑为主，共有8300多户居民约31000人，配套公共设施有中小学、幼儿园、医院、银行、体育场馆、商业服务网点等。总占地面积约120万m^2，其中建筑占地面积为90万m^2。总建筑面积约68.8万m^2，其中住宅建筑面积约57.6万m^2，公共设施建筑面积约11.24万m^2。济钢新村平面示意图如图2。

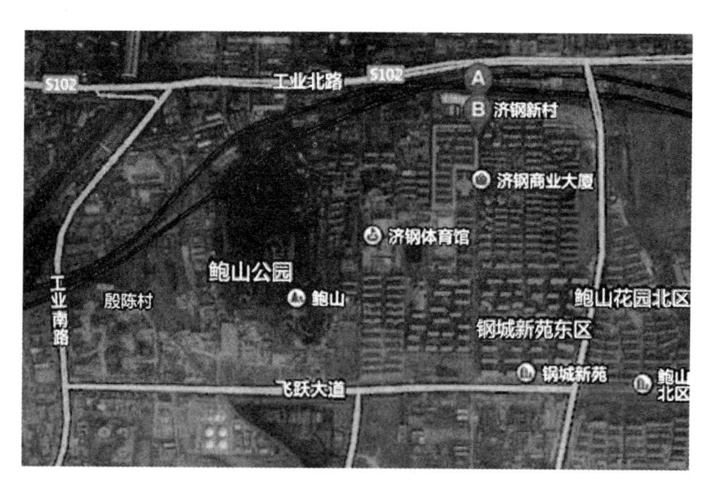

图1 济钢新村区位图

图2 济钢新村平面示意图

二、济钢新村供暖现状及目前存在的问题

济钢新村大部分区域采用济钢集团厂区工业余热焦化初冷器热水采暖，其余由厂区蒸汽管网输送蒸汽至换热站内加热水采暖。采暖方式主要为工业余热蒸汽直供。

该采暖系统运行时间较长，管道老化严重，跑、冒、滴、漏现象频发，同时由于蒸汽管道输送距离较长，损耗大，运行蒸汽消耗量大，运行成本较高。3#、4#焦炉停炉后，化工厂DN300管道热源热量不足、供水温度无法保证，用户投诉多。亟需解决的问题如下：

（一）管网老旧：济钢供热设施部分为20世纪50～70年代建成，直至现在部分设备及管道已经使用半个世纪以上，远远超过了动力机机械设备使用年限，长时间的高温高压运行使得设备经常停转，管道老化供热同时跑、冒、滴、漏现象严重，所以需对部分管网及设备进行改造。

图3 20世纪老旧系统

（二）自动化程度低：设备的老化使得设备运行时效率降低，整个供热系统自动化控制程度较低。由于蒸汽管道输送距离较长，输送过程中凝结水产生较多，损耗大，运行蒸汽消耗量大，每小时消耗蒸汽40t左右（含化工厂补汽），这使得运行成本大幅提高，远高于其他区域，存在很大节能空间。

（三）热源不足：由于末端负荷较大，使得供给新村东区的4号、5号采暖站，供给西区的6号采暖站及装备部至物流中心沿线各用户仍使用蒸汽，为保证冬季采暖蒸汽需求，必须将厂区高温高压蒸汽减温减压补充管网，损失较大。

（四）能耗高：原有供热系统无论是高温水还是蒸汽全部采用直供式，换热温差小，需要较大的流量来满足末端负荷要求，这使得厂区内水泵能耗大大增加，耗费了多余的电量，增加了能耗。济钢现有的热水系统为开式系统，电力消耗较大。

三、改造目标

针对上述问题，济钢集团有限公司从今年年初开始对济钢化工厂供新村供暖系统改造进行分析，优化设计，目的是消除济钢新村区域蒸汽消耗，同时优化新村区域供热动力系统，降低采暖能耗。济钢供热系统采取企业出资的投资模式，改造供热系统。通过改造管网、热源、节能控制、供热方式等解决供暖季由于热量供应不足导致的停暖现象，保证居民的供热效果，并降低系统能耗。

四、改造技术

该示范项目主要针对济钢的社区集中供热进行改造，对焦化厂的冷却循环水进行温度提升，提高供热介质品质，满足济钢新村供热需求。现存的问题主要是热源不足，所以综合分析针对热源，经过调研及方案对

比，选择如下改造技术模式：

（一）热源的改造

改造一炼钢回水泵站。将一炼钢回水泵站改为DN500管道循环动力站，新建蒸汽换热站，作为新村区域调峰热源，同时将该处改造为系统补水定压点。

将新村系统由蒸汽供热改为热水换热。将1#1750冲渣水热量补入新村供暖系统。利用济钢新村内原DN500管道，将部分回水引进1#1750冲渣水采暖泵站，加热后和另一部分回水混合，进入6#-9#焦炉初冷器加热，供新村区域。

（二）换热站改为混水供热方式

济钢新村内部各采暖站采用混水方式。通过提高供水温度，利用混水运行方式增大供回水温差，将一次水供回水温差提高到20℃以上，在不增加管道情况下提高供热能力，利用DN500、DN300管道带整个新村区域。

将新村供暖系统由开式改为闭式，合理设置泵组，并增加变频装置，降低电耗。将厂内DN300管道用户与新村用户分开，减少相互影响。将厂内DN500管道用户改由回水供热，合理利用热源。

（三）管网的改造

利用新村DN300回水为销售公司、冶建公司、装备部、汽运公司、物流中心集中供暖，取消该区域蒸汽供暖。

室外气网改高温水供热管网的改造。

（四）运行控制管理的改造

系统节能改造。系统进行优化流程改造，采用分布式变频，换热站无人值守，系统集中控制，降低运行成本。

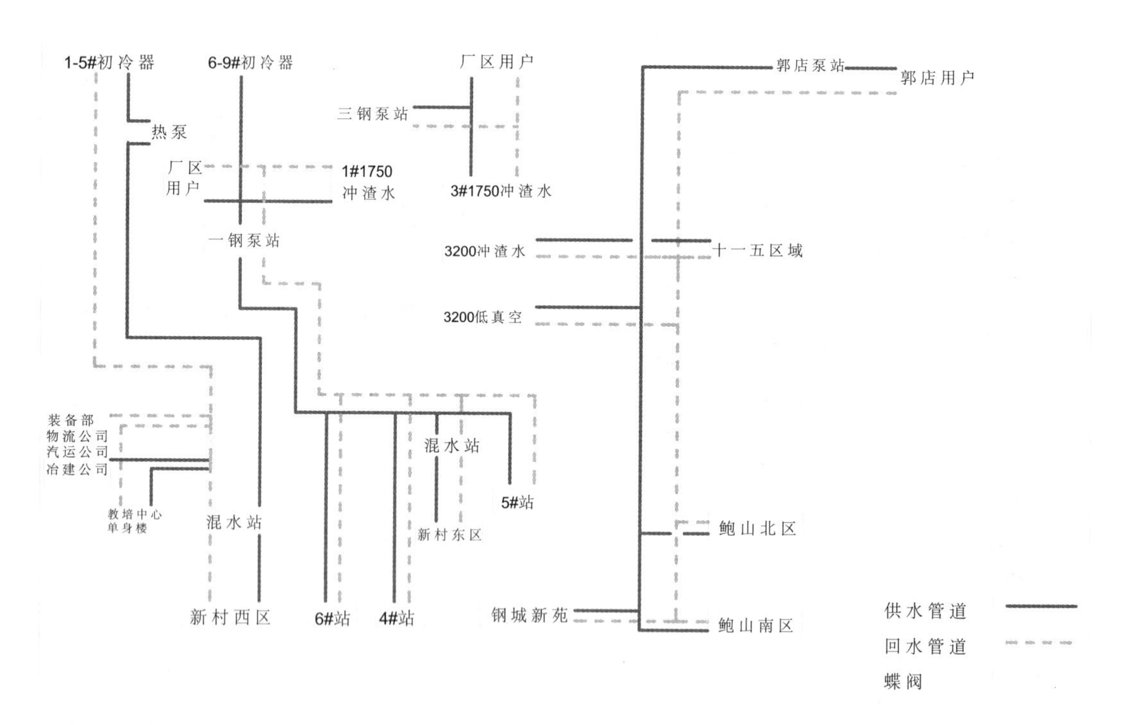

图4 新村改造示意图

五、改造效果分析

整个节能改造周期为45天，改造工程已于2014年11月10号完成，11月20号完成各个换热站及自动调控系统的运行调试，目前已投入正常运行。

整个运行管理实现全部自动化无人值守模式，减少管理人员运行投入，全部电议一体化，操作监视集中化，采用HMI操作站，实现人机界面统一化、共享化。整个二级站泵站全天候无人值守，热源、采暖（混水）站以及特征用户全部水力、热力工况将统一在管控中心进行监控，各个设备能够现场查询到实时水力、热力工况，完成本地实时监控厂区内1#1750冲渣水改造已完成，包括管道铺设、焊接，冲渣水已冲入新村内原DN500管道，余下部分回水已引进1#1750冲渣水采暖站用以加热，加热后的混合水到6#-9#的管道已铺设焊接完成，整套系统已经全部竣工。

图5 室外保温管道

图6 已改造完的换热站

图7为已改造完的换热站，现在处于运行调试阶段，换热站内管道还未加保温。

新村内部供热系统已全部由开始系统改为闭式系统，原有的室外蒸汽管道已经全部拆除，并重新架设由济钢厂区输送过来的DN500高温水管道，新架设DN500高温水管道焊接在原有的热水管道支架上，已经铺设完毕，管道上相应阀门部件已完成安装，室外管道已进行保温。居民室内开始供暖效果较好，换热站内设备管道较原来减少，设备占用空间减少。目前2#、4#、5#、6#换热站已经实现完全无人值守，操作人员由监控中心根据天气情况统一调控一二次供回水流量比例。

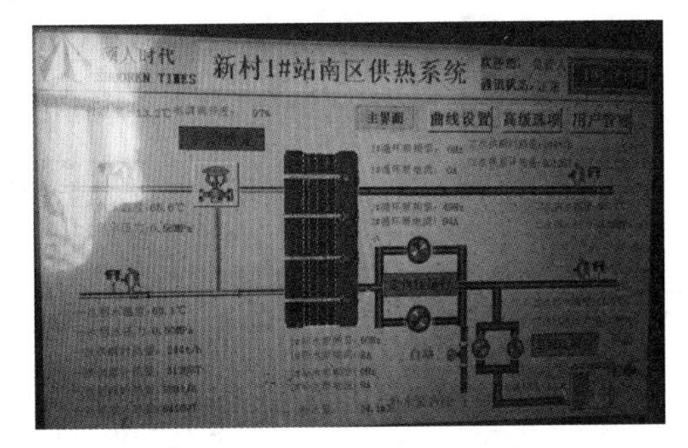

图7 换热站内的控制面板

图8为3号换热站内控制机柜，换热站内的温度、流量、压力等信号通过信号机柜传回到监控中心，由监控中心统一调控。

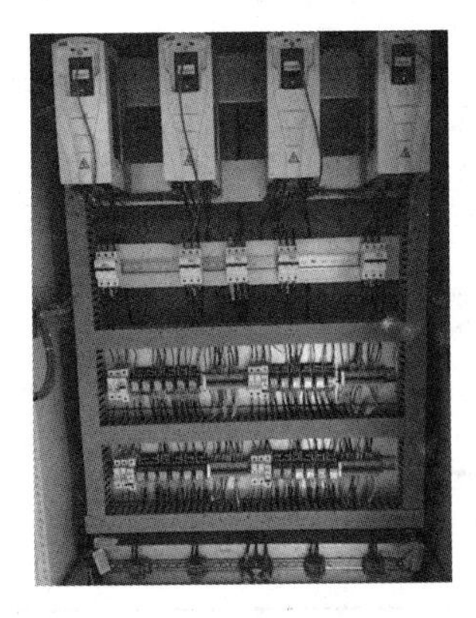

图8 已安装完的控制机箱

图9为整套系统监控中心，专业人员在监控办公室进行温度、流量的调节分配。目前系统处于试运行阶段控制界面账号、密码由监控中心人员管理。

图9 整套系统检测中心

六、改造经济性能分析

改造后由于原来的的蒸汽直供换热统一改成混水换热，增大了换热温差，实现了厂区要求降低冷凝水温度的目标，同时使新村达到供暖效果，大大节省蒸汽量，从热源处就降低运行费用。由于换热站内采用混水换热减小一次网输送流量，水泵能耗降低，耗电量减少。整套系统实现除监控中心外其余二级换热站无人坚守，这样降低人员运行管理费用。虽然初投资较大但较原有系统运行费用大大降低，因此回收期不到两年。

整个改造总投资预算约为996万元，如表1所示。项目每年预计收益为902万元，投资回收期为1.1年，如表2所示。改造后，每年可减排二氧化碳2365.2t，二氧化硫6t，NO_x3.1t，粉尘5.5t，如表3所示。

改造总投资预算表 **表1**

序号	改造专项	项目内容	改造内容	投资（万元）
1	热源改造	化工厂初冷器循环水系统由开式改闭式	直供改混水	58
2	换热站改造	供水泵站、1#1750高炉冲渣水泵站改造	直供改混水	172
3		1#采暖站改造（含2#站热该换热）		65
4		新建7#混水站 3号		55
5		改造4#采暖站		82
6		将高层热水系统迁移至新村空调站		56
7		改造5#采暖站		60
8		改造6#采暖站		113
9	管网改造	物流、汽运、装备部沿线集中供暖	取消蒸汽供热管网，更换部分老化管道	130
10		更换部分DN300、DN500管道		155
11	自动控制节能改造	监控中心建设	自动控制节能改造	50
12		合计		996

项目改造收益表 表2

科目	数额	备注
电费降低	176万元	改造部分总电机功率1472kW，按负荷率80%计算，一个供热季耗电367万kWh，加上2#站、3#站、空调站电耗70万kWh，合计437万kWh，电费297万元，同比减少162万元。
蒸汽费降低	606万元	改造后平均蒸汽消耗按10t/h计算，一个供热季耗蒸汽2.88万吨，蒸汽费403万元，同比减少592万元。供热、供冷季8个月热水系统不消耗蒸汽，减少蒸汽消耗1000吨，合14万元。
装备部沿线区域降耗增收	120万元	汽暖改水暖后，可节省蒸汽2t/h，减少蒸汽费用约80万元；增加冶建公司用户，年供热收入增加约40万元。
合计收益	902万元	
投资回收期	1.1年	

能源系统优化改造方案污染物排放量分析 表3

优化改造技术方案 污染物	既有系统	改造后系统	污染减排量
	蒸汽+热水供热	去掉蒸汽管道，注入1#1750高温冲渣水，换热站内采用混水供热	
CO2(t)	6348.0	3982.8	2365.2
SO2(t)	16.2	10.2	6
NOx(t)	8.2	5.1	3.1
粉尘(t)	14.7	9.2	5.5

七、思考、启示与推广应用价值

目前类似于济钢这样采取工业余热供暖的系统还有很多，由于采暖系统运行时间较长，管道老化严重，跑、冒、滴、漏现象频发，同时由于蒸汽管道输送距离较长，损耗大，运行蒸汽消耗量大。其节能改造潜力巨大，稍加改造就能大幅减少一次能源的消耗，同时节省的蒸汽可以用来发电，且整套系统智能化水平很高，真正实现24小时无人值守、由监控中心统一调控的先进运行模式。本项目对于既有工业余热供暖系统的改造具有示范作用。改造中采用的混水供热调节方式不仅可以提供一次网的供回水温差，满足工业冷凝水温降要求，同时也大大提高了工业余热供热的可利用潜力，降低了输送能耗。这种供热方式虽然存在运行调节复杂，但对于工业余热的有效利用具有很好的推广与应用价值。

（山东建筑大学供稿，刁乃仁、崔萍执笔）

哈尔滨市河柏住宅小区绿色改造

一、项目概况

哈尔滨河柏住宅小区坐落于哈尔滨市道里区，与群力开发区相邻，建成于1999年，小区占地面积14.18万m^2，住宅建筑面积29万m^2，共有28栋住宅，3150余户居民。小区现状如图1所示。

受当时经济、建设标准等限制，河柏小区配套设施匮乏。历经十几年的使用，由于自然和人为因素，小区环境及住房有较为严重的老化和破损。当年的“高品质”小区，已被周边拔地而起的高层建筑淹没，与周边经济发展极不协调，已严重影响到城市形象、居民生活和社会和谐。周边建筑的配套设施完备、环境优美，更凸显出了河柏小区实施绿色化改造的必要性和紧迫性。

二、改造建筑既有性能检测

（一）围护结构检测

小区建筑为非节能建筑，因浸水冻胀导致的墙皮脱落情况严重；外窗为双玻塑钢窗，阳台为单玻钢窗，因使用年限较长，部分窗户磨损漏风严重；单元门无保温且破损严重；屋面保温为水泥珍珠岩和炉渣，防水为三毡四油，已超合理使用年限，屋面漏雨，保温性差。

（a）小区俯视图

（b）外墙破损

（c）室内饰面脱落渗水

（d）线网杂乱

（e）庭院脏乱

（f）燃煤锅炉烟囱

图1 小区现状图

（二）结构检测

建筑整体结构状况良好，未发现不均匀沉降，抗震设防为6度，纵墙承重，圈梁层层设置。

（三）暖通空调检测

小区采用独立锅炉房集中供热，室内采用暖气片采暖，供暖期室温在16℃～18℃之间，部分居民家中14℃左右，供暖舒适性差，墙体结霜长毛，管网存在跑冒滴漏情况，供热能耗大。

（四）给排水系统检测

给排水系统整体正常，但还存在一些问题：用户入口处压力太大，水龙头出水大，造成一定的水资源浪费；储水箱没有设置有效的液位检测及报警系统；外墙上的排水管部分裂开甚至断裂，寒冷时节产生大量冰溜子，威胁居民人身安全。

（五）建筑环境检测

庭院道路及设施破损严重，绿化缺乏管护，荒草、野草遍生，部分绿地甚至被居民“开荒”种成菜地；小区车辆停放混乱，堵塞消防通道。

（六）建筑照明检测

建筑外和楼梯间内线网杂乱；楼道内很多灯已经损坏，庭院未设路灯；没有门禁、监控及安全报警系统。

三、绿色改造设计

绿色改造目标：通过建筑绿色改造，将现有小区改造为绿色、舒适、现代、宜居的新社区，全面改善小区环境品质，提升居民生活的便利性、安全性、舒适性，将其打造成全新的绿色星级小区。

（一）建筑与规划

1. 环境绿化及场地改造

通过对小区庭院的整体改造，充分利用小区内的现有空间，增加居民健身广场、绿化景观、健身娱乐设施，建设停车库、保安执勤室等服务设施，将小区分区域封闭，整体提升小区环境品质。庭院内的道路及绿化重新设计，满足无障碍通行的需要，绿化植物选种本地优良树种，庭院铺装采用透水砖。小区内公共照明采用智能控制的LED灯具。

小区原有的世纪花园绿化平淡，缺少居民活动场地，庭院内的构筑物破损严重，地面塌陷，已构成危险，为保障居民的安全将把危险构筑物拆除。建设居民休闲活动的中心广场，增加活动场地，种植灌木、花草美化环境，进而增加绿化体量。广场下建设地下两层车库，由于此处地下水位高，车库建设方案地下一层为半地下室，利于地下车库

（a）改造前

（b）改造后

图2 庭院改造前后效果对比

的通风及采光，可减少工程费用，节约材料，此方案高度符合绿色建筑要求，另外可避免车辆驶入中心广场。广场上建设景观性建筑物用于原有办公楼还建，车位销售的回收资金用来回补绿色化改造的投入。车库建筑面积2.3万m^2，可提供689个车位。平均每五户一个车位，虽匹配率不高，但对缓解停车压力起到了很大的作用。庭院改造前后效果对比如图2所示。

2.建筑功能改造

（1）楼梯间改造

重新粉刷楼梯间，修复破损的台阶及扶手；安装智能楼梯间照明灯。

（2）增建门斗

建筑外观形象差，与快速发展的城市脱节，尤其临街商服杂乱的现状严重影响城市形象。本次改造通过对建筑外立面的景观装饰设计，使其符合哈尔滨的地域特色，美化城市形象，提升小区环境品质。改造时着重处理临街建筑外立面，增加装饰线条美化建筑立面，强调底层商服外立面的功能性和景观性，增建装饰、保温、防火为一体的功能性门斗。外立面改造前后对比如表1所示，改造效果对比如图3所示。

3.围护结构改造

维护结构严格按照《严寒和寒冷地区居住建筑节能设计标准》（JG J26-2010）以及《黑龙江省居住建筑节能65%设计标准》

外立面改造前后对比 表1

	改造前	改造后
装饰性	外立面杂乱不统一，商户自行装修门面，更改外门或外窗。	用抗冲击性好的陶瓷复合保温板及玻璃橱窗做维护结构，美化商服外立面，提高整体档次。
保温性能	没有防寒门斗，冬季冷风直接吹入室内，令室内温度降低，增加了供热消耗。	增加门斗，阻止冬季冷风直接吹入室内，起到缓冲和减少对流的作用，防止室内温度急剧下降。
防火性能	原商服开口部位与住宅开口部位在一个竖直方向上，虽然有防火挑檐遮挡，可一旦有火情发生仍然有危险。	新建防寒门斗顶板为现浇钢筋混凝土楼板，能起到防火作用。商服外凸开口与上方住宅开口不在一个竖直方向上，有火情发生时，燃烧产生的烟气和火焰垂直向上不会直接影响住宅的外窗及保温层，起到一定的防火作用。

（a）改造前

（b）改造后

图3 外立面改造前后效果对比

（DB 23/1270-2008）进行改造。

(1) 外墙改造

外墙保温主要采用100mm厚的B1级防火保温材料EPS板，用胶粘剂与基层墙体粘贴，辅以锚栓固定；防护层为嵌埋有耐碱玻纤网布增强的聚合物抗裂砂浆，属薄抹灰面层，防护层厚度为5mm，涂料饰面；每层设置防火隔离带，沿楼板位置水平布置，采用800mm宽的A级防火保温材料。外墙改造前后各层材料对比如表2所示。

(2) 外窗改造

对于外窗，原窗密封条更换为三元乙丙胶条，玻璃间隔条采用“暖边间隔条”；在原外窗外侧增加一层单框双玻塑钢窗，形成具有优异保温及隔声性能的双框四玻璃窗，原有阳台单层窗更换为单框双玻塑钢窗；窗框与洞口之间用聚氨酯发泡剂填充并用密封膏嵌缝做好保温构造处理。外窗改造前后结构对比如表3所示。

(3)屋面改造

对于屋面，拆除原有屋面炉渣、珍珠岩等自重大、保温性能差的材料，重新做屋面保温及防水层，采用喷涂硬泡聚氨酯作为保温材料，同时加做两层防水卷帘以及一层隔汽层。屋面改造前后结构对比如表4所示。

（二）结构与材料

改造中所涉及的结构改造与材料选用满足《民用建筑可靠性鉴定标准》（GB 50292-1999）的相关规定。经过前期检测，整栋建筑结构良好，没有沉降、开裂等现象，并不需要进行大规模的结构加固改造。只是屋面由于增加了槽式太阳能集热器，为提高其承重能力，增加了钢筋混凝土一体化屋面，使得屋面承受的力能够均匀分布到周

外墙改造前后结构对比　　表2

	改造前	改造后
构造	1）外墙涂料饰面 2）20mm厚1:2.5水泥砂浆 3）490mm厚实心砖墙 4）内墙抹灰饰面	1）外墙涂料饰面 2）柔性耐水腻子 3）5mm厚聚合物抗裂砂浆（加入玻纤网格布） 4）100mm厚EPS聚苯板 5）胶粘剂粘结点 6）界面剂 7）原外墙面清理
传热系数/W/m²•K	1.25	0.31

外窗改造前后结构对比　　表3

	改造前	改造后
一般外窗	单框双玻塑钢窗，胶条老化密封性差。	原窗密封条更换为三元乙丙胶条，在原外窗外侧增加一层单框双玻塑钢窗。
传热系数/W/m²•K	2.8	1.8
阳台窗	钢窗或双玻塑钢窗	原有钢窗更换为双玻塑钢窗
传热系数/W/m²•K	2.8～6.4	2.5

屋面改造前后结构对比　　表4

	改造前	改造后
构造	1）沥青防水卷材 2）20mm厚水泥砂浆找平层 3）80mm炉渣混凝土找坡层 4）20mm厚水泥砂浆找平层 5）120mm厚水泥膨胀珍珠岩保温层 6）20mm厚水泥砂浆找平层 7）原屋面板	1）40mm厚C20细石混凝土内配φ14@100双向钢筋网片，表面压实抹光，留设表面分格缝6m×6m（保护层与女儿墙之间留设30mm缝隙，以密封膏嵌缝） 2）10mm厚低标号砂浆隔离层（二道）3mm+3mm厚SBS防水卷材 3）20mm厚1:3水泥砂浆找平层 4）120mm厚硬泡聚氨酯保温层 5）最薄处30mm厚1:10炉渣混凝土找3%坡 6）1.5mm厚聚氨酯防水涂料隔汽层 7）20mm厚1:3水泥砂浆找平层 8）原屋面板

围承重墙，同时增强屋面的牢固性以及整体抗裂性。屋面加固改造施工如图4所示。

图4 屋面加固施工

（三）暖通空调

1.冷热源改造

建筑供热系统采用天然气冷凝锅炉分散式独立供热，以栋为单位精确供热，减少管网输送的热损及电耗，同时，天然气的使用能大大减少燃煤产生的污染物。另外在示范项目中，采用槽式太阳能集热器与天然气锅炉相结合的联合供热模式，将太阳能集热系统安装在建筑屋顶，在白天太阳辐射足够时，利用太阳能为建筑供暖，若太阳能有富余，则用蓄热水箱蓄存起来，留待无太阳时使用；当太阳辐射不足或无日照且蓄热不足时，采用高效天然气锅炉供暖。燃气锅炉房如图5所示，槽式太阳能与燃气锅炉联合供暖系统原理如图6所示。

2.输配系统设备改造

在锅炉房内部系统循环水泵增设水泵变频装置，在原有的供回水管处增加温度

图5 燃气锅炉房

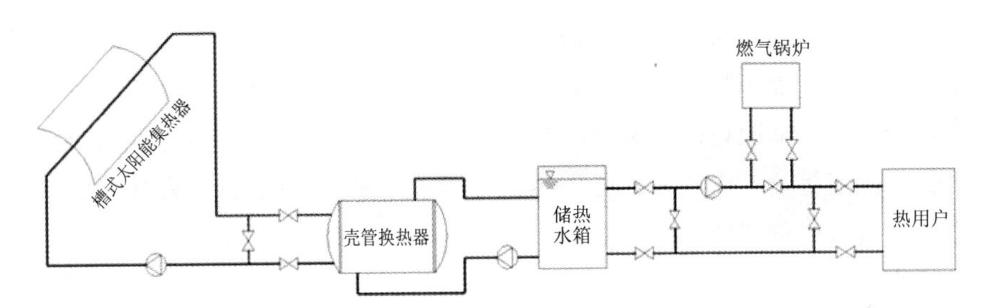

图6 槽式太阳能器与燃气锅炉联合供暖系统原理图

采集设备，并与精确控制供热管理平台连接，同时高效燃气冷凝锅炉输出功率可在20%～100%之间无级变速调节，适应于小范围的供暖波动，从而减少燃料消耗，同时保证室内热舒适。锅炉水泵如图7所示。

图7 循环水泵

3. 末端设备改造及供热系统改造

由于采用了槽式聚光型太阳能集热器，热媒温度能达到较高值，因此末端散热设备依旧采用原有的暖气片，一方面避免材料和资源的浪费，达到既有资源合理利用；另一方面避免室内施工影响居民正常生活。由于采用了单栋燃气锅炉独立供热的方式，管路系统路程短，热损失小，同时故障率小，影响范围小。室内采用原有输送管路，楼梯间管道加做保温，减少热损失。

4. 能耗计量设备改造

太阳能集热器进出口、换热器进出口、燃气锅炉进出口都设置了温度传感器，太阳能油路系统和供热循环水系统中都设置了流量传感器，数据的采集与存储使用安捷伦数据采集仪；系统运行过程中，所有的温度信号和流量信号都会实时地传输到数据采集仪，由数据采集仪进行采集与存储，然后导入电脑中可进行实时显示并进一步将数据存储到电脑中，便于以后的分析计算。系统各设备耗电量由高精密的电表测量与记录，燃气消耗量由燃气流量表测量与记录。

5. 室内环境控制

锅炉房内部系统循环水泵增设水泵变频装置，可根据供回水管处的温度采集反馈的温度和室内回馈的温度进行智能分析对比，由精确控制供热管理平台控制水泵流速，来调整供热量，既能避免热量浪费，维持好的室内热环境；又能减少水泵耗电量、降低噪声同时延长使用寿命。

6. 可再生能源利用

槽式太阳能集热器主要由抛物面反射镜、太阳能集热管和支架三部分组成，其工作过程是槽式反射镜将太阳光反射汇聚到位于焦线处的太阳能集热管上，集热管吸收热量从而加热导热介质，同时，追日系统控制集热器的逐时追日过程，以最大限度地吸收太阳能。由于具有聚焦和追日的特性，槽式太阳能集热器可以显著提高集热管表面的能流密度，集热效率高，能够将导热介质加热到较高温度，能很好地适应较高水温要求的供暖末端（如散热器等）。槽式太阳能集热器的集热管由金属吸热管和玻璃套管组成，两管之间抽成真空，保温性能非常好，并且金属吸热管也不会出现爆管的现象。槽式集热系统的传热介质可采用低凝点（-40℃）的导热油，冬季运行时可不考虑系统防冻，使系统的运行可靠性大大提升。因此，槽式太阳能集热器基本解决了传统平板型和全玻璃真空管型太阳能集热器水温较低、效率波动大、难以防冻、运行可靠性差等缺点，整个系统运行安全稳定。槽式太阳能集热系统各部件如图8所示，其在屋顶上的布置如图9所示。

（四）给水排水

1.外排水改造

每年春秋季建筑外排水都会形成大量冰溜子，威胁人民群众生命财产安全，政府需要投入大量的人力物力来清理（如图10所示），另外由于屋面排水口处冻胀导致屋面漏雨也是困扰百姓及各级政府部门的难题。本次改造将外排水改为内排水，排水管自楼梯间引下，在首层勒脚处留出泄水口，彻底解决以上问题。外排水管的消失也美化了建筑立面。

2.节水系统改造

一方面，将室内给水用户入口处加设减压阀，把配水点出水压力控制在0.2MPa以下，减少因水龙头出流压力过大造成的水资源浪费；另一方面，将小区给水二次加压泵房中的储水箱增设水箱溢流报警和进水阀门

（a）槽式太阳能集热器

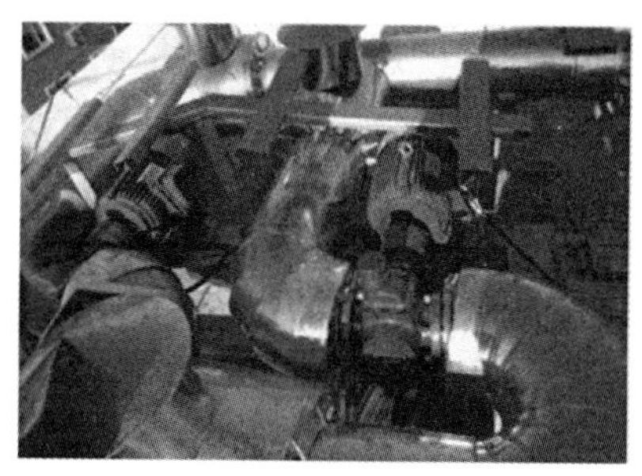

（b）导热油泵

（c）储油箱

（d）集热器控制箱

图8 槽式太阳能集热系统部件图

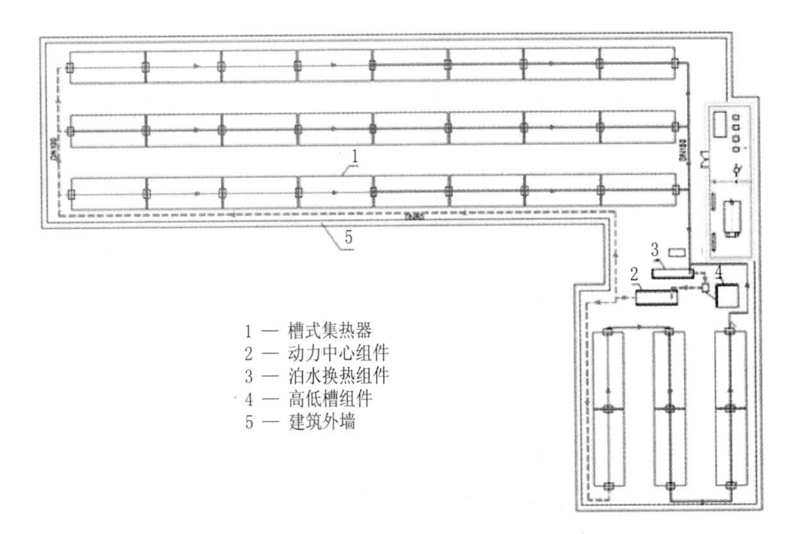

图9 槽式太阳能集热器在屋顶的布置图

图10 外排水管结冰

自动联动关闭装置，防止溢流造成的大量水资源浪费，同时自动报警装置可让工作人员在最快速的时间赶到小区二次加压泵房进行维修，在最短的时间恢复居民供水。

（五）电气与智能化

1.照明系统改造

小区安装智能照明系统，在走廊、楼梯间等公共区域采用发光二极管（LED）照明。LED照明技术相对于传统照明，具有启动快、寿命长、高节能、易于调节和控制等优点，并且不含汞、铅等对环境污染很大的重金属，环保效果好。

2.智能化系统改造

小区安装智能照明系统，按需照明，节约照明用电。在居民家中安装温度采集系统、报警系统、紧急求助系统，通过无线设备将数据传送至数据中心进行统一管理监控，为居民提供一个安全舒适的居住环境。小区配备智能一卡通系统，实现小区封闭管理，保障居民安全。

四、绿色施工

（一）管理制度

建设和施工单位指定了具体的建筑改造

管理和监督人员，在施工现场附近搭建了临时指挥所，负责对整个施工过程进行动态管理与监督。一方面，完善安全生产、安全防护、文明施工制度与措施，确保施工的安全有序进行；另一方面，适时地对绿色改造施工进行宣传，增强人员绿色改造施工意识；同时，合理布置施工现场，尽量保护居民生活不受影响。

（二）环境保护

对于会产生较大扬尘的施工地点，在周围设置防尘屏，同时配合其他遮挡、抑制扬尘的措施，尽量降低灰尘污染。噪音较大的设备会尽量布置在远离居住区的地方，同时采取遮蔽隔音措施，设备固定时会采取防振措施。

（三）资源节约

施工所用的设备、材料尽量放置在周边荒地上，使用完毕后会恢复原来地貌，使得对小区环境影响降到最低。施工的临时指挥部以及人员休息场所都是利用小区中原有房间，避免无谓的建设。

五、运营管理

（一）绿色运行技术

建筑供热系统采用槽式太阳能集热器与天然气锅炉相结合的联合供热模式，将太阳能供热系统安装在建筑屋顶，在白天太阳辐射足够时，利用太阳能为建筑供暖，若太阳能有富余，则用蓄热水箱蓄存起来，留待无太阳时使用；当太阳辐射不足或无日照且蓄热不足时，采用高效天然气锅炉供暖。

（二）绿色运行监测、反馈与持续改进

对于太阳能集热系统，其智能控制系统可根据太阳位置的变化，自动调整集热器与太阳的夹角，保持采光面与太阳光垂直；在阴雨(雪)或其他恶劣天气条件下自动翻转太阳能集热器，避免因恶劣天气变化造成的集热器损毁；同时可根据集热器出口油温，调整系统运行模式，从而实现太阳能的最大化利用。

油路系统和水路系统的所有温度信号和流量信号由安捷伦数据采集仪实时采集并存储，同时输送到电脑进行显示与记录；系统设置专门的控制台进行调节与控制，根据换热器进出口油温和水温，以及供热回水温度与室内反馈温度，控制台可依据事先设置的控制条件进行运行模式的合理选择与循环流量的调整。

六、改造效果评价

（一）使用性能提升效果分析

河柏小区改造后的效果如图11所示。

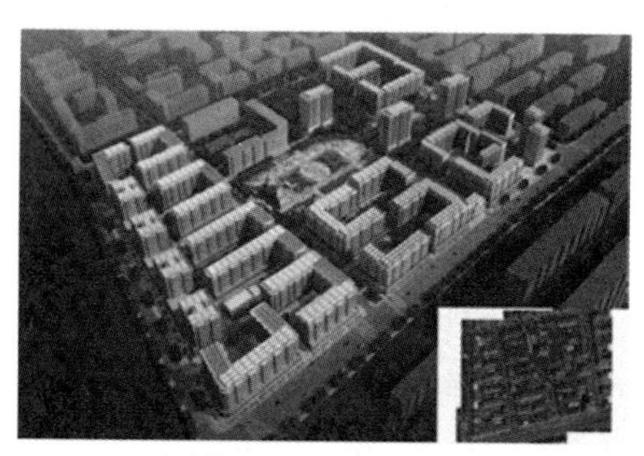

（a）鸟瞰图（右下角为改造前）

（b）改造后局部效果图

图11 改造后效果图

通过对小区庭院的整体改造，充分利用现有空间，增加居民健身广场、绿化景观、健身娱乐设施，建设停车库、保安执勤室等服务设施，将小区分区域封闭，整体提升小区环境条件，使小区内居民的生活品质有了质的飞跃；同时，通过立面装饰以及围护结构的改造，一方面让建筑变的非常的整洁美观，另一方面大大改善了室内热舒适性。

（二）绿色改造社会效益分析

1. 综合改造效果

通过小区的绿色化综合改造可为居民提供一个集健身娱乐、绿化休闲、人车分流的封闭式宜居小区，提升建筑使用寿命，改善居民居住环境，为城市景观添彩，使居民的房产增值。可带动相关产业的发展，促进就业。可促进小区内商业发展，增加地区税收。同时，本小区的绿色化改造能够形成示范作用，以点带面，有效带动我国既有居住建筑绿色化改造的不断发展。

2. 推广价值

我国既有居住建筑存量巨大，并且大多存在资源消耗水平高、环境负面影响大、工作生活环境仍需改善、使用功能有待提升等方面的不足。通过政府主导的绿色化综合改造，显著提升既有居住建筑的使用功能，提高广大群众的居住环境和生活条件，让社会各阶层都能享受到实实在在的惠民成果。因此，既有住宅小区的绿色化改造是一项关系国计民生、促进社会和谐发展的重大工程，具有特殊的意义。主要表现如下：

(1)利国利民，促进社会和谐发展

河柏小区绿色化综合改造工程显著改善居民居住条件，提升室内热舒适，提高旧住区居住环境，改变旧城区城市面貌，提升城市整体形象，是一项利国利民的实事工程，对于推动我国既有居住建筑绿色化改造事业的发展有积极的意义，项目的成功实施有利于促进和谐社会的建设发展。

(2)经济效益、节能效果及环境效益显著

由工程概算可知，本次改造虽然投资巨大，但收益同样非常显著，最终能够获得较大的利润收益；同时，改造后的建筑能耗显著降低，节省了大量常规能源，有助于缓解地区能源资源紧张的局面，促进社会可持续发展；太阳能与天然气的使用，显著降低了因燃煤产生的大量二氧化碳、二氧化硫、氮氧化物、粉尘颗粒物等环境污染物，对于缓解城区空气污染的严峻形势有重大作用。

综上所述，哈尔滨河柏小区绿色化综合改造具有重大的推广应用价值，对于全国特别是北方供暖地区既有居住建筑的绿色化改造具有很大的借鉴意义和参考价值。

（三）绿色改造环境效益分析

1. 节约能源

围护结构经过节能改造后，保温性能大大提升，显著降低了建筑物的耗热量。经初步测试与计算，小区建筑改造前的耗热量指标约为30W/m^2，改造后建筑物的耗热量指标减小为17W/m^2，减少了43.3%；另外，太阳能的使用将进一步减少常规能源的消耗，经初步计算，太阳能大概能负担建筑物总耗热量的20%，具有显著的节能效果。

2. 绿色环境

小区供热系统改为槽式太阳能集热器与燃气锅炉联合供暖系统，相比于原有的燃煤锅炉供暖系统，将显著降低二氧化碳、二氧化硫、氮氧化物以及悬浮颗粒物等环境污染物的排放量，具有显著的环保效益。经初步估算，改造后不使用燃煤供暖，每年约节省煤炭0.9万tce，减少排放二氧化碳2.3万t、二氧化硫563t、氮氧化物3.8t。

（四）绿色改造经济效益分析

经过工程概算，本改造工程初步投资约为1.74亿元，改造后的收益（包括节能改造补贴、碳交易、供暖收益、商服门斗收益、绿色建筑补贴、省科技惠民补贴、车库等）约为1.9亿元，总净收益约为0.16亿元，经济效益显著。

七、思考与启示

既有居住建筑绿色化改造是一件关系国计民生的大事，积极推动既有居住建筑的绿色化改造对于促进社会和谐、改善民生、实现社会可持续健康发展有重要意义。在实践过程中，我们也应该不断摸索和思考，以保证此项事业的平稳有序推进。

政府部门应该积极鼓励甚至奖励既有居住建筑绿色化改造工程实践，同时应制定相关法律法规，做好绿色化改造的具体规划和实施办法。

绿色化改造工作应该由点及面、由面及体、顺次展开。做好既有建筑绿色化改造示范项目宣传，让居民认识到绿色化改造的重要性与紧迫性；同时，让居民不仅感受到居住舒适度的提高，而且真正减少能源费用的支出，进而增强他们参加既有居住建筑绿色化改造工作的意愿和积极性。

本工程中围护结构外保温技术以及相关施工做法在节能建筑的建设中具有很好的可应用性，特别是对于旧的建筑的节能改造可以广泛推广使用。

太阳能是清洁无污染的可再生能源，将其应用于建筑供暖可以显著减少供暖能源消耗量，具有很好的节能环保效果。应积极开展太阳能建筑应用技术的研究，促进其在建筑上的进一步广泛应用。

太阳能结合天然气的联合供暖模式是一种具有显著节能环保效益的新型供热模式，具有很好的推广应用价值，如能积极开展对此种新型供热模式的深入研究，形成较为成熟的成套技术体系，将为以后供热系统的选择提供有价值的借鉴与参考。

（哈尔滨工业大学供稿，姜益强执笔）

上海财经大学创业实训基地

一、工程概况

上海财经大学创业实训基地项目位于上海市杨浦区上海财经大学武川校区内部，该建筑始建于20世纪70年代，原为上海凤凰自行车三厂的一个热轧车间，长期废弃，根据规划要求校方对其进行改造再利用。

图1 改造前状况

图2 改造后效果图

改造后的项目为大学生创业实训基地，地上一层，局部二层，总建筑面积3753m²，建筑高度为13.3m，地上一层建筑面积2323 m²，主要功能空间包括就业宣讲厅、门厅、会议室、培训室、创训茶歇室以及纪念品服务中心；地上二层建筑面积1430m²，主要功能空间为培训室和会议室。改造后的效果如图2。

二、改造目标

（一）项目改造背景

本项目原为上海凤凰自行车三厂的一个热轧车间，始建于20世纪70年代。该建筑共三跨，前后分多次建造完成，各部分结构体系不同，主要为排架结构和砖混结构两种，现已废弃。

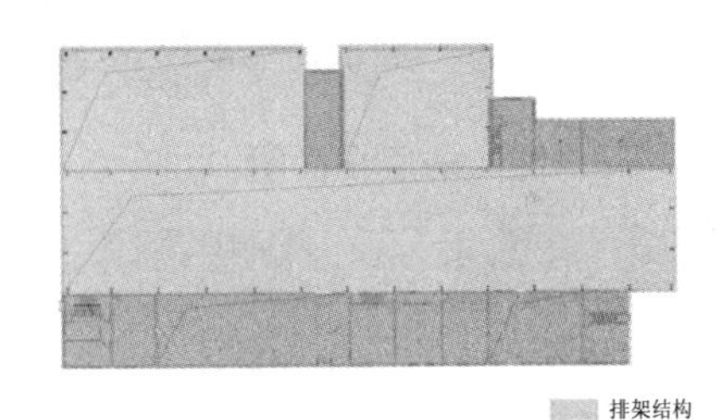

图3 原结构体系

根据规划要求校方对其进行改造再利用。结合新的大学生创业实训基地培训、会议、办公等功能需求，对原厂房从建筑外形、各层平面功能、消防以及机电系统等方面进行了全面改造。

（二）项目改造技术特点

项目以上海市二星级绿色建筑为改造目标，应用多项绿色化改造技术措施，强调被动优先的设计原则。基于项目工业厂房改造的特点，充分利用原有的天窗设计，优化自然采光和自然通风。同时结合屋面特点设置雨水回收利用系统，考虑运营管理效果，设置能源管理系统。

三、改造技术

（一）建筑改造

1. 建筑整体改造

改造设计注重形式和功能的有机结合，在创造舒适的建筑环境的基础上，将建筑的体量语言表现的淋漓尽致。原厂房从建筑外形、各层平面功能以及消防方面进行了全面改造，并增加了无障碍设计。

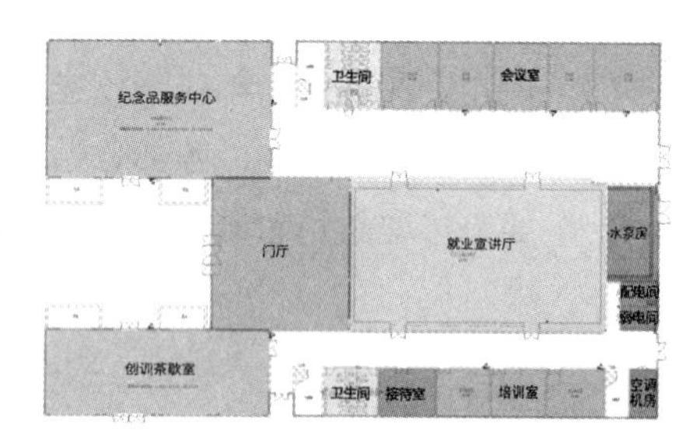

图4 一层平面图

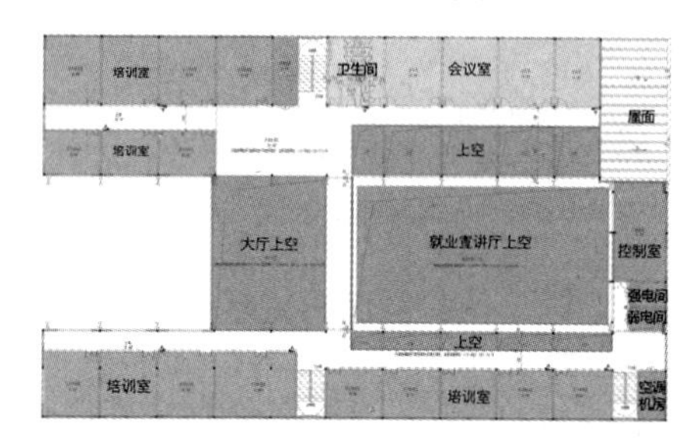

图5 二层平面图

保留并加固原有厂房中间一跨带有桁车的典型空间，利用空间原有的高度，设置为共享大厅及创业宣讲报告厅；拆除原厂房两翼的砖混结构，利用原有的结构基础部分，加建二层轻钢框架结构，作为创业培训室、会议室等功能。屋面更新为轻质双层压型夹芯钢板。原厂房北侧拆除两跨维护墙体及屋面，仅保留结构框架，不影响居民住宅的日照要求。

2. 天窗形式的改造利用

本项目改造设计充分利用原有工业厂房的天窗特征，保留原有的矩形天窗设计方案，并在屋面增设天窗。

（1）增设屋面天窗

为改善室内采光，项目在东西两跨的走廊上方屋面设置采光天窗，其中东侧采光天窗主体尺寸在为1400mm×4800mm，西侧采光天窗主体尺寸为2000mm×4800mm，屋面采光天窗总面积为96.72m²。

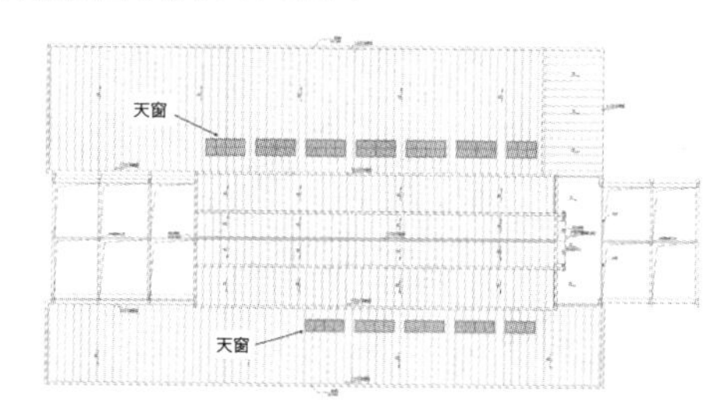

图6 屋面采光天窗布置

由于一层和二层在采光天窗下方的挑空设计，在增设屋顶采光天窗后，一层和二层北侧走道部位的采光得到显著的提升，而南侧走廊则依靠外窗进行采光，整体上公共区域采光良好。

图7 厂房改造前矩形天窗

（2）保留改造矩形天窗

本项目原建筑为自行车生产车间，与同时代的大部分工业厂房类似，该厂房顶部设置有矩形天窗，主要为采光考虑，兼具通风功能。改造设计时，原有的矩形天窗为建筑内部的采光和通风提供了良好的条件，因此在改造中保留了原有的矩形天窗构造形式，更换了节能窗，并调整了天窗面积。

改造后的矩形天窗共两排，上层矩形天窗基本尺寸900mm×4800mm，东西两个立面对称布置，每个立面天窗窗面积为25.92m^2；下层矩形天窗基本尺寸为600mm×4800mm，仍是东西两个立面对称布置，每个立面天窗窗面积为17.28m^2。整个矩形天窗总面积为86.4m^2。

图8 立面矩形天窗图示

3.围护结构保温改造

（1）屋面

由于原屋面已破损，此次改造整体更换采用双层压型钢板夹芯屋面，其构造形式为“≥0.6mm厚上层压型钢板+防水透汽层+玻璃棉毡（110.0mm）+0.2mm厚隔热反射膜+镀锌冷弯型钢附加檩条+≥0.5mm厚底层压型钢板”，其中保温材料采用110mm玻璃棉毡，压型钢板屋面的传热系数可以达到0.49W/(m^2·K)。

此外，项目北侧设置设备平台屋面，该部分采用混凝土屋面，构造如下：采用细石混凝土(内配筋)（40.0mm）+水泥砂浆（10.0mm）+水泥砂浆（20.0mm）+泡沫玻璃保温板1（100.0mm）+轻集料混凝土(陶粒混凝土)（30.0mm）+钢筋混凝土（120.0mm）+压型钢板。屋面传热系数为0.60W/(m^2·K)。

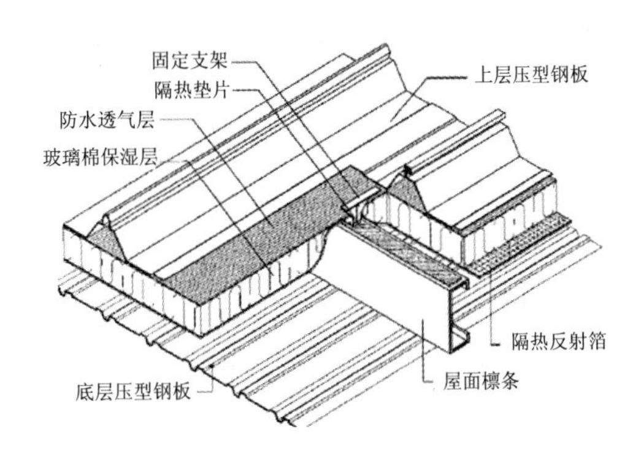

图9 压型钢板夹芯屋面构造图

（2）外墙

本工程外墙主体材料采用MU7.5混凝土空心砌块，外保温材料选用STT改性膨胀聚苯板，该材料质轻、保温性能良好，燃烧性能为A2级。外墙处外保温系统保温板厚度为40mm，门窗洞口侧面保温板厚度为20mm，外墙传热系数可以达到0.75。

（3）门窗

由于原有门窗大部分已损坏，且不符合当前的节能设计要求，因此门窗整体更换为节能门窗。其中外窗采用隔热金属型材多腔密封窗框，框面积小于20%，玻璃采用Low-E中空玻璃（6+12+6），传热系数2.4W/(m^2·K)，玻璃遮阳系数0.50，气密性为6级，可见光透射比为0.62。

（二）结构改造

1.原有结构体系的加固利用

原中部一跨为改造加固部分，原结构体系为单层钢筋混凝土排架结构，跨度15米，柱距6米，抗震等级为三级。厂房为单跨双坡屋面，局部屋面带天窗。原有厂房每榀排架之间通过屋面大型槽型预制板进行连接，再通过原柱间支撑，屋面支撑使整个体系成立。现拆除原有房屋的大型槽型屋面板，将屋面改为有檩体系，檩条上铺设轻型彩钢屋面板。檩条之间设置横向拉条，房屋檐口和屋脊处设斜拉条。檩条考虑利用原屋面板拆除后的槽型口与原混凝土屋面梁连接。沿房屋纵向设置刚性系杆，以增强房屋的纵向刚度。刚性系杆通过在屋面梁中部腹板处设置对拉螺栓连接。

对于砼麻面和露筋处理，清除砼表面浮渣等酥松部分，用钢丝刷刷净，对局部露筋除锈；清洗、湿润后再缺陷处涂一层水泥净浆，再用1:2水泥砂浆分层抹补压平压光。对于混凝土蜂窝深度较浅蜂窝按麻面处理方式修补，对于深度较深蜂窝，按其深度凿除薄弱的混凝土层剔除个别突出的骨料，剔成喇叭口形状，采用钢丝刷刷净。清洗、湿润后在缺陷处涂一层水泥净浆，再用强度不低于C25且高于原混凝土一级的细石混凝土修补。

2.轻钢结构的应用

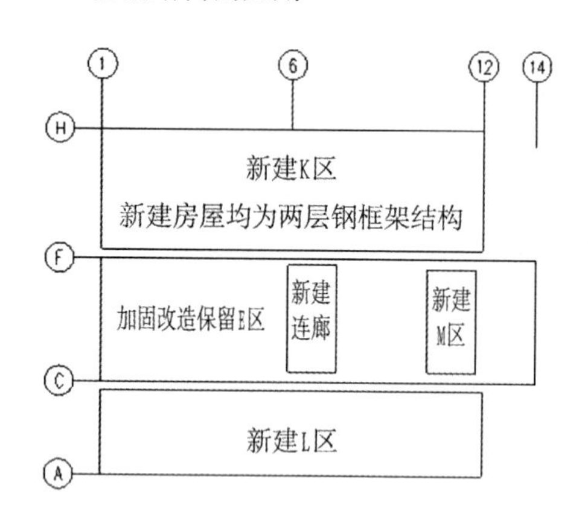

图10 房屋平面分区示意

K区、L区、M区均为两层钢框架结构体系，结构抗震等级四级，各分区均与E区设防震缝断开。楼面采用压型钢板混凝土组合楼板。K区和L区为单坡屋面，M区为平屋面。屋面采用有檩体系，檩条上铺设轻型彩钢屋面板，檩条间设置横向拉条，同时在K区和L区的檐口设置斜拉条，保证檩条的侧向稳定。在钢梁上设置隅撑以增加钢梁的侧向稳定。考虑到设备管道的铺设，可以在钢梁中间1/3高度处开洞，管道从钢梁中穿越，以满足净高要求。

（三）暖通空调改造

考虑项目的特点，大学生创业实训基地的日常办公、会议、接待室及实习培训室采用风冷热泵多联机中央空调系统，室内空间采用天花吸顶式机组（四面出风、两面出风、暗藏风管机），各层相应的区域设置独立的新风空调系统，并采用直膨式独立新风机组的形式补充部分新风，便于以后日常运行集中管理及维修。多联机空调室外机统一就近设于屋顶。冷媒采用环保冷媒R410A。新风机组位于每层设备房内。本工程内的空调冷凝水均设集中排放系统。报告厅设置独立空调与新风系统，采用上送下回的气流组织方式，以保证报告厅的室内温度均匀。

（四）给排水改造

1.雨水回收利用系统

利用既有工业建筑的大屋面特性，对屋面雨水进行收集回用。屋面雨水汇集经初期弃流（弃流至校园原有雨水井）后排至雨水储水池，雨水储水池设有溢流口，雨水经处理后供卫生间冲厕及室外喷灌用水。

雨水回用系统采用“过滤+消毒”的工艺：屋面雨水收集后进入雨水储存池，首先经过提篮式格栅去除粗大悬浮颗粒，然后通过雨水提升泵将池中待处理的雨水加压进入砂缸过滤，滤后水储存在雨水回用水箱中，依次通过变频清水泵、管道式紫外线消毒器，加压消毒后输送至用水点，雨水不足时采用自来水补充。过滤一段时间后砂缸中聚集的悬浮物增加，采用水洗反冲洗石英砂滤料，冲洗水排入市政污水管网。在雨水回用水箱中加入缓溶型氯片，保持用水点的余氯。雨水回用处理系统发生故障或检修维护时，可通过提升泵将待处理的雨水提升至市政雨水管网。雨水回用系统全过程可自动运行，所有雨水处理设备均联动控制。

项目雨水收集系统设置36m^{3}雨水储存池，尺寸4500mm×4000mm×2500mm，有效水深2.0m。泵房室内可利用有效空间为5.5m×3.5m，若把储存池放置在水泵房位置不够，因此将储存池设置在水泵房外部，放置在建筑北侧，靠近水泵房的位置。采用2.55t雨水回用水箱，尺寸1500mm×1000mm×2200mm，有效水深1.7m，并设置溢流、放空设施。

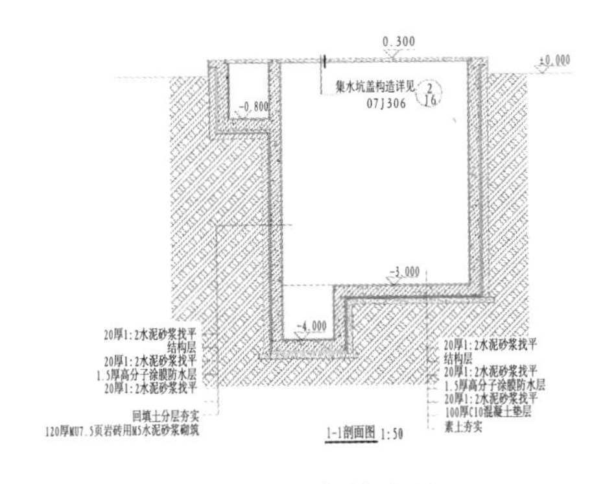

图11 雨水储存池

2. 节水器具

选用节能、环保、高效、安全、可靠的设备。使设备在高效区工作，降低所用设备对资源、能源的消耗和对环境的污染；选用节水型卫生洁具及配件。在公共卫生间内，采用红外感应式水龙头，水龙头均为陶瓷片密封、充气式，出水流量小于0.1L/s。坐便器冲水量为不大于6L/次，小便器冲水量不大于2L/次；选用优质、可靠、性能高的阀门及配件，高灵敏度计量水表；选用优质成品塑料排水检查井。

（五）电气改造

项目内设置能耗监测系统，该系统包含对配电系统、空调用电、动力用电、实验区域用电能耗（照明及插座）、楼层公共部位用电能耗（照明及插座）等系统的能耗计量及后台数据分析。系统所采集的能耗数据，通过RS 485接口，并采用TCP/IP协议自动和实时上传能耗数据。

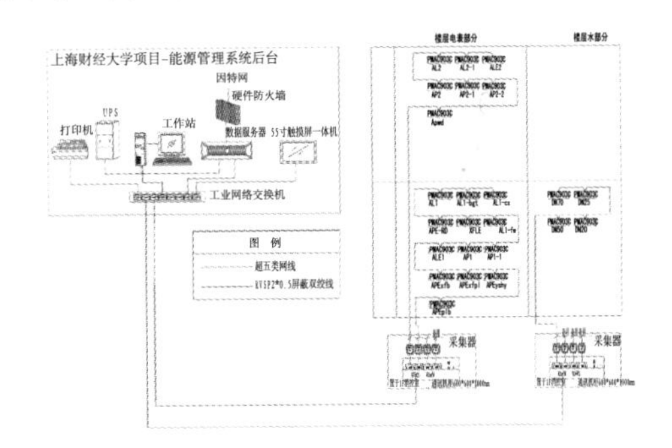

图12 能耗监测系统图

根据项目的特点，本项目在配电柜及各层配电箱内共设置26块电表，可实现对空调室外机、室内机、电动排烟窗、公共区域照明、房间照明、插座、排风机、雨水泵等进行计量。同时设置7块水表，对生活用水、卫生间用水、回用雨水、补水等进行计量。

项目同时设置可视化终端，可对建筑内对建筑运营能耗状态进行实时显示，并提供分析功能，便于发现运行中的问题，及时纠正运营策略。

四、改造效果

项目经过整体上的绿色化改造达到上海

市绿色建筑二星级设计评价标识要求，在节地、节能、节水、节材、室内环境和运营管理等方面都达到较好的效果。设计建筑年平均能耗为67.4kWh/m^2，非传统水源利用率达到40%。

五、改造经济性分析

本项目在制定绿色化改造技术方案时，即强调被动式技术的利用，特别是利用原有工业厂房天窗的自然通风和自然采光设计，无增量成本但显著提升项目的环境品质。与普通办公建筑相比，本项目的绿色技术增量成本主要集中在雨水回用系统和能源管理系统，实际增量成本共63.5万元。

六、思考与启示

本项目为既有工业建筑改造再利用，对于这类建筑的改造，应充分考虑建筑的独特性，如类似本项目的单层厂房，充分利用其屋面原有的天窗形式，可以有效地提升建筑内的自然采光和自然通风效果。对于体量再大一些的单层或多层厂房，可以考虑设置内庭院或中庭等形式来改善内部区域的采光和通风效果。因此，对于工业厂房的改造再利用，首要应充分地进行被动式设计。同时工业厂房的屋面特征，为雨水收集利用创造良好的条件，合理的设计雨回收系统，可以较大幅度地提高非传统水源利用率，接受效果显著。

（上海现代建筑设计（集团）有限公司
供稿，田炜，李海峰执笔）

上海世博会城市最佳实践区B1～B4馆改造

一、工程概况

上海世博城市最佳实践区是2010年世博会的宝贵财产，曾经被誉为“上海世博会的灵魂”，它紧扣主题和面向实践的展示内容、优美舒适和低碳生态的街区环境，获得大众媒体和国际社会的广泛好评。最佳实践区位于上海世博园浦西园区内，由南北两个街坊组成，东至南车站路和花园港路，西邻保屯路和望达路，南至苗江路，北至中山南路（部分至北侧居民小区用地边界），中间有城市次干道半淞园路穿过，总用地面积为15.08公顷。

图1 地理位置平面图

图2 城市最佳实践区B1馆改造前

图3 城市最佳实践区B3、B4馆改造前

二、改造目标

（一）改造背景

B1～B4展馆是在上海世博会前由一群老厂房建筑改造而成，均为单层排架厂房，基础为钢筋混凝土独立基础。其中B1、B2前身为上海电力修造厂厂房、B3前为上海电机辅机厂厂房，B4前身为上海建设路桥机械有限公司厂房。世博前对厂房结构进行了加固处理，而改造仅限于建筑设备和室外环境方面。世博会后，为了满足会后发展需求，在保留大部分建筑的基础上，需要进行相应的改造和新建。

图4 改造前室内空间

（二）改造特点

根据《世博会地区结构规划》和《城市最佳实践区会后发展修建性详细规划》，城市最佳实践区规划定位为集创意设计、交流展示、产品体验等为一体，具有世博特征和上海特色的文化创意街区。改造后要达到绿色建筑二星级标识的要求，因此要进行建筑、结构、节能、节水一体化改造，改造后的功能B1、B2为办公建筑，B3、B4为高档商业和餐饮。

图5 改造后的城市最佳实践区B1馆

图6 改造后的城市最佳实践区B2馆

图7 改造后的城市最佳实践区B3馆

三、改造技术

（一）建筑改造

1.功能布局

单体功能服从整个园区的规划，本项目的B1、B2和两栋新建小楼位于北区，B3、B4位于南区。北区街坊靠近居民区，为“静”文化区，功能业态主要以文化创意办公为主，打造城市花园总部，希望吸引世界知名文化交流、创意创新设计类的机构和企业入驻；南区街坊紧邻黄浦江，景观优势得天独厚，为“动”文化区，结合上海当代艺术博物馆（前南市发电厂改造的城市未来馆），吸引商业零售、文化艺术、时尚展示类的企业和机构入驻。

2.立面

建筑形体基本保持世博会展馆的风貌，并刻意保留一些高大的排架柱、屋架等有显著工业建筑特色的构件，保留其工业历史记忆。

3.室内

除B3馆为新建多层钢框架结构，B1、B2、B4馆均保留原排架结构，利用了工业厂房内部的高大空间，进行室内增层改造，根据原建筑高度增加一层或者两层，增层尽量保持厂房大空间的特色，采用灵活隔断，方便以后再次功能改造。

图8 B2馆增层改造后室内空间

共增加了使用面积1万多平方米，节约了上海市中心宝贵的土地资源。进深较大的单体设有中庭和天窗，有利于自然通风和采光。

图9 B2馆改造后中庭

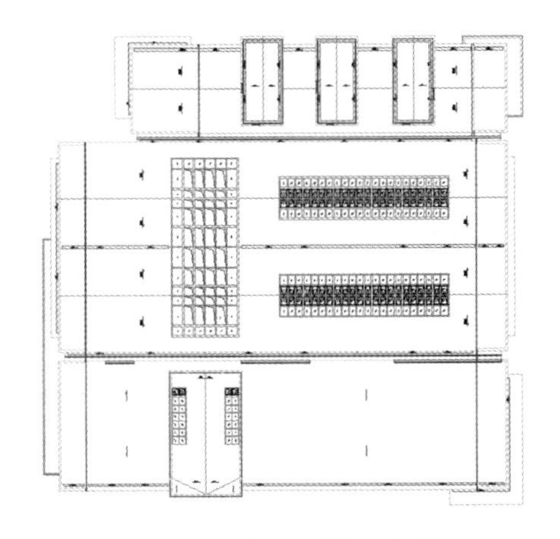

图10 B1馆屋面平面布置

（二）结构改造

除B3馆拆除新建，B1、B2、B4馆均保留原厂房结构，内部采用可逆性好、施工速度快的独立式钢结构室内增层技术，楼面采用压型钢板-混凝土组合楼板，室内增层钢框架结构与原厂房留设足够宽度的抗震缝。保证新老结构在地震作用下不会发生碰撞。

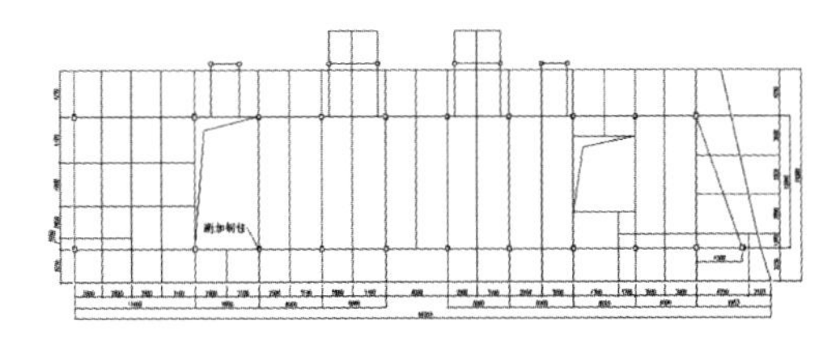

图11 B2室内增层结构布置

增层结构单独验算层间位移角、扭转周期比、剪压比等参数均要满足规范要求。

B2馆室内增层结构性能参数　表1

周期/s	周期比	一层位移比	二层位移比	一层层间位移角	二层层间位移角	基底剪力/kN
0.767	0.760	1.57	1.38	1/554	1/405	1045.4

新增基础也避开原基础，为防止原独立基础受到过大扰动，减少沉降倾斜，采用锚杆静压桩。

（三）暖通

1.江水源热泵

本项目基地处于黄浦江边，有条件采用节能、生态、环保的江水源系统，且原南市电厂取、排水口可利用，因此十分适用江水源热泵能源系统。利用世博会的宝贵遗产，南北两个街区与由一个能源中心统一供能，充分利用世博会遗留的设备。

黄浦江水杂质过多是难以避免的缺陷，为避免设备损坏，保证设备正常运行，设置粗过滤、中过滤和经过滤三道过滤程序。

2.能源输配系统

空调冷温水系统采用机械循环二管制异程式系统。同时空调冷温水系统采用二级泵变流量系统，此系统根据最不利环路的压差控制变频泵的转速以达到节能的目的。

3.能效监管系统

在每个单体末端设置有温度传感器、压

江水源热泵系统设备配置　　表2

设备名称	单台制冷量/kW	单台制热量/kW	数量/台	总制冷量/kW	总制热量/kW
螺杆式江水源热泵机组	2096	2272	2	4192	4544
离心式江水源热泵机组	9103	10101	1	9103	10101
离心式江水源冷水机组	7032	-	4	28128	-
直燃溴化锂冷（温）水机组	2617	4035	3	7851	12105
不包含吸收式机组时提供总制冷量			41423kW		
包含吸收式机组时提供总制冷量			49274kW		
江水温度≥7℃时提供总制热量			26750kW		
江水温度<5℃时提供总制热量			12105kW		

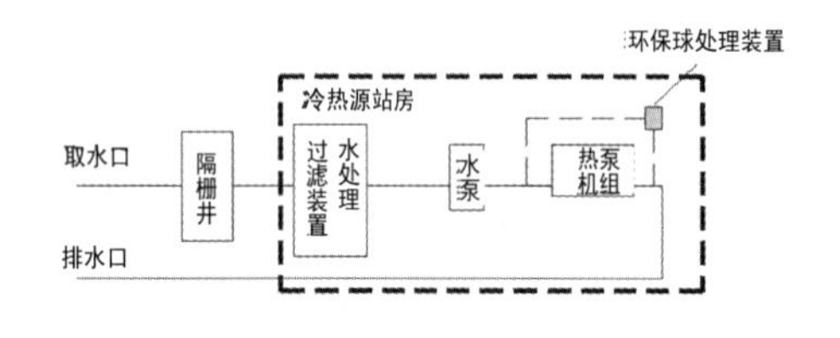

图12 江水源热泵过滤程序示意图

力传感器、流量计，通过能量计实时采集进出口温度、流量、压力，计算瞬时能量和并得到一定时间段的累积能量，传输回能源中心。根据每个单体的能量消耗情况，调整各个单体的流量阀，调整供能达到节能的目的。

由于设备较多，运行情况复杂，因此聘请了专业业务管理团队进行统一管理。

4.空气质量改善

风机盘管出风口处均安装FP系列专用净化杀菌末端设备，纳米光等离子功能和负离子净化功能。新风空调机组新风出口安装FD系列空气处理机组，配备静电除尘功能段和纳米光催化功能段，降低室内空气中的可吸入颗粒物浓度，消除新风机组中滋生的病毒病菌。组合式空气处理器安装ZK系列空气处理机组，降低可吸入颗粒物以及吸附在可吸入颗粒物上的细菌病毒，纳米光催化功能杀灭游离细菌病毒和降解有机污染物。

5.空气质量监管

采用集配电、控制、电能、能耗量及分析、安全报警、现场总线通讯为一体的智能化成套设备。对建筑的新风机、空调机组进行高效的监控和管理。空调系统回复管道设置二氧化碳探头，监测回风中CO_2浓度。空调新风机组系统，检测机组实际电功率、送/回风温湿度、室外温湿度，自动调节冷/热水阀、新/回风阀开度，使机组在不同季节、不同工况下，对系统的新/回风比、新/回风总量冷/热水流量、风机效率实施有效控制，在最大满足室内制冷/热及空气质量的前提下，实现高效节能。

（四）节水

本项目分别设置雨水渗透系统、雨水回收利用系统和生态湿地处理系统。主要绿化灌溉方式为喷灌。

1.雨水收集——雨水渗透系统

本项目在北区荷花塘下设置渗透井，下渗面位于3.2～4.0m高程，池底不透水地板下的设计碎石填充层为2m×2m×0.6m，共设置11个渗透井，则渗透面积为70.4m^2，可以渗透雨水量85.16m^3/d。在南区绿化区地下设置渗透池，渗透池净存水量为925.4m^3，渗透面积为910m^2。南区日可渗透雨水量为254.88 m^3/d。

2.雨水回用系统

本项目设置雨水回用系统，收集北区雨水用于申报区块的绿化浇洒、道路冲洗和景观补水。年雨水处理量为6331.47m^3/a，非传统水源利用率为8.08%。

非传统水源利用　　表3

来源	用途	用量（m^3/a）
雨水	绿化浇灌	7775.15
雨水	道路冲洗	802.63
雨水	景观补水（不包括渗透部分）	1436.00

3.生态湿地处理系统

本项目设置活水公园生态湿地系统，处理北区部分的雨水，依此经过调节池、厌氧池、兼氧池、一级植物塘、二级植物塘、三级植物塘后，水质达到地表水Ⅲ级，一部分消毒后进入戏水区水淹，一部分进入到荷花鱼塘。

4.生活用水节水改造

给水水嘴采用节水型，小便器选用感应式冲洗阀，坐便器采用节水型，洗脸盆采用陶瓷阀芯、自动感应式龙头。

（五）电气

低压配电采用放射式与树干式相结合的方式，对于单台容量较大的负荷或重要负荷如：水泵房、电梯机房、消防控制室等设备采用放射式供电；对于一般负荷采用树干式与放射式相结合的供电方式。单相负荷分配尽量做到三相平衡，减少中性点偏移。

走廊、楼梯间、门厅等公共场所的照明等场所的非节能自熄开关控制的灯具采用紧凑型荧光灯（CFL）。采用智能照明控制系统，按照对各功能区的不同要求，在照明控制上采用定时、光感、人员移动探测等不同的控制方式。

四、建筑垃圾回收及废旧材料利用

建筑垃圾的回收利用对建筑行业的绿色化发展有重要意义。

（一）技术措施

3R原理（Reduce——减量化，Reuse——再使用，Recycling——再循环），最大程度降低废弃物的产生，由于施工过程中产生的垃圾材料种类复杂，施工中对各种材料分类回收，专门辟出场地进行分类堆放，称重后登记运走，如图13、图14。

图13 施工现场垃圾分类堆放

图14 施工垃圾称重

达标预评估 表4

	一般项（共40项）						优选项数
	节地与室外环境	节能与能源利用	节水与水资源利用	节材与材料资源利用	室内环境质量	运营管理	
	共7项	共11项	共7项	共5项	共6项	共4项	共12项
★	4	5	3	2	3	2	—
★★	5	7	4	3	4	3	5
★★★	6	9	5	4	5	3	8
达标	5	7	5	4	5	4	5
不达标	2	3	1	0	1	0	6
不确定	0	1	1	0	0	0	1
不参评	0	0	0	1	1	0	0

（二）应用效果

经最终统计，混凝土、木板、石膏板等建筑垃圾的回收率均达到95%以上，单B2馆由于废旧材料利用共产生经济效益18.1万元，产生更加巨大的环境效益。

五、改造效果分析

改造后的上海世博会城市最佳实践区具有世博特征又体现工业历史和现代特色，美国绿色建筑协会已向城市最佳实践区颁发LEED-ND（社区发展）铂金级预认证，城市最佳实践区成为北美地区之外首个获得这一级别认证的项目。目前已经申请绿色建筑二星级标识，预评估可以达到二星级要求。

六、思考与启示

上海世博最佳实践区的工业建筑经历了世博会前和世博会后两次改造，今后改造逐渐成为大中城市建筑行业的主流，现在的改造要为今后留有余地，将来的改造要充分利用前期的遗产，通过改造不断赋予建筑新的生命。尊重保护建筑蕴含的历史和文化，并服从区域的发展规划。

要使改造后建筑达到绿色建筑的要求，往往要进行建筑、结构、暖通、电气、给排水等一体化改造，不能只注重建筑使用的绿色化，还应重视建筑施工过程的绿色化。

（建研科技股份有限公司供稿，王凯，杨晓婧执笔）

天津市天友绿色设计中心

一、工程概况

天友绿色设计中心坐落于天津市南开区华苑高新技术产业园区，改造前为五层电子厂房（局部六层），无地下室，建筑主体结构为框架结构，无外保温，外窗为带形窗及幕墙形式，开启面积较小，不利于自然通风。改造前的天友绿色设计中心如图1所示。

图1 改造前沿街立面效果及室内照片

图2 改造后沿街立面效果及室内照片

天友绿色设计中心改造后作为天津市天友建筑设计股份有限公司的办公楼，工程总用地面积为3376㎡，建筑面积为5756㎡。建筑首层为接待大厅，二层为行政办公，三层及四层为工程设计中心，五层为方案设计中心，局部加建六层作为员工活动中心。改造后的天友绿色设计中心如图2所示。

天友绿色设计中心改造以超低能耗为目标，并在运营的两年中实现了国际水准的超低能耗绿色建筑目标，项目荣获亚洲可持续建筑金奖。

二、改造目标

（一）项目改造思路

天友绿色设计中心在改造过程中的技术选择采用了以问题导向为基础的技术集成型的绿色化改造理念，即技术的选择因问题而来，具有明确的指向性。天友绿色设计中心工程改造首先考虑绿色办公建筑应具备舒适、高效、节能的特点；其次结合建筑设计公司加班较多，设备能耗较大的特点；最后提出绿色化改造的核心技术策略集中在超低能耗、绿色技术集成、创新型绿色技术应用及绿色技术可视化与艺术化几个方面。如图3所示。

（二）项目改造目标

1.超低能耗

天友绿色设计中心以“超低能耗”为设计目标，并参照现有国内外超低能耗示范建筑的能耗水平，天友绿色设计中心将超低能耗目标设定为运营阶段的单位建筑面积总能耗小于50kWh/㎡·a。

同时，为保证天友绿色设计中心在后期运营过程中的能耗控制与研究，在建筑中设置了完善的能耗监测与展示系统，对工程运营期间全楼各功能空间及系统的用电、用能情况进行数据监测、收集与记录，并及时调整空调系统运行策略，实现超低能耗运行。

2.绿色技术集成

天友绿色设计中心秉承“被动技术优先，主动技术优化”的设计原则，综合性应用成熟型绿色技术，包括最大限度利用原建筑结构体系通过加法原则进行立面改造，优化围护结构热工性能增加保温体系，增加室内自然采光与自然通风面积比例，合理选择

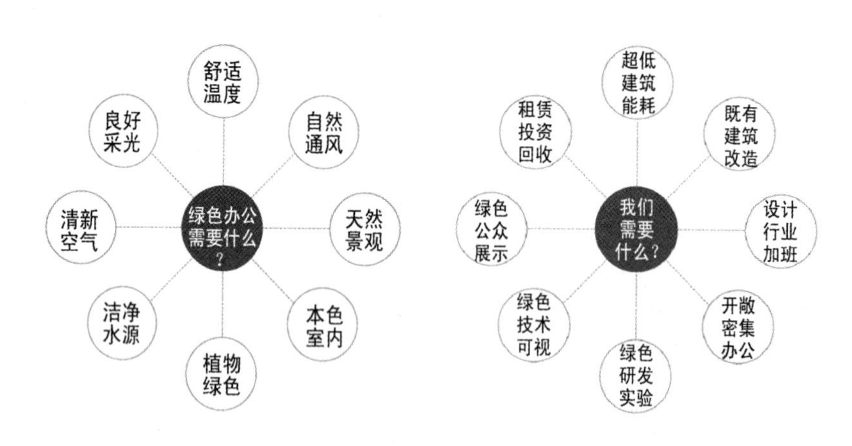

图3 特定指向的绿色办公楼

地源热泵作为空调冷热源，设置能耗监测与展示系统，设置排风热回收及室内空气质量检测系统等。本工程建筑形体生成过程如图4所示。

3.创新型绿色技术试验

作为既有工业建筑绿色化改造的示范，天友绿色设计中心在改造过程中，对大量实验性的绿色技术进行尝试和应用，为多种实验性技术提供了应用平台和可靠数据。其中，被动式节能技术主要包括聚碳酸酯幕墙、活动隔热墙、特朗博墙、水蓄热墙、分层拉丝垂直绿化系统；主动式节能技术包括模块式地源热泵、免费冷源、地板辐射供冷供热、能源监测与自控系统等。同时，天友绿色设计中心还将屋顶农业及垂直农业引入办公建筑。本项目暖通空调系统设置如图5所示。

4.绿色技术艺术化

在绿色技术艺术化方面，天友绿色设计中心主要在废弃建材艺术化、环保材料艺术化以及绿色理念艺术化三大方面做了尝试，将废弃材料的艺术化应用与室内空间的营造

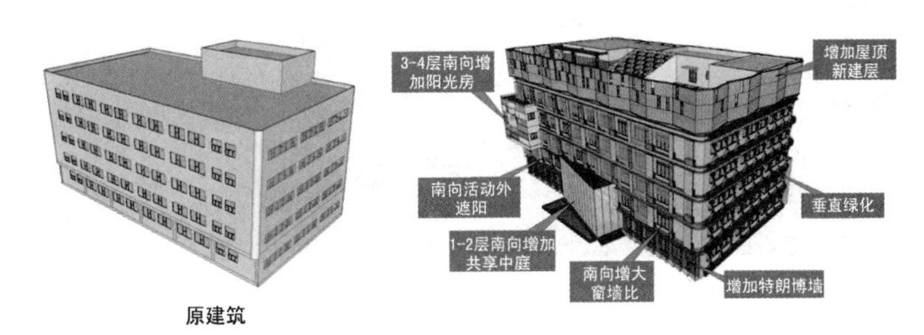

图4 天友绿色设计中心空调末端展示

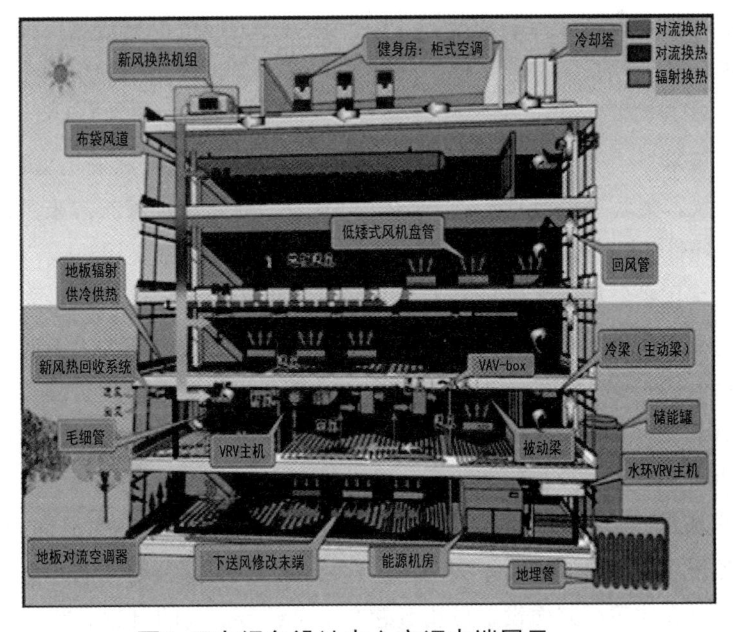

图5 天友绿色设计中心空调末端展示

图6 废弃材料艺术化再利用

图7 聚碳酸酯保温幕墙

有机结合。作为既有工业建筑改造项目，废弃物的艺术化再利用诠释了点石成金，变废为美的原则。如图6所示。

三、改造技术

(一)绿色技术集成

1.气候适应性的综合外围护体系

原电子厂房围护结构热工性能较差，且无保温层，对建筑节能不利，综合考虑建筑单位面积能耗及围护结构造价，本工程在外墙表面增设100厚复合酚醛外保温，墙体传热系数K=0.30W/(m²·K)；在建筑北立面增设半透明聚碳酸酯挡风幕墙结构（如图7所示），降低冬季风的冷风渗透；增大南立面外窗面积，同时在建筑南立面设置可调节卷帘外遮阳系统，一方面保证冬季阳光照射，另一方面可以有效阻止夏季太阳辐射。据统计，通过优化围护结构热工性能天友绿色设计中心工程降低了12%的空调负荷。

2.室内自然采光及通风优化设计

原建筑进深24.7米，建筑室内采光及室内自然通风效果较差。

为改善室内自然采光，天友绿色设计中心主要通过采取加大南向外窗采光面积，设置采光中庭改善建筑较大进深处采光效果；设置反光板，室内暴露结构白色喷涂等方式改善室内采光均匀度（如图8所示）；同时将采光要求不高的房间布置在光线较弱区域，主要办公空间沿外窗布置，基本实现昼间主要房间的自然采光。

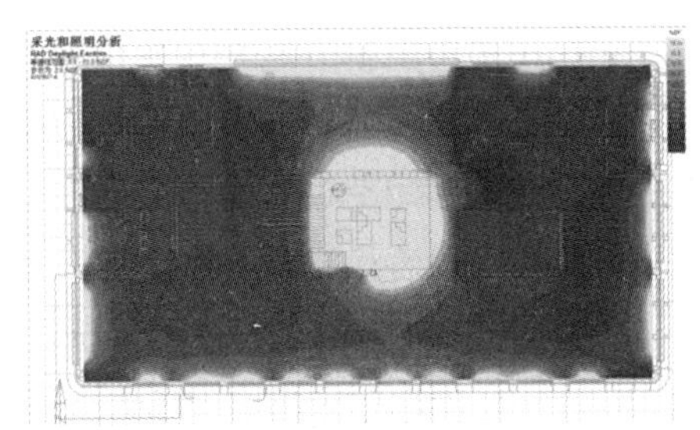

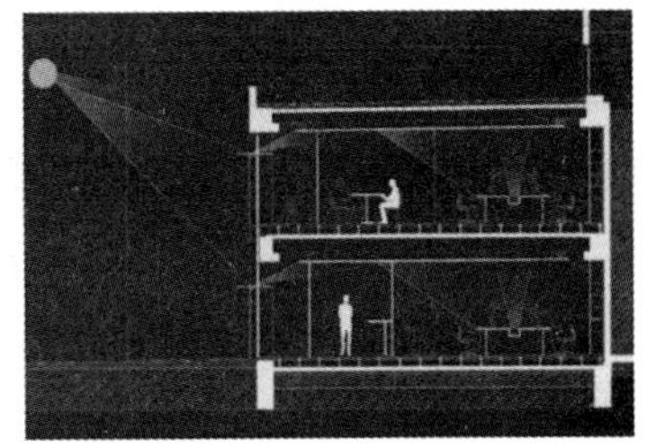

图8 室内自然采光优化

在改善室内自然通风方面，天友绿色设计中心在顶层中庭合理设置开启扇，利用热压通风原理促进中庭部位空气流动。

3. 模块化地源热泵+水蓄能的冷热源

原建筑采用市政热网及分体空调作为建筑冷热源，为充分利用可再生能源，降低空调系统运行费用，天友绿色设计中心在改造过程中选择采用模块式地源热泵机组+水蓄冷系统作为空调系统冷热源。地源热泵主机分为两组模块运行（五个模块，十个压缩机），通过压缩机增减运行，使冷热量输出与需求量接近；同时利用国家的能源政策削峰填谷，设置水蓄能，并实现放能，夏季Δt=15℃，冬季Δt=30℃，蓄能罐容量60m³。

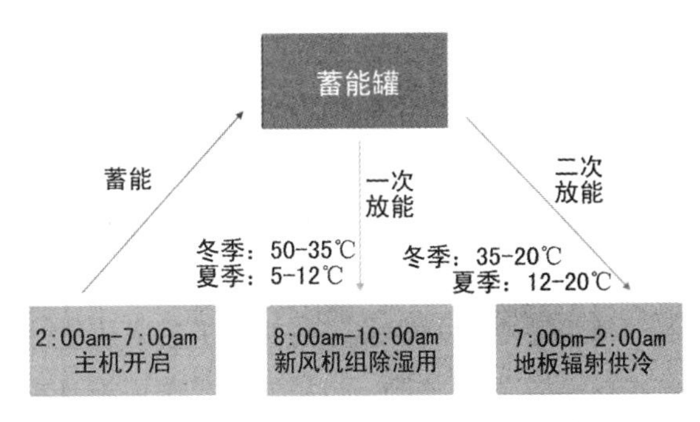

图9 水蓄冷系统工作模式

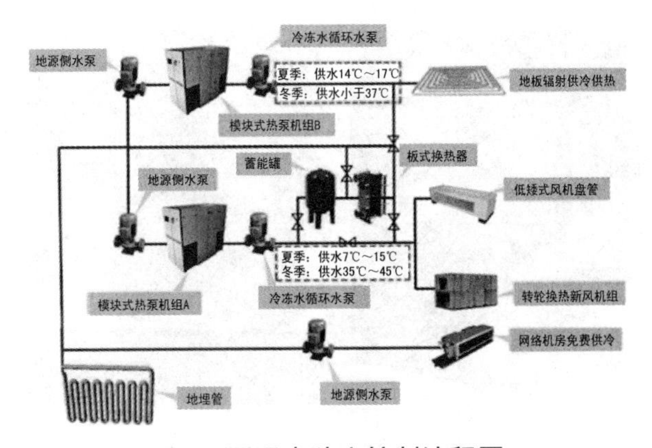

图10 温湿度独立控制流程图

4.温湿度独立控制及地板辐射供冷供热的空调系统

在空调系统末端选择方面，主要空间采用地板辐射供热供冷末端和独立热回收型新风系统，同时可以实现末端的温湿度独立控制。新风换热机组的换热器，利用高温水降温（消除室内显热），以提高主机的能效（COP值），用低温水除湿（空气中的潜热）。温湿度独立控制流程如图10所示。

5.风热回收系统

本项目2～5层每层设有带表冷器的转轮全热回收新风机组，新、排风机均为变频调速。每层有CO_2传感器，可通过自控界面设定CO_2浓度值来自动改变新、排风的风量，减少空气的输送能耗和冷热源的能耗。机组内设有粗效过滤器、蜂窝式静电过滤器、表冷器、变频送排风机。

6.能耗监测与空调自控系统

天友绿色设计中心设置有完善的分项计量系统，同时在屋顶设置有小型气象监测站，在此基础上设置有能耗监控与展示系统，并可以进行远程控制。在空调运行策略方面该工程以天津当地气候为基础，针对初夏、夏季、冬季及春季制订了15种运行工况，并可以根据实时气候情况完成空调系统的远程控制，及时调整空调系统运行状态，有效地缩短空调系统运行时间，达到良好的降低空调运行能耗的效果。

（二）创新型绿色技术试验

1.中庭气候核与活动隔热墙

为营造丰富的室内空间，天友绿色设计中心在改造过程中分别于建筑首层及三层设置两层高建筑中庭空间。为改善玻璃中庭冬季过冷夏季过热的现象，本工程一方面选择采用保温性能良好的半透明聚碳酸酯材料替代常规玻璃幕墙；另一方面的为了成为真正可调节光热环境的气候核，在中庭内侧设计了活动隔热墙，在冬季夜晚及夏季白天关闭隔热墙，冬季白天及夏季夜晚开启隔热墙，解决了天津气候中冬夏季太阳利用的矛盾，成为真正可调节的腔体空间。如图11所示。

2.水蓄热墙

建筑顶层根据剖面“天窗采光+水墙蓄热”的模式原理，将原有的小中庭设计为自然采光的图书馆，聚碳酸酯代替玻璃作为天窗材料，既提供半透明的漫射光线，又保温节能。水墙采用艺术化的方式——以玻璃格中的水生植物“滴水观音”提供了蓄热水体

图11 气候核与中庭隔热墙

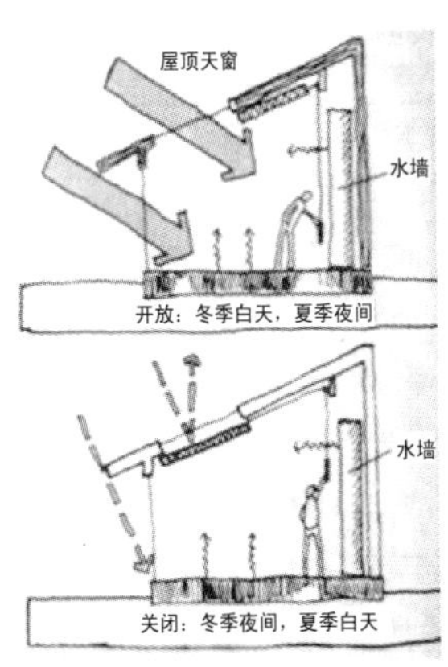

图12 “天窗采光+水墙蓄热”模式的中庭图书馆

吊扇使用时间 表1

节能方式	缩短热泵主机开启时间		提高供冷时段的室内温度
节能手段(运行策略)	开窗自然通风+吊扇	开窗自然通风+地板辐射供冷+吊扇	开热泵机组制冷+吊扇
使用时段	6～7月份		8月份

的同时，还蕴含绿色的植物景观。

3. 免费空调冷源

春末夏初和秋季利用地源侧免费冷源供冷。春末夏初地源侧提供13℃一次冷水经板换置换成20℃的二次冷水通过地板辐射的方式向房间提供免费冷源。秋季由于夏季热泵机组的冷凝热排入地下储存，本应地源侧水温高于20℃，不能作为免费冷源，但实际在热泵机组停机几天后地源侧水温为18℃，在湿度不高的秋季仍可使用免费供冷方式。经统计，实际运营一个供冷季可减少三分之一的空调主机开启时间。

4. 慢速吊扇与空调系统的耦合

在天友绿色设计中心工程的2～5层各房间均设有吊扇，增加对流换热手段，用以节省空调运行能耗，达到既节能又舒适的目的。通过一个春末初夏、夏季、夏末秋初的慢速吊扇的开启，达到了设计节能运行的要求，还发现了吊扇有满足人员对温度不同需求的功能，为提高室内温度的节能方式创造了条件。

5. 空调体验馆设计

天友绿建设计中心办公楼空调末端模式多种多样，除采用地板辐射供冷、供热+新风的主流空调方式外，同时与12种节能空调设备有机组合，从而形成了空调末端体验馆。为不同类型的建筑物和不同业主的不同需求提供了多种选择机遇。表2为多种展示性空调末端形式及特点。

6. 直饮水系统

办公楼改造时，为满足员工对于饮用水水质的要求，在每个楼层均设置了直饮水装置，为大家提供高品质的生活饮用水，在配置直饮水装置的同时，将反渗透及反冲洗排水口通过集水管道连接至调节水箱，收集后用于景观补水、物业保洁清洗等增加水资源利用率。

多种展示性空调末端形式及特点 表2

序号	空调末端型式	特点
1	毛细管	敷设于墙、顶、地面，以辐射方式供冷、供热；并通以新风用以除湿。
2	变风量（VAV）	通过变风量空调箱、送风BOX、自控模块组成的高端空调系统。
3	地源水环VRV	地埋管与VRV组合的一种自控、节能性极强的水环式多联机空调系统。
4	地板对流空调	用于玻璃幕墙下的高效空调末端，既可供冷又可供热。
5	工位送风	用于办公桌上直接送入人体口鼻处的节能送风口，与传统方式相比可减少50%的新风量。
6	主动冷梁	一种基于以新风为动力的除热、除湿的空调末端。
7	被动冷梁	一种无动力的气流可自成循环的除热空调末端。
8	远大个性化空调	具有变风量、除尘、除菌、除味功能的高端空调末端。
9	低矮风机盘管	一种当前使用较少的空调末端，可实现空间下部供冷、供热，具有高效节能特点。
10	地板辐射供冷、供热	人员体感温度可达到与室内实际温度相差2℃效果，可实现冬季供热和初春、初秋供冷的经济节能效果突出的末端型式。
11	变频风机盘管	可随室内温度变化而改变送风量的空调末端，具有节能、低噪声的效果。
12	常规风机盘管	暗装卧式、立式及明装卧式、立式风机盘管。

7.分层拉丝垂直绿化

天友绿色设计中心自己研发的艺术型分层拉丝垂直绿化系统，在实现生态景观和提供东西向植物外遮阳的同时，还成为建筑艺术的造型要素。分层拉丝的垂直绿化使得每层绿化只需要生长3米左右，在春季可以迅速实现绿色景观效果。将分层拉丝进行扭转形成直纹曲面，使拉丝模块自身成为冬季建筑立面的一种装饰要素。缠绕型攀援植物结合不锈钢拉丝构成了简单实用的垂直绿化系统，在低成本的同时能在天津冬季没有绿色的条件下成为立面的一体化建筑要素（如图13）。

8.垂直农业及屋顶农业

作为实验性的绿色技术，天友绿色设计中心在改造过程中将垂直农业，屋顶农业这一新型产业也引入了建筑，以立体水培蔬菜的方式，利用自然采光生长，每15天即可成熟一茬生菜。绿化空间既为员工提供了交流场所和农耕的乐趣也在建筑中形成了独特的微气候空间，起到了降低热岛效应的目的。

图13 垂直农业及屋顶农业

图14 垂直农业及屋顶农业

（三）绿色技术艺术化

1. 废弃建筑材料的艺术化设计

为增加材料的利用率，天友绿色设计中心将废弃物进行了艺术化的再利用，大量由废弃材料制作的艺术品散落在建筑中，体现着设计企业的艺术气质。例如将废弃的硫酸纸筒变成了轻质的室内隔断；每层电梯厅的主题墙面也都由废弃物组成——废弃的汽车轮毂、建筑模型、原有建筑拆下的风机盘管，都经过设计成为艺术（如图15）。

2. 健康环保建材的艺术化设计

天友设计中心室内大量应用轻质廉价的

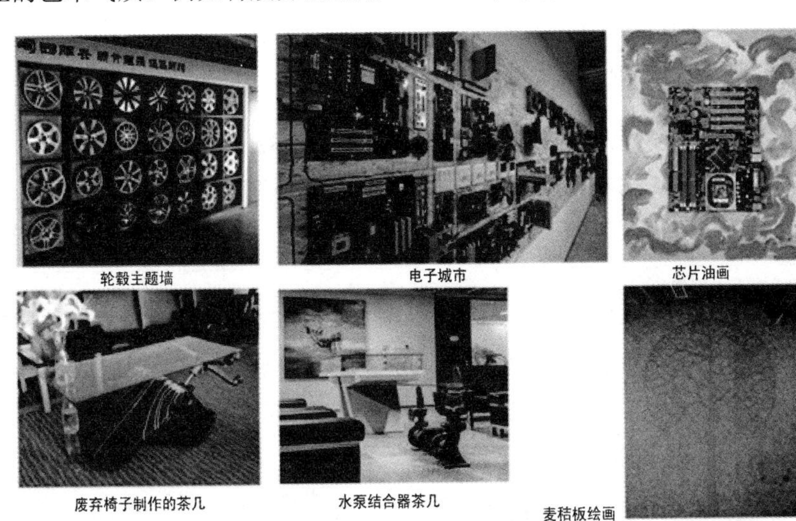

图15 废弃材料制作的家具和艺术

图16 麦秸板制作的设计工位单元及书墙

麦秸板作为隔墙，作为零甲醛释放的健康板材，不仅提供了健康的室内环境，还在工业建筑冷冰冰的整体气氛中增加了温暖的质感，在自由的建筑空间中希望能让建筑师思如泉涌。如图16所示。

四、改造效果分析

(一) 节水效果

办公楼投入运行以来，经测算，室内生活用水量约8L/人•天，生活杂用水量约12L/人•天，分别较国家标准节水约33%、50%，节水效果非常明显。

(二) 节材效果

结构方面：

1. 充分利用原结构设计的楼面活荷载5.0kN/㎡与当前设计活荷载2.0kN/㎡的差值，将原结构楼面面层做法保留，直接在既有面层上增加地板采暖埋管面层做法，减少地面面层拆改工作量500多吨；

2. 新增外跨楼梯和局部出屋面房间采用轻质高强、可回收的钢结构和轻钢结构体系，减少结构钢筋混凝土材料用量50多t；

3. 新增局部屋面采用轻质高强、可回收的轻质彩钢压型复合板材屋面结构，减少屋面结构钢筋混凝土材料用量80多t。

建筑材料：天友绿色设计中心在改造过程中主要利用钢材、木材、铝合金、石膏及玻璃等可再循环材料，经统计可再循环材料的用量为149t，占建筑材料总质量1273t的11.7%。同时，该工程大量采用废弃材料作为室内装修装饰材料，既创造出个性办公空间又达到节约建筑材料，合理利用可再利用材料的目的。

不同统计方法下天友绿色中心运行能耗（实测） 表3

项目	参照对比内容	天友运行能耗（kWh/m^2•a）
24小时建筑物全部能耗	运营总能耗	47.5
24小时建筑物能耗（不含网络机房能耗）	建筑物能耗标准	40

全年24小时建筑物与空调系统运行能耗（实测） 表4

项目	全建筑物能耗		空调系统能耗	
	单位面积能耗（kWh/m^2•a）	单位面积电费（元/m^2•a）	单位面积能耗（kWh/m^2•a）	单位面积电费（元/m^2•a）
夏季	15.89	10.4	5.93	4.2
冬季	24.65	14.5	13.22	7.0
过渡季	6.97	5.3	0.42	0.03
全年合计	47.5	30.1	19.57	11.2

注：1.上表全建筑物能耗包含：网络机房、插座、照明、空调、吊扇等建筑物内全部用电设备，即电费缴费单的用电量和费用。电费执行峰谷电价。

2.插座包含全部电脑（每人至少一台）、复印机、打印设备、个人电热水壶、直饮水机、微波炉等。

（三）节能效果

天津天友绿色设计中心以建筑能耗检测与展示系统为依托，通过对运营期间全年室外环境与室内环境参数检测与分析，优化空调系统运行策略，实时控制空调系统运行状态。经统计自2013年8月15日至2014年8月14日的全年运行数据，天友绿色设计中心单位建筑面积总能耗为47.5kWh/㎡•a（全天24小时运行工况下实测数据，包括网络机房能耗）。若按照建筑物能耗标准不含网络机房，则总能耗仅为40kWh/m^2•a，远远低于普通办公建筑能耗。如表3、表4所示。

（四）室内环境

室内CO_2浓度：天友绿建设计中心开放办公区内的CO_2浓度较私人办公和会议室更为稳定集中，会议室的CO_2浓度依其具体使用情况变化较大，整体上开放办公、私人办公和会议室内的平均CO_2浓度分别为830ppm、827ppm和895ppm，均低于1000ppm的要求。

室内声环境：对天友绿建设计中心办公楼各测点的声环境进行测试后发现，私人办公室、开放办公空间和会议室的室内环境噪声平均声强达到42dB、48dB和53dB，均略高于标准中的相关要求。

五、改造经济性分析

（一）直接经济价值

天津天友办公楼以建筑能耗检测与展示系统为依托，通过对运营期间全年室外环境与室内环境参数检测与分析，优化空调系统运行策略，实时控制空调系统运行状态，运营期间单位面积能耗为47.5kWh/㎡•a，远远低于普通办公楼能耗标准。

经统计，天友绿色设计中心全年运行费用为30.1元/㎡•a，全国普通办公建筑年运行费用为128元/㎡•a，年节约运行费用56.35万元（97.9元/㎡•a）。

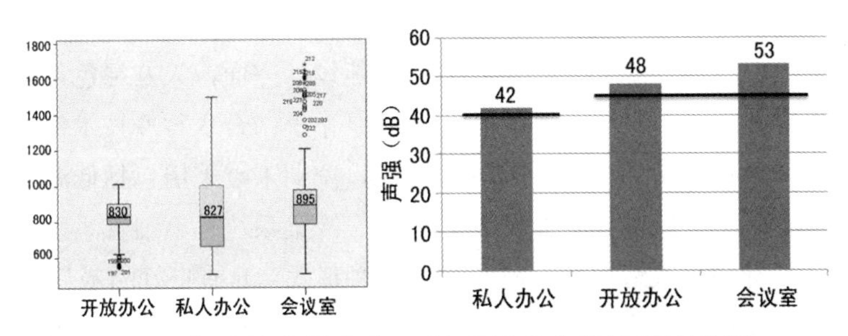

图17 各功能空间室内CO_2浓度及室内背景噪声分析

节能率计算表 表5

全国平均能耗(kWh/m^2•a)	天友绿色设计中心能耗(kWh/m^2•a)	节能率
128	47.5	62.9%

注：全国平均建筑物能耗为112kWh/m^2•a(不含热源)，建筑物全年总能耗为(112+16) =128kWh/m^2•a(加入天友翻倍主机能耗)

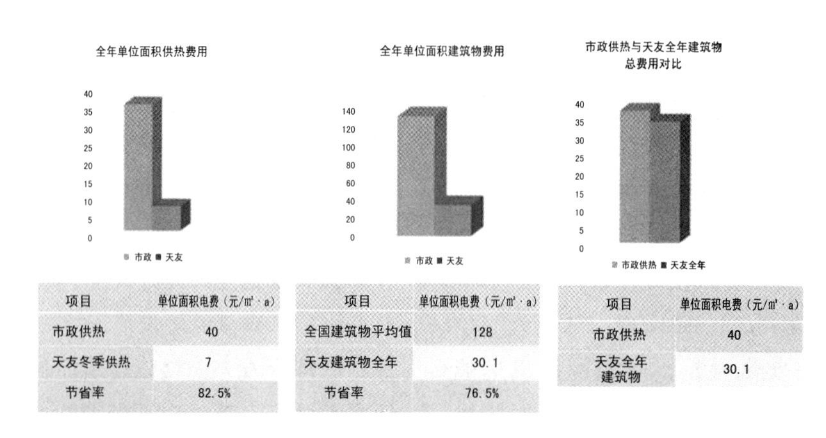

项目	单位面积电费（元/m²·a）
市政供热	40
天友冬季供热	7
节省率	82.5%

项目	单位面积电费（元/m²·a）
全国建筑物平均值	128
天友建筑物全年	30.1
节省率	76.5%

项目	单位面积电费（元/m²·a）
市政供热	40
天友全年建筑物	30.1

图18 运行费用对比

注：经统计，天友绿色设计中心全年运行费用为30.1元/m²•a，全国普通办公建筑年运行费用为128元/m²•a，年节约运行费用56.35万元（97.9元/m²•a）。

（二）间接经济价值

办公楼改造项目通过设置小型下凹湿地进行雨水收集与利用，降低市政雨水管网压力，综合设置屋顶绿化及垂直绿化系统，改善周围空气质量，降低城市热岛效应，同时优化建筑能耗系统，降低建筑耗电量，经计算，本项目年减碳101.3t，具有良好的环境效益。

六、推广应用价值

节能、环保、绿色低碳是当今社会所追求的一种生活方式，绿色建筑是建筑业发展的目标，天友绿色设计中心改造项目采用的问题导向的绿色技术集成设计方法，达到低成本超低能耗办公建筑的绿色技术整合，对绿色建筑技术起到引领作用，荣获了“亚洲可持续建筑金奖”、“中国建筑学会建筑创作奖银奖”、“中国建筑学会暖通空调设计一等奖”、“公共建筑节能最佳实践案例”等国际和国家级奖项，并作为科技部“既有工业建筑绿色化改造”示范工程和住建部“绿色建筑和低能耗建筑”示范工程对绿色项目的推广起到示范作用。

在绿色建筑被动式设计方面，天友绿色设计中心综合运用自然通风与自然采光技术，活动隔热墙技术，特朗伯墙技术，天友绿色设计中心还将立体绿化与垂直农业相结合，把无土栽培引入办公楼内部；在主动式节能设计方面，天友绿色设计中心采用地源热泵系统结合水蓄冷技术作为空调系统冷热源，空调末端采用包括低温地板冷热辐射模块、冷梁系统、毛细管系统、布袋风系统等多种形式，具有良好的示范、研究价值。

在绿色建筑宣传方面天友绿色设计中心将首层公共部分向社会开放，展示和倡导绿色建筑技术和绿色行为理念，成为绿色示范展示和绿色教育基地，有着很好的社会效益。

（天津市天友建筑设计股份有限公司供稿，任军、何青、郭润博执笔）

天津市五大道先农商旅区二期绿色改造

一、工程概况

天津五大道风貌建筑保护区位于天津市和平区，在近代史时期隶属于英租界，是由成都道、大理道、常德道、马场道等五条马路组成的英租界高级住宅区。

先农商旅区位于五大道历史街区（图1），东临河北路、南临重庆道、西临湖南路、北临洛阳道，是重要的五大道旅游聚客锚地。地块按建设周期自北向南划分为三大区域。其中，建设一期为先农大院，包括一般保护级别历史建筑5处，已于2013年10月13日建成，正式面向大众开放；建设二期覆盖燕安里、燕翼里、小光明里及厚泽里的一部分，包括一般保护级别历史建筑4处，目前正在施工建设过程中；南区为厚泽里，包括一般保护级别历史风貌建筑3处，由于南区为宗教产，其使用权尚未移交，暂被定为未来建设的三期（图2）。

图1 先农商旅区区位图

1925年先农大院建成，作为职工宿舍和出租使用。同年，燕翼里建成，作为居住和出租使用。小光明里、燕安里、厚泽里于1938年前后建成。新中国成立之初，湖南路9号、河北路310、312号几经转卖，成为中国人民银行天津分行的办公和宿舍用房。1950年以后违章及平房搭建相继出现。1976年大地震后，多数建筑都经历过维修和简易加固。救灾和避难等次生影响，使该区域的人口激增，私搭乱建现象更加严重。

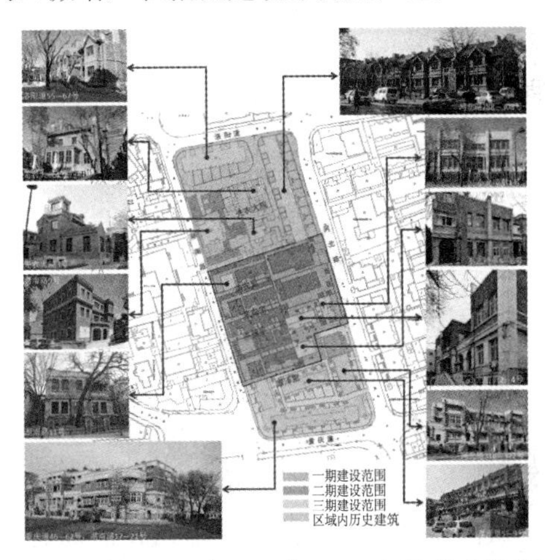

图2 先农商旅区建设分期及历史风貌建筑概况

图3 先农商旅区一期建成鸟瞰

从2006年开始，该区域共经历了五次规划调整，最终确定一期的实施方案，目前已经建成（见图3）。

二、改造目标

先农街区的更新与再利用的目标为提升地块品质，合理转变地块功能，改造为集餐饮娱乐、时尚购物、文博展览等业态为一体、多功能的“小型mall”，使其成为天津最具特色的融入文化底蕴的时尚生活目的地，改善地区功能品质并提高其文化品质。

该区域的历史建筑均为一般保护级别的历史建筑，在按照《天津市历史风貌建筑保护条例》进行更新改造的同时，尽量节约资源、保护环境和减少污染，为人们提供健康、适用和高效的室内外空间，传播绿色理念、普及绿色技术，获得绿建标识，并提升街区活力。

三、改造技术

1. 设计方案

设计方案提出三个设计概念：“织补”、“真实的历史”、“城市的年轮”（表1），分别从不同的角度对历史街区的更新做出诠释，最大限度地保留街区原有的历史信息。

三个设计概念解读　　表1

设计概念		概念图示	概念解读
“织补”			用新建建筑将基地三个区域织补到一起，同时保留了原有街巷的空间感受
“真实的历史”			新建街巷空间均以保留的历史建筑为底景，穿过街巷看到的是真实的历史
“城市的年轮”			街区内树木的历史的见证，通过建筑对保留树木的围合与回应，留住历史

设计方案具体措施如下：保留历史建筑；拆除违章建筑；转换建筑功能；控制建筑体量；回应街区肌理；重构交通流线；优化街区景观。特别值得一提的是设计方案对旧建筑材料的重视：充分利用原建筑物的墙体材料，将拆除的青砖用于新建建筑的外檐，砖的回收率达到30%～50%；同时，一些富有特色的原有建筑构件也被整体保留，整合到新建建筑中，以期留住历史的记忆。

结合上述手法，在最大限度保留历史信息和街区脉络的基础上，赋予历史街区新的功能与活力，形成设计方案（如图4）。

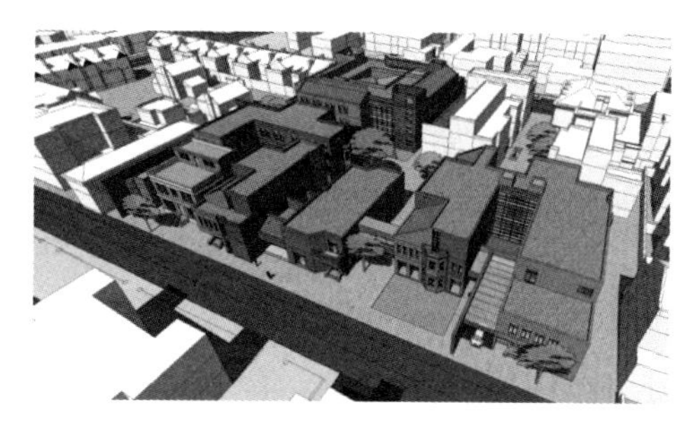

图4 设计方案鸟瞰图

2. 绿色化更新方案

结合国家“十二五”课题“既有建筑绿色化改造”，我们希望将绿色理念与历史街区的有机更新结合起来，拓展历史建筑保护的思路，推广绿色建筑思想。

事实上设计方案中的一些措施已经体现了朴素的绿色思想：如保留历史建筑、转换使用功能、延长生命周期；利用原有的材料和构件在保持历史文化连续性的同时，实现材料的循环利用；最大限度地保留基地上的树木，在保存历史记忆的同时也是对环境的有益贡献。

在此基础上，结合项目的具体情况，选择适宜的绿色技术与设计方案整合，凸显历史建筑绿色化改造的特殊成果，选取的被动技术包括：绿化固碳、雨水收集、被动式遮

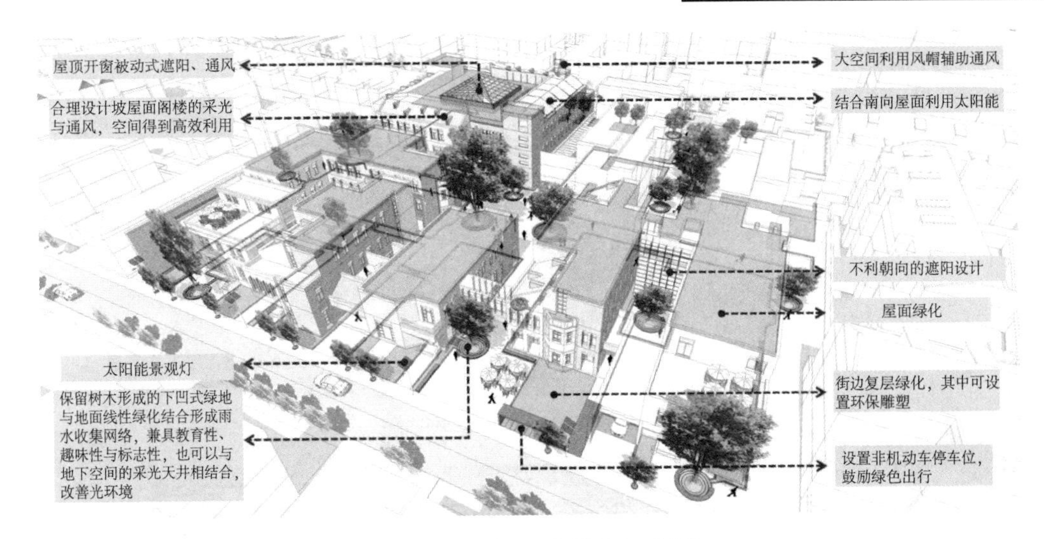

图5 适宜绿色技术措施示意图

图6 先农商旅区二期绿色化更新后总体效果图

阳通风、地下空间采光等；选取的主动技术包括：机械辅助通风、主动式太阳能板、分类分项计量、节水器具等（如图5）。

从街区外部环境看，除了建筑形象和空间布局传达的历史文化信息外，还能看到本地植物覆盖的平屋顶；结合南向坡屋面布置的太阳能板；建筑立面的遮阳构件、风帽；乔木、灌木、草坪结合的复层绿化；保留树木形成的下凹式绿地与地面线性绿化结合形成的雨水收集系统；太阳能景观照明等等。

从更新后的建筑内部，能够看到屋顶天窗的被动式遮阳、通风构件；体验空间的高效利用、以自然采光和自然通风为主的舒适感受；通过地面景观的特殊设计和光导纤维技术带来的地下空间自然采光（如图6）。

除了上述可见的措施外，高效的空调系统、节水器具、分类分项计量装置等成为建筑绿色化运行的重要保证。

适宜主被动技术措施的加入，既可以有效地降低建筑能耗，又很好地保证了室内环境的舒适度。特别需要说明的是，本方案在应用各项绿色技术的同时，始终以保持其历史文化传承为前提，这是历史建筑绿色化更新的特殊要求。该方案采用现行的《绿色建筑评价标准》进行设计阶段的试评，可以达到二星级标准，基本实现了历史建筑绿色化更新的目标（如表2）。

3.外立面修缮设计

修缮设计确定的外立面修缮控制目标是恢复历史建筑历史风貌；真实地保存并保护所有外观现存的特征元素，并使之以一种真实的色彩、质感、沧桑感真实地展现外观形象；对外立面的缺损及破坏予以适当修补和改造。

从原方案与优化方案对比看绿色化对历史街区的影响　表2

<table>
<tr><td rowspan="2">湖南路方向
鸟瞰</td><td>原方案
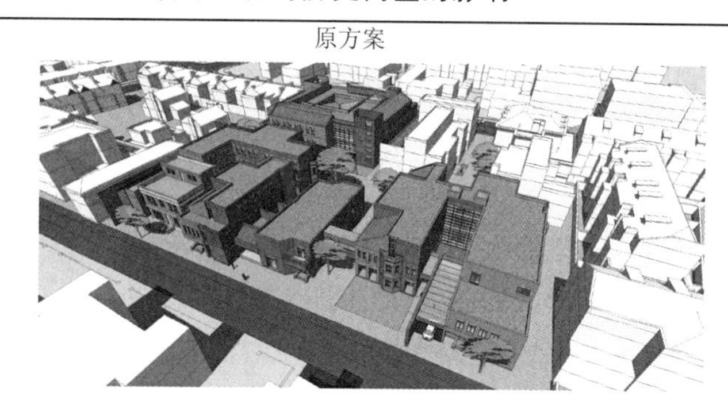</td></tr>
<tr><td>优化方案一
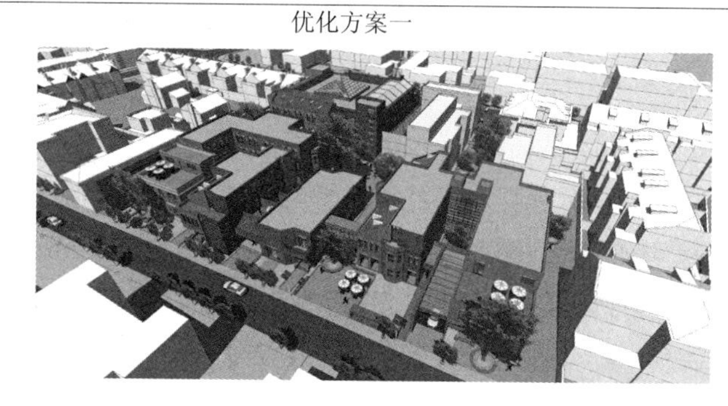</td></tr>
<tr><td></td><td>优化后方案沿路增加绿化带，不仅提供了休憩空间，还突出了建筑入口，保留建筑参差错落的同时，使街景富于活力和秩序。</td></tr>
<tr><td rowspan="2">河北路方向鸟瞰</td><td>原方案
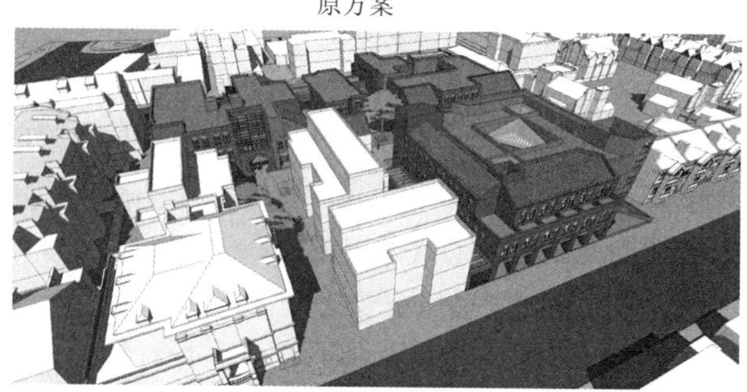</td></tr>
<tr><td>优化方案一
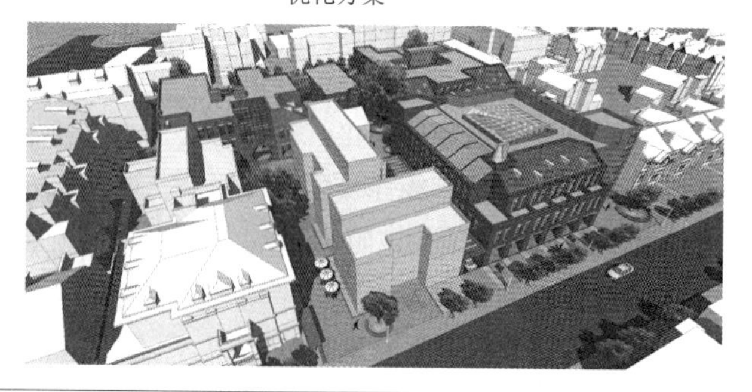</td></tr>
<tr><td></td><td>优化后方案沿路增加绿化带，不仅提供了休憩空间，还界定了车行入口与人行入口。</td></tr>
</table>

续表

中心广场	原方案   优化方案一   优化后方案中心广场由三个下凹式绿地构成，在保留树木的同时，创造更多的活动与休憩空间。
一期至二期入口	原方案 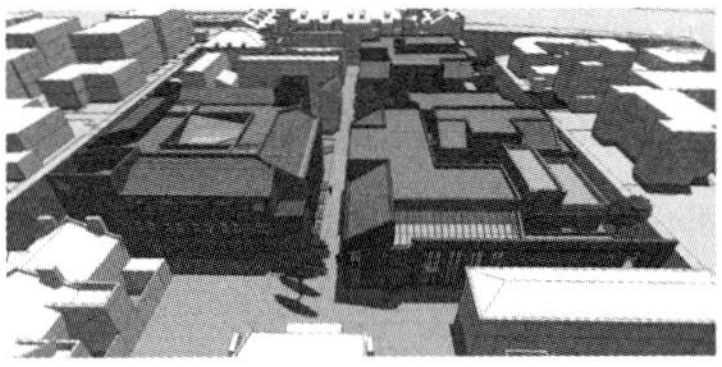  优化方案一   优化后方案的入口开阔区域结合保留树木设置下凹式绿地，兼具休憩、趣味性与引导性，街道去掉水体后变宽，可设置室外茶座。
湖南路一侧入口	原方案  
	优化方案一  
	优化后方案在入口处增加了休憩设施与自行车停放空间，且将保留树木特殊处理作为入口的标志。

续表

河北路一侧入口	原方案  优化方案一  优化后方案在入口处增加了休憩设施与自行车停放空间，这些加入的元素与保留树木结合使原本无趣的巷道极具趣味。

建筑的外墙面设计：尽可能的恢复原有立面，谨慎清洗砖块，并且保留其间的锈斑。修缮建筑墙面的各个重要装饰物，使之轮廓清晰，质感和材质真实，包括必要的修补和基于审美观念的补缺。小心清洁污渍并修复原仿石混凝土砌切和仿石粉刷及砖砌墙体，并保留并修复原有明缝勾缝。去除墙面上所有后加赘物，铁件、晾衣杆、电线、广告铭牌等一切铁质木质或其他质感的后来添加物。修补，清洁后的墙面必须施以保护剂界面。适当考虑局部的夜间泛光照明。

建筑门窗的设计：对现有的原始的外窗进行修缮并以其为依据再辅以历史照片，重新制作所有已经缺失的外窗，包括全部的五金配件。对现存的历史原物的外窗的修缮，主要包括对其拆白翻新，校正变形，配齐铜质五金件及玻璃，木窗框采用木质原色。

建筑室外广告设计：所有精品店广告牌及灯箱一定要布置在橱窗内侧或同橱窗设计结合为一体；对于著名品牌采用金属制作的符合尺寸要求的商标文字，可布置在立面合适的位置，如入口上方或橱窗上。建筑首层的橱窗玻璃上方可设置具有店招宣传作用的遮阳篷。

四、改造效果分析

（一）风环境

运用Phoenics（风环境模拟软件）分析原规划布局和改造后规划布局夏季典型风速条件下的风环境，其气象数据来源于EnergyPlus官网，得出如下结果（如图7）。改造后的规划方案风环境较改造前整体更为均匀，主要的室外活动区无涡旋和无风区，且风速放大系数小于2，是比较适宜于室外活动的风环境。局部巷道风速突变较大，建议结合绿化和室外构筑物进行挡风处理，来优化风环境。

（二）生态效应

二期建筑以平屋顶为主，建议结合屋顶绿化设计整套的雨水收集和利用体系，一方面屋顶绿化能极大提高该地区的绿化率，为整个改扩建工程带来绿色的第五立面，提升

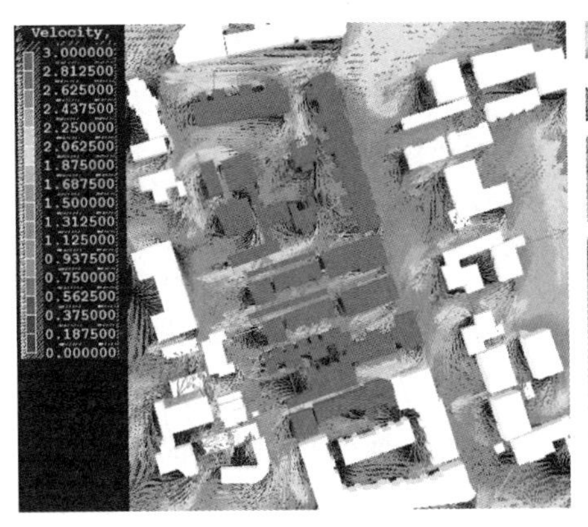

图7 方案改造前后的风环境模拟图，可以看出改造前南部巷道入口处为橙红色，在2～3m/s之间，与周围区域颜色对比较大，是风速突变区；改造后南部扩建区域的室外活动区风速主要呈现绿色和蓝色，在0.5～2m/s之间，没有明显的风速突变，比较均匀。

区域生态环境品质；另一方面屋顶绿化具有缓解雨水径流的作用，结合设置雨水收集和利用体系，能更好地节约水资源。本地灌木和植被可选择扶芳藤、狼尾草、长芒草、月季、冷季型草坪等，屋顶绿化可选用易于生长的东北卧茎佛甲草（如图8）。生态环境的合理改善一方面提升了整个片区的品质，另一方面，由于参观历史建筑和历史街区的人很多，因此起到了良好的教育示范作用。

图8 东北卧茎佛甲草

（三）宣传教育

历史建筑的绿色化改造，通过向公众展示，起到教育社会大众、普及环保观念的社会效益和价值，其产生的广泛的示范效应将超过改造的经济性回报。为了提倡公众体验参与，可以编写街区使用者指南，建立相应的宣传网站。其中，使用者指南的形式应该考虑到残疾人群体，分别提供纸质和音频形式的文件；考虑不同人的文化水平，用简单易懂的文字和图示进行描述；考虑不同国籍的使用者，用中文和英文分别翻译。

关于使用者指南的内容应包括：1）场地建筑综合信息，如何使用调节升温、降温、通风设施；2）警示信息，疏散路线和灭火系统介绍；3）介绍节能、节水器具和自动控制系统的用法，引导人们更好的节约能源；4）停车场介绍和自行车租赁服务，提倡低碳出行；5）废弃物管理体系介绍和清洁维护要求介绍；6）维修队伍的业务范围和联系方式等。

五、推广应用价值

历史建筑传承了城市的记忆与文化，参与构成了城市的风格特色和文化面貌。然而随着时间的推移，历史建筑的结构、布局和设施等已不能满足现代生活的需求，需要进行综合的修复和改造。天津市历史建筑保护的方向是“修旧如故”，还原到一定历史时期的建筑原貌，对于保护历史信息，传承文化记忆是非常有效的。在修旧如故的改造原则下，绿色化更新思想从能源利用和生态环境保护等方面为历史建筑的改造提出了新要求，使其更好地满足时代要求和融入现代生活。

目前，既有建筑绿色化改造课题研究和项目实践主要针对一般既有建筑，相关研究成果和示范应用在历史建筑这类特殊既有建筑的改造上存在许多局限。本工程在历史建筑更新方面所做的研究能较好地拓展目前既有建筑绿色化改造的范畴，从而促进研究的全面发展并对其他历史建筑更新提供项目示范。

六、结语

绿色理念与历史建筑更新的结合，以下几点值得进一步探讨，为历史建筑的绿色化更新积累经验：

拓展新的方向。长久以来对历史建筑的保护与再利用往往只关注其历史文化价值的延续，历史建筑的环境性能和使用舒适度并未得到足够重视，导致很多历史建筑沦为城市的布景。在历史建筑更新改造中加入适宜的绿色技术，既能延长历史建筑的生命周期，提高历史建筑的环境性能和使用舒适度，也有利于历史建筑重新恢复生命与活力。历史建筑在保留其历史价值的同时，也需要新的发展，绿色化为历史建筑更新提供了一个新的方向。

完善评价标准。目前我国尚未颁布历史建筑绿色化更新的相关评价标准。对于历史建筑的绿色化更新，只能沿用现行《绿色建筑评价标准》，其中很多项并不适合评价历史建筑，比如一些主动技术措施对于历史建筑来说显然是不合适的；对于历史价值的保留，标准也尚未提及。现有评价体系“措施——分值——星级”的模式显然不能客观地评价历史建筑绿色化更新的成果，能否考虑将措施评价与性能评价相结合，以改造后性能的提升度和历史价值的保留度作为星级评定的标准。

推广绿色理念。历史建筑更新中，可能采用的适宜性绿色技术措施也许有限，更新后在节能减排方面的实际效果可能远低于一般既有建筑的绿色化改造，但由于历史建筑的特殊影响力，历史建筑绿色化更新对于绿色理念的推动作用巨大而深远。

（天津大学供稿，刘丛红、余泞秀、韩旭鹏执笔）

七、统计篇

本篇以统计分析的方式，介绍了全国范围的既有建筑和建筑节能总体情况，以及部分省市和典型地区的具体情况，以期读者对我国近年来既有建筑和建筑节能工作成果有一概括性的了解。

住房城乡建设部办公厅关于2013年北方采暖地区供热计量改革工作专项监督检查情况的通报

北京市住房城乡建设委、市政市容委，天津市建设交通委，河北、山西、内蒙古、辽宁、吉林、黑龙江、山东、河南、陕西、甘肃、宁夏、新疆、青海省（区）住房城乡建设厅，新疆生产建设兵团建设局：

2013年12月，我部组织对北方采暖地区15个省（区、市）、27个地级和副省级城市、12个县级城市（县、旗）的供热计量改革工作情况进行了专项监督检查。现将有关情况通报如下：

一、监督检查的基本情况

检查组对照《住房城乡建设部办公厅关于开展2013年度住房城乡建设领域节能减排监督检查的通知》（建办科函［2013］715号）中有关要求，检查了受检地区供热计量改革进展情况，并进行了评分。总体上看，北方采暖地区供热计量收费面积稳步增长，供热计量收费机制进一步完善，供热企业主体责任进一步落实，供热计量收费节能效果初步显现，供热计量改革工作得到进一步推进。

（一）供热计量收费面积稳步增加

2013年北方采暖地区15个省（自治区、直辖市）累计实现供热计量收费9.91亿平方米。其中居住建筑供热计量收费7.76亿平方米。

（二）供热计量收费机制进一步完善

2013年北方采暖地区出台计量热价的地级以上城市达到117个。其中，泰安、郑州等68个城市的基本热价比例降到30%，哈尔滨、银川等54个城市取消了供热计量收费的“面积上限”。

（三）新建建筑执行供热计量标准的比例明显提高

2013年北方采暖地区新竣工建筑安装供热计量装置面积3.23亿平方米，占新竣工建筑总量的79%。山东、河北、新疆、天津、河南省（市、区）新建建筑全部安装供热计量装置。

（四）供热企业主体责任进一步落实

绝大部分城市已明确规定供热企业负责计量装置的选购、安装和运行管理，建立了供热企业组织、相关部门参与的供热计量装置招标制度和供热企业参与验收制度。乌鲁木齐市在供热企业承诺本采暖季实施计量收费的条件下，将3000万平方米既有居住建筑供热计量改造全部交给供热企业实施。

（五）供热计量收费的引导政策进一步健全

各地积极探索，创新举措，强化了供热计量收费政策的引导作用。山东、河北、天津等省市以地方法规的形式规定了供热企业不实施计量收费的处罚措施。青岛、济南、长春等城市将财政补贴资金与供热计量和节能工作挂钩，供热企业不实施计量收费的，取消或减少财政补贴资金。河北省颁布了《河北省供热用热办法》，规定具备热计量收费条件的新建建筑和完成热计量改造的既有建筑，供热单位不实行热计量收费的，热用户可以按面积收费标准的85%缴纳热费。

二、监督检查中发现的问题

（一）部分省区市新建建筑没有安装供热计量装置

2013年1～10月，北方采暖地区15个省（区、市）新竣工建筑面积4.09亿平方米，其中没有安装供热计量装置的面积有0.86亿平方米，占21%。辽宁79%，内蒙古56%，山西35%，黑龙江、宁夏、吉林、青海10%以上新建建筑没有安装供热计量装置。沈阳、兰州、锦州以及敦化、康平、土默特右旗等市县90%以上新建建筑没有安装供热计量装置，长春、榆林以及甘南等市县50%以上新建建筑没有安装供热计量装置。

（二）部分省区市供热计量收费严重滞后

截至2013年，北方采暖地区15个省（区、市）已安装供热计量装置但未实现供热计量收费面积约为5.1亿平方米，约占全部供热计量装置安装面积15亿平方米的34%，造成了严重浪费。辽宁、陕西、青海新竣工建筑同步实现计量收费的比例在10%以下，内蒙古在30%以下，宁夏在50%以下，黑龙江、吉林在60%以下。沈阳、西宁、锦州、敦化、永济市和中宁县、甘南县、康平县、土默特右旗尚未开展新建建筑供热计量收费。长春、济南、兰州、延吉市新建建筑同步实现供热计量收费比例在10%以下，银川、榆林市在50%以下。

三、整改要求

针对监督检查中发现的问题，各省级住房城乡建设（供热）管理部门要切实做好以下工作：

（一）立即对存在问题组织整改

对监督检查中发现的问题要组织逐一排查，限期整改。一是对新建建筑未安装供热计量装置的要按规定补装供热计量装置，对违反供热计量强制性标准的规划、设计、监理、施工、房地产开发、供热等单位依法进行处罚。二是对已安装供热计量装置但未实现供热计量收费的，要查明原因，尽快实现供热计量收费；对具备供热计量收费条件而拒不实行供热计量收费的供热企业和相关单位，相关管理部门要督促其整改并予以通报批评。省级住房城乡建设（供热）管理部门要将整改工作情况于2014年6月底前报我部。

（二）严格落实供热企业主体责任

各地要出台落实供热企业主体责任的政策，将供热计量和温控装置选购权、安装权完全交由供热企业负责。对于新建建筑和已进行节能改造的既有建筑，建设单位应组织供热企业参与专项验收。对符合供热计量条件的建筑，供热企业必须无条件地实行供热计量收费，并负责供热计量装置的日常维护和更换。

（三）完善价格激励机制

各省（自治区）住房城乡建设厅要督促已经出台计量热价、基本热价比例偏高的城市把比例降到30%、取消“面积上限”。内蒙古、宁夏、辽宁省住房城乡建设厅要督促辖区内没有出台供热计量价格的城市，尽快出台计量热价，实施计量收费。

（四）充分发动用户参与计量收费

各地要开展多种形式供热计量改革宣传教育活动。各城市要在当地媒体和小区内公示本年度计量收费小区名称、计量热价、监督电话、合同。供热企业要及时通知用户耗热量和热费，进一步提高用户行为节能的积极性。

（中华人民共和国住房和城乡建设部办公厅）

住房城乡建设部办公厅关于2013年全国住房城乡建设领域节能减排专项监督检查建筑节能检查情况的通报

各省、自治区住房城乡建设厅，直辖市建委（建交委），新疆生产建设兵团建设局：

为贯彻落实《节约能源法》、《民用建筑节能条例》和《国务院关于印发“十二五”节能减排综合性工作方案的通知》（国发[2011]26号）要求，进一步推进住房城乡建设领域节能减排工作，2013年12月，我部组织了对全国建筑节能工作的检查。现将检查的主要情况通报如下：

一、建筑节能总体进展情况

2013年度，各级住房城乡建设部门围绕国务院明确的建筑节能重点任务，进一步加强组织领导，落实政策措施，强化技术支撑，加强监督管理，各项工作取得积极成效。

（一）新建建筑执行节能强制性标准。根据各地上报的数据汇总，2013年全国城镇新建建筑全面执行节能强制性标准，新增节能建筑面积14.4亿m^2，可形成1300万吨标准煤的节能能力。北方采暖地区、夏热冬冷及夏热冬暖地区全面执行更高水平节能设计标准，新建建筑节能水平进一步提高。全国城镇累计建成节能建筑面积88亿m^2，约占城镇民用建筑面积的30%，共形成8000万吨标准煤节能能力。

（二）既有居住建筑节能改造。财政部、住房城乡建设部安排2013年度北方采暖地区既有居住建筑供热计量及节能改造计划1.9亿m^2，截至2013年底，各地共计完成改造面积2.24亿平方米。“十二五”前3年累计完成改造面积6.2亿m^2，提前超额完成了国务院明确的“北方采暖地区既有居住建筑供热计量和节能改造4亿m^2以上”任务。夏热冬冷地区既有居住建筑节能改造工作已经启动，2013年共计完成改造面积1175万m^2。

（三）公共建筑节能监管体系建设。截至2013年底，全国累计完成公共建筑能源审计10000余栋，能耗公示近9000栋建筑，对5000余栋建筑进行了能耗动态监测。在33个省市（含计划单列市）开展能耗动态监测平台建设试点。天津、上海、重庆、深圳市等公共建筑节能改造重点城市，落实节能改造任务1472万m^2，占改造任务量的92%；完成节能改造514万m^2，占改造任务量的32%。住房城乡建设部会同财政部、教育部在210所高等院校开展节约型校园建设试点，将浙江大学等24所高校列为节能综合改造示范高校。会同财政部、国家卫计委在44个部属医院开展节约型医院建设试点。

（四）可再生能源建筑应用。截至2013年底，全国城镇太阳能光热应用面积27亿m^2，浅层地能应用面积4亿m^2，建成及正在建设的光电建筑装机容量达到1875兆瓦。可再生能源建筑应用示范市县项目总体开工比例81%，完工比例51%。北京、天津、河北、山西、江苏、浙江、宁波、山东、湖北、深圳、广西、云南等12个省市的示范市县平均完工率在70%以上，共有28个城市、54个县、2个镇和10个市县追加任务完工率100%以上。山东、江苏两省省级重点推广区开工比例分别达到136%和112%，完工比例为44%和24%。

（五）绿色建筑与绿色生态城区建设。与国家发展改革委共同制定了《绿色建筑行动方案》，并由国务院办公厅转发各地实施。山东、湖南、浙江等省以省政府名义印发本地绿色建筑行动实施方案。稳步推进绿色建筑评价标识工作，截至2013年底，全国共有1446个项目获得了绿色建筑评价标识，建筑面积超过1.6亿m^2，其中2013年度有704个项目获得绿色建筑评价标识，建筑面积8690万m^2。住房城乡建设部印发了保障性住房实施绿色建筑行动的通知及技术导则，全面启动绿色保障性住房建设工作。首批8个绿色生态城区2013年当年开工建设绿色建筑1137万m^2，占总开工建设任务的35.5%。

2013年度，北京、天津、山东、河北、内蒙古、吉林、黑龙江、青海、宁夏、上海、江苏、浙江、安徽、重庆、湖北、湖南、福建、广西、海南、云南等省（区、市），以及深圳、青岛、宁波、厦门、沈阳、哈尔滨、银川、乌鲁木齐、南京、杭州、合肥、武汉、长沙、广州、南宁、昆明、海口等城市建筑节能各项工作任务完成情况较好，体制机制建设完善，监督考核到位，给予表扬。

二、主要工作措施

（一）加强组织管理。全国有13个省（区、市）建立了政府领导牵头，各相关部门参加的领导小组，定期召开联席会议，协调有关事项，督促工作落实。逐步强化省、市、县三级建筑节能管理能力。各地不断加强建筑节能管理机构设置与人员配置，省级住房城乡建设部门全部设置建筑节能专门处室，山西、内蒙古、河南、上海等地在省、市、县三级全部成立专门的建筑节能监管及项目管理机构。

（二）完善法规制度。据统计，目前全国有15个省（区、市）制定了专门的建筑节能地方法规，11个省（区、市）制定了节约能源及墙体材料革新方面的地方法规，27个省（区、市）出台了建筑节能相关政府令。通过地方立法，各地明确了建筑节能管理职责，并确立了民用建筑节能专项规划、建筑能耗统计与信息公示、建筑节能技术与产品认定、民用建筑节能评估与审查、规划阶段节能审查、施工图专项审查、建筑能效测评与专项验收、可再生能源强制推广等多项制度，建筑节能工作逐步法制化、规范化。

（三）强化政策激励。2013年度，中央财政共安排补助资金112亿元，支持北方采暖地区既有居住建筑供热计量及节能改造、公共建筑节能监管体系建设、可再生能源建筑应用等工作。据不完全统计，地方省级财政安排建筑节能专项资金达到75亿元，北京、山西、内蒙古、吉林、黑龙江、上海、江苏、山东、青海、宁夏、青岛等地资金投入力度较大。宁夏回族自治区对达到绿色建筑标准的建筑项目，实行容积率优惠政策，按照标识星级，容积率可提高1%到3%。厦门市对购买二星级绿色建筑的业主给予返还20%契税、购买三星级绿色建筑的业主给予返还40%契税的奖励。重庆、深圳市采用财政补助、能效交易等手段，充分调动各方主体参与公共建筑节能改造意愿，有力撬动了节能改造市场。

（四）加强标准引导。2013年4月1日，夏热冬暖地区居住建筑开始执行更高水平节能设计标准。北京、天津开始执行节能75%的居住建筑节能设计标准，河北、山东等省居住建筑节能75%标准即将发布实施。北京、浙江执行绿色建筑设计标准，并将绿色建筑要求纳入施工图审查环节。天津、上海、重庆、厦门、深圳等地分类制定了公共建筑能耗限额标准。既有建筑节能改造、可再生能源建筑应用、新型建筑材料及产品、绿色施工等多个领域的标准规范、图集、工法等不断健全。

（五）突出科技支撑。建筑节能科技创新水平不断提升，通过国家科技支撑项目、科研开发项目、示范工程、国际科技合作等，对建筑节能关键技术、材料、产品进行研发、应用。广东省实施科技促进建筑节能减排重大专项行动，省财政安排1亿元，将新型建筑低碳节能设备和技术、基于物联网技术的大型公共建筑节能运行管理系统、建筑低碳节能技术集成示范等课题列为重大科技专项进行研究。

（六）严格目标考核。部分省市实行建筑节能目标责任制，将建筑节能重点任务进行量化，并通过政府及住房城乡建设部门逐级签订目标责任状的方式，将目标分解落实到市县及相关部门，并按期进行考核，保障了工作任务的落实。各地不断强化检查力度，对违法违规行为进行处理，据不完全统计，2013年各省（区、市）共组织建筑节能专项检查68次，共下发执法告知书495份。

三、存在的问题

（一）建筑节能能力建设水平与工作要求不相适应。一是管理能力不足。部分地区建筑节能管理能力薄弱，特别是县一级住房城乡建设部门甚至没有设置建筑节能专门处室及专职人员，监管力度不够，工作进度及质量难以保证。二是相关人员执业能力不强，存在设计人员对标准要求理解不够、施工人员未按图施工、监理人员未尽职尽责，随意签字通过等情况。三是资金投入力度不够，尤其是中央财政大力投入的既有居住建筑节能改造、可再生能源建筑应用等工作，部分地区没有落实地方配套资金。四是市场推动能力不足。目前建筑节能仍以政府行政力量推动为主，市场机制作用发挥不明显，民用建筑能效测评、第三方节能量评估、建筑节能服务公司等市场力量发育不足，难以适应市场机制推进建筑节能的要求。

（二）部分建筑节能工作不细，把关不严，质量与水平亟待提高。新建建筑节能方面，检查中发现，部分项目建筑节能设计深度不够，节能专篇过于简单，建筑节能相关做法、保温材料性能参数表述缺失，不能有效指导施工。节能设计软件管理比较混乱，存在设计指标明显不够而由软件权衡计算通过的现象。施工现场随意变更节能设计、偷工减料的现象仍有发生。部分地区对保温材料、门窗、采暖设备等节能关键材料产品的性能检测能力不足。本次检查对45个违反节能标准强制性条文的工程项目下发了执法建议书。既有建筑节能改造方面，部分改造项目工程质量不高，出现保温层破损、脱落，供热计量表具安装不到位等情况。北方地区既有居住建筑节能改造完成后，没有同步实现计量收费。公共建筑节能改造及夏热冬冷地区既有居住建筑节能改造进度滞后。绿色建筑方面，绿色建筑标准体系仍不健全，缺乏相关规划、设计、施工、验收标准，绿色建筑与现有工程建设管理体系结合程度不密切，针对不同气候区、不同建筑类型的系统技术解决方案仍很缺乏。相关设计、咨询、评估机构服务能力不强。

四、下一步工作思路

（一）实施建筑能效提升工程。按照党中央、国务院关于推进新型城镇化发展的战略部署及推动行政体制改革和财税体系改革的总体要求，研究建筑能效提升路线图，明确中长期发展目标、原则、思路及政策措施。会同财政部研究制定建筑能效提升工程实施方案，进一步明确中央与地方在推动建筑节能与绿色建筑中的事权划分，调整中央财政支持建筑节能的政策，更好发挥市场机制在资源配置中的决定性作用。

（二）全面推进绿色建筑行动。做好绿色建筑标准强制推广试点工作，从2014年起，政府投资的学校、医院等公益性建筑，直辖市、计划单列市、省会城市的保障性住房、大型公共建筑等要强制执行绿色建筑标准。鼓励有条件地区的新建建筑率先强制推广绿色建筑。推进绿色生态城区建设，区域性规模化发展绿色建筑。制定适合不同气候区的绿色建筑应用技术指南，加快符合国情的绿色建筑技术体系和产品的推广应用。培育和扶持绿色建筑产业和技术服务业的发展。

（三）稳步提升新建建筑节能质量及水平。进一步加强完善新建建筑在规划、设计、施工、竣工验收等环节的节能监管机制。加快新建建筑节能管理体制建设，增强市县监管能力和执行标准规范的能力，提高节能标准执行水平。鼓励有条件地区执行更高水平建筑节能标准。积极开展超低能耗或零能耗节能建筑建设试点。积极推进节能农房建设，支持在新型农村社区建设过程中执行节能标准。全面推行民用建筑规划阶段节能审查、节能评估、民用建筑节能信息公示、能效测评标识等制度。

（四）深入推进既有居住建筑节能改造。继续加大北方采暖地区既有居住建筑供热计量及节能改造实施力度，力争在完成国务院确定的节能改造目标基础上，“十二五”后两年再完成节能改造面积3亿m^2，其中2014年度完成改造面积1.7亿m^2以上。强化节能改造工程设计、施工、选材、验收等环节的质量控制。进一步推进供热计量收费，确保新竣工建筑及完成节能改造建筑同步实行按用热量计价收费。加大夏热冬冷地区既有居住建筑节能改造推进力度。鼓励在农村危房改造过程中同步推进节能改造。

（五）加大公共建筑节能管理力度。进一步扩大省级公共建筑能耗动态监测平台建设范围，力争到2015年，建设完成覆盖全国的公共建筑能耗动态监测体系。推动公益性行业公共建筑节能管理，开展节约型校园、节约型医院创建工作。推进公共建筑节能改造重点城市。推动高等学校校园建筑节能改造示范。指导各地分类研究制定公共建筑能耗限额标准，并探索建立基于限额的公共建筑节能管理制度。加快推行合同能源管理，探索能效交易等节能新机制。

（六）实现可再生能源在建筑领域规模化高水平应用。加快示范市县的验收进度，现有可再生能源建筑应用示范应在2015年前完成验收，鼓励完成情况较好地区率先实施集中连片推广。加大在公益性行业及城乡基础设施方面的推广应用力度，使太阳能等清洁能源更多地惠及民生。鼓励拓展可再生能源建筑应用技术应用领域，推进深层地热能的梯度应用、光热与光电技术结合、太阳能采暖制冷等技术的研究和推广。不断完善可再生能源应用技术强制性推广政策。加快研究制定不同类型可再生能源建筑应用技术在设计、施工、能效检测等各环节的工程建设标准。

（七）加强建筑节能相关支撑能力建设。进一步健全建筑能耗统计体系，逐步拓展统计对象范围，提高统计建筑比例，逐步建立分地区的建筑节能量核算体系。积极制定修订相关设计、施工、验收、评价标准、规程及工法、图集，编制新技术、新产品应用指南等，为实施建筑能效提升工程提供支撑。加强建筑节能科技创新，支持被动式节能建筑体系、绿色建筑技术集成体系、建筑产业现代化体系等重大共性关键技术研发。进一步做好民用建筑能效测评、第三方节能量评价、建筑节能服务公司等机构的能力建设。

（八）严格执行建筑节能目标责任考核。组织开展建筑节能专项检查，对国务院明确的建筑节能与绿色建筑工作任务的落实情况进行核查，严肃查处各类违法违规行为和事件。组织开展中央财政资金使用情况专项核查，重点核查北方采暖地区既有居住建筑供热计量及节能改造、可再生能源建筑应用示范市县等进展情况及中央财政资金使用安全及绩效情况。

（中华人民共和国住房和城乡建设部办公厅，2014年4月9日）

2014年我国绿色建筑发展情况

2014年，各地不断深化落实国务院发布的绿色建筑行动方案，政府对于政府投资的新建公益性建筑以及保障性住房强制执行绿色建筑标准，一些城市继北京、深圳之后也开始对新建项目全面实行绿色建筑标准，我国的绿色建筑又迎来了一轮新的发展高潮。

一、总体发展态势

几年来，我国绿色建筑发展规模始终保持大幅增长态势，截至到2014年12月31日，全国共评出2538项绿色建筑评价标识项目，总建筑面积达到2.9亿m^2（详见图1、图2、图3），其中，设计标识项目2379项，占总数的93.7%，建筑面积为27111.8万m^2；运行标识项目159项，占总数的6.3%，建筑面积为1954.7万m^2。平均每个绿色建筑的建筑面积为11.5万m^2（详见图4）。

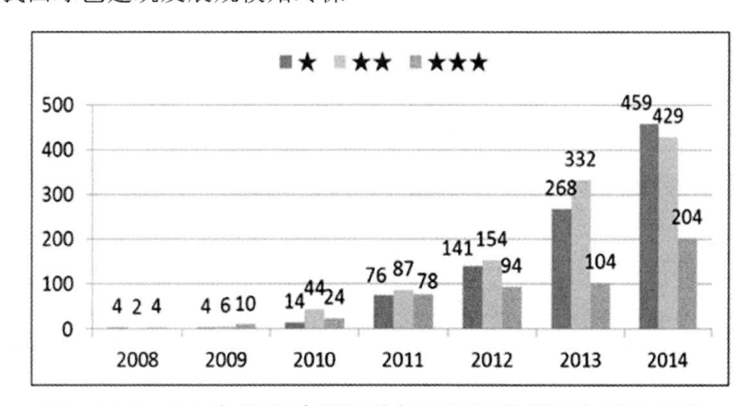

图1 2008-2014年绿色建筑评价标识项目数量逐年发展状况

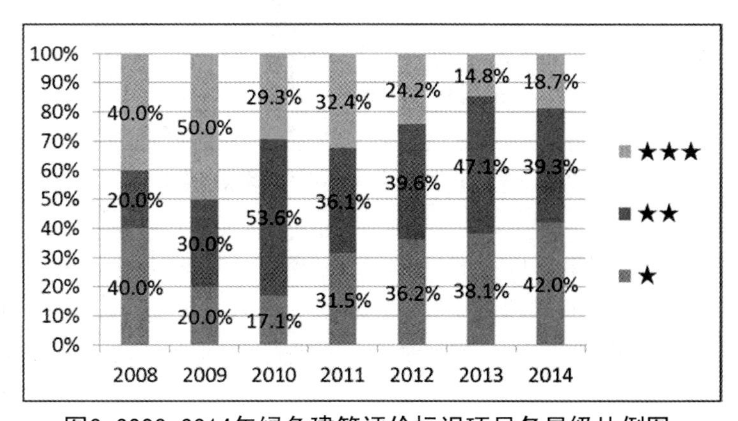

图2 2008-2014年绿色建筑评价标识项目各星级比例图

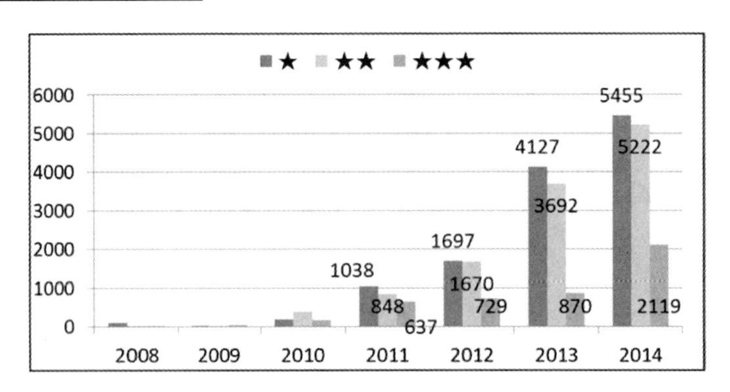

图3 绿色建筑评价标识项目面积逐年发展状况

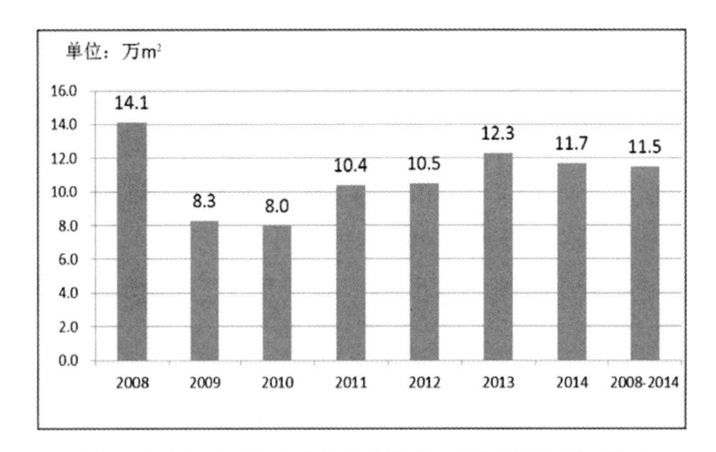

图4 2008-2014年各绿色建筑申报项目的平均面积

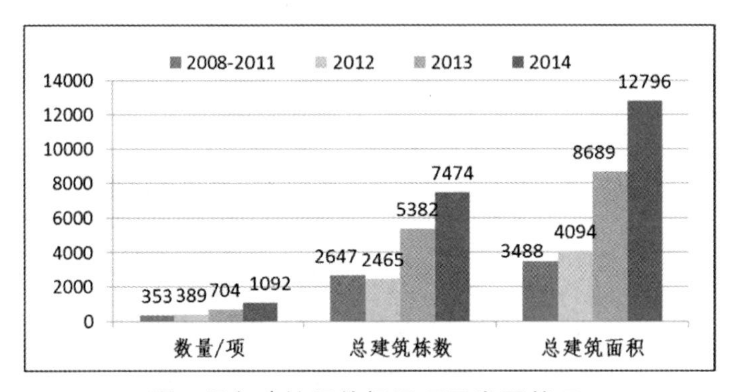

图5 绿色建筑评价标识项目发展状况

在各个评审机构中，中国城市科学研究会和住建部科技促进中心评审的项目数量较多，地方行政主管部门组织评审的项目数量又有了进一步增加，其中以江苏、山东、深圳、河北等地方评审机构评审数量较多（详见图6）。相比2012年、2013年，山东、深圳、湖南、陕西、北京、广东等地方评审机构评审数量增幅较大，而青海、贵州、甘肃、云南、海南等地实现了零的突破（详见图7）。

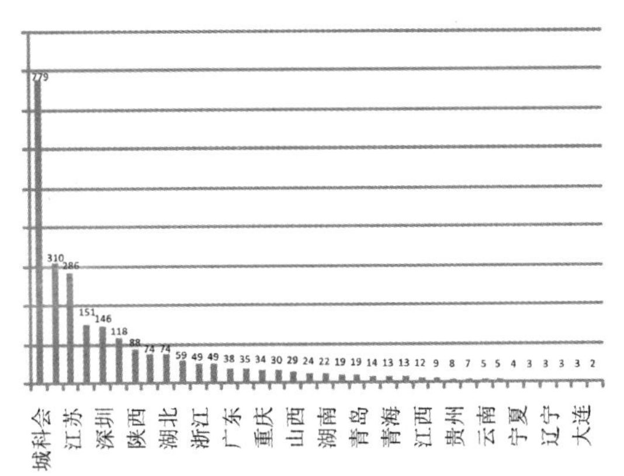

图6 2008-2014年全国绿色建筑标识各评价机构评审数量情况

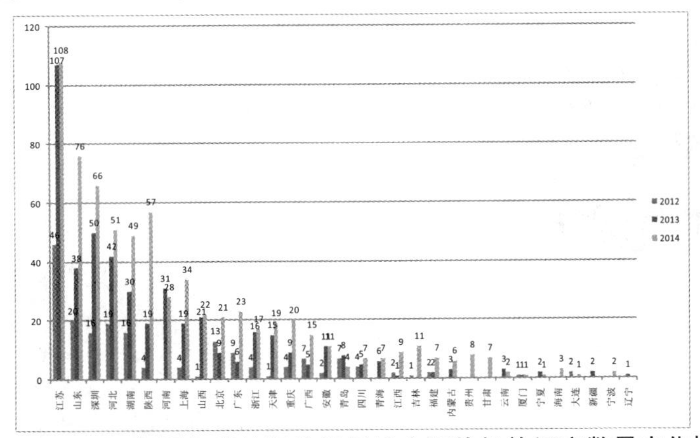

图7 2012-2014年绿色建筑评价标识地方评价机构评审数量变化情况

二、各类型绿色建筑标识情况

综合统计2008-2014年，从星级比例构成来分析：一星级966项，占38%，面积12632.8万m^2；二星级1054项，占42%，面积11850.5万m^2；三星级518项，占20%，面积4586.8万m^2。从建筑类型来分析：居住建筑1303项，占51.3%，面积18983.8万m^2；公共建筑1212项，占47.8%，面积9606.4万m^2；工业建筑23项，占0.9%，面积480.3万m^2。（详见图8、图9）

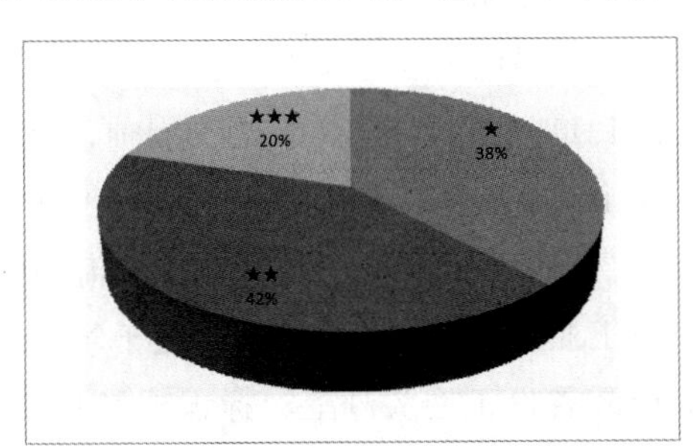

图8 2008-2014年绿色建筑评价标识项目建筑星级分布图

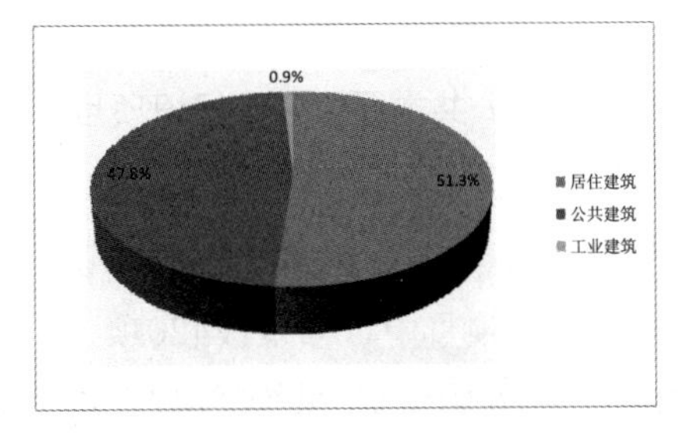

图9 2008-2014年绿色建筑评价标识项目建筑类型分布图

在2008～2014年获得绿色建筑评价标识的655项公共类建筑项目中，从星级比例来看，一星级448项，占37%，面积4256万m^2；二星级454项，占37%，面积3464.6万m^2；三星级310项，占26%，面积1885.5万m^2。从建筑类型上看，办公、商店、酒店、场馆、学校、医院等建筑以及改建项目各占48%、15%、8%、10%、8%、3%、4%、 4%（详见图10、图11）。

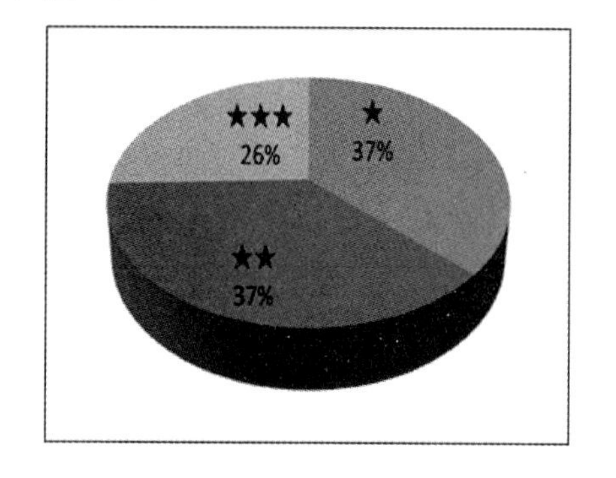

图10 2008-2014年公共类绿建评价标识项目星级分布图

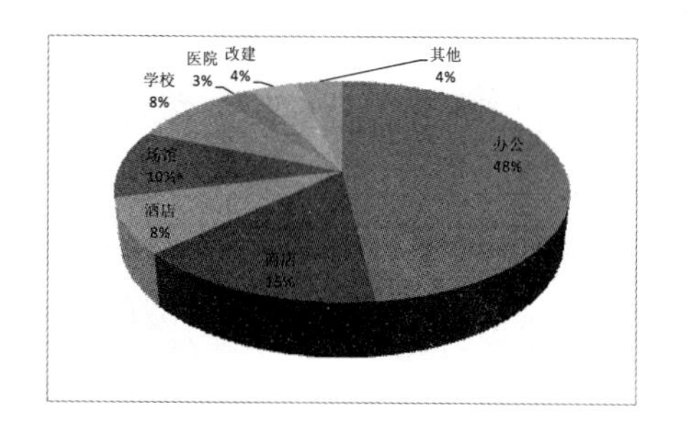

图11 2008-2014年公共类绿建评价标识项目详类

2008～2014年获得绿色建筑评价标识的住宅类绿色建筑项目中，一星级426项，占37%，面积8356.8万m^2；二星级583项，占50%，面积8350.1万m^2；三星级156项，占13%，面积2776.8万m^2（详见图12）。从比例上看，二星级占比最大，为总数的一半，其次为一星级，而三星级相对较少。从评审中了解的情况看，一星级项目增量成本不高而容易达到，一些地区已经开始要求保障房普遍达到一星级要求，还有一些地区如北京、深圳等要求所有新建房屋普遍执行至少一星级的绿色建筑标准，普及一星级绿色建筑乃大势所趋；二星级项目在国家财政补贴下，再加上一些地区还提供了地方补贴、城市建设配套费减免等激励政策，增量成本压力相对不大，已激发起开发商越来越大的实施动力；三星级增量成本较高,开发商经过一定的研发努力方可达到,而总体来看,三星级的建筑品质普遍较高。

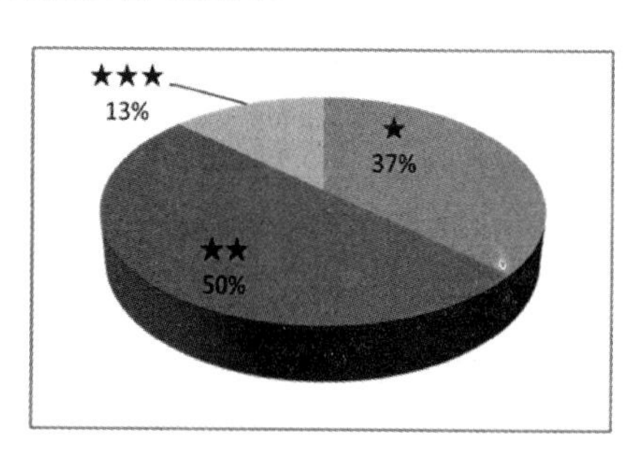

图12 2008-2014年住宅类绿建评价标识项目星级分布

2014年，以城科会绿建中心为主共评出15个绿色工业建筑标识，其中中煤张家口煤矿机械有限责任公司装备产业园获得了采用新国标《绿色工业建筑评价标准》(GB/T50878-2013)评价的运行标识。截至目前，全国共评审出28个绿色工业建筑项目，其中三个三星级运营标识。从地域上看，东南沿海地区在绿色工业建筑的探索和实践上处于领先地位，内陆省份正迎头赶上。标识项目共分布在8个省市，其中5个是沿海省份。广东省作为2013年GDP全国排名第一的省份，绿色工业建筑标识项目也最多，共有3项。江苏省是民用绿色建筑标识项目数量最多的省份，第一项绿色工业建筑设计标识和运行标识均位于该省。由此可见，当地较高的经济水平以及民用绿色建筑发展水平都对绿色工业建筑发展起到一定的促进作用。

三、各地区绿色建筑发展的特点

从各气候区来看，综合统计2008～2014年，夏热冬冷地区累计获得绿色建筑评价标识项目为1120项，占44%；夏热冬暖地区项目为405项，占16%；寒冷地区项目为852项，占34%；严寒地区项目为128项，占5%；温和地区项目为33项，占1%。

从统计中看出，在居住建筑方面，夏热冬冷地区与寒冷地区绿建数量占比较大，均超过总量的1/3。而公共建筑方面，夏热冬冷地区绿建数量占总量的一半，寒冷地区绿建数量超过总量的1/4，而夏热冬暖占约16%左右。在严寒和温和地区绿建项目数量均较少（详见图13）。

2008-2014年绿建评价标识项目气候区分布：

按照项目地区分布来看，2013年青海、贵州、甘肃也开始有了获得标识的绿色建筑，现除西藏以外各省自治区级直辖市都有获得标识的绿色建筑。标识项目数量在100个以上的地区占29%，在30～100个地区占比35%，数量在10至30个的地区占比26%，及数量不足10个的地区占比10%，其中江苏、广东、山东、上海等四个沿海地区的数量继续遥遥领先（如图14、图15），在2014年各地标识项目数量增速普遍加快，江苏、广东、天津、河北、浙江、河南、山西、安徽等地增速明显（见图16）。从各星级的比例上

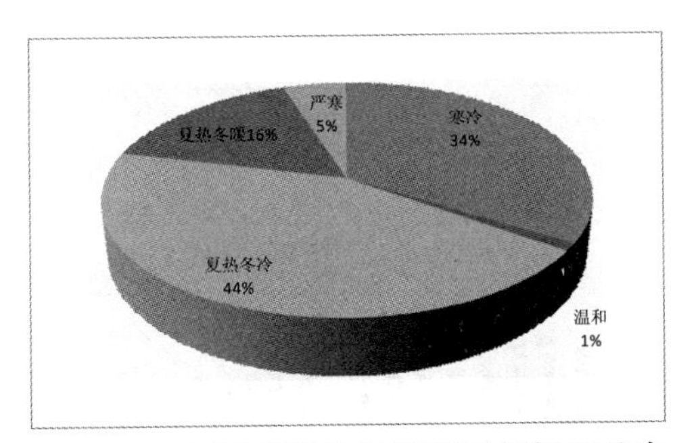

2008-2014年绿建评价标识项目气候区分布

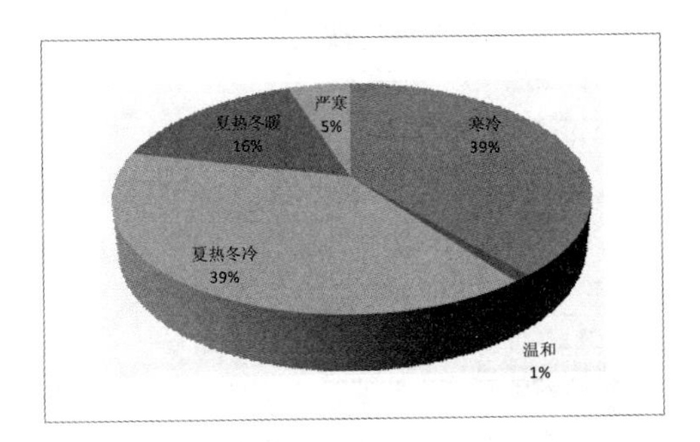

居住建筑项目标识项目气候区分布

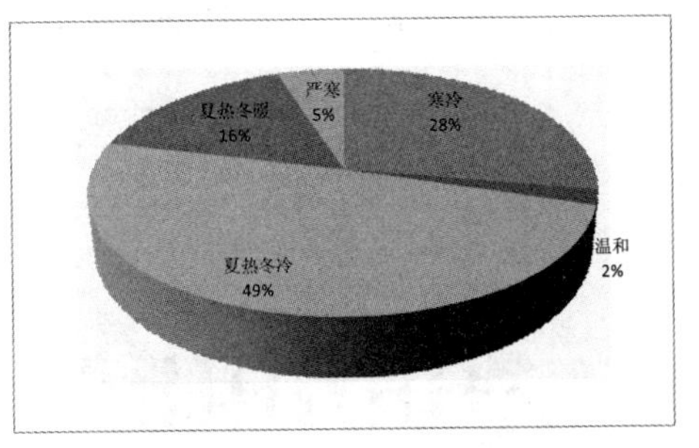

公共建筑项目标识项目气候区分布

图13　2008-2014年绿建评价标识项目气候区分布（分居住和公建）

看，江苏、上海、浙江、湖北的绿色建筑各星级比例较为均匀，山东、河北二星级绿色建筑比例较高，天津三星级绿色建筑比例较高，广东则一星级绿色建筑比例最高（见图17）。

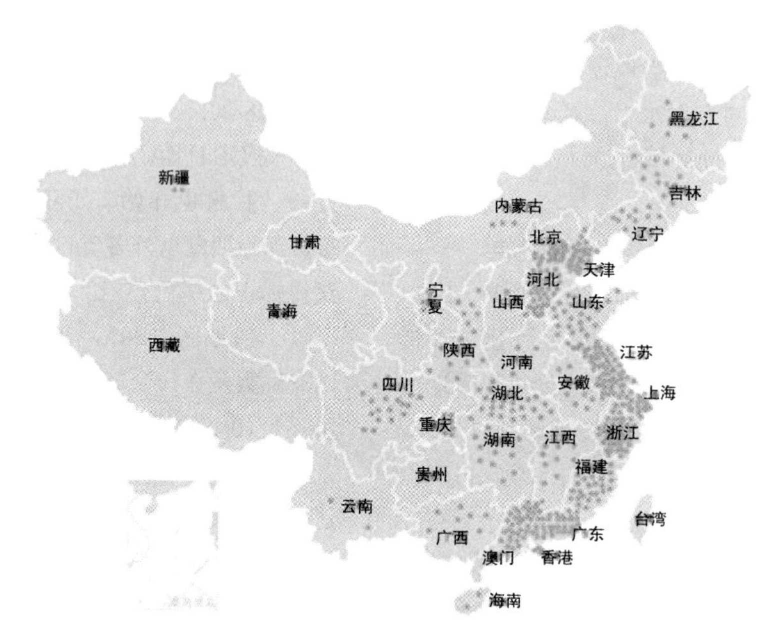

图14 2008-2014年各省市绿色建筑评价标识项目数量分布

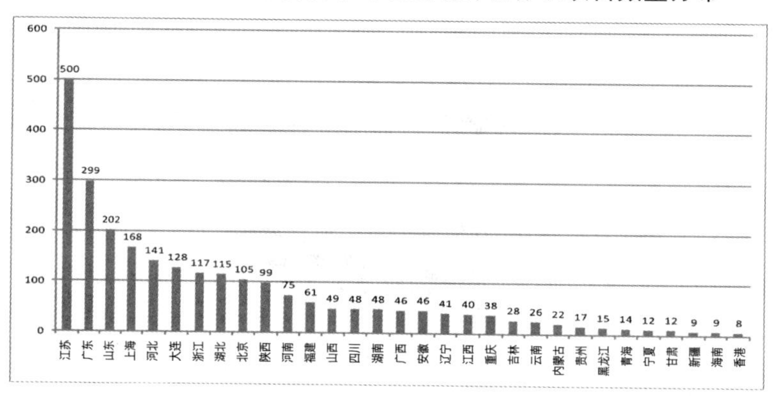

图15 2008-2014年各省市绿建评价标识项目数量统计

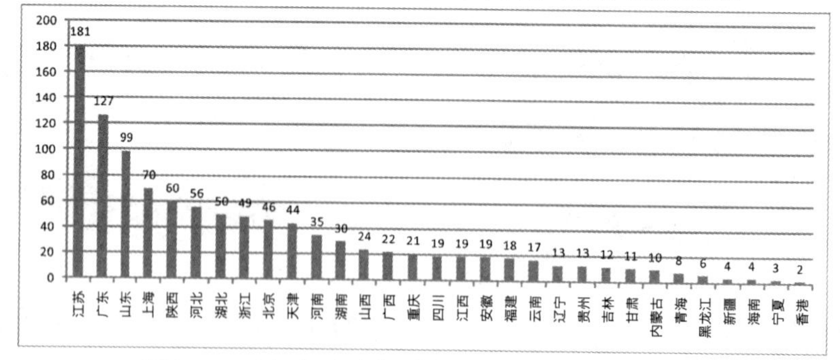

图16 2014年各省市绿建评价标识项目数量统计

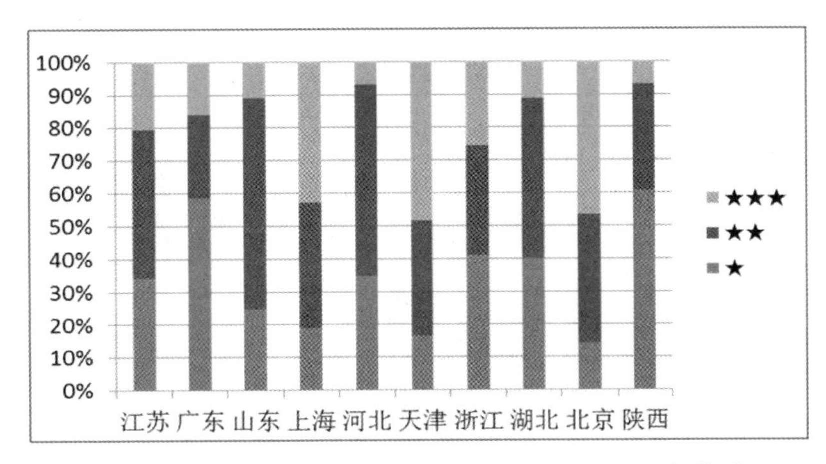

图17 2008-2014年主要地区绿建评价标识项目的星级构成

四、绿色建筑标识申报单位情况

拥有绿色建筑标识最多的前几名申报单位分别是万达、万科、绿地等开发商（图18），前三名占了总数的1/5。其中住宅类绿色建筑由万科、万达、绿地、保利等集团申报项目最多，公建类绿色建筑则由万达、绿地、招商、天津生态城投等集团申报项目最多（图20，图21）。而前十名中各星级的构成比重却竟不相同，万达、华润、深圳光明等项目主要为一星级，万科、天津生态城投、苏州建屋项目主打三星级，花桥商务城、华润等在一、二星级有所建树的同时少量项目尝试三星级，招商、绿地则比例较为均匀（见图19）。

五、绿色建筑评价标准的最新发展

2014年，绿色建筑标识所依据的评价标准取得了较大发展变化，国标《绿色建筑评价标准》（GB/T 50378-2006）从2006年6月1日实施以来，经过了八年多的使用，成功评价出上千个绿色建筑项目，终于迎来了新国标《绿色建筑评价标准》（GB/T 50378-2014）的修

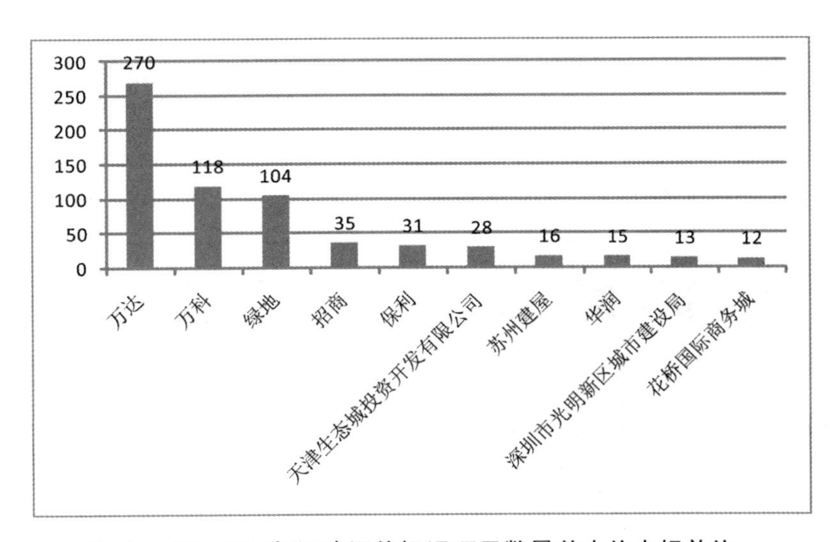

图18 2008-2014年绿建评价标识项目数量前十位申报单位

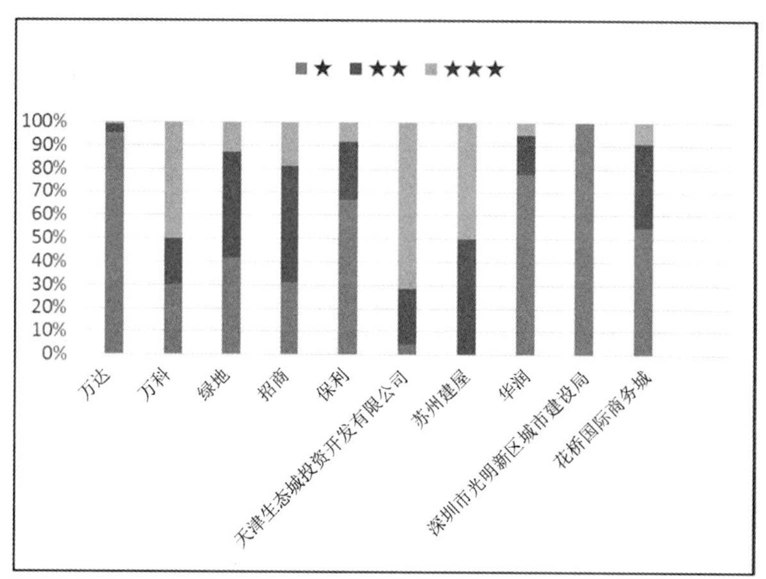

图19 2008-2014年绿建评价标识项目数量前十位申报单位项目星级构成

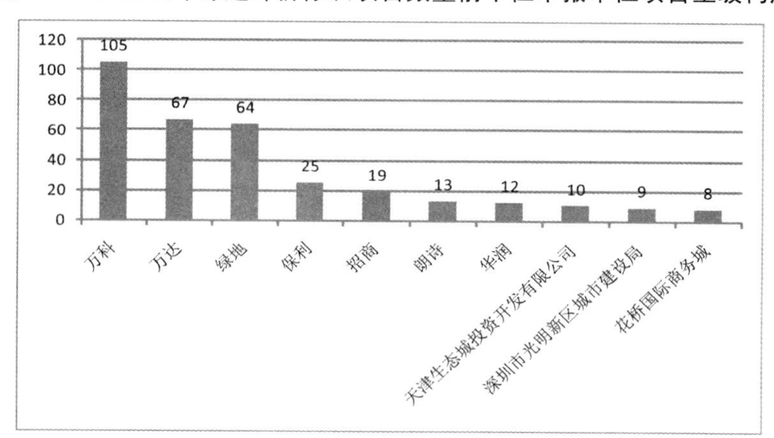

图20 2008-2014年住宅类绿建评价标识项目数量前十位申报单位

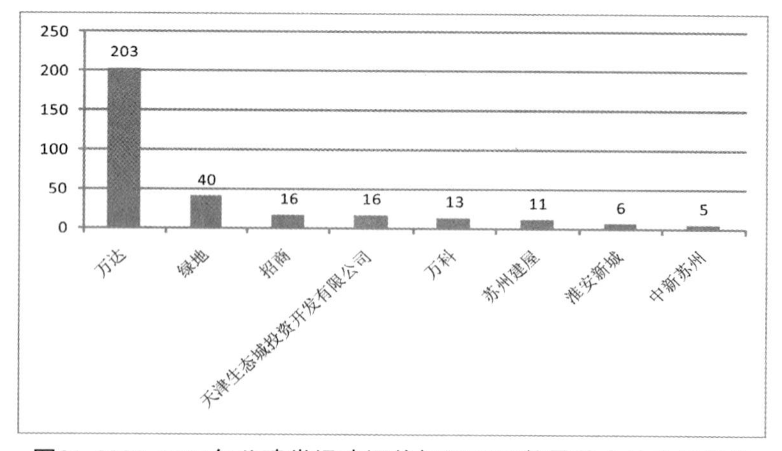

图21 2008-2014年公建类绿建评价标识项目数量前十位申报单位

订完成并发布。新国标从2015年1月1日起正式实施，继续传承这一历史使命。同年，专项标准中《绿色工业建筑评价标准》（GB/T50878-2013）已于3月1日起实施，《绿色办公建筑评价标准》（GB/T 50908-2013）已于5月1日起实施，《绿色医院建筑评价标准》，《绿色商店建筑评价标准》、《绿色宾馆建筑评价标准》、《绿色铁路客站建筑评价标准》、《既有建筑绿色改造评价标准》均正处于报批阶段，《绿色城区评价标准》、《绿色校园评价标准》正在紧锣密鼓地编写之中，绿色建筑评价工作已经迎来了深入量化、细分领域的新时期，2015年预期可形成中国绿色建筑评价全方位的标准体系。

六、绿色建筑实施效果

根据住建部委托中国城市科学研究会牵头完成的课题《我国绿色建筑效果后评估与调研》成果，我国绿色建筑投入使用后的情况如下：（1）绿色建筑运营后各项绿色建筑技术的落实情况和使用效果总体较好。在技术落实率方面，节地与土地资源利用、节能与能源利用、节材与材料资源利用、室内环境质量控制部分所采用技术的落实情况比较理想，而节水与水资源利用及垃圾分类收集处理方面技术在落实过程中出现的问题相对较多。我国明文要求的技术和政策积极支持的技术都在绿色建筑中率先得到了很好的采用和落实。而实际应用中评价效果相对较差的绿色建筑技术主要包括：透水地面、公共交通配套、用电分项计量系统、雨水收集系统、中水系统、绿化灌溉、垃圾分类收集系统和物业管理。（2）调研的绿色建筑在节能节水方面已经取得了良好的环境效益。调研项目中接近70%的绿色办公建筑能耗低于相应气候区下的能耗约束值。55.7%的建筑使用了非传统水源，节水前景十分可观。（3）绿色建筑增量成本对绿色建筑效果的好坏起着极其重要的作用。分析结果表明，绿色技术增量成本回收期一般在2～10年，少数在10年以上。开发绿色建筑成本多由项目开发商自己承担，需通过绿色建筑市场价值进行转化实现绿色建筑增量成本回收，其投资回收期长短，将直接影响绿色建筑开发力度和深度。由于目前对绿色建筑理念的认识度仍有待深入，绿色建筑项目市场价值增值还有待提高，开发商开发绿色建筑项目所承担的风险较大，一定程度上导致绿色建筑技术方案落实上存在障碍，影响了运行效果达到最佳。

完备、规范的物业管理可以有效实现绿色建筑的良好效果，充分发挥绿色建筑技术措施的作用，实现绿色建筑的设定目标。调研结果显示，绿色建筑运营增量成本对绿色建筑效果的好坏起着极其重要的作用，后者是影响绿色建筑运营效果最直接的因素。一些绿色技术尤其是主动式技术，如暖通空调、雨污水的处理与回用、智能化系统应用、垃圾处理、绿化无公害养护、可再生能源应用等，需要在日常运行中使用能源、人力、材料资源等维持有效功能，同时，在使用一定时期后，还需要进行耗材补充、部品更换或软硬件升级等，从而产生一定的超过传统建筑的增量成本，而这些成本往往不能得到有效的资金支持，导致绿色建筑应有的效果不能得到充分发挥。

由此可见，对绿色建筑而言，绿色建筑技术的选择非常重要，采用适宜的技术会容易达到设定的效果，而加强绿色建筑运行调试及运行后的管理更显重要，相关管理部门应充分重视绿色建筑的竣工后的验收、投入使用前的设备运行调试和使用后的中期检查。绿色建筑的推广、普及工作任重道远，尤其要针对开发单位、设计院、咨询公司、物业公司进行分类培训。绿色建筑的推广和实践，还需要配套的引导政策和保障机制，提高全行业参与各方的水平。

七、政府的强制执行政策

根据国家绿色建筑行动方案的任务要求，2014年起政府投资的国家机关、学校、医院、博物馆、科技馆、体育馆等建筑，直辖市、计划单列市及省会城市的保障性住房，以及单体建筑面积超过2万m^2的机场、车站、宾馆、饭店、商场、写字楼等大型公共建筑全面执行绿色建筑标准。截至2014年底，全国发布地方绿色建筑行动实施方案的28个省市，均结合各地实际情况，提出了强制实施绿色建筑的目标要求。住建部发布了《关于保障性住房实施绿色建筑行动的通知》，该通知要求自2014年1月1日起，全国直辖市、计划单列市及省会城市市辖区范围内政府投资、公共租赁住房，应率先实施绿色建筑行动，至少达到绿色建筑一星级标准。政府投资公益性建筑、保障房、单体面积超过2万m^2的大型公建2014年起率先执行绿色建筑标准。继该文件后，住建部办公厅、发改委办公厅、国家机关事务管理局办公室于2014年10月15日印发了《关于在政府投资公益性建筑及大型公共建筑建设中全面推进绿色建筑行动的通知》（建办科[2014]39号），进一步强调了推进绿色建筑行动的重要性，强化了建设各方主体的责任，通过加强建设全过程管理和完善实施保障机制，确保强制目标得到落实，并将该项工作推进情况纳入国家节能减排专项检查、大气污染防治专项检查的考核内容，上述强制要求在中共中央、国务院发布的《国家新型城镇化规划(2014～2020年)》及国务院办公厅发布的《关于印发2014～2015年节能减排降碳发展行动方案的通知》（国办发[2014]23号）做了进一步强调。与此同时，国家发改委和住建部于11月27日发布了《党政机关办公用房建设标准》，将绿色建筑的基本要求纳入其中，彰显了政府带头落实绿色建筑标准要求的实际行动。2014年底，住房城乡建设部首次对绿色建筑行动方案的执行情况进行了专项检查。国家发展改革委3月份发布《关于开展低碳社区试点工作的通知》，目标在地级以上城市开展低碳社区试点工作，同时，国家低碳试点省市要率先垂范，大力推动低碳社区试点工作。到“十二五”末，全国开展的地铁社区试点争取达到1000个左右，择优建设一批国家级低碳示范社区。在该通知中明确要求“推广节能建筑和绿色建筑，新建住房应全部达到绿色建筑标准，既有建筑也要进行低碳化改造”。

此外，尽管绿色建筑行动方案对商业房地产开发项目执行绿色建筑标准采取引导和鼓励的原则，但北京、上海、广州、深圳、秦皇岛等城市已经要求城市新建居住建筑强制执行绿色建筑标准，江苏、重庆、长沙等省市也将于2015年陆续要求新建居住建筑按绿色建筑标准要求设计建造，绿色建筑标准的强制实施范围逐步扩大。

在强制执行绿色建筑标准的落实办法方面，大多省市均根据住房城乡建设部于2013年4月27日发布的《房屋建筑和市政基础设施工程施工图设计文件审查管理办法》（中华人民共和国住房和城乡建设部令第13号）相关要求，通过施工图审查机构，对执行绿色建筑标准的项目是否符合绿色建筑标准进行审查。北京、广州、重庆、上海、江苏、浙江等省市通过编制绿色建筑设计标准或施工图审查要点，明确了绿色建筑的基本要求，并加以实施管理。长沙、武汉、海南除在施工图审查阶段进行重点管控外，本着因地制宜、控制增量成本、避免增加过多工作量和便于操作的原则，通过编制技术与管理文件，将绿色建筑的基本要求纳入到现行工程建设管理程序的主要阶段进行管控，建立了涉及土地出让、初步设计、规划设计、施工图设计、施工、竣工验收、运营管理全过程的管理制度，实现了绿色建筑基本要求的闭合管理。

根据最新统计显示，截至2014年底，我国取得绿色建筑标识以及通过施工图审查符合绿色建筑标准的绿色建筑项目总面积已经达到6.5亿m^2。“强制图审”与“自愿标识”两种方式相辅相成，缺一不可，已成为我国推动绿色建筑发展的“新常态”，为实现住房城乡建设部提出的2015年完成新增绿色建筑3亿m^2以上，国家绿色建筑行动方案提出的“十二五”期间完成绿色建筑10亿m^2、到“十二五”期末20%城镇新建建筑达到绿色建筑标准要求，以及中共中央、国务院《国家新型城镇化规划(2014～2020年)》提出的到2020年城镇绿色建筑占新建建筑的比重达到50%的目标提供了重要保障。

八、小结及展望

2014年我国绿色建筑取得了蓬勃的发展，呈现出了欣欣向荣的新气象。2015年随着绿色建筑行动方案的不断深化以及各级政府对绿色建筑工作开展的进一步推进，绿色建筑的发展定会展现出了新的面貌，在国家新型城镇化的浪潮中实现阶段性的目标。

（选自《中国绿色建筑年度报告2015》）

上海市建筑节能和绿色建筑政策与发展报告（2013）

第一部分 综合篇

一、绿色建筑发展

为贯彻落实《财政部 住房城乡建设部关于加快推动我国绿色建筑发展的实施意见》（财建[2012]167号）、《国务院办公厅转发发展改革委 住房城乡建设部绿色建筑行动方案的通知》（国办发[2013]1号）和《住房城乡建设部关于印发“十二五”绿色建筑和绿色生态城区发展规划的通知》（建科[2013]53号）等文件精神，上海市把推进绿色建筑发展作为建设低碳城市的重要举措，取得显著成效。

（一）发展速度平稳

上海市是国内较早开始绿色建筑评价、示范和推广应用的城市，通过政策法规、标准规范、科研创新、示范推广等系列工作，有效推动了绿色建筑评价标识工作发展，使上海市绿色建筑发展引领全国。

全国第一个绿色建筑评价标识诞生于上海，自2008年至2013年底，上海市共创建了94个绿色建筑标识项目。2013年，上海市荣获住房和城乡建设部正式公示公告的绿色建筑标识建筑项目达30个，总建筑面积253.53万平方米。总体而言，自从开展绿色建筑标识地方评审工作以来，上海市绿色建筑发展速度呈快速增长趋势。

（二）发展质量领先

在2013年度全国绿色建筑创新奖评审中，上海市在各个奖项中均有项目获奖，其中上海崇明陈家镇生态办公示范建筑荣获一

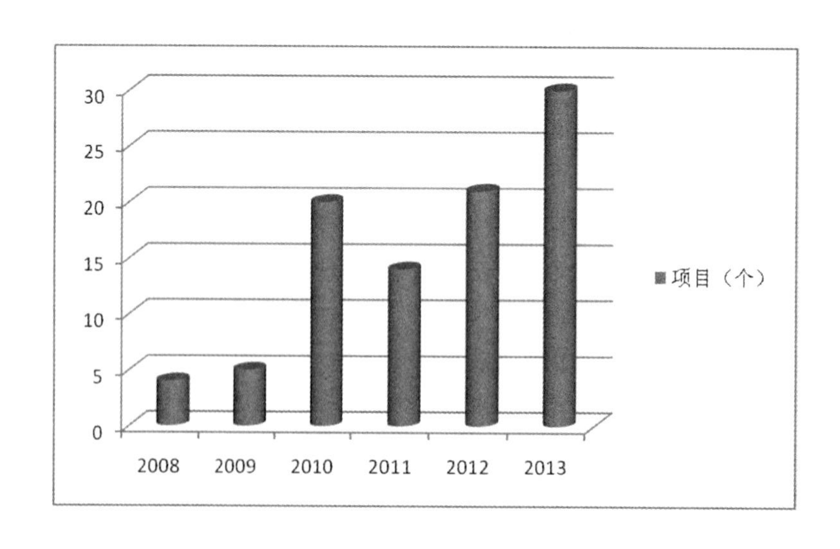

等奖，上海市委党校二期工程荣获二等奖，虹桥商务区核心区（一期）区域供能能源中心及配套工程荣获三等奖。

2013年上海市获得的30个绿色建筑评价标识项目中三星级绿色建筑项目9个，二星级项目13个，一星级项目8个，二、三星高星级绿色建筑所占比例超过70%。

（三）发展重点明确

上海市组织编制《上海市绿色建筑发展实施意见》，提出“十二五”期间创建绿色建筑面积不少于1000万平方米的总体目标。在低碳实践区和保障性住房建设中率先推进绿色建筑，因地制宜进行规划建设，启动创建一批规模化、各具特点的绿色建筑示范区域，重点指导了虹桥商务区、南桥新城开展低碳实践区的建设，并向住房城乡建设部申报国家绿色生态示范城区。

紧抓保障性住房绿色建筑的实施，发布《关于2013年在本市保障性住房建设中加快推进绿色建筑发展的通知》（沪建市管［2013］78号），完成了新开工量15%以上的保障性住房建设按照绿色建筑标准设计建造的目标。

（四）发展成果显著

2013年，上海市将绿色建筑的推进作为节能工作的重中之重，取得了3项显著发展成果。

一是健全政策制度，发布《上海市建筑节能项目专项扶持办法》（沪发改环资［2012］088号）、《上海市绿色建筑发展专项规划》，用以指导上海市绿色建筑有序、全面、健康发展。

二是完善技术体系，编制《上海市绿色建筑项目测评技术指南》、《上海市绿色养老建筑评价技术细则》（沪建交［2013］1370号），建立绿色建筑和建筑节能专家名录，规范绿色建筑项目评估工作。

三是规范市场管理，推荐一批绿色建筑技术咨询服务单位。

（五）管理架构完善

上海作为最早一批开展地方评审工作的直辖市，经过理顺关系与调整职能等系列工作，已经形成具有完整组织架构的标识评审与管理机构体系，为上海市地方绿色建筑标识评审工作提供了组织保障。

上海市城乡建设和管理委员会全面负责本市绿色建筑评价标识的管理工作，上海市建筑建材业市场管理总站指导下的绿色建筑评价标识工作办公室作为全市绿色建筑评价标识日常管理机构，负责受理一、二星级项目申报评价标识工作，开展形式审查与组织专家评审，以及登记备案、存档保管等工作，并负责上海市绿色建筑评审专家库和专业评价组的管理工作。

二、既有建筑节能改造

2012年8月国家财政部经济建设司和住房城乡建设部建筑节能与科技司联合发布《关于对2012年公共建筑节能相关示范名单进行公示的通知》（财建便函［2012］60号），将上海市列为第二批公共建筑节能改造重点城市，要求2014年8月前完成400万平方米公共建筑节能改造降耗20%的目标任务。

（一）节能改造示范项目启动有序开展

2012年9月起，上海市在完成《既有公共建筑节能改造示范城市工作方案》、《上海市公共建筑节能改造重点城市示范项目管理实施细则》和《上海市公共建筑节能改造重点城市示范项目财政补助资金管理细则》等文件编制基础上，由市建设交通委、市发展改革委、市财政局联合发布《关于组织申报上海市公共建筑节能改造重点城市示范项目的通知》（沪建交联[2013]311号）（以下简称“311号文件”），于2013年4月17日实施，明确示范项目的申报主体、目标要求、完成时间、资金安排等各项具体要求，正式启动节能改造示范工作。

（二）节能改造示范项目发展趋势良好

为贯彻落实改造重点城市示范要求，全面实施公共建筑节能改造工作，上海市从2012年9月起陆续开展相关工作，至2013年12月已储备有196万平方米的改造示范项目，且发展势头良好。2013年上海市完成既有公共建筑节能改造309.41万平方米，其中超过100万平方米的既有公建节能改造单位面积降耗达到20%以上。

（三）节能改造示范项目管理科学规范

上海市采取多项管理措施，以确保节能改造示范项目管理科学规范。一是确定上海市建筑科学研究院为既有公建节能改造示范的技术支撑单位。二是编制《申报单位承诺书》、《上海市公共建筑节能改造重点城市示范项目申报书》、《项目改造方案》等技术模板文件，以规范示范项目管理，提高示范品质。三是发布《上海市城乡建设和交通委员会关于印发<上海市公共建筑节能改造重点城市示范项目节能量审核办法（试行）>的通知》（沪建交［2013］1336号），突破性采用“等效电量”作为计量单位，科学指导对示范项目节能效果的审核。

（四）潜在节能改造示范项目挖掘科学

2013年2月开始，上海市从区县入手，组织黄浦、静安、杨浦、长宁等区县排摸公共建筑节能改造项目；从市能耗监管平台中筛选了一批重点项目，组织专家走访项目现场，了解改造内容、查看落实情况、初步核查改造后的节能效果等；结合前期大量宣贯所产生的效应，改变推进切入点，对房地产公司开展动员，扩大项目来源；动员、指导合同能源管理公司的参与，成为后续示范可靠的项目来源之一，促进节能改造示范工作实质性起步。

（五）节能改造示范项目推进机制健全

为确保节能改造示范项目有序、快速推进，本市采取多项管理举措。一是形成例会制度，本市相关委办局不定期召开联席会议，管理部门与技术支撑单位定期召开工作会议，推进示范开展。二是规范节能改造项目示范流程，建立了项目申报、评审、过程管理、验收、拨款的一整套工作流程，每个环节均做到规范透明，并且示范项目的申报是形成一批便评审一批，即报即评，不耽误业主方整体改造进度。三是优化管理流程，逐步完善技术文件，简化申报步骤，提高管理水平，加强项目实施过程中监督工作，加强检查资金使用情况。

三、可再生能源建筑应用

一直以来，本市高度重视可再生能源建筑应用工作，积极开展了可再生能源建筑应用的探索和实践，取得了显著进展与成效。

（一）应用面积稳步增长

以《上海市建筑节能条例》为依据，以《上海市可再生能源建筑应用专项规划》为指导，以《上海市建筑节能项目专项扶持办法》（沪发改环资〔2012〕088号）为激励，以可再生能源建筑一体化应用示范项目为抓手，全面推进上海市可再生能源建筑规模化应用。2013年，上海市完成可再生能源建筑应用面积456.94万平方米，超过“十一五”时期上海市可再生能源建筑应用总面积的一半，其中纳入本市建筑节能示范项目7项，涉及地源热泵、太阳能光伏发电、太阳能热水等示范类型。

（二）应用成效日益显著

2013年，上海市总共完成各类建筑节能项目1019.88万平方米，其中获得绿色建筑标识建筑30个，总建筑面积253.53万平方米，占比为24.8%；完成既有公共建筑节能改造309.41万平方米，占比为30.3%；实现可再生能源建筑应用456.94万平方米，占比最高达44.9%，应用成效日益显著；在可再生能源建筑应用示范项目中，地源热泵应用最为广泛，太阳能光伏及太阳能光热分列其后。

（三）应用扶持力度明显

近年来，上海市不断加大对建筑节能项目的资金扶持力度，2009至2011年，上海市共计安排建筑节能专项补贴资金达3.2亿元，其中用于可再生能源建筑应用的扶持资金所占比例最高为47%，新建高标准节能建筑与既有建筑节能改造分别为36%和17%。2012年，上海市安排建筑节能示范项目包含能力建设在内的各类建筑节能资金共计9857万元。2013年，上海市进一步加大资金扶持，安排建筑节能示范项目专项扶持资金共计1.99亿元，其中对可再生能源建筑应用安排市级示范补贴资金2560万元，实施情况良好。

（四）应用规范不断健全

2013年，上海市发布实施《地源热泵系统工程技术规程》（DG/TJ08-2119-2013），修编《民用建筑太阳能应用技术规程（热水系统分册）》（DG/TJ08-2004A-2006），在编《可再生能源检测系统应用技术规程》，进一步健全了上海市可再生能源建筑应用标准体系，为上海市可再生能源应用的持续推广提供了有力保障。

四、建筑能耗监管系统建设

（一）“1+17+1”能耗监测体系逐步完善

根据《上海市人民政府印发关于加快推进本市国家机关办公建筑和大型公共建筑能耗监测系统建设实施意见的通知》（沪府发[2012]49号）要求，在2013年度，上海市加快了推进上海市国家机关办公建筑和大型公共建筑能耗监测系统（以下简称“建筑能耗监测系统”）建设工作，建筑能耗监测市

上海市可再生能源建筑应用工程建设规范一览表　　表1

编号	名称
1	《民用建筑太阳能应用技术规程（热水系统分册）》（DG J-2004A-2006）
2	《民用建筑太阳能应用技术规程（光伏发电系统分册）》（DG/T J08-2004B-2008）
3	《民用建筑太阳能系统应用图集（热水系统分册）》（DBJT08-110A-2008）
4	《地源热泵系统工程技术规程》（DG/T J08-2119-2013）
5	《可再生能源检测系统应用技术规程》（在编）
6	《可再生能源建筑应用运营维护技术规程》（在编）

级平台（以下简称“市级平台”）功能升级工作正在有序开展；4个建筑能耗监测区级平台（以下简称“区级平台”）已完成建设并与市级平台联网,6个区级平台准备与市级平台联网、7个区级平台也正在实施建设和完善；1个市级机关办公建筑能耗平台（以下简称“市级机关平台”）建设正在实施。

2013年，上海市完成528栋既有国家机关办公建筑和大型公共建筑用能分项计量装置的安装及与市级平台和区级平台的联网，467栋既有国家机关办公建筑和大型公共建筑正在实施建筑用能分项计量装置的安装。

（二）市级平台建设及运行维护重点深化

2013年，上海市将公共建筑能耗监管体系的工作重心放到推进全市楼宇分项计量系统的安装、区级平台的建设以及市级平台的后期管理和二次开发工作上。根据《上海市经济和信息化委员会关于本市国家机关办公建筑和大型公共建筑能耗监测系统建设项目的审核意见》（沪经信推［2013］316号）等文件精神要求，由市财政安排节能减排专项资金，落实市级平台建设资金，实施建筑能耗监测系统建设。同时，结合上海市能耗监测体系下一步发展需要，安排资金投入，纳入财政预算，积极开展市级平台二期扩容建设。

随着市级平台运行、维护工作量的不断加大，市建设交通委制定发布了《上海市国家机关办公建筑和大型公共建筑能耗监测平台管理暂行办法》、《上海市国家机关办公建筑和大型公共建筑能耗监测平台二期开发实施方案》等，加强上海市国家机关办公建筑和大型公共建筑节能管理，确保建筑能耗监测系统高效运行。2013年，上海市安排专项资金，组织开展建筑能耗监测系统运行服务项目，以确保建筑能耗监测系统正常运行、实现被监测能耗动态数据统计分析目标、各项功能完善以及相关培训和咨询等工作。

（三）区级能耗监测平台建设稳步推进

为加快各区县建筑能耗监管平台的建设，尽快完善健全上海市“1+17+1”建筑能耗监测平台体系，上海市制定发布了《关于印发<上海市国家机关办公建筑和大型公共建筑能耗监测系统区（县）级平台验收技术要求>的通知》（沪建节办［2013］6号）和《关于加快上海市国家机关办公建筑和大型公共建筑能耗监测系统区（县）级平台与市级平台联网的通知》（沪建节办［2013］7号）等文件，有效促进了区县平台建设和数据联网传输。目前浦东新区、普陀、崇明、嘉定等多个区县已完成区级平台的验收并投入运行。

（四）能源审计与能效测评有序进行

1.能效测评

2011年1月1日起施行的《上海市建筑节能条例》第十二条规定：“新建以及实施节能改造的国家机关办公建筑和大型公共建筑竣工验收后一年内，建设单位应当委托建筑能效测评机构进行能效测评，并根据能效测评结果在建筑的明显位置张贴能效测评标识。”

目前上海市主要通过政府采购方式由9家能效测评机构对上海市建筑节能示范项目进行测评，2013年度完成24个示范项目，建筑面积192.56万平方米。非示范项目由建设单位根据项目所属区（县）建设主管部门要求自行委托机构测评。2013年，上海市9家能效测评机构申报的70栋建筑获得住建部能效测评星级标识，其中三星级1栋、二星级

20栋，其余为一星级。

2. 能源审计

建筑能源审计是既有建筑实施节能改造前的必要步骤，上海市有节能潜力的既有建筑数量庞大、种类较多，目前上海市建筑能源审计项目主要可分为以下3类：

（1）由市发改委、市建交委牵头，联合市级各相关委办局公开招标的建筑能源审计服务项目，此类项目主要由上海市公布的16家建筑能源审计机构承担。

（2）由各区（县）、委托管理单位及其他有需求的委办局自行招标或采购的建筑能源审计项目，此类项目大部分由16家机构承担。

（3）有改造需求的业主单位自行开展的建筑能源审计项目，此类项目参与机构数量众多，水平参差不齐。

2013年市级建筑能源审计项目因故未进行招标，已由各区（县）对189栋国家机关办公建筑和大型公共建筑开展了能源审计。

五、宣传培训及监督管理

（一）建筑节能社会宣传增强

一是多次举办能效测评机构、能源审计机构能力培训和大型公共建筑用能分项计量系统建设培训等，提高从业人员专业素质。二是圆满完成第九届“国际绿色建筑与建筑节能大会暨新技术与产品博览会”。三是成功策划、举办了2013年上海市建筑节能宣传周活动。四是召开了既有公共建筑节能改造新闻通气会，进一步扩大宣传面，推广成功改造的经验，鼓励社会参与。五是组织开展对区县建筑节能业务的专项培训，通过组织建筑节能工作考察、建筑节能标准宣贯等多种方式，提高区县建筑节能工作人员的业务水平和管理能力。

（二）节能改造重点城市示范建设宣传启动

在“311号文件”下发后，上海市一方面加强宣贯，联合区县，组织召开推进上海市公共建筑节能改造重点城市的宣贯会议，动员区县节能改造项目申报示范。另一方面，立即组织开展相关宣传、培训工作：一是对上海市合同能源管理公司宣讲改造示范的政策和要求；二是组织相关行业协会、能源审计单位、能效测评单位开展培训；三是召集项目单位，召开政策宣贯、示范申报的动员会议；四是利用上海市节能宣传周，通过建筑节能改造相关的宣传展板等，向新闻媒体介绍上海市节能政策的新动向；五是召开既有公共建筑节能改造新闻通气会等，鼓励社会参与。以上宣贯、培训会议次数超过30次。另外还在报刊上刊登了关于上海市公建节能改造重点城市示范和申报的具体要求，加强社会宣传。

（三）建筑节能市场监管强化

为进一步加大《上海市建筑节能条例》贯彻执行力度，根据《关于开展六层以下新建住宅项目安装太阳能热水系统专项检查的通知》（沪建节办［2013］4号），对全市6层及以下的新建住宅项目太阳能热水系统安装和使用情况进行现场检查，召开通报会，发布《关于六层以下新建住宅项目安装太阳能热水系统专项检查的情况通报》（沪建建管［2013］37号），对没有按照条例规定实施的项目进行通报批评，并要求整改。通过开展系列专项检查，曝光了一批违规项目及相关各方，威慑违规者，强化条例执行力度。对于检查反映出的问题，通过及时出台相关管理措施和修编相关工程建设标准予以解决。

（四）建筑节能服务市场推进深化

一是根据《上海市民用建筑能效测评标识管理实施细则》和《上海市民用建筑能效测评机构管理实施细则》要求，对上海市9家民用建筑能效测评机构和16家建筑能源审计机构进行年度考核，规范建筑节能服务市场的管理，促进市场长效、健康、稳定发展。二是引进合同能源管理服务机制，目前已有备案的节能服务公司285家，累计实施合同能源管理项目1300余个，节能超过60万吨标煤。2013年上海市公共建筑节能改造重点城市的30余个申报项目中，有三分之二的节能改造实现了合同能源管理模式。三是形成绿色建筑咨询机构推荐机制，提高绿色建筑建设市场企业的服务水平，保证绿色建筑质量。四是建立节能服务机构专业培训机制，不定期组织市场节能服务机构参与标准宣贯、专题培训，加强分项计量服务机构的技术指导。

第二部分 政策篇

六、绿色建筑发展政策

为贯彻落实《财政部 住房城乡建设部关于加快推动我国绿色建筑发展的实施意见》（财建［2012］167号）、《国务院办公厅转发发展改革委 住房城乡建设部绿色建筑行动方案的通知》（国办发〔2013〕1号）和《住房城乡建设部关于印发“十二五”绿色建筑和绿色生态城区发展规划的通知》（建科［2013］53号）等文件精神，上海市制定了绿色建筑发展措施，完善了绿色建筑专项资金支持政策，编制了绿色建筑设计地方标准，把推进绿色建筑发展作为建设低碳城市的重要举措。

一是编制出台了《上海市绿色建筑发展专项规划》，明确了全市绿色建筑总体推进的目标、重点和措施。

二是修订出台《上海市建筑节能项目专项扶持办法》（沪发改环资［2012］088号），新增绿色建筑示范项目内容和资金补贴。

三是发布《上海市保障性住房绿色建筑（一星级、二星级）技术推荐目录》（沪建市管［2012］127号），逐步建立适合上海市气候特点的保障性住房绿色建筑的运作机制。

四是在市建设交通委、市发展改革委联合上报国家住房城乡建设部《关于报送<上海市绿色建筑行动实施方案>的报告》（沪发改环资［2013］077号）以及《关于贯彻落实国务院办公厅转发<绿色建筑行动方案>的工作情况专报及杨雄市长的批示》（沪府批［2013］5317号）的基础上，会同相关委办局拟定了《上海市绿色建筑发展实施意见》（报批稿），提出“十二五”期间创建绿色建筑面积不少于1000万平方米的总体目标。

七、既有建筑节能改造政策

上海市在2012年8月被住房城乡建设部列为国家第二批公共建筑节能改造重点城市后，进一步深入开展既有建筑节能改造相关政策制定完善工作。

一是进一步加大资金激励，实施了《上海市建筑节能项目专项扶持办法》（沪发改环资［2012］088号），新增绿色建筑、整体装配式住宅、既有民用建筑外窗或外遮阳节能改造等示范内容，补贴资金也由每平方米50元调整到每平方米60元，扩大扶持面，加大扶持力度，以试点示范带动市场发展。

二是由市建设交通委、市发展改革委、市财政局、市卫计委、市旅游局、市教委、市商务委等相关委办局多次交流会议，具体研究编制了《既有公共建筑节能改造示范城市工作方案》、《上海市公共建筑节能改造重点城市示范项目管理办法》和《上海市公共建筑节能改造重点城市示范项目财政补助资金管理办法》。

三是由市建设交通委、市发展改革委、市财政局联合发布《关于组织申报上海市公共建筑节能改造重点城市示范项目的通知》（沪建交联［2013］311号），于2013年4月17日实施，明确了示范项目的各项具体要求。“311号文件”对上海市公共建筑节能改造示范项目提供了较大幅度的政策优惠，中央资金按照每平方米20元的标准进行补贴，上海市财政给予每平方米15～20元的配套（其中，采用合同能源管理模式实施的公共建筑节能改造示范项目按每平方米20元进行补助），综合起来，补贴达到每平方米35～40元。

四是下发了《关于开展2013年度第一批本市大型公共建筑用能分项计量装置安装项目市级资金扶持申报工作的通知》（沪建市管［2013］101号）以及《关于开展2013年度第二批本市大型公共建筑用能分项计量装置安装项目市级资金扶持申报工作的通知》（沪建市管［2013］140号），进一步扩大用能分项计量系统专项资金扶持政策的受益面。

五是印发了《关于印发<上海市公共建筑节能改造重点城市示范项目节能量审核办法(试行)>的通知》（沪建交［2013］1336号），进一步规范示范项目管理，确保节能改造的实施质量和改造效果。

六是进行《既有公共建筑节能改造重点城市示范项目管理办法和资金管理使用办法》、《既有公共建筑节能改造重点城市示范项目流程及监管模式》研究，确保既有公共建筑改造的工作质量和有序推进。

八、可再生能源建筑应用政策

依据《上海市建筑节能项目专项扶持办法》（沪发改环资［2012］088号）对政府扶持的建筑节能范围进行了具体明确分类，其中第二类指太阳能、浅层地热能等可再生能源与建筑一体化的居住建筑或公共建筑示范项目，明确指出对使用一种可再生能源的，居住建筑建筑面积5万平方米以上，公共建筑建筑面积2万平方米以上；使用两种以上可再生能源的，居住建筑面积4万平方米以上，公共建筑面积1.5万平方米以上的可申请补贴。同时，该文件还明确对可再生能源建筑应用项目的补贴办法：对符合支持范围的项目，每平方米补贴60元；对单个项目同时具备支持范围中两个或两个以上条件的，只能享受其中一项补贴；单个项目补贴总额不超过600万元；已从其他渠道获得财政资金支持的项目，不得重复申报，国家明确要求地方资金配套的项目除外。

上海市建筑节能示范项目申报对可再生能源建筑应用的技术要求进行了明确：太阳能光热建筑一体化项目，太阳能热水全年保证率应不低于45%，集热器集热效率应不低于50%。太阳能光伏建筑一体化项目，装机容量应不低于50kWp；单晶硅组件效率应不低于16%，多晶硅组件效率应不低于14%，非晶硅薄膜组件效率应不低于6%。地源热泵建筑一体化项目，埋管式土壤源、污水源系统COP（含主机源侧和输送侧耗电量）应不低于3.4；地表水源热泵系统COP（含主机源侧和输送侧耗电量）应不低于3.5。公共建筑中地源热泵制冷量应不低于项目总制冷能力的33%。埋管式土壤源热泵系统应有土壤冬夏季的热平衡措施。

同时，规定对符合资金扶持条件的示范项目，经市节能减排办确认，向市财政局申请分两期拨付批准资金，其中首期拨付50%；项目竣工后，经测评、评审、批准后，再拨付50%。

九、建筑能耗监测系统建设政策

自2010年被住房城乡建设部列为第三批国家机关办公建筑和大型公共建筑能耗监测平台建设示范城市以来，上海市国家机关办公建筑和大型公共建筑能耗监测平台于2012年7月顺利通过验收，为政府坚持节能长效管理提供有力抓手。

为贯彻落实上海市能耗监测平台建设工作，市人民政府印发了《关于加快推进本市国家机关办公建筑和大型公共建筑能耗监测系统建设的实施意见》（沪府发［2012］49号）的通知，市发展改革委、市建设交通委和市质量技术监督局联合印发了《关于本市大型公共建筑节能示范项目安装用能分项计量装置规定的通知》（沪建节办［2011］2号）和《关于印发＜上海市国家机关办公建筑和大型公共建筑用能分项计量装置安装项目市级资金扶持申报指南＞等五个文件的通知》（沪建交联［2012］1056号）等政策性文件。

上海市修订并发布强制性规范《公共建筑用能监测系统工程技术规范》（DGJ08-2068-2012），新编并发布《公共建筑能源审计标准》（DG/TJ08-2114-2012 ）等技术性文件，以推动、规范能耗监测系统建设工作。基于对平台建筑能耗数据的分析，上海市颁布实施了《市级机关办公建筑合理用能指南》（DB31/T 601-2011）、《市级医疗机构建筑合理用能指南》（DB31/T 553-2012）、《星级饭店建筑合理用能指南》（DB31/T 551-2011 ）、《大型商业建筑合理用能指南》（DB31/T552-2011）等地方标准，在编《高等学校建筑合理用能指南》和《综合办公建筑合理用能指南》，促进上海市公共机构建筑节能工作的有序推进。

第三部分 技术篇

十、科研成果

在推进上海市建筑节能和绿色建筑发展科研工作方面，上海市依托科研院校、企业单位、协会等力量，形成研发合力，围绕建筑节能工作的重点和难点，积极开展大量课题研究，如“可再生能源建筑应用项目运营评估研究”、“国家机关办公建筑和大型公共建筑节能监管平台管理与信息披露制度研究”、“基于民用建筑节能设计标准的软件研究与保障性住房建设中绿色建筑关键技术研究”“用于绿色建筑的建材评价方法研究”、“用于绿色建筑的建材评价指标体系研究”等。

积极探索上海民用建筑碳交易实施机制研究。作为全国碳交易试点首批城市，尝试开展民用建筑碳排放权交易制度建设，构建民用建筑领域碳排放交易机制框架，促进试点先行。

大力推进既有公共建筑节能改造示范城市项目管理和技术等研究，主要是项目管理和资金管理办法研究、既有公共建筑节能改造流程及监管模式研究，促进示范项目的顺利开展。

深入开展上海市绿色建筑集中示范区指标体系的研究，以上海市8个低碳实践区、7个郊区新城和6个重点工程为基础，因地制宜启动创建一批各具特点的绿色、低碳、生态示范区域。

圆满完成了公共建筑、居住建筑两款节能设计软件的研发和试用，统一全市建筑节能设计软件，加强建筑节能信息的汇总。

十一、标准规范

（一）绿色建筑标准规范进一步完善

在充分利用已有的绿色建筑相关国标、行标、地标的基础上，上海市积极开展《公共建筑绿色设计标准》（报批稿）、《住宅建筑绿色设计标准》（报批稿）、《上海市绿色建筑项目测评技术指南》、《绿色养老建筑评价技术细则》等标准规范编制工作。

颁布实施工程建设规范《绿色建筑评价标准》（DGTJ08-2090-2012），提出适合上海地方气候特征的绿色建筑评价方法，为绿色建筑的全面发展提供技术支撑。

完成《上海市绿色建筑测评技术指南》的编制，明确和规范绿色建筑示范项目的测评指标和测评方法，为绿色建筑的技术应用和工程实践服务。指导上海市绿色建筑示范项目工作的开展，并对全市9家建筑能效测评机构开展了相关培训工作。

完成绿色建筑网上申报系统的开发，绿色建筑项目备案资料格式文本依据上海市《绿色建筑评价标准》修改完成，进一步规范、优化上海市绿色建筑评价管理流程。

通过系列标准的颁布实施闭合了公共建筑和居住建筑从源头设计、建造（或中期改造）到后期评估的标准链，提高了技术要求，保证了工程质量，节能、绿色措施切实落地。

（二）建筑节能标准体系进一步健全

编制出台并实施《公共建筑节能设计标准》（DGJ08-107-2012）；修编《既有建筑节能改造技术规程》（DG/T J08-2010-2006），拆分成居住建筑和公共建筑两册，《既有公共建筑节能改造技术规程》（DG/TJ 08-2137-2014）修编与节能改造示范城市技术需求紧密结合。

创建上海市“3+3”的节能标准体系，即完成《公共建筑节能设计标准》（DGJ08-107-2012）、《公共建筑绿色设计标准》、《既有公共建筑节能改造技术规范》（DG/TJ08-2137-2014）以及《居住建筑节能设计标准》(DGJ08-205-2011)、《住宅建筑绿色设计标准》、《既有居住建筑节能改造技术规范》（DG/T J08-2136-2014）的编制和实施。特别是《公共建筑绿色设计标准》和《住宅建筑绿色设计标准》实施后，不仅能为2014年政府投资的公益性建筑和保障房全面执行绿色建筑提供技术支撑，更从源头上改善绿色建筑评价模式，优化评价流程。

汇编、出版《可再生能源建筑应用工程施工工法》、《保障性住房绿色建筑技术指南》、《上海市国家机关办公建筑和大型公共建筑能耗监管体系建设文件汇编》等施工工法、技术指南和政策文件等。

十二、技术推广目录

（一）技术推广目录不断丰富

在2012年发布实施的《上海市建筑节能窗技术推荐目录（2012版）》、《上海市建筑遮阳推广技术目录（第一批）》、《上海市保障性住房绿色建筑（一星级、二星级）技术推荐目录》基础上，2013年又完成编制并发布了《上海市建筑遮阳推广技术目录(2013年版)》，在编《太阳能热水系统技术推广目录》。通过技术推广目录发布，引导建设各方选择技术成熟、企业信誉良好的各类系统，从而保证项目的质量。

（二）技术标准目录逐步健全

2013年上海市进一步加大工作力度，全力推进建筑节能和绿色建筑相关技术标准编制工作，全年共完成55项相关技术标准规程编制工作，另外还有13项建筑节能标准规程正在编制过程中。通过建立健全上海市建筑节能和绿色建筑技术标准体系，为上海市建筑节能和绿色建筑持续推广和发展提供了有力保障。

第四部分 项目篇

十三、上海市建筑节能和绿色建筑示范项目

（一）2013年度上海市立项建筑节能示范项目

2013年，上海市共落实11个建筑节能示范项目，10个为公共建筑，1个为居住建筑，总建筑面积为57万平方米。

其中绿色建筑示范项目2个，分别为上海崇明生态办公建筑、上海市城市建设投资开发总公司企业自用办公楼，总建筑面积为2.7万平方米，占全部示范项目总面积的4.7%。

可再生能源建筑一体化应用项目7个，分别为红星国际广场家居商场、上海国际航运服务中心西块工程、上海宝山宜家家居有限公司太阳能光伏建筑一体化项目、定水路B块商办楼（东方城市大厦）、汇丰凯苑公寓式酒店（配套商业）、宛平南路88号地块项目E栋办公楼、浦江镇128-3地块商品房项目，总建筑面积50万平方米，占全部示范项目总面积的87.7%。

既有公共建筑节能改造项目1个，为永新广场既有建筑节能改造项目，建筑面积2.41万平方米，1个既有公共建筑改窗项目为大众大厦外立面（改造）工程，建筑面积为2.3万平方米，占全部示范项目总面积的7.6%，其中改窗面积为0.24万平方米。

（二）2013年度上海市验收建筑节能示范项目

2013年，对已经竣工完成的建筑节能示范项目共验收28个，总建筑面积达196.2万平方米，主要是新建高标准节能建筑项目（按65%或高于65%节能标准设计和建造的新建居住建筑和公共建筑）、既有建筑节能改造项目（按节能50%标准设计与施工的既有住宅和公共建筑改造项目）、可再生能源建筑应用项目（太阳能光热，土壤源热泵等可再生能源与建筑一体化的新建民用建筑）。

其中，新建高标准节能示范项目15个，其中公共建筑项目1个、居住建筑项目14个，占示范项目总数的54%，总建筑面积为138.8万平方米，占示范项目总建筑面积的71%。

既有建筑节能改造示范项目5个，其中公共建筑项目4个、居住建筑项目1个，占示范项目总数的18%，总建筑面积为22.8万平方米，占示范项目总建筑面积的12%。

可再生能源建筑应用示范项目8个，其中公共建筑项目4个、居住建筑项目4个，占示范项目总数的28%，总建筑面积为34.6万平方米，占示范项目总建筑面积的17%。

（三）2013年度上海市绿色建筑评价标识项目

2013年，上海市获得绿色建筑标识项目30个，总建筑面积253.53万平方米，二、三星高星级绿色建筑所占比例超过70%。其中获得绿色建筑标识的住宅建筑项目14个，公共建筑项目16个。

在2013年上海市获得的30个绿色建筑标识项目中，获得三星级绿色建筑标识项目有9个，所占比重达30%。其中7个为公共建筑项目，2个为住宅建筑项目。

2013年上海市获得二星级绿色建筑标识项目有13个，占全年绿色建筑标识项目总数的43.3%。其中，公共建筑项目和住宅建筑项目数量基本相当，分别为6个和7个。

2013年上海市获得一星级绿色建筑标识项目有8个，占全年绿色建筑标识项目总数的26.7%。其中，住宅建筑项目为5个，公共建筑项目为3个。

十四、公共建筑节能改造重点城市示范项目

2013年，列入上海市公共建筑节能改造重点城市示范项目15个，总建筑面积78.81万平方米。

其中，通过专家评审，纳入2013年第一批示范的上海市公共建筑节能改造重点城市示范项目有4项，分别是上海新世界丽笙大酒店综合节能改造、上海奥林匹克俱乐部综合节能改造、上海云洲古玩城综合节能改造、兆丰世贸大厦综合节能改造，总建筑面积为15.11万平方米，占2013年全部示范项目总面积的19%。

通过专家评审，纳入2013年第二批示范的上海市公共建筑节能改造重点城市示范项目有4项，分别是上海斯格威铂尔曼大酒店合同能源管理节能改造项目、上海交通大学医学院附属仁济医院（东院）中央空调机房设备及控制系统节能改造项目、青松城大酒店节能改造项目、虹口世纪大酒店节能综合改造项目，总建筑面积29.27万平方米，占2013年全部示范项目总面积的37%。

通过专家评审，纳入2013年第三批示范的上海市公共建筑节能改造重点城市示范项目有7项，分别是上海龙之梦大酒店综合节能改造、上海西郊宾馆综合节能改造、上海大学宝山校区图书馆建筑节能改造工程、上海大学宝山校区建筑节能综合改造一期工程、上海电力学院节能型校园公共建筑节能改造技术与示范（杨浦南、北校区）、上海市和颐酒店节能综合改造项目、安科瑞电气股份有限公司合同能源管理节能改造项目，总建筑面积34.43万平方米，占2013年全部示范项目总面积的44%。

附录一：

2013年度上海市立项建筑节能示范项目汇总表

序号	项目名称	建筑类型	示范类型	建筑面积（万㎡）
1	永新广场既有建筑节能改造项目	公建	按50%节能标准设计	2.41
2	红星国际广场家居商场	公建	地源热泵	8.4
3	上海国际航运服务中心西块工程	公建	地源热泵	10.3
4	上海宝山宜家家居有限公司太阳能光伏建筑一体化项目	公建	太阳能光伏发电	10.46 （发电容量175kwp）
5	大众大厦外立面（改造）工程	公建	既有公共建筑外窗改造	2.3 （改窗2448m2）
6	定水路B块商办楼 （东方城市大厦）	公建	地源热泵	2.69
7	汇丰凯苑公寓式酒店（配套商业）	公建	地源热泵	1.65
8	宛平南路88号地块项目E栋办公楼	公建	地源热泵	2.8
9	上海崇明生态办公建筑	公建	绿色建筑三星运行标识	0.5117
10	上海市城市建设投资开发总公司企业自用办公楼	公建	绿色建筑三星设计标识	2.19
11	浦江镇128-3地块商品房项目	居建	太阳能热水	13.87

附录二：

2013年度上海市验收建筑节能示范项目汇总表

序号	示范年份	项目名称	建筑类型	示范类型	建筑面积（万㎡）
1	2009	外滩源33号改造项目	公建	可再生能源	2
2	2009	绿地翡翠国际广场三号楼	公建	新建高标准	3.74
3	2010	香水湾别墅	居建	可再生能源	7.56
4	2010	国信世纪海景园	居建	新建高标准	5.69
5	2010	上海中冶职工医院门急诊综合楼改扩建工程	公建	可再生能源	2.9
6	2010	东华大学教学大楼改造工程	公建	既有建筑改造	2.66
7	2010	绿地金山名邸	居建	新建高标准	6.58
8	2010	张江集电港三期北块（天之骄之创业公寓）9号楼	居建	可再生能源	1.83
9	2011	银河宾馆节能改造工程	公建	既有改造	7.14
10	2011	徐汇中凯城市之光名邸	居建	新建高标准	6.86
11	2011	创新家苑	居建	新建高标准	7.23
12	2011	馨越公寓(普陀区上粮二库地块公共租赁房工程)	居建	新建高标准	20.57
13	2011	虹桥宾馆节能改造工程	公建	既有改造	5.015
14	2011	宜家家居上海北蔡商场	公建	可再生能源	4.16
15	2012	兆丰世贸大厦	公建	既有建筑	3.94

续表

序号	示范年份	项目名称	建筑类型	示范类型	建筑面积（万m²）
16	2012	上海浦东花木四季雅苑小高层内外装修工程	居建	既有建筑	4.05
17	2012	新城明月苑	居建	新建高标准	13.37
18	2010	上海龙湖郦城项目	居建	新建高标准	12.54
19	2012	中冶祥腾宝月花园	居建	新建高标准	7.97
20	2010	西郊百丽苑	居建	可再生能源	5.84
21	2010	绿地经济适用房南翔基地项目	居建	新建高标准	10.24
22	2010	大华清水湾花园三期	居建	新建高标准	8.89
23	2010	兴国宾馆可再生能源建筑应用项目	公建	可再生能源	2.2
24	2011	上海市金山区E21地块(海滨新城)一期	居建	新建高标准	6.69
25	2012	沪嘉北A块保障性住房项目（荣和家园）	居建	新建高标准	8.39
26	2011	一品漫城二期、三期	居建	可再生能源	8.1
27	2012	新城忆华里一期	居建	新建高标准	7.3
28	2012	绿地岛语树雅苑	居建	新建高标准	12.7

附录三：　　2013年度上海市绿色建筑评价标识项目汇总表

序号	项目名称	建筑类型	标识星级
1	上海万科地杰国际城B街坊7-14号楼	住宅建筑	★★★
2	朗诗·未来树1-24号楼	住宅建筑	★★
3	上海地产馨越公寓	住宅建筑	★
4	创新家苑	住宅建筑	★
5	浦东新区唐镇1号区级动迁基地W18-6街坊经适房项目	住宅建筑	★
6	上海融真钢铁国际贸易中心总部商务楼A3、B5楼	公共建筑	★
7	上海融真钢铁国际贸易中心总部商务楼B2楼	公共建筑	★★
8	上海瑞虹新城三期6号地块1～3、5～11号楼	住宅建筑	★★
9	上海斜土街道107街坊龙华路1960号地块（南块）高层住宅	住宅建筑	★★
10	上海创智天地嘉苑	住宅建筑	★★
11	上海新江湾城C4-P2地块1号楼	公共建筑	★★
12	上海新江湾城C4-P2地块2～16号楼	住宅建筑	★★
13	上海新江湾城24－7地块1、2号楼办公开发项目（创智天地科技中心）	公共建筑	★
14	上海嘉定区城北大型经济适用房南块（1、3号地块）1～12号楼	住宅建筑	★
15	上海嘉定区城北大型经济适用房南块（2、4号地块）1～11号楼	住宅建筑	★

续表

序号	项目名称	建筑类型	标识星级
16	虹桥商务区核心区（一期）06地块D17街坊商住楼（酒店）	公共建筑	★★
17	上海张江中区B-3-6地块研发楼	公共建筑	★★★
18	上海万荣路1268号产业建设项目A、B楼	公共建筑	★★
19	上海浦江瑞和城五期25～29号楼	住宅建筑	★★
20	上海建发新江湾嘉苑1～7号楼	住宅建筑	★★
21	上海市四川中路110号普益大楼	住宅建筑	★★
22	上海虹桥商务核心区九号地块III-D02-07三湘湘虹广场（办公楼）	公共建筑	★★★
23	上海虹桥新地中心项目2号楼	公共建筑	★★★
24	上海国际航运服务中心西块商办楼项目13～17号楼	公共建筑	★★★
25	上海虹桥商务区核心区（一期）06地块D19街坊西区项目D19#3办公楼	公共建筑	★★★
26	上海市卢湾区第127街坊项目（企业天地3号商业办公楼）	公共建筑	★★★
27	上海绿地新江湾名邸1～6号楼	住宅建筑	★★★
28	上海迪士尼乐园配套项目-酒店二	公共建筑	★★
29	上海城建滨江大厦	公共建筑	★★★
30	上海宝山万达广场购物中心	公共建筑	★

（上海市建筑节能办公室）

2013年度上海市国家机关办公建筑和大型公共建筑能耗监测平台能耗监测情况报告

第一章 上海市国家机关办公建筑和大型公共建筑能耗监测平台情况简介

（一）上海市国家机关办公建筑和大型公共建筑能耗监测平台基本情况

近年来，在住房和城乡建设部、财政部的统一部署和指导下，本市按照《关于加强国家机关办公建筑和大型公共建筑节能管理工作的实施意见》（建科［2007］245号）、《民用建筑节能条例》（国务院令第530号）、《公共机构节能条例》（国务院令第531号）、《关于切实加强政府办公和大型公共建筑节能管理工作的通知》（建科［2010］90号）、《关于进一步推进公共建筑节能工作的通知》（财建［2011］207号）以及《上海市建筑节能条例》、《上海市人民政府印发关于加快推进本市国家机关办公建筑和大型公共建筑能耗监测系统建设实施意见的通知》（沪府发［2012］49号）等文件要求，在市委市政府的领导下，在相关委办局的大力支持下，本市建筑节能已由单体建筑节能向区域整体节能延伸，由建筑节能建设管理向建筑节能服务产业延伸，初步形成了建筑节能政策体系、标准体系、管理体系。

本市自2007年开始对重点用能建筑进行能耗统计和能源审计，对国家机关办公建筑和大型公共建筑开展能耗监测系统的试点和示范。2010年本市被住房和城乡建设部列为国家机关办公建筑和大型公共建筑能耗监测平台建设示范城市（第三批），由此本市正式展开国家机关办公建筑和大型公共建筑能耗监测平台（以下简称“市级平台”）建设和能耗监测分项计量工作。截止到2013年末，本市已有974幢建筑纳入上传实时能耗数据名单，541幢实施能耗监测；相关数据均上传平台。

2012年7月，市级平台完成建设并通过住建部验收。通过市级平台提供大量稳定、可靠的建筑用能数据，可以为本市国家机关办公建筑和大型公共建筑节能改造提供技术支撑，为市政府坚持建筑节能长效管理提供有力抓手，促进本市建筑节能事业的发展和完成“十二五”节能减排目标。

（二）全市建筑能耗监测工作进展情况

截至2013年末，市级平台共有974幢建筑纳入上传实时能耗数据名单；其中，541幢建筑已经开始向市级平台上传建筑能耗数据。

541幢上传能耗数据的建筑中，大型公共建筑467幢、国家机关办公建筑74幢；覆盖建筑面积2262万m^2，其中大型公共建筑2127万m^2、国家机关办公建筑134万m^2。

（三）市级平台二期建设情况

市级平台二期建设正在进行中，展示厅和显示屏幕等硬件建设已经完成；监测系统软件开发已经初步完成，正在调试稳定性并不断扩展其内容与功能；随着全市建筑能耗监测工作的展开，各区县的数据正在陆续上传至市级平台。

第二章 上海市国家机关办公建筑能耗监测工作情况简介

（一）本市国家机关办公建筑能耗监测对象分布情况

截至2013年末，本市国家机关建筑能耗监测对象已覆盖17个区县。具体分布情况如表1和图2所示：

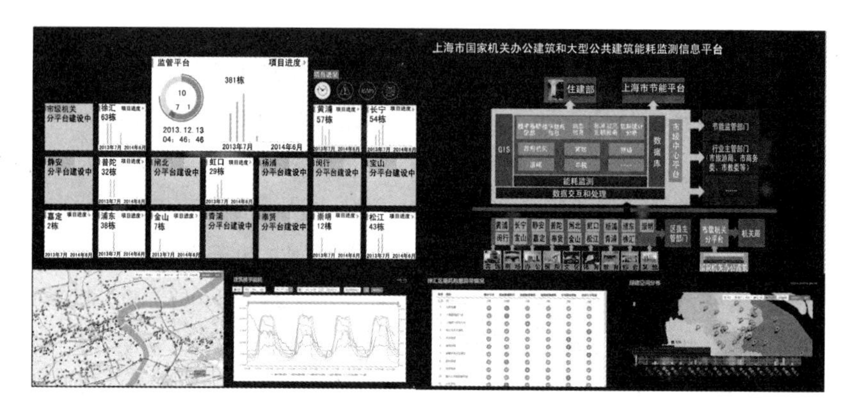

图1 上海市国家机关办公建筑和大型公共建筑能耗监测信息平台展示界面

国家机关办公建筑监测对象所属区县分布情况 表1

区县	数量（幢）	面积（m²）
宝山区	2	30470
崇明县	6	13935
奉贤区	6	45496
虹口区	5	137290
黄浦区	6	234494
嘉定区	4	136490
金山区	4	63802
静安区	3	39961
闵行区	8	66716
浦东新区	1	31696
普陀区	6	96500
青浦区	5	67780
松江区	7	90216
徐汇区	6	199806
杨浦区	1	20000
闸北区	3	23310
长宁区	1	50200
合计	74	1348162

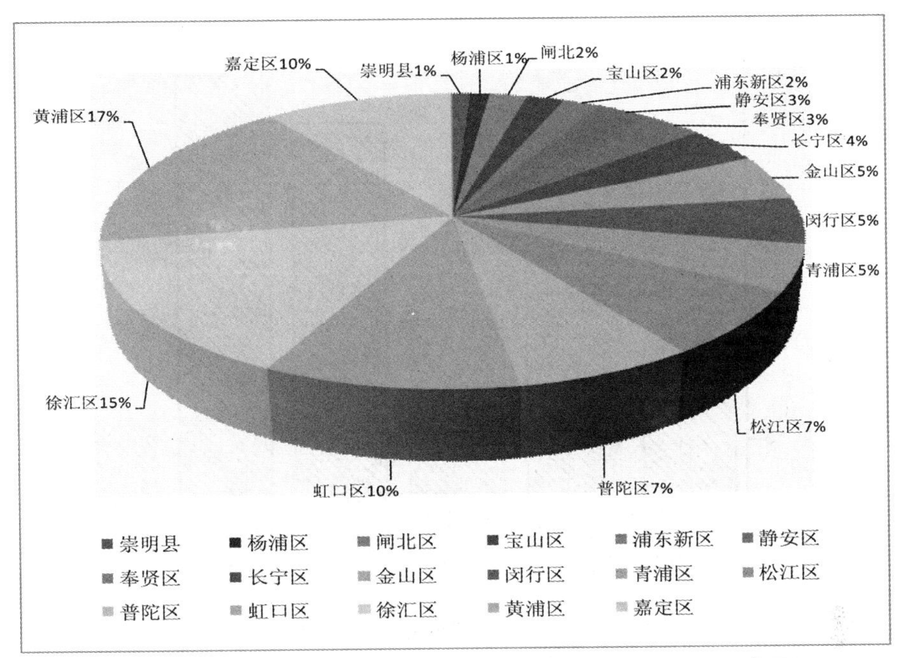

图2 2013年末各区县国家机关办公建筑能耗监测面积分布图

由本市各区县的分布情况可以看到，目前实施能耗监测的国家机关办公建筑建筑以中心城区如黄浦区、徐汇区、虹口区等为主；郊区范围中，嘉定区、松江区等占比较高。

截至2013年末，国家机关办公建筑能耗监测对象的建筑面积分布如表2和图3所示：

目前本市国家机关办公建筑能耗监测对象的体量规模主要分布于20000～40000m²，其次是10000～20000m²。

（二）本市国家机关办公建筑能耗监测数据概况

根据市级平台持续运行的数据，汇总计算2013年度本市国家机关办公建筑年度能耗为91.69千瓦时/m²。

第三章　上海市大型公共建筑能耗监测工作进展

（一）本市大型公共建筑能耗监测对象的建筑功能

本市大型公共建筑能耗监测对象按照其使用功能不同分为8个类型，即：办公建筑、宾馆饭店建筑、商场建筑、体育建筑、

2013年末国家机关办公建筑能耗监测对象建筑面积分布情况　表2

建筑面积（m²）	数量（幢）
3000以下	9
3000～6000	11
6000～10000	10
10000～20000	18
20000～40000	20
40000以上	6
合计	74

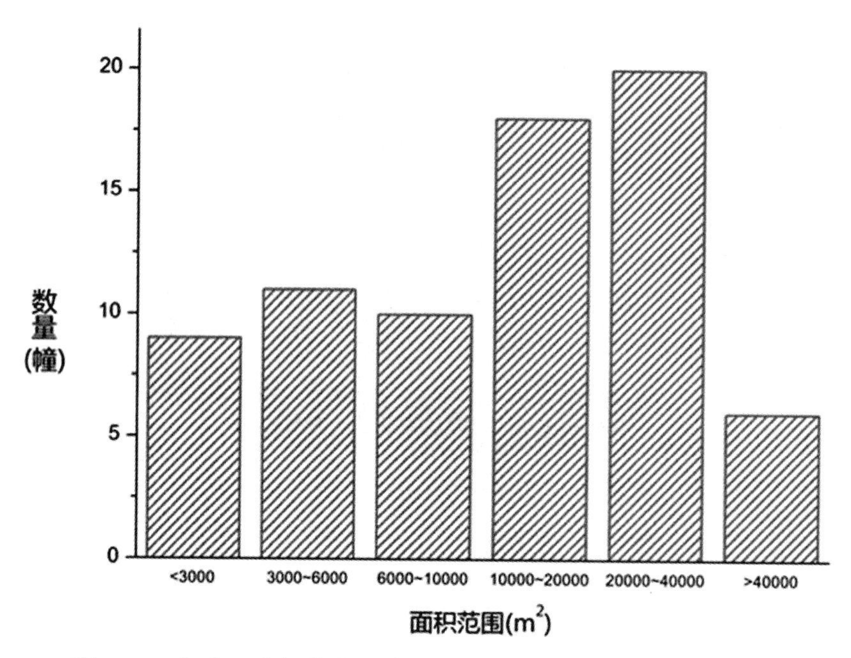

图3 2013年末国家机关办公建筑能耗监测对象建筑面积分布图

文化教育建筑、医疗卫生建筑、综合建筑和其他建筑；另有国家机关办公建筑。

截至2013年末，本市467幢大型公共建筑能耗监测对象功能分类情况如表3和图4所示：

从数量上分析，本市国家机关办公建筑占14%；大型公共建筑能耗监测对象主要为办公建筑、宾馆饭店建筑；体育建筑、医疗卫生、文化教育等建筑占比仍较低。

目前，本市大型公共建筑能耗监测对象的体量规模主要分布于20000～40000m²，其次是40000～60000m²（如图5）；图6给出了各种类型能耗监测对象的平均建筑面积，除国家机关

监测对象建筑功能分类情况　表3

序号	建筑类型	数量(幢)	数量占比	面积(m²)	面积平均值(m²)
1	办公建筑	180	33%	7127068	39595
2	宾馆饭店建筑	107	20%	4907893	45868
3	商场建筑	77	14%	2940445	38187
4	体育建筑	4	1%	207820	51955
5	文化教育建筑	20	4%	731686	36584
6	医疗卫生建筑	13	2%	449406	34570
7	综合建筑	53	10%	4206598	79370
8	其他建筑	13	2%	701522	53963
合计		467	86%	21272438	380092
* 国家机关办公建筑		74	14%	1348072	18217

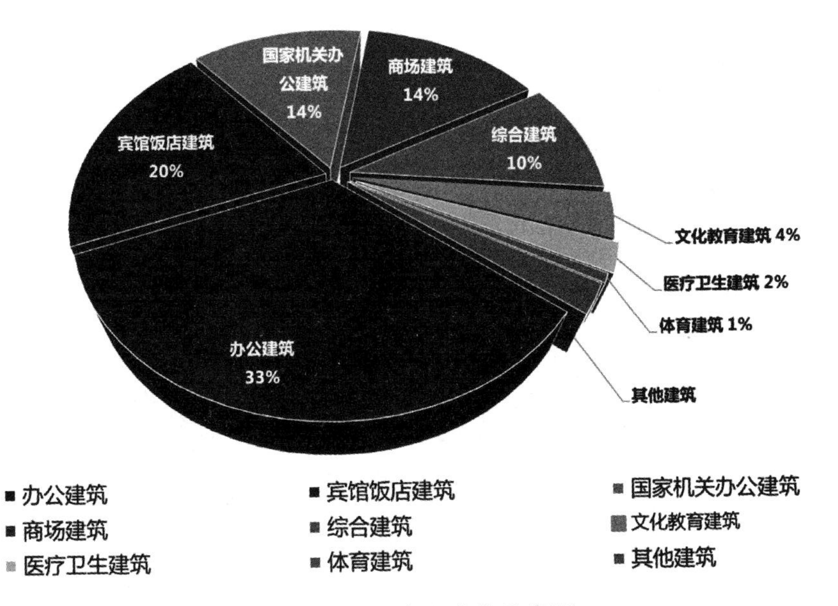

图4 监测对象建筑功能分类图

办公建筑外，综合建筑、宾馆饭店建筑的体量规模普遍较大，其平均值都高于45000m²；其他类型的大型公共建筑平均面积均高于30000m²。

（二）本市建筑能耗数据概况

根据市级平台持续运行的数据，汇总计算2013年度本市国家机关办公建筑全年能耗数据情况，可以计算本市开展建筑能耗监测的大型公共建筑能耗总体情况，如表4所示。其中，由于体育文化建筑和医疗卫生建筑样本较小，与其他建筑的能耗情况可比性较

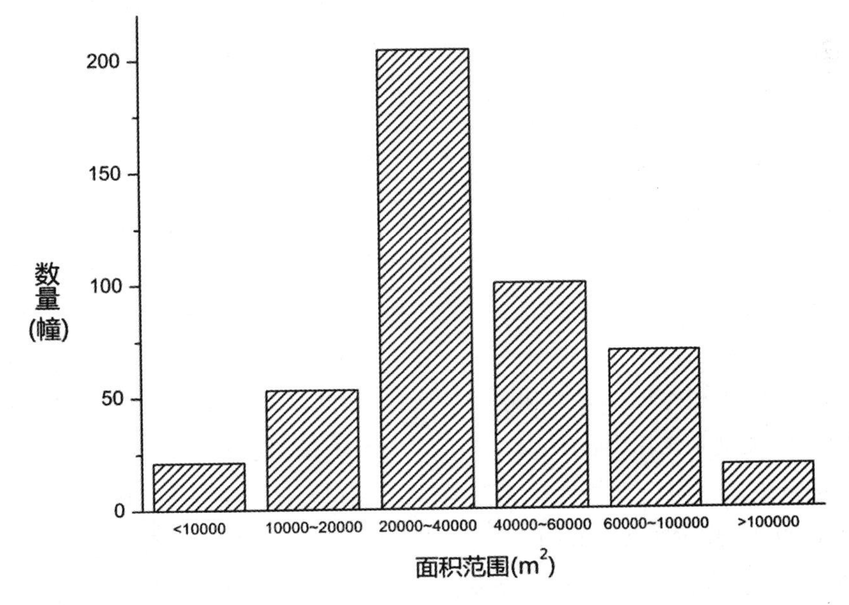

图5 2013年末大型公共建筑建筑能耗监测对象建筑面积分布图

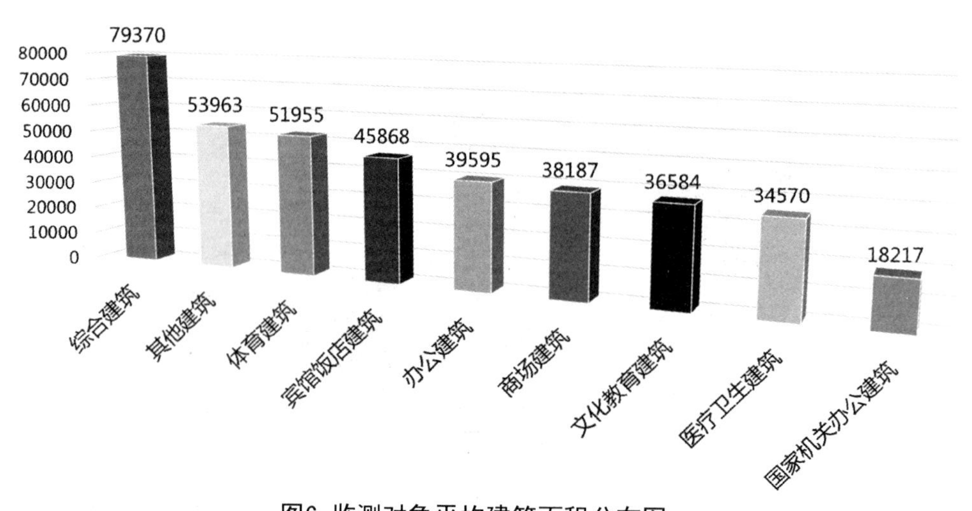

图6 监测对象平均建筑面积分布图

2013年度本市大型公共建筑全年能耗数据情况 **表4**

2013年度本市国家机关办公建筑能耗监测数据概况 （单位:千瓦时/平方米年）			
建筑类型	全年能耗	建筑类型	全年能耗
办公建筑	111.96	综合建筑	112.29
宾馆饭店建筑	124.34	体育文化建筑	72.92
其他建筑	78.05	医疗卫生建筑	55.53
商场建筑	208.75		

差，需待工作进一步推进，增加监测样本。

第四章 典型建筑类型的建筑能耗对标

（一）本市国家机关办公建筑用能对标

根据《市级机关办公建筑合理用能指南》DB 31/T550-2011规定（见表5）：

根据本报告第二章，2013年度本市国家机关办公建筑年度能耗为91.69kWh/m^2a，即27.6kgce/(m^2•a)；同时，74幢国家机关办公建筑的平均面积为18217m^2。总体样本平均值处于合理值范围内。

（二）宾馆饭店建筑能耗对标

根据《星级饭店建筑合理用能指南》（DB 31/T551-2011）规定（具体见表6）：

根据本报告第三章，2013年度本市宾馆饭店建筑年度电耗为124.34kWh/m^2a，即37.3kgce/(m^2•a)。

根据对宾馆饭店大量能源审计得出的上海地区星级饭店综合用能行业特点，电能占其综合用能比例约为70%，其余形式用能占综合能耗30%，可以推算其综合能耗为53.3 kgce/(m^2•a)。

同时，107幢宾馆饭店建筑的平均面积为45868m^2，属于四星及以上级别。对于四星级饭店，该能耗水平介于合理值与先进值之间；对于五星级饭店，能耗水平与合理值接近。

（三）办公建筑能耗对标

根据《综合办公建筑合理用能指南》（报批稿）规定（具体见表7）：

根据本报告第三章，2013年度本市办公建筑年度电耗为111.96kWh/m^2a，即33.6kgce/(m^2•a)。

同时，180幢办公建筑的平均面积为39595m^2，根据其体量规模可以判断应属于集

市级机关办公建筑合理用能指标要求 **表5**

独立办公形式的市级机关办公建筑合理用能指标要求[kgce/(m²•a)]	
类型	单位建筑面积年综合能耗
建筑面积≤2×104m²，且空气调节系统为分体空调	≤32
建筑面积≤2×104m²，且空气调节系统为集中空调	≤34
建筑面积>2×104m²，且空气调节系统为分体空调	≤36
建筑面积>2×104m²，且空气调节系统为集中空调	≤38
集中办公形式的市级机关合理用能指标要求[kgce/(m²•a)]	
不含公共部分能耗分摊、信息机房面积≤30m²且空气调节系统为集中空调	≤12
不含公共部分能耗分摊、信息机房面积>30m²且空气调节系统为集中空调	≤19
含公共部分能耗分摊，且信息机房面积≤30m²	≤26
含公共部分能耗分摊、信息机房面积>30m²且空气调节系统为分体空调	≤38
含公共部分能耗分摊、信息机房面积>30m²且空气调节系统为集中空调	≤42

星级饭店建筑合理用能指标要求 **表6**

星级饭店类型	可比单位建筑综合能耗合理值 kgce/(m²•a)	可比单位建筑综合能耗先进值 kgce/(m²•a)
五星级饭店	≤77	≤55
四星级饭店	≤64	≤48
一至三星级饭店	≤53	≤41

办公功能区建筑合理用能指标要求 **表7**

按空调系统类型分类	单位建筑综合能耗 kgce/(m²•a)	
	合理值	先进值
集中式空调系统建筑	≤47	≤33
半集中式、分散式空调系统建筑	≤36	≤25

中式空调系统建筑；因此该用能水平基本与先进值持平。

（四）建筑能耗监测与能耗对标管理应用

1. 国家机关办公建筑能耗监测数据对标计算

位于上海市黄浦区的某国家机关办公建筑2013年全年能耗如表8和图7所示：

经分析，该国家机关办公建筑2013年度能耗趋势正常，单月能耗峰值为八月的3.68 kWh/m²•a，谷值为二月全的1.00kWh/m²•a。全年能耗为30.75kWh/m²•a，即10kgce/(m²•a)，符合合理用能指南规定的先进值。

2. 宾馆饭店建筑能耗监测数据对标计算

位于上海市浦东新区的某五星级宾馆饭店建筑2013年全年能耗如表9和图8所示：

经分析，该宾馆饭店建筑2013年度能

2013年度某国家机关办公建筑全年能耗（$kWh/m^2•a$） 表8

时间	一月	二月	三月	四月	五月	六月	七月	八月	九月	十月	十一月	十二月	总计
能耗	1.98	1.00	2.75	2.57	2.49	2.26	3.41	3.68	2.92	2.84	2.34	2.51	30.75

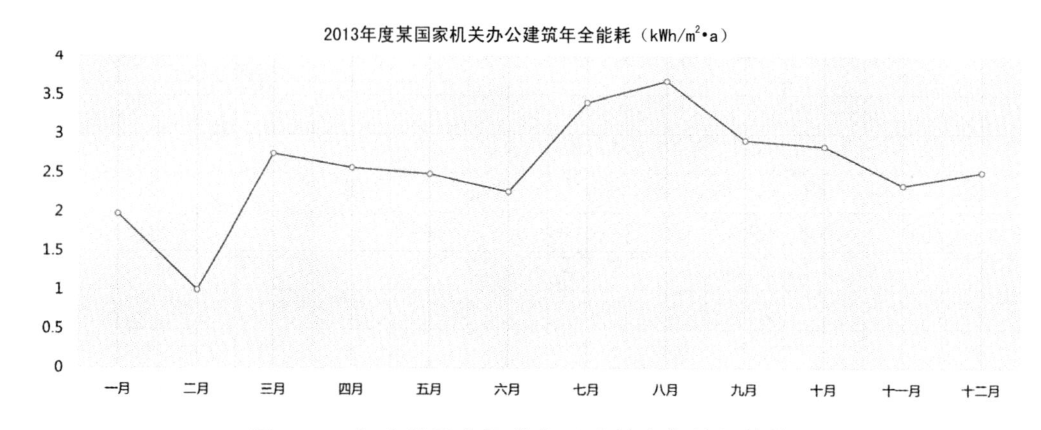

图7 2013年度某国家机关办公建筑全年能耗趋势图

2013年度某宾馆饭店建筑全年能耗（$kWh/m^2•a$） 表9

时间	一月	二月	三月	四月	五月	六月	七月	八月	九月	十月	十一月	十二月	总计
能耗	7.21	6.35	7.25	7.23	8.68	8.84	12.67	12.89	10.12	8.54	2.04	4.45	96.26

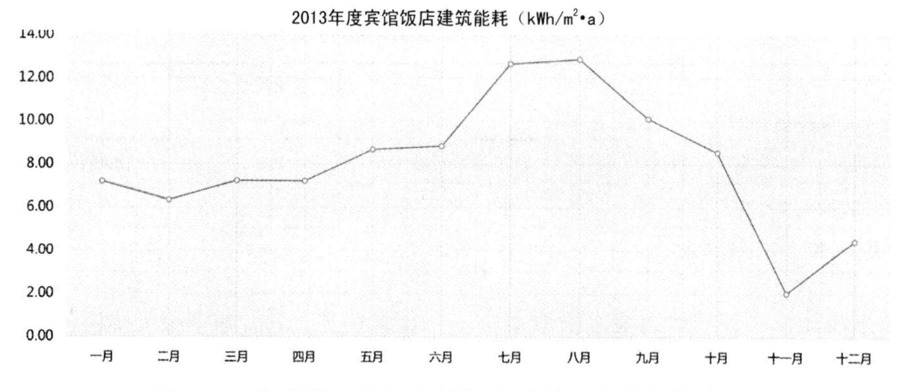

图8 2013年度某五星级宾馆饭店建筑全年能耗趋势图

耗趋势正常，单月能耗峰值为八月的12.89 $kWh/m^2•a$，谷值为十一月全的2.04$kWh/m^2•a$。全年能耗为96.26$kWh/m^2•a$，即28.78kgce/($m^2•a$)。查阅其能源审计报告，判断其用电占建筑综合用能比例约为72%，推算其2013年度综合能耗为40.0kgce/($m^2•a$)，符合五星级宾馆合理用能指南规定的先进值。

（上海市城乡建设和管理委员会，上海市发展和改革委员会）

部分省市建筑节能与绿色建筑专项检查统计

河北省

2014年，全省住房城乡建设系统围绕建筑节能重点任务，加强组织领导，落实政策措施，强化技术支撑，加强监督管理，各项工作取得较好成效。

一、新建建筑节能

各地强化了在规划、设计、施工、验收等阶段的全过程闭合管理，组织开展了建筑节能专项检查。总体上看，新建建筑较好执行了建筑节能强制性标准。2014年，预计全省新增节能建筑4000万m^2，节能建筑占现有建筑总量比率37%。实施“建筑能效提升工程”，保定市印发《提高住宅建筑节能标准实施方案》，自2014年10月1日起新建保障性住房、建筑面积10万m^2及以上的住宅小区，强制执行建筑节能75%的标准。唐山市在开展居住建筑节能75%标准示范的基础上，也于2014年10月1日起全面实施75%标准。被动式超低能耗绿色建筑示范建设加快，秦皇岛“在水一方”中德合作项目示范效应显著，省建筑科技研发中心中德合作项目竣工。全省谋划和实施的被动房项目约80多万m^2。

二、绿色建筑发展

各地均出台了绿色建筑文件，要求自2014年1月1日起政府投资建筑、2万m^2以上的公共建筑，以及省会建设的保障性住房，强制执行绿色建筑标准；秦皇岛、邯郸等市区新建建筑强制推广绿色建筑标准，秦皇岛“1+1+8”绿色建筑管理体系发挥重要作用。保定市区自去年11月1日起，政府投资建筑、2万m^2以上的公共建筑、10万m^2以上住宅小区，强制执行绿色建筑标准。沧州市狠抓大型公共建筑集中区域绿色建筑建设。

绿色建筑评价标识工作积极推进，目前已累计获得标识116个、建筑面积1348.93万m^2。石家庄、秦皇岛、保定、唐山等市走在全省前列。其中，今年以来获得标识21个、面积197.88万m^2；报部备案13项、122.03万m^2。预计全年获得标识54个、面积446.37万m^2；累计获得标识137个、面积1475.39万m^2。

三、既有居住建筑供热计量及节能改造

到10月底，完成既有居住建筑供热计量及节能改造614.8万m^2，占年度任务1000万m^2的61%。正在实施的429.6万m^2，大多处于工程收尾阶段。承德、沧州、廊坊、邯郸、辛集等市，完成年度既改任务较好。承德市营造良好的社会氛围，预计可超额完成年度既改任务，并实现100%综合改造。清苑县、丰宁县、承德县、迁安市等县（市），将既改列入政府工作内容，完成年度既改任务较好。

四、可再生能源建筑应用

2014年，全省新增可再生能源建筑应用面积1625.6万m^2，占城镇竣工建筑的41%。

13个国家级可再生能源建筑应用示范市、示范县（区）中的唐山、承德、保定、辛集、宁晋、迁安、大名、南宫、献县、平泉、清河、望都等12个市、县，已经或基本完成示范建设内容，北戴河新区绿色建筑起步区正在实施。4个省级推广示范县有序进展。21个（装机容量36.6兆瓦）列入国家光电建筑示范项目，已建成并通过验收的19个（装机容量32.1兆瓦）。邯郸、邢台两市在高层建筑中推广应用太阳能热水系统，为全省推广应用工作积累了经验、提供了借鉴。

五、公共建筑节能

省级公共建筑能耗监测平台在初步实现能耗统计数据网络传输的基础上，开始进行优化升级。唐山、保定、承德、秦皇岛、张家口等市，已建成市级中转能耗监测平台，沧州、邯郸等市正在建设之中。唐山、承德、秦皇岛、张家口、保定、邯郸等市，已开始实施能耗监测末端采集项目建设。继续开展了公共建筑节能改造工作，唐山、秦皇岛、保定等市进展情况较好。我省的8个国家级节约型校园示范建设单位，80%以上具备了验收条件。

六、建筑保温与结构一体化

辛集市在全省较早出台《辛集市人民政府关于推广应用“CL建筑体系”的通知》，建立了CL建筑体系生产基地，全市70%的建筑使用了这一新型节能技术，累计完成及在建项目达190万m^2。张家口市住建局成立了局长任组长的“CL建筑体系推广领导小组”，出台了《 关于深入推行建筑保温与结构一体化技术的通知》，全年应用一体化技术工程约63万m^2。石家庄、廊坊、定州等市，谋划建筑保温与结构一体化技术推广应用工作取得进展。在贯彻省厅《关于进一步加强建筑墙体保温工程质量管理的通知》（冀建科[2014]13号）中，各地已开始填写《建筑墙体保温工程质量责任登记表》，落实墙体保温工程质量追溯和问责机制。

（选自河北省住房和城乡建设厅《关于2014年全省建筑节能与绿色建筑行动实施情况专项检查的通报》）

广东省

2014年，各地围绕国家和省有关建筑节能与绿色建筑行动工作的部署，进一步加强组织领导，落实政策措施，强化技术支撑，加强监督管理，各项工作取得积极成效。

一、新建建筑执行节能强制性标准

根据各地上报的数据汇总，全省累计抽查工程项目超过1400次，建筑面积达到4438万m^2。对违反相关标准的26个项目下发了执法建议书，占全部检查项目的1.8%。通过加强节能验收环节的把关，2014年全省新建建筑全面执行国家强制性节能标准，执行率达到了99.6%，新增节能建筑面积约9922万m^2，约可形成93万吨标准煤的节能能力。

二、绿色建筑规模化发展

截至2014年11月份，全省绿色建筑评价标识项目新增151个，新增标识面积达1635万m^2，全省累计绿色建筑评价标识项目将超过322项，标识建筑面积超过3462万m^2，“十二五”任务完成率达86.55%。广州、深圳、佛山、东莞、清远等市绿色建筑发展工作进展较好。珠海、韶关、惠州、江门、湛江、顺德区等地也积极推进绿色建筑建设，取得一定的进展。

三、建筑能耗监测及分析能力日益完善

全省各地住房城乡建设主管部门在辖区范围内积极开展能耗统计和能效公示工作。截至2014年底，全省各地共完成了建筑节能统计5284栋，审计1183栋次，能耗公示3811栋次，对653栋建筑进行了能耗动态监测。此外，2014年全省通过住房城乡建设部民用建筑能耗统计报送系统报送有效电耗数据的民用建筑数量共19623栋，总建筑面积11808.89万㎡，总耗电量8190.29百万kWh（81.90亿kWh），全省民用建筑平均单位面积耗电量69.36kWh/（㎡•a），比2012年度的单位面积耗电量（72.13 kWh/（㎡•a））下降了3.84%。

四、既有建筑节能改造有效开展

各地继续推动大力开展合同能源管理、能效监测管理等创新，探索业主、企业、政府“三赢”的节能改造模式，有效推进了既有建筑节能改造工作。全省2014年完成既有建筑节能改造超过879万m^2，“十二五”累计完成既有建筑节能改造超过1984万m^2。广州、深圳、珠海、佛山、惠州、东莞等市改造工作进展较好。

五、可再生能源建筑应用蓬勃发展

2014年各地通过建立市级试点示范、财政激励等多种措施，扎实推动可再生能源建筑应用。截至2014年底，全省新增城镇太阳能光热应用建筑面积584万m^2，新增光伏建筑应用装机容量189兆瓦。梅州市、蕉岭县、揭西县稳步推进国家级可再生能源建筑应用示范市、县工作，已竣工建筑面积达到324万m^2，任务完成率为62%。

六、墙材革新工作继续巩固提高

全省认真贯彻落实国家发改委《关于开展“十二五”城市城区限制使用黏土制品 县城禁止使用实心黏土砖工作的通知》（发改办环资［2012］2313号）的工作要求，在完成了第一批广州等11个“限粘城市”和南澳等9个“禁实县城”的任务基础上，全力推动国家第二批“限粘”城市鹤山市等6个城市，“禁实”县城广宁县等12个县落实“限粘”及“禁实”任务。截至2014年11月，全省新型墙材占应用总量超过120亿块标准砖，超过全省墙体材料应用总量的90%，节约土地约19801亩，实现节约能源74万吨标准煤，减排二氧化碳193万吨，二氧化硫1.49万吨。

七、建筑节能宣传和培训深入开展

全省各地通过节能宣传月、交流会、座谈会、专题推介、节能宣传手册、报刊杂志等多种形式，大力宣传《节约能源法》、《广东省民用建筑节能条例》等建筑节能法律法规以及绿色建筑、既有建筑节能改造、可再生能源建筑应用等相关政策和重要意义。

（选自《广东省住房和城乡建设厅关于2014年度全省建筑节能与绿色建筑行动实施情况的通报》）

吉林省

2014年度，各级住房城乡建设部门能够认真贯彻执行国家和省有关节能减排工作部署，进一步加强组织领导，落实政策措施，加强监督管理，各项工作取得明显进步。

一、建筑节能方面

一是把好新建建筑节能关口。长春市、吉林市、磐石市建筑节能工作进展顺利，基本完成了“十二五”规划目标，全省县级以上城市及县政府所在地镇，新建居住、公共建筑严格执行吉林省建筑节能标准，设计阶段建筑节能设计标准执行率达到100%，施工阶段达到99%以上。

二是稳步推进既有居住建筑节能改造。截至2014年10月末，吉林省完成既有居住建筑供热计量及节能改造2347万m^2，超额完成任务。长春市实施既有居住建筑供热计量及节能改造641万m^2，部分工程已完工。吉林市完成既有居住建筑供热计量及节能改造230万m^2。磐石市完成22.72万m^2。

三是积极开展公共建筑节能监管体系建设及节能改造。截至目前，全省已完成170栋公共建筑能耗监测安装工作，正在施工33栋，有84栋建筑可稳定上传监测数据。全省共有三个高校列入国家示范已全部进行了专项验收。长春市建委落实了40项78.2万m^2公共建筑节能监测设施安装工作，目前已有19个项目实现了能耗数据网络采集，有21个项目正在进行网络连接及数据调试。吉林市对全市5000m^2以上公共建筑试点安装能耗监测系统终端安装23栋。在公共建筑节能改造方面，吉林市在全市开展公共建筑节能改造项目共132个，其中办公建筑节能改造108个，太阳能光热项目11个，地源热泵利用项目12个，光伏发电项目1个。

四是继续做好可再生能源应用推广工作。从2012年起，吉林省政府建立可再生能源建筑应用财政补助政策，每年安排预算2000万元用于支持示范项目建设。两年来共支持24个示范项目，示范面积120万m^2，其中棚户区改造、学校等公益性项目占示范总面积70%，拨付补助资金近4000万元。吉林市依托国家节能减排财政政策综合示范城市建设契机，加强推广可再生能源在建筑中的应用力度。实际建设太阳能真空集热管和太阳能超导平板二类太阳能光热示范项目26项，推广应用135.04万m^2；建设水源、土壤源浅层地能热泵和深层地热阶梯热泵三种地能热泵应用示范项目40个，推广应用62.48万m^2。

二、绿色建筑方面

一是逐步完善政策机制。2014年3月，吉林省住房城乡建设厅联合发改委印发了《关于加快推动我省绿色建筑发展的实施意见》（吉建发［2014］10号），进一步确定了到2015年末累计完成绿色建筑评价标识项目1000万m^2的目标，明确了各地市后两年的任务要求，长春市和吉林市均出台了相关落实文件。

二是不断加大投入力度。吉林省财政厅下发了《吉林省建筑节能奖补资金管理办法》（吉财建[2014]493号），明确了奖补范围、标准及申报条件，其中对三星级绿色建筑设计标识项目奖补25元/m^2，二星级15元/m^2。2014年吉林省财政设立建筑节能专项资金6000万元，用于补助可再生能源建筑应用示范、绿色建筑评价标识及住宅产业化项目等。

三是强制推广有序推进。长春市出台相关文件，要求各县(市)政府投资的新建公益建筑及大型公共建筑按一星级绿色建筑标准建造，并通过设计专篇、施工图审查等程序加以落实。吉林市制定了地区绿色建筑规划目标，着力打造1个绿色建筑集中示范区，重点推进南部新城绿色低碳生态新城建设，争取国家级绿色建筑示范区，并要求政府投资项目、大型公共建筑及保障性住房自2014年起执行绿色建筑标准。

四是绿色建筑评价标识项目显著增长。2014年吉林省累计完成的绿色建筑评价标识项目12项，其中一星级项目11个，三星级项目1个，标识面积122余万m^2。其中长春市完成一星级项目1个，三星级项目1个，标识面积29余万m^2；吉林市一星级项目1个，标识面积20余万m^2。

（选自《吉林省住房和城乡建设厅对2014年度乡建设部建筑节能与绿色建筑行动实施情况专项检查情况的通报》）

湖北省

一、基本情况

各检查组采取“听汇报、查资料、看现场”的方式，对各地2014年建筑节能法规政策执行情况、新建建筑节能标准执行情况、可再生能源建筑应用情况、绿色建筑发展情况、既有建筑节能改造情况、公共建筑能耗监测情况、“禁实”与新型墙材应用情况等进行了监督检查。共抽查项目101项，建筑面积245.18万㎡，其中公共建筑46项、居住建筑55项；在所抽查的项目中，保障性住房6项，可再生能源应用22项，绿色建筑10项，实施65%节能标准的项目24项，既有建筑节能改造3项。下发了责令限期整改通知书2份，执法建议书2份。从检查的情况看，各地目标任务明确，工作措施得力，建筑节能各项工作取得明显成效，年度建筑节能主要任务指标已基本完成，其中取得星级标识的绿色建筑面积与可再生能源建筑应用面积已提前一年完成“十二五”目标任务。

（一）新建建筑执行节能标准。根据抽查项目分析，全省县以上城市城区新建建筑设计阶段节能标准执行率保持100%，施工阶段执行率达到98.3%。1月至9月全省城镇竣工新建建筑面积4448.95万㎡，其中：公共建筑面积1124.67万㎡；节能50%居住建筑面积1566.44万㎡；节能65%居住建筑面积1757.84万㎡。全省各市州中心城区全面实施节能65%的湖北省低能耗居住建筑设计标准。据初步测算，全年新增建筑节能能力70万吨标煤，超额完成年度工作目标。

（二）可再生能源建筑应用。全省实施可再生能源建筑应用项目1776项，建筑面积1894.42万㎡，超额完成年度目标任务。列入国家可再生能源建筑应用示范的13个市县和武汉花山生态新城启动区总体上完成国家示范任务。列入国家示范项目的武汉未来科技城光电建筑并网发电项目、钟祥市救灾物资储备中心等光电建筑应用项目通过验收。

（三）绿色建筑发展。全省有44个项目获得国家绿色建筑设计评价标识，总建筑面积363.56万m^2，分别同比增长141.9%和110.4%，超额完成年度目标任务。其中三星级3个、二星级18个、一星级23个。汉阳四新新区、宜昌点军新区、孝感临空经济区等城市新区积极开展绿色建筑集中示范，创建国家绿色生态示范城区。

（四）既有建筑节能改造。全省共完成既有居住建筑节能改造项目362个，建筑面积117.3万m²，占年度计划的90.2%；完成既有公共建筑节能改造项目154个，建筑面积174.34万m²，是年度工作目标的405.4%。

（五）公共建筑能耗监测。全省已确定能耗监测的建筑92栋，为年度工作目标任务的366.71%。目前，已完成能耗分项计量装置安装并与省能耗监测平台及武汉市能耗监测平台联网的建筑达到69栋。湖北经济学院节能型校园能耗监测平台已建成运行。

（六）“禁实”与新墙材应用。检查中未发现城市城区“禁实”反弹的情况，列入2014年“禁实”计划的29个重点镇工作进展顺利，基本符合达标验收条件。全省新墙材产量占比达到84%，新墙材应用率达到90%，提前一年完成省“十二五”建筑节能规划目标。

（选自湖北省住房和城乡建设厅《关于2014年度全省建筑节能工作专项检查情况的通报》）

河南省

一、新建建筑执行节能强制性标准

全省新建建筑全面执行建筑节能强制性标准，根据各地上报数据汇总，截止第三季度，2014年新增节能建筑3485万m²，建筑节能标准执行率100%，省辖市区内建筑节能实施率达到100%，县区建筑节能实施率达到95%以上，平均实施率达到99.94%。

二、既有居住建筑节能改造

2014年，我省既有居住建筑节能改造任务408.93万m²。截至9月底，已开工404.92万m²，完成改造面积215.49万m²，完成任务量的51%。目前鹤壁、许昌、平顶山完成任务量的80%以上，焦作完成任务量的35%，安阳完成任务的25%，漯河（临颍县）完成任务量的14%，开封、洛阳、新乡、驻马店、济源5个市既改项目都已全面开工，但进度缓慢，至今没有完工项目。

三、公共建筑能耗监测平台建设

承担公共建筑能耗监测平台建设任务的有12个省辖市，截至9月底，仅濮阳市公共建筑能耗监测平台建设通过省级验收，鹤壁、济源等9个省辖市公共建筑能耗监测平台进展顺利，数据正在与省级平台对接；信阳的公共建筑能耗监测数据至今未能上传。

四、可再生能源建筑应用

2014年全省新增可再生能源建筑应用面积1503万m²，应用比率为43.5%。截至今年第二季度统计，洛阳（2009年示范）、鹤壁（2009年示范及2011年追加示范）、南阳、济源、鲁山、西平、项城、长垣、淇县、临颍县城关镇已完成或超额完成规定示范任务。中牟、永城、遂平3个示范县尚无竣工项目，完工率为零，新县完工率为2%，宝丰（2012年追加示范）、通许、西峡、内黄四个示范县完工率均不足50%。

五、绿色建筑发展

自我省开展绿色建筑行动以来，截至10月底，全省已有59个建筑项目通过绿色建筑评价标识，总面积约为836万m^2。绿色建筑评价标识项目面积分布情况为：洛阳255万m^2、郑州191.91万m^2、鹤壁53.91万m^2、邓州38.43万m^2、新乡36.71万m^2、济源36.33万m^2、商丘28.88万m^2、许昌28.55万m^2、安阳28.43万m^2、南阳27.65万m^2、驻马店27.45万m^2、信阳18.09万m^2、焦作17.01万m^2、濮阳14.86万m^2、长垣12.15万m^2、平顶山10.82万m^2、周口4.11万m^2，开封、三门峡、新蔡、汝州、滑县、永城6市（县）没有绿色建筑标识项目。全省18个省辖市已有13个出台了促进绿色建筑发展的政策法规（洛阳、三门峡、许昌、漯河、商丘尚未出台）；10个省直管县（市）已有9个出台了促进绿色建筑的政策法规（固始县未出台）。郑州市率先提出对绿色建筑设计方案和施工图进行审查，出台了《郑州市绿色建筑设计方案阶段审查要点》（试行）和《郑州市绿色建筑设计施工图纸阶段审查要点》（试行），有效地促进了郑州市绿色建筑工作的开展，对推动全省绿色建筑发展起到了示范作用。济源市制定了《2014年度住建系统蓝天工程行动计划实施方案》，明确执行绿色建筑设计标准的项目和执行时间，将绿色建筑由勘察设计严格把关，纳入施工图审查范围。鹤壁市重视绿色建筑推广和绿色生态城区建设工作，编制了淇水湾商务区绿色生态城区规划和实施方案，选定了低能耗被动式建筑试点项目开展示范，并要求全市城市规划区内所有新建项目全面执行绿色建筑标准。安阳市突出重点领域，要求政府投资项目高标准执行绿标，目前已有两个政府投资的公共建筑获得国家三星级绿色建筑评价标识。

（选自《河南省住房和城乡建设厅关于2014年度全省建筑节能执法检查情况的通报》）

江苏省

今年1～9月，全省新增节能建筑11576万m^2（其中居住建筑8439万m^2、公共建筑3137万m^2）、新增可再生能源建筑应用3684万m^2（其中太阳能光热应用3272万m^2、浅层地能应用353万m^2、其他能源应用59万m^2）、完成既有建筑节能改造面积389万m^2（其中居住建筑160万m^2、公共建筑229万m^2）、新增建筑能效测评标识项目572项、完成建筑能耗统计项目11556项、实施建筑能源审计项目102项、实施建筑能耗分项计量并上传数据的项目349项、完成科技成果推广项目319项。

1～9月，全省新增建筑节能量81.5万吨标准煤、减少二氧化碳排放212万吨，节能任务完成年度目标的84%；新增绿色建筑144项、面积1293万m^2，完成年度目标任务的65%。

根据《江苏省建筑节能目标责任考核办法（暂行）》规定，对照评分标准计分，南京、无锡、苏州、南通、盐城、徐州、镇江、常州8个市为完成等级；扬州、淮安、宿迁、泰州、连云港为基本完成等级（具体得分情况见附件）。

（选自《江苏省住房和城乡建设厅关于2014年全省绿色建筑暨建筑节能工作考核评价情况的通报》）

八、附录

本篇以大事记的形式记述了近一年内我国既有建筑改造工作所发生的重要事件，包括政策的出台、行业重大活动、会议、重要工作进展等，旨在记述过去，鉴于未来。

既有建筑改造大事记

2014年1月4日，长沙市人民政府下发《长沙市绿色建筑行动实施方案》，方案规定而对正常使用寿命内的建筑，不得随意拆除，将既有居住建筑节能纳入改造试点工程建设。到“十二五”期末，完成100万平方米高能耗国家机关办公建筑和公共建筑节能改造，完成120万平方米既有居住建筑节能改造。

2014年1月7日重庆市城乡建委披露了《重庆市绿色建筑行动实施方案(2013-2020年)》。在既有建筑节能改造方面，“十二五”期间，提出实施既有公共建筑节能改造400万平方米，既有居住建筑节能改造120万平方米。到2020年，基本完成有改造价值的大型公共建筑的节能改造工作。

2014年1月20日，由厦门市建设与管理局、市发改委、市经发局联合编制的《厦门市绿色建筑行动实施方案》发布，提出将加快进行建筑节能改造，“十二五”期间，厦门公共建筑和公共机构办公建筑节能改造要完成20万平方米，实施5个农村改造节能示范点。

2014年1月30日，上海市城乡建设和交通委员会发布《关于批准<既有居住建筑节能改造技术规程>为上海市工程建设规范的通知》，自2014年4月1日起实施新规程，原《既有建筑节能改造技术规程》（DG/T J08-2010-2006）同时废止。

2014年3月20日，深圳市住房和建设局发布《深圳市公共建筑节能改造能效测评技术导则（试行）》，推进深圳市公共建筑节能改造重点城市建设，规范改造项目能效测评工作。

2014年5月18至21日在厦门召开第六届既有建筑改造技术交流研讨会，大会以“推动建筑绿色改造,提升人居环境品质”为主题，分设了一个主会场和绿色改造、节能改造两个分会场，共有36位既有建筑改造和绿色建筑领域的专家作了演讲，交流国内外既有建筑绿色改造的技术成果及成功案例；研讨既有建筑绿色化改造政策措施及标准规范；分享既有建筑绿色化改造的工作经验；促进既有建筑绿色化改造领域的科技创新、成果转化和应用。

2014年5月21日，住房和城乡建设部、工业和信息化部联合下发关于印发《绿色建材评价标识管理办法》的通知，鼓励新建、改建、扩建的建设项目优先使用获得评价标识的绿色建材。

2014年5月26日，国务院办公厅下发印发《2014-2015年节能减排低碳发展行动方案的通知》，明确提出2014～2015年，单位GDP能耗、化学需氧量、二氧化硫、氨氮、氮氧化物排放量分别逐年下降3.9%、2%、2%、2%、5%以上，单位GDP二氧化碳排放量两年分别下降

4%、3.5%以上。

2014年6月7日，中华人民共和国住房和城乡建设部、中华人民共和国国家发展和改革委员会、中华人民共和国财政部联合发布《关于做好2014年农村危房改造工作的通知》，决定2014年中央支持全国266万贫困农户改造危房，其中：国家确定的集中连片特殊困难地区的县和国家扶贫开发工作重点县等贫困地区105万户，陆地边境县边境一线15万户，东北、西北、华北等“三北”地区和西藏自治区14万农户结合危房改造开展建筑节能示范。

2014年6月14日，国务院办公厅发布《关于加强城市地下管线建设管理的指导意见》，决定力争用5年时间，完成城市地下老旧管网改造，通过试点示范效应，带动具备条件的城市结合新区建设、旧城改造、道路新（改、扩）建，在重要地段和管线密集区建设综合管廊。

2014年6月17日，湖北省住建厅组织编制并印发了《湖北省既有建筑节能改造技术指南(试行)》，旨在贯彻落实《湖北省绿色建筑行动方案》，进一步改善人民群众居住环境质量，顺利完成全省“十二五”既有建筑节能改造工作目标。

2014年6月17日，天津市发布《天津市绿色建筑行动方案》，要求发展规模化绿色建筑，加强新建建筑节能监管，扎实推进既有建筑节能改造，大力推进可再生能源建筑应用，推动建设资源集约利用，提高建筑的安全性、舒适性和健康性。

2014年6月24日，北京市人民政府发布《北京市民用建筑节能管理办法》，提出建立既有公共建筑节能改造机制，规定既有非节能公共建筑在进行改建、扩建和外部装饰装修时，应同时进行围护结构和热计量改造；明确了供热单位为供热计量责任主体，集中供热的新建和既有建筑改造项目的供热计量装置均由供热单位采购并指导安装。

2014年7月8日，中华人民共和国住房和城乡建设部、中华人民共和国民政部、中华人民共和国财政部、中国残疾人联合会、全国老龄工作委员会办联合发布《关于加强老年人家庭及居住区公共设施无障碍改造工作的通知》，要求切实推进老年人家庭及居住区公共设施无障碍改造，加强老年人家庭及居住区公共设施无障碍改造标准规范宣贯培训和咨询服务，开展老年人家庭及居住区公共设施无障碍改造情况监督检查。

2014年7月14日，深圳市规划和国土资源委员会印发《深圳市建筑设计规则》，明确规定以下8个类别的建筑部位禁用玻璃幕墙，包括住宅、医院(门诊、急诊楼和病房楼)、中小学校教学楼、托儿所、幼儿园、养老院的新建、改建、扩建工程以及立面改造工程等二层以上部位，建筑物与中小学校的教学楼、托儿所、幼儿园、养老院等毗邻一侧的二层以上部位，此外还有处在T形路口正对直线路段处的建筑物。

2014年7月26日，“十二五”国家科技支撑计划项目“既有建筑绿色化改造关键技术研究与示范”在北京顺利召开了中期检查会。“既有建筑绿色化改造关键技术研究与示范”项目是“十一五”国家科技支撑计划重大项目“既有建筑综合改造关键技术研究与示范”的延续，也是《“十二五”绿色建筑科技发展专项规划》中的重点任务之一。

2014年8月4日，国务院办公厅发布《关于进一步加强棚户区改造工作的通知》，计划2014年改造棚户区470万户以上。

2014年8月5日，广州市城乡建设委员会印发《广州市新型墙体材料专项基金征收和使用管理的实施意见》，《意见》提出，凡在广州市行政区域范围内，新建、扩建、改建的房屋建筑工程（含基础部分），建设单位在办理工程施工许可时，应提交已缴纳新型墙体材料专项基金（以下简称专项基金）的“广东省非税收入（电子）票据”。

2014年10月16日，广州市政府出台了《广州市绿色建筑行动实施方案》（以下简称《方案》），《方案》要求加快推进既有建筑节能改造。创新公共建筑节能改造市场机制，“十二五”期间完成既有建筑节能改造面积250万平方米以上，到2020年累计完成既有建筑节能改造面积700万平方米以上。

2014年10月23日，由科技部社发司主办、中国21世纪议程管理中心和中国建筑科学研究院共同协办的城镇化与城市发展领域“十二五”国家科技支撑计划项目中期检查暨交流研讨会在北京中国建筑科学研究院顺利召开。会议分设了“绿色建筑”和“新型城镇化与城镇功能提升”两个组进行专题讨论。本次会议的顺利召开，对深入贯彻落实创新驱动发展战略，切实服务于新型城镇化建设，推进城镇化与城市发展领域科技工作具有重要作用。

2014年11月6日至7日，由中国绿色建筑与节能委员会和湖北省建筑科学研究设计院主办的“第四届夏热冬冷地区绿色建筑联盟大会”在湖北武汉召开。本次大会以“以人为本，建设低碳城镇，全面发展绿色建筑”为主题，由“综合论坛”和“绿色生态城镇建设”、“绿色建材发展应用”、“长江流域采暖探讨、绿色建筑设计研究”、“既有建筑绿色改造绿色施工技术实践”四个分论坛组成。